青海省科学技术著作出版资金 资助

U0613633

牦牛寄生虫病流行病学与防控技术

蔡进忠　李春花　主编

中国农业出版社
北　京

资 助 项 目

青海省科学技术厅对外科技合作项目：

牦牛皮蝇蛆病的免疫诊断与防治新技术研究示范（2005－N－520）

科技部国际合作专项：

牦牛寄生虫病流行病学与可持续控制技术研究（2008DFA30470）

国家自然科学基金项目：

青藏高原犊牦牛寄生蠕虫感染动态研究（31060340）

农业部公益性行业（农业）科研专项：

放牧动物蠕虫病防控技术研究与示范（201303037）

青海省科学技术厅青海省重点研发与转化计划：

牦牛体内外寄生虫病高效低残留防治新技术集成与示范（2015－NK－511）

青海省农业农村厅资助专项：

青海省动物寄生虫病流行病学调查研究（2009－QNMY－06）

国家外专局资助专项：

放牧动物寄生虫病高效低残留防治新技术引进与示范（Y20166300003，HY2017630001，Y2018630000）

高原放牧家畜隐孢子虫病流行病学调查研究（H20116300007，20146300024，H20156300011）

高原放牧牦牛藏羊隐孢子虫病、球虫病流行病学调查研究（20126300054，20136300030）

利用中藏药防治三江源区牦牛线虫病的研究（20136300025）

科技部国家重点研发计划：

畜禽重大疫病防控与高效安全养殖综合技术研发-课题6：家畜寄生虫病防控新制剂和合理用药新技术 2017YFD0501206）

科技部国家重点研发计划：

青藏高原牦牛高效安全养殖技术应用与示范-课题5：牦牛重要疫病防控技术集成与应用（2018YFD0502305）

青海省科技厅重大科技专项：

牦牛提质增效技术集成与产业化示范-课题7：牦牛寄生虫病高效低残留防治新技术集成示范（2016－NK－A7－B7）

国家重点研发计划项目：

兽药新剂型与合理用药新技术研发（2023YFD1800904）

青海省科学技术厅青海省重点研发与转化计划：

育种模式下高原牧区牦牛、藏羊主要疫病绿色防控配套技术研究（2022－NK－118）

依托平台：

青海省牛产业科技创新平台

青海省动物疾病病原诊断与绿色防控技术研究重点实验室

编　者　名　单

主　　编　蔡进忠　青海大学畜牧兽医科学院（青海省畜牧兽医科学院）

　　　　　李春花　青海大学畜牧兽医科学院（青海省畜牧兽医科学院）

副主编　雷萌桐　青海大学畜牧兽医科学院（青海省畜牧兽医科学院）

　　　　　潘保良　中国农业大学动物医学院

参编人员　夏晨阳　西藏自治区农牧科学院兽医研究所

　　　　　董　辉　中国农业科学院上海兽医研究所

　　　　　米荣升　中国农业科学院上海兽医研究所

　　　　　刘　晶　中国农业大学动物医学院

　　　　　张厚双　中国农业科学院上海兽医研究所

　　　　　韩　元　青海大学畜牧兽医科学院（青海省畜牧兽医科学院）

　　　　　马豆豆　青海大学畜牧兽医科学院（青海省畜牧兽医科学院）

　　　　　陈兆国　中国农业科学院上海兽医研究所

　　　　　李有全　中国农业科学院兰州兽医研究所

　　　　　康　明　青海大学农牧学院

　　　　　王春仁　黑龙江八一农垦大学动物科技学院

　　　　　刘建枝　西藏自治区农牧科学院兽医研究所

　　　　　蔡其健　中国农业科学院上海兽医研究所

　　　　　秦鸽鸽　中国农业科学院兰州兽医研究所

　　　　　谢世臣　山西农业大学

　　　　　孙　建　青海大学畜牧兽医科学院（青海省畜牧兽医科学院）

　　　　　胡国元　青海大学畜牧兽医科学院（青海省畜牧兽医科学院）

　　　　　王　芳　青海省畜禽遗传资源保护利用中心

　　　　　陈继勇　玉树藏族自治州动物疫病预防控制中心

　　　　　宋永武　刚察县畜牧兽医站

　　　　　尕才仁　曲麻莱县畜牧兽医站

　　　　　李成业　都兰现代农业产业园管理委员会

　　　　　王小红　贵南县畜牧兽医站

　　　　　韩　赟　乌兰县畜牧兽医站

晓　虎　　曲麻莱县农牧业综合服务中心

李　英　　青海大学农牧学院

宋永武　　刚察县畜牧兽医站

索南求仲　曲麻莱县畜牧兽医站

才让周在　刚察县畜牧兽医站

倪关英　　海西蒙古族藏族自治州农牧业技术推广服务中心

李春生　　青海省牦牛繁育推广服务中心

李永钦　　河南蒙古族自治县畜牧兽医站

索南多杰　祁连县畜牧兽医站

李万顺　　刚察县畜牧兽医站

陈国娟　　西宁市湟中区畜牧兽医站

韩延栋　　贵南县畜牧兽医站

马秀琴　　祁连县畜牧兽医站

魏　斌　　湟源县畜牧兽医站

者永辉　　西宁市畜牧兽医站

马成缓　　门源回族自治县畜牧兽医站

杨　鹏　　都兰县畜牧兽医站

审　校　黄　兵　　中国农业科学院上海兽医研究所

牦牛是世界三大高寒动物之一，被誉为"高原之魂""雪域之舟"，通常栖息在海拔3 000～5 000 m的高寒地区，主要分布在喜马拉雅山脉和青藏高原，集中在青海、西藏及相邻省份。我国是世界上牦牛数量和种类最多的国家，牦牛存栏量1 600多万头，占世界牦牛存栏总数的92%以上；青海牦牛存栏数最多，占世界牦牛总量的1/3以上。现存的牦牛主要是经驯化的牦牛，真正的野牦牛已经很少。据《史记·五帝本纪》记载，先人驯化牦牛，距今约为1万年至4 000年左右。据古生物学家研究，野牛是现代野牦牛的祖先。随着青藏高原海拔的不断升高，气候变冷，野牦牛的体表被毛不断加长、绒毛不断加厚，从而成为青藏高原上现存最大的哺乳动物。

牦牛是青藏高原最重要的经济动物，是牧区重要的生产资料、收入来源及放牧家庭的财产标志。牦牛全身是宝，毛、绒、皮、骨是原始加工原料，奶、肉是重要的食物来源，粪便提供牧区生活燃料。牦牛四肢有力、皮毛厚实，以高山草甸上的植物为食，耐高寒、耐缺氧、抗病力强、反应灵敏、喜群居，几乎没有天敌，对高寒生态条件适应性极强，是其他畜种无法替代的我国高原特色生物资源。牦牛也是重要的运载工具，被称为"雪域之舟"，与当地人民的生产、生活休戚相关，是高寒草地畜牧业经济的重要支柱。

牦牛常年暴露在高原环境中，不断遭受寄生虫的侵袭，造成抵抗力下降，贫血消瘦，甚至死亡。放牧牦牛寄生虫的感染率接近100%，是最主要的病害之一。青藏高原具有独特的动物种群和生态环境，是牦牛寄生虫病的疫源地。因此，了解青藏高原牦牛寄生虫的种类与寄生虫病的流行规律和流行特点，制订针对性强的防控措施，研究开发高效的防治药物和给药途径是十分重要而艰辛的任务。

中国农业大学动物医学院与青海省畜牧兽医科学院有着多年的交流与合作。2002年蔡进忠研究员作为西部地区访问学者来中国农业大学动物医学院寄生虫学教研组进修一年，后来合作开展了多项牦牛和藏羊寄生虫病驱虫药剂的研发，如适合高原牦牛驱虫的乙酰氨基阿维菌素浇泼剂。在牦牛脊背上浇淋这种药物，利用皮肤吸收即可驱除牦牛的多数体内线虫和体表寄生虫，且对泌乳期牦牛驱虫不需要弃奶。记得当年在做乙酰氨基阿维菌素浇泼剂在牦牛体内血药动力学及在乳汁、血浆和组织中的残留消除规律研究时，蔡进忠研究员与同伴驱车数百千米，冒着大雪去牧场取样。此外，还有许多药剂驱虫效果的评价试验也在青海牧区完成，这些成果在本书和已发表的文章中都有记载。

即将面世的《牦牛寄生虫病流行病学与防控技术》是由青海大学畜牧兽医科学院（青海省畜牧兽医科学院）的专家领衔，中国农业大学动物医学院、中国农业科学院上海兽医研究所、中国农业科学院兰州兽医研究所、西藏自治区农牧科学院等单位的学者以及青海省相关单位的畜牧兽医工作人员共同参加撰写的专著，全面介绍了牦牛寄生虫病的感染情况和危害、寄生虫的种类和流行特点、检测与防治技术、新型驱虫药剂的研发和应用，汇集了众多专家学者多年的研究成果。

本书总结了牦牛寄生虫病的病原与检测技术。应用形态学、分子生物学方法等对寄生虫进行了系统研究，摸清了牦牛寄生虫的病原种类和分布，详细阐明了牦牛主要寄生虫病的致病性、诊断与检测方法。

本书探明了牦牛寄生虫病的流行状况与主要寄生虫感染的动态规律，系统全面地对牦牛寄生虫病的流行情况进行了总结，有助于兽医工作者了解牦牛寄生虫病的感染情况、流行特征及感染动态，为制订牦牛寄生虫病及部分人兽共患寄生虫病的防控措施、保障人畜健康和公共卫生安全提供了数据支撑和指导。

本书还阐述了牦牛寄生虫病高效低残留防治新技术、新药物。鉴于牦牛乳肉兼用和个体彪悍的特性，对其寄生虫病的防治技术的有效性、安全性和适用性等提出了更高要求。对于新研发成功的乙酰氨基阿维菌素浇泼剂，通过开展牦牛寄生虫病防治效果评价及其在牦牛组织中的残留规律研究，明确了该药剂对牦牛主要寄生虫病的驱虫效果及其在牦牛体内的残留消除规律，有效支持了青藏高原地区牦牛寄生虫病的防治工作。

本书内容丰富，系统全面，数据详实，图文并茂，对青藏高原牦牛寄生虫病的防治工作具有很好的参考和指导意义，特向广大读者推荐。

中国农业大学教授

中国畜牧兽医学会兽医寄生虫学分会第 4、5、6 届理事长

汪 明

2023 年 7 月

FOREWORD / 前言

　　牦牛（*Bos grunniens*）是青藏高原及毗邻地区经自然界严峻选择和自身适应而形成的一种特有牛种，其对高寒生态条件适应性极强，是其他畜种无法替代的我国高原特色生物资源。我国牦牛资源十分丰富，现有 1 600 多万头，数量占世界牦牛总数的 92% 以上，主要分布在青海、西藏、四川、甘肃、云南、新疆等省（自治区）。其中，青海省牦牛最多，占全国牦牛总数的 37% 以上。在青藏高原高海拔、空气稀薄、寒冷、牧草生长期短、枯草期长的恶劣环境中自如生活，繁衍后代，并为当地牧民提供奶、肉、毛、役力、燃料等生产和生活必需品，与当地人民的生产、生活休戚相关，是高寒草地畜牧业经济的重要支柱。

　　牦牛依赖天然草场放牧饲养，易受寄生虫的侵袭。寄生虫病作为牦牛的常见多发病，是严重危害牦牛养殖业健康发展的主要原因之一，其中一些还是人兽共患寄生虫病，严重影响公共卫生安全和危害人类健康。牦牛感染寄生虫后造成机体消瘦、役力下降、乳牛产奶量减少，皮张因虫体（如皮蝇蛆）穿孔造成可用面积、质量和等级下降，感染严重时引起幼龄牛和体弱牛死亡，直接影响牛群结构的合理调整和养牛业经济效益，造成巨大经济损失。目前，放牧牦牛的寄生虫感染率高，混合感染、重复感染较为普遍，存在防治较难的问题，可能与以下因素有关：一是，牦牛依赖天然草场放牧饲养，畜草矛盾突出，重复利用有限的草场资源，草场上寄生虫生卵、幼虫污染严重，牦牛易受寄生虫的侵袭。二是，青藏高原地域辽阔，野生动物资源非常丰富，许多野生动物的栖息地是牦牛的夏季和秋季牧场，导致许多寄生虫病在牦牛与野生动物之间流行，且部分是重要的人兽共患寄生虫病，影响公共卫生安全和人类健康。三是，目前，人们对牦牛寄生虫病的研究较为局限，研究资料有限，不利于开展针对性防治。四是，寄生虫的生物学特性决定了其生存、发育与外界温度、湿度、动物移动等因素密切相关。近年来随着畜群流动加快、牧户迁移、畜群分布的调整等，对区域寄生虫种群分布、流行等产生一定的影响。五是，寄生虫病防治技术虽在国内外养殖业中普遍应用，但其技术参数具有地域特征，而青藏高原平均海拔在 3 000 m 以上，具有独特的生态环境，被称为"世界第三极"，许多在国外和国内其他地区可行的技术，在本地区较难应用。六是，在牦牛寄生虫病防治中，牦牛性情野，不易被抓缚和保定，传统药物剂型如片剂、注射剂等存在诸多弊端，使防治较为困难。这些都说明，在牦牛寄生虫病研究与防治中，不仅存在研究的深度、广度不够，同时面临传统药物剂型在牦牛群体防治中存在诸多弊端等问题。随着人们对畜产品质量和安全性的重视，亟待开展对绿色环保防治技术与高效低残留防治技术及防治产品的研究及开发应用。因此，了解和研究牦牛寄生虫病的流行病学与防治技术，有效控制牦牛寄生虫病的发生与流行，提高防治水平和牦牛养殖业的经济效益非常必要。

多年来，在各级主管部门的重视和支持下，多个科研、教学和技术推广单位的专业人员对牦牛寄生虫病流行状况进行了不同层面的调查研究，获得了基础数据，为防治提供了参考。青海省畜牧兽医科学院高原动物寄生虫病研究室与中国农业大学动物医学院、中国农业科学院上海兽医研究所、中国农业科学院兰州兽医研究所等高校和科研院所合作，共同对青藏高原地区放牧牦牛感染的多种寄生虫病进行了流行病学和防治技术研究。主要包括：寄生虫病感染动态的系统性研究，查明了牦牛寄生虫种类、地理分布、感染率、感染强度和危害，初步摸清主要寄生虫病的感染动态和流行规律；选用多种新型抗寄生虫药物，对牦牛寄生虫病进行了驱虫效果试验，并对使用的药物进行了安全性评价；开展了防治牦牛寄生虫病的新制剂的研发和给药新技术的研究；经引进消化吸收再创新，开展了高效低残留药物对牦牛寄生虫的驱虫疗效试验及使用的安全性观察，完成了在牦牛乳、血浆和组织中的残留消除规律检测；开展了牦牛线虫病冬季寄生阶段幼虫驱除新技术和牦牛主要寄生虫病高效低残留防治新技术研究。这些研究为生产绿色乃至有机牦牛产品提供技术支撑，具有重要的学术意义和应用价值。此外，这些新技术已经在青藏高原牦牛主产区进行了大规模的示范和推广应用，并获得了显著的生态、经济和社会效益。

作者将上述科研成果进行了整理与总结，并结合国内外牦牛寄生虫与寄生虫病研究的相关资料，汇总成本书，按照牦牛的原虫病、绦虫病、线虫病、吸虫病、外寄生虫病和防治药物研究的顺序，详细介绍了各类寄生虫病的病原、检测技术、流行状况、危害与防治，以及防治药物与防治技术的研究进展。本书注重理论与实践的相互结合，科学性、实用性和可操作性并重，内容丰富，兼有专业性与通俗性，对于指导相关部门制订牦牛寄生虫病的防治策略、基层兽医工作者实施牦牛寄生虫病的防治方案，保障牦牛产业的可持续发展，可提供技术支撑。同时，本书又可作为广大科研与教学人员、兽医工作人员和基层防疫人员的参考书。

鉴于编者业务水平有限，书中难免有不足之处，敬请读者批评指正。

编　者

CONTENTS / 目 录

第一章　牦牛原虫病流行病学与防治

原虫是单细胞真核生物，种类多，宿主范围广，部分为常见人兽共患原虫病病原，可感染人和多种家畜及野生动物，严重威胁人与动物健康。能够引起牦牛疾病的原虫主要有寄生于肠道的隐孢子虫（*Cryptosporidium* spp.）和艾美耳球虫（*Eimeria* spp.），寄生于血液的巴贝斯虫（*Babesia* spp.）和泰勒虫（*Theileria* spp.），寄生于多种组织或器官的刚地弓形虫（*Toxoplasma gondii*）、犬新孢子虫（*Neospora caninum*）、住肉孢子虫（*Sarcocystis* spp.）等。

目前报道青藏高原牦牛原虫感染情况的资料有限，对于原虫的流行情况、种类分布及种群结构等尚不太清楚，在一定程度上阻碍了该地区牦牛原虫病的防控。为此，本章介绍了几种重要的原虫病，详细阐明了其致病性、检测方法、危害与防控措施以及在牦牛上的相关研究进展等，并且结合以往报道和本团队现地调查数据，对牦牛部分原虫病的流行情况进行了系统总结。这些内容有助于大家对牦牛主要原虫病的全面了解，为制订牦牛原虫病的防控措施和开展相关研究提供参考。

第一节　牦牛弓形虫病

弓形虫病（Toxoplasmosis）又名弓形体病、弓浆虫病，是由刚地弓形虫（*Toxoplasma gondii*）引起的一种人兽共患寄生原虫病，呈世界性分布，能感染包括人在内的几乎所有温血动物。在自然界，人和羊、猪、牛、马、犬等多种动物都是弓形虫的易感中间宿主，据统计有 300 多种哺乳动物和 30 多种鸟类都是易感中间宿主。猫是刚地弓形虫的终末宿主。早在 1908 年，法国学者 Nicolle 和 Manceaux 将在突尼斯研究刚地梳趾鼠（*Ctenodactylus gondii*）的肝脾细胞时首次发现的寄生物，命名为刚地弓形虫（*Toxoplasma gondii*）。Stalheim 等（1980）报道，1975 年人们在美国华盛顿首次从牛流产胎儿的胃内容物中分离到弓形虫。1987 年，李欧等首次调查表明牦牛可以感染弓形虫。

弓形虫病对多种动物健康造成严重损害并给养牛业带来重大经济损失，因此，对牛弓形虫病进行监测非常重要。在我国、加拿大、新西兰、德国等许多国家，弓形虫病被列为动物检疫规定的一种疫病。

一、病原

刚地弓形虫是一种人畜共患的专性细胞内寄生的原虫，隶属于顶器复合门 Apicomplexa、类锥体纲 Conoidasida、真球虫目 Eucoccidiorida、住肉孢子虫科 Sarcocystidae、弓形虫属 *Toxoplasma*。

二、检测技术

目前检测弓形虫病的常用方法有病原学检查法、免疫学方法和分子生物学方法等三类。

（一）病原学检查法

病原学检查法有涂片染色法、细胞培养法和动物接种分离法，虽然结果准确，属于金标准，但步骤烦琐、耗时长、灵敏度低，无法满足高效、快速的检测需求，不适合用于大规模检测。

（二）免疫学方法

免疫学检测是弓形虫流行病学调查的常用方法。其中最常用的是血清抗体检测。常用的血清学试验方法有染色试验（DT 或 SFDT）、间接血凝试验（IHA）、乳胶凝集试验（LAT）、酶联免疫吸附试验（ELISA）、间接荧光抗体试验（IFAT）、免疫胶体金技术（ICGT）、直接凝集试验（DAT）、改良凝集试验（MAT）等。DAT 方法是于恩庶等在国内首先建立的，具有敏感性好、特异性强的特点，可用于检测弓形虫病，但由于操作困难，很少被使用。IHA 方法具有特异性强、操作简便的优点，适用于大量样本的血清学调查。目前，我国调查中最常用的检测方法是 IHA。该方法将抗原包被于红细胞表面，成为致敏载体并利用凝集反应检测相应弓形虫抗体，因其灵敏度较高、特异性较好、操作简便，适合广泛用于弓形虫病的大规模血清学普查，然而其重复性不好，在结果判定上误差较大。ELISA 方法在血清学检测弓形虫的所有方法中应用最为广泛，但是操作烦琐，结果易受外界因素影响。LAT 方法也适合大规模的流行病学调查，其具有所需样品量少和便于观察的优点，缺点是特异性不强。MAT 是在直接凝集试验基础上发展起来的一种血清学方法，特异性强和敏感性高，操作简单，设备要求也不高，已在世界各地广泛应用，可以快速检测出动物弓形虫病的感染程度。现在国际上检测包括反刍动物在内的哺乳动物弓形虫抗体时最常使用的是 MAT 检测法。

1. 间接血凝试验（IHA）检测

目前已有商品化的弓形虫间接血凝试验（IHA）检测试剂盒及弓形虫微量间接血凝试验抗原、标准阴性血清、阳性血清和稀释液（由中国农业科学院兰州兽医研究所生产）。检测时，可按照弓形虫病诊断技术（NY/T 573—2002）规定的方法进行。

2. 酶联免疫吸附试验（ELISA）检测

陆艳等（2009）按照日本国立原虫病研究中心提供的方法对重组的 P30 蛋白进行克隆、表达和纯化等研究，建立了牛弓形虫 ELISA 抗体检测方法，并于 2010 年应用该方法对 898 份牦牛弓形虫血清抗体进行了检测，检出阳性 21 份，阳性率为 2.34%。

闫双等（2013）建立了 rELISA 方法，并应用弓形虫 ELISA 商品化试剂盒（北京永辉公司）作为对照，按照试剂盒说明书要求对 292 份牦牛血清进行弓形虫抗体检测。结果符合率为 100%。表明建立的 rELISA 方法特异性好、重复性良好。

吾力江等（2019）以弓形虫特异性重组蛋白（GST - TgSAG2）作为 rELISA 检测试剂盒的包被抗原，参考许正茂等建立的 rELISA 方法对 166 份牦牛血清进行了弓形虫抗体检测，检出阳性 1 份，阳性率为 0.60%。

（三）分子生物学方法

1. 国外研究进展

分子生物学方法有聚合酶链式反应（PCR）、脱氧核糖核酸（DNA）探针技术和环介导等温扩增技术（LAMP）等。以 PCR 为基础发展起来的分子生物学技术已普遍应用于弓形虫病的诊断和流行病学调查。应用 PCR 方法检测弓形虫时，最常用的分子标记是 *B1*

基因和 529 bp 片段。1989 年，Burg 等首次将弓形虫 B1 基因作为靶基因用于弓形虫病的检测。随后，Ho‐yen 等在 Burg 等研究基础上设计了两轮引物的巢式 PCR 方法，该方法已经用于检测患者血液和组织中的弓形虫。弓形虫 B1 基因是串联的含有 35 个拷贝的序列，每个拷贝大小为 2.2 kb，基于 B1 基因建立的 PCR 方法具有高度的特异性和敏感性，已经广泛用于实验室各种样本的 DNA 检测。529 bp 片段是一种含 200～300 个拷贝的 DNA 片段，也是常用的弓形虫目标基因。与检测具有 35 个拷贝的 B1 基因相比，检测 529bp 片段的 PCR 具有更高的敏感性。但是以 529bp 片段为靶基因建立的 PCR 方法特异性不如 B1 基因，在检测样品时容易产生假阳性。

2. 国内研究进展

秦思源（2015）使用购自美国 KeraFAST 公司的弓形虫 MAT 抗原和配制好的抗原、血清稀释液对牦牛血清弓形虫抗体进行检测，试剂的配制参考 Dubey 和 Desmonts（1987）文献所述，检测了 974 头白牦牛的血清抗体。检测到弓形虫抗体阳性 155 份，阳性率为 15.91%。

殷铭阳（2015）参照已发表的文献提供的方法，应用 MAT 检测了 611 头白牦牛的血清抗体，检测到弓形虫抗体阳性 122 份，阳性率为 20.0%。

三、流行情况

（一）不同省份牦牛弓形虫感染情况

各地区检测牦牛弓形虫血清抗体共 17 627 头份，检出阳性 2 348 头，总感染率为 13.32%，感染率范围为 1.67%～67.44%。调查结果表明，各地区牦牛存在弓形虫感染。

从调查地区、规模分析，对青海牦牛弓形虫感染的调查数量最多，调查时间也最早；其后的调查规模依次为甘肃、西藏、四川、新疆。其中，青海对牦牛弓形虫抗体检测累计 13 822 头，检出阳性 1 555 头，感染率 11.25%，感染率范围为 1.67%～67.44%。甘肃对牦牛弓形虫抗体检测累计 2 405 头，检出阳性 480 头，感染率 19.96%，感染率范围为 15.91%～67.44%。西藏对牦牛弓形虫抗体检测累计 664 头，检出阳性 146 头，感染率 21.99%；四川对牦牛弓形虫抗体检测累计 476 头，检出阳性 145 头，感染率 30.46%，感染率范围为 29.96%～50.00%。新疆对牦牛弓形虫抗体检测累计 260 头，检出阳性 22 头，感染率 8.46%，感染率范围为 2.33%～64.00%。汇总统计结果见表 1‐1 和表 1‐2。

表 1‐1　不同地区牦牛弓形虫血清抗体检测结果

调查地区	调查时间	检查数（头）	感染数（头）	感染率（%）
青海	1985—1990	3 571	398	11.15
	1991—2000	50	11	22.00
	2001—2010	7 106	770	10.84
	2011—2020	3 095	376	12.15
合计		13 822	1 555	11.25

（续）

调查地区	调查时间	检查数（头）	感染数（头）	感染率（%）
甘肃	1998	43	29	67.44
	2011—2020	2 362	451	19.09
合计		2 405	480	19.96
西藏	2010—2020	664	146	21.99
四川	2010—2020	476	145	30.46
新疆	2010—2020	260	22	8.46
总计		17 627	2 348	13.32

1. 青海省流行状况

青海省牦牛弓形虫病血清抗体检测结果见表1-2。

表1-2　青海省牦牛弓形虫病血清抗体检测结果

发表年份	调查年份	调查地区	采用方法	调查总数	阳性数	阳性率（%）	参考文献
1987	1985—1986	青海省互助土族自治县、同德县、循化撒拉族自治县、贵南县、托勒牧场	IHA	488	69	14.14	李欧等
1987	1985	青海省天峻县	IHA	329	33	10.03	刁永祥等
1990	1990	青海省	IHA	100	8	8.00	王积禄
1991	1990	青海省治多县、曲麻莱县	IHA	199	9	4.52	郭仁民等
1993	1987—1990	14县1场	IHA	2 455	279	11.36	青海省畜禽疫病普查办
1999	1999	青海省各州县运到西宁定点屠宰场	IHA	50	11	22.00	叶成红等
2005	2003	青海某种牛场	IHA	160	11	6.88	陆艳等
2006	2006	青海省门源回族自治县	IHA	91	39	42.86	刘晶等
2008	2007	青海省大通回族土族自治县	IHA	43	29	67.44	陈才英等
2008	2007	青海省8个地区	IHA	946	112	11.84	J. Liu, et al
2010	2008—2009	青海省互助土族自治县	IHA	100	12	12.00	李英等
2010	2009	共和县、同德县、兴海县、刚察县、海晏县、祁连县、天峻县、泽库县、同仁县、玉树县、格尔木市、互助土族自治县等	IHA	614	47	7.65	陈世堂
2010	2008	青海省天峻县	IHA	214	13	6.07	张晓强等
2011	2008	青海省放牧牦牛牧场（达日县、玉树县、格尔木市、都兰县、天峻县、祁连县、刚察县、门源回族自治县、海晏县、共和县、同德县、兴海县、泽库县、同仁县）	IHA	635	51	8.03	蔡进忠等

（续）

发表年份	调查年份	调查地区	采用方法	调查总数	阳性数	阳性率（%）	参考文献
2011		青海省尖扎县	IHA	237	13	5.49	董永森等
2011	2010	青海省天峻县（苏里乡、织合玛乡、阳康乡、舟群乡）	IHA	360	21	5.83	仁青加等
2011	2009	青海省海晏县自然放牧牦牛群草场	IHA	170	12	7.06	铁富萍等
			ELISA	135	5	3.70	
2011	2010	青海省（曲麻莱县、玉树县、囊谦县、杂多县、治多县、称多县）	IHA	650	228	35.08	Quan Liu, et al
2011	2010	青海省德令哈市	IHA	25	3	12.00	赵全邦等
2012	2010	青海省化隆回族自治县（雄先藏族乡、查甫藏族乡、扎巴镇、巴燕镇、金源藏族乡、塔加藏族乡）	IHA	120	17	14.17	任旭荣
2012	2011	青海省湟源县（日月藏族乡、申中乡、东峡乡、波航乡、大华镇、寺寨乡）	IHA	240	34	14.17	王维忠
2012	2010	青海省大通牦牛种牛场	ELISA	898	21	2.34	陆艳等
2012	2009—2010	青海省（玉树县、乌兰县、都兰县、贵南县）	IHA	1 603	133	8.30	Meng Wang, et al
2014	2011—2012	青海省天峻县（龙门乡、苏里乡）	IHA	84	22	26.19	吕建军等
2014	2010	青海省泽库县	IHA	105	3	2.86	张洪波
2015		青海省海南藏族自治州兴海县	IHA	81	7	8.64	贺飞飞等
2015	2012—2013	青海省（杂多县、囊谦县、治多县、称多县、天峻县、祁连县、海晏县）	ELISA	513	125	24.37	李坤等
2016	2015	青海省祁连县	IHA	451	54	11.97	雷萌桐等
2016	2014—2015	青海省（贵南县、海晏县、乌兰县、玉树市）	IHA	616	86	13.96	胡广卫等
2017	2015	青海省贵南县塔秀乡、森多镇、过马营镇	IHA	210	33	15.71	王小红等
2018	2017	青海省海晏县（甘子河乡、青海湖乡、哈勒景蒙古族乡、金滩乡、三角城镇）	IHA	900	15	1.67	李长云等

从总体看，牦牛弓形虫病血清学检测多采用 IHA 方法，且对青海省的黑牦牛的报道较多。李欧等（1987）首次用 IHA 对青海牦牛弓形虫血清抗体进行调查，结果显示平均感染率 14.14%，其中门源回族自治县牦牛血清抗体阳性率最高，为 71.43%。随后进行了 33 次调查，调查规模在 300 头以上的有 15 次，感染率为 1.67%～67.44%。其中 Liu 等（2008）、陈世堂等（2010）、蔡进忠等（2011）、Wang M 等（2012）、雷萌桐等（2016）、

胡广卫等（2016）用 IHA 检测青海省黑牦牛弓形虫抗体的感染率分别为 11.84%、7.66%、8.03%、8.30%、11.97% 和 13.96%，感染率基本接近。蔡进忠等调查发现门源回族自治县牦牛血清抗体感染率最高（25.47%），该结果与李欧等调查门源回族自治县牦牛血清抗体阳性率最高的结果相似，但阳性率显著降低，下降了 45.96 个百分点。

李坤等（2014，2015）通过检测青海省牦牛血清抗体，推测弓形虫感染率为 24.37%；Liu 等（2011）对青海省黑牦牛血清抗体进行检测，总阳性率为 35.08%，比其他调查者的青藏高原地区牦牛弓形虫抗体阳性率更高。感染率最高的两次调查可能与采样地区及检测样品少有关。以上结果表明，各地区黑牦牛均存在弓形虫感染，感染率不尽相同。陆艳等（2012）采用 ELISA 方法对 898 份牦牛血清进行弓形虫抗体检测，阳性率为 2.34%，感染率低于以上使用 IHA 方法检测牦牛弓形虫的感染率。

调查结果显示牦牛弓形虫病的广泛流行，给动物和人类带来了高风险。有关黑牦牛弓形虫病的报道主要集中在青海省，白牦牛弓形虫病的调查主要在甘肃省。

影响弓形虫感染的主要因素是与犬猫接触。牦牛放养的草原上有很多流浪猫、野生猫及猫科动物，其排泄的粪便中可能含有弓形虫卵囊，这增加了牦牛通过粪口途径摄入卵囊的机会，从而导致较高的弓形虫感染率。感染率差异性较大，可能与被调查地区原有的弓形虫感染水平、地理位置、采集样品的时间、检测的样本数量、检测方法及牦牛年龄的不同等有关。

李欧等在 1986 年首次对青海省牛、羊、猪、猫等 11 种共 11 603 头（只）动物进行了弓形虫血清抗体检测，平均阳性率为 12.5%。其中以猫、猪的阳性率最高，分别为 66.8% 和 32.2%；其次是牦牛，阳性率为 16.04%。

已有的调查研究证实，在青海省牦牛、羊、马、猪、兔、鸡、犬、猫、旱獭、鹿、熊及豚鼠等 13 种动物体内均存在弓形虫感染，青海省不同人群弓形虫阳性率为 1.19%～29.03%。从野生动物旱獭等检出阳性证明了青海省存在弓形虫病的自然疫源地，表明青海省弓形虫宿主动物种类多，在多种动物中弓形虫病呈流行趋势，地域分布广。人的感染与职业、地区密切相关。

2. 甘肃省流行状况

甘肃省牦牛弓形虫血清抗体检测结果见表 1-3。

表 1-3　甘肃省牦牛弓形虫血清抗体检测结果

发表年份	调查年份	地域	采用方法	调查总数	阳性数	阳性率（%）	参考文献
1998	1998	甘肃省	IHA	43	29	67.44	张德林等
2015		甘肃省	IHA	611（白牦牛）	122	19.97	殷铭阳
2015	2013—2014	甘肃省天祝藏族自治县	MAT	974（白牦牛）	155	15.91	秦思源，Qin S Y，et al
2015	2013	甘肃省玛曲县	ELISA	610	122	20.00	殷铭阳等
2015	2015	甘肃省天祝藏族自治县 12 个乡镇	IHA	397	96	24.18	王萌等

（续）

发表年份	调查年份	地域	采用方法	调查总数	阳性数	阳性率（%）	参考文献
2016	2015	甘肃省肃南裕固族自治县皇城镇、祁丰藏族乡、马蹄藏族乡、白银蒙古族乡、康乐乡、大河乡、明花乡，每个乡（镇）采样40份，包含4个场群	IHA	280	87	平均阳性率31.1%，其中康乐乡的阳性率达100%	何彦春等
2020	2017	甘肃省天祝藏族自治县（松山镇、安远镇、天堂镇、抓喜秀龙乡、西大滩乡、打柴沟镇）	IHA	498	87	17.47	唐文雅等

秦思源（2015）采用 MAT 检测 974 份甘肃省天祝藏族自治县白牦牛弓形虫血清抗体，阳性率为 15.9%。殷铭阳（2015）采用 MAT 检测甘肃省玛曲县牦牛弓形虫血清抗体，阳性率为 20.0%。王萌等（2015）、唐文雅等（2020）采用 IHA 法检测甘肃省天祝藏族自治县牦牛弓形虫，感染率分别为 24.18% 和 17.47%。高于上述青海报道的黑牦牛弓形虫感染率。

结果表明，调查地区白牦牛弓形虫阳性率均较高，阳性率高于青海许多地区的检测结果，而低于 Liu 等（2011）的检测结果。

秦思源（2015）采用半巢式 PCR 对 414 份天祝白牦牛组织 DNA 样品进行了弓形虫 B1 基因检测。之后，通过 PCR-RFLP 方法鉴定天祝白牦牛感染弓形虫的基因型，结果发现在天祝白牦牛的样品中，有 10 份组织样品检测为弓形虫阳性，共分离到 2 个完整基因型虫株，都为 ToxoDB♯9 型。结果表明，ToxoDB♯9 型弓形虫是流行于天祝白牦牛的主要基因型。这些结果丰富了弓形虫的分子流行病学信息，进一步确认了我国优势弓形虫虫株，对该病的预防和控制具有重要意义。

3. 西藏自治区流行状况

西藏自治区牦牛弓形虫血清抗体检测结果见表 1-4。

表 1-4 西藏自治区牦牛弓形虫血清抗体检测结果

发表年份	调查年份	地域	采用方法	调查总数（头）	阳性数（头）	阳性率（%）	参考文献
2015	2012—2013	西藏自治区日喀则、拉萨、林芝、昌都、那曲、阿里	ELISA	664	146	21.99	李坤等

4. 四川省流行状况

四川省牦牛弓形虫血清抗体检测结果见表 1-5。

表 1-5 四川省牦牛弓形虫血清抗体检测结果

发表年份	调查年份	地域	采用方法	调查总数	阳性数	阳性率（%）	参考文献
2015	2012—2013	四川省红原县	ELISA	464	139	29.96	李坤等
2018	2018	四川省凉山彝族自治州喜德县热柯依达乡牦牛养殖专业合作社	巢氏 PCR	12	6	50.00	张涛等

5. 新疆维吾尔自治区流行状况

新疆维吾尔自治区牦牛弓形虫病血清抗体检测结果见表1-6。蒲敬伟等（2014）调查的新疆天山地区牦牛弓形虫感染率高达44.0%，因检测样本量少，尚不能代表该地区感染全貌。

表1-6 新疆维吾尔自治区牦牛弓形虫血清抗体检测结果

发表年份	调查年份	地域	采用方法	调查总数	阳性数	阳性率（%）	参考文献
2013		新疆巴音布鲁克高山草原、和静县巴伦台镇	ELISA	192	5	2.60	闫双等
2014		新疆天山区		25	16	64.00	蒲敬伟
2019	2018—2019	新疆塔什库尔干塔吉克自治县	ELISA	43	1	2.33	吾力江等

（二）牦牛弓形虫病流行特点

1. 不同季节牦牛弓形虫感染情况

Dubey（2019）报道温暖湿润的气候比寒冷干燥的气候更适合弓形虫卵囊的生存，虽然在春季、夏季、秋季、冬季4个季节采集样品进行检测，弓形虫感染率不同，但是通过SPSS分析发现季节之间的感染率没有显著差异（$p > 0.05$）。

秦思源（2015）通过检测4个不同季节的样品发现：春季、夏季、秋季及冬季采集的白牦牛样品均发现有弓形虫感染，其中夏季白牦牛的弓形虫感染率最高，为20.51%，其次分别是冬季（16.00%）、秋季（13.85%）和春季（12.27%）。见图1-1。造成这种现象的原因可能是夏季的温度比较适合弓形虫卵囊的生存，而较低的温度不适合卵囊的生存，因此，其他三个季节的弓形虫感染率都较低。

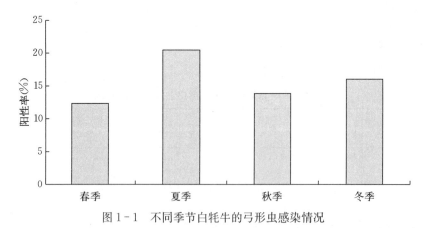

图1-1 不同季节白牦牛的弓形虫感染情况

殷铭阳（2015）检测了甘南地区的610份牦牛血清样品，结果发现春季20.19%（42/208）和秋季24.58%（58/236）的感染率高于夏季16.05%（13/81）和冬季10.59%（9/85）的感染率。牦牛在秋季感染弓形虫的风险是冬季的3.5倍，这可能是由于甘南地区冬季气候恶劣而不适合弓形虫卵囊的存活而导致感染率降低。

2. 不同性别牦牛的弓形虫感染情况

李英等（2010）调查了100份血清，母牦牛的阳性率为11.42%，公牦牛的阳性率为

13.33%。王萌等（2015）应用 IHA 试验对甘肃省天祝藏族自治县的 397 份白牦牛血清样品进行弓形虫血清抗体检测显示，不同性别之间差异不显著，母白牦牛阳性率略高于公牦牛。秦思源（2015）检测了 974 头白牦牛，其中公牦牛 289 头，感染弓形虫的有 49 头，阳性率为 16.96%；母牦牛 685 头，感染弓形虫的有 106 头，阳性率 15.47%。见图 1-2。

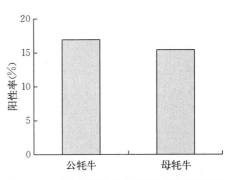

图 1-2 不同性别的白牦牛弓形虫感染情况

上述调查结果表明，公牦牛感染弓形虫的阳性率略高于母牦牛，这种类似情况之前也有过报道。Elfahal 等用 ELISA 方法调查了苏丹奶牛弓形虫病和 Fajardo 等通过间接荧光抗体试验检测了牛弓形虫病，都得出了相同的结论。殷铭阳（2015）检测的 610 份牦牛血清样品中，检测到弓形虫抗体阳性 122 份，阳性率为 20.00%。其中母牦牛阳性率 18.46%（79/428），低于公牦牛阳性率 23.63%（43/182）。出现这种现象的原因可能是公牦牛活跃的特性增加了接触受污染的食物和水源的机会，导致了公牦牛弓形虫感染率比母牦牛高。

3. 牦牛年龄与感染的相关性

李英等（2010）调查了不同年龄段牦牛感染弓形虫的情况，结果显示，阳性率与年龄有一定的关系，但由于采样年龄段的局限性，对调查结果的进一步分析造成了一定的影响。因此，要确定年龄与阳性率的关系，还需进一步调查研究。

秦思源（2015）对天祝白牦牛弓形虫感染率的影响因素进行了多元逻辑回归分析，调查不同年龄段白牦牛感染弓形虫的情况，发现具有显著差异性（$p<0.05$）。各年龄段白牦牛按照 0<yr≤1、1<yr≤2、2<yr≤3、3<yr≤4 和 yr>4 进行统计，其中 2<yr≤3 年龄段阳性率最高，为 24.00%，0<yr≤1 年龄段阳性率最低，为 10.43%，详见图 1-3。1～2 岁的白牦牛感染弓形虫的风险是 0～1 岁白牦牛的 1.8 倍，大于 2 岁的白牦牛感染弓形虫的风险是 0～2 岁白牦牛的 2.6 倍。

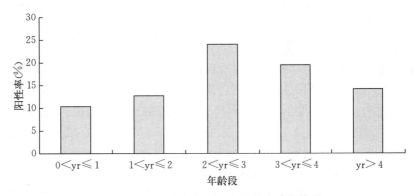

图 1-3 不同年龄白牦牛的弓形虫感染情况

殷铭阳（2015）调查了不同年龄牦牛弓形虫感染情况，使用二元 logistic 回归分析法进行分析，发现各年龄段牦牛均有感染，感染率范围为 15.79%～25.0%，其中 1～2 岁牦牛的感染率最高 25.00%（28/112），大于 2 岁的牦牛为 20.49%（67/327），小于 1 岁的牦牛为 15.79%（27/171）。牦牛的年龄被认为是影响弓形虫感染的两个重要的风险因素之一。1～2 岁牦牛感染弓形虫的风险大约是 0～1 岁牦牛的 1.8 倍（OR＝1.856），年龄大于 2 岁的牦牛感染弓形虫的风险大概是 0～1 岁牦牛的 2.6 倍（OR＝2.573）。

研究表明，年龄是影响白牦牛弓形虫感染的主要风险因素。Elfahal 等和 Opsteegh 等在试验分析中得出了同样的结论，说明弓形虫感染率在不同年龄段之间具有显著差异性。其原因可能是，随着牦牛年龄的增长，其有更多的机会接触被弓形虫卵囊污染的环境而受感染，再加上牦牛放牧饲养，活动范围广，更增加了感染的机会。

4. 不同胎次母牦牛弓形虫感染情况

秦思源（2015）调查了不同胎次白牦牛弓形虫的感染率，虽然有差异，但是没有一定的规律，白牦牛中胎次从 0 到≥5 的母牛感染弓形虫的感染率分别为 17.21%、19.27%、14.71%、12.33%、15.09% 及 10.58%（图 1-4）。

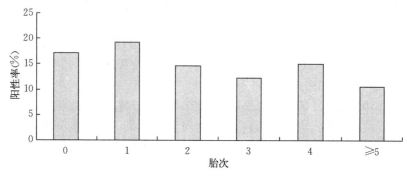

图 1-4　不同胎次白牦牛弓形虫感染情况

殷铭阳（2015）调查了不同胎次母牦牛弓形虫的感染情况，结果发现弓形虫感染率为 18.46%（79/428）；未生产过的和初产的母牦牛的弓形虫感染率较高，分别为 20.69%（42/203）和 20.63%（26/126）；产胎 2 次和产胎 3 次的母牦牛感染率较低，分别为 11.43%（8/70）和 10.34%（3/29）。进一步分析发现，生产胎次对牦牛弓形虫感染率的影响差异不显著（$p > 0.05$）。造成该结果的原因尚不清楚，有待进一步深入研究。

5. 牦牛感染弓形虫后的抗体滴度

大多研究者均采用间接血凝试验（IHA），以对照阳性血清效价不低于 1∶1 024、待检血清抗体滴度达到或超过 1∶64 为阳性标准，进行弓形虫抗体滴度分析，结果发现牦牛弓形虫感染存在 7 个（1∶64、1∶128、1∶256、1∶512、1∶1 024、1∶2 048、1∶4 096）抗体滴度。李欧等（1987）调查、统计了 488 头牦牛感染弓形虫的抗体滴度，检测到 3 个（1∶64、1∶256、1∶1 024）抗体滴度；张德林等（1998）调查、统计了 43 头牦牛感染弓形虫的抗体滴度，检测到 4 个（1∶64、1∶256、1∶1 024、1∶4 096）抗体滴度；陈才英（2008）调查、统计了 43 头牦牛感染弓形虫的抗体滴度，检测到 4 个（1∶64、1∶256、1∶1 024、1∶4 096）抗体滴度。蒲敬伟等（2014）调查、统计了 25 头牦牛感染弓形虫的抗体滴度，检测到 2 个抗体滴度（1∶64、1∶256）。

殷铭阳（2015）采用改良凝集试验（MAT）调查、统计了 122 头牦牛感染弓形虫的抗体滴度，结果显示牦牛弓形虫感染存在 6 个（1∶100、1∶200、1∶400、1∶800、1∶1 600、1∶3 200）抗体滴度。其中，抗体滴度为 1∶100 和 1∶200 的牦牛占了总数的

86.89％，其他不同抗体滴度的牦牛数量占比分别为：1∶100 的 75.41％（92/122），1∶200 的 11.48％（14/122），1∶400 的 1.64％（2/122），1∶800 的 6.56％（8/122），1∶1 600的 2.46％（3/122），1∶3 200 的 2.46％（3/122）。抗体滴度范围为 1∶（100～3 200）。

（三）牦牛弓形虫感染风险因子分析

Wang 等（2012）通过卡方分析来研究影响牦牛弓形虫感染的因素，发现性别因素对牦牛弓形虫感染的影响差异不显著（$p>0.05$）。

秦思源（2015）对天祝白牦牛弓形虫感染率的影响因素进行了多元逻辑回归分析，将白牦牛弓形虫是否感染作为因变量，白牦牛的性别、胎次、年龄及采样季节 4 个变化因素作为分类自变量，通过白牦牛感染弓形虫相关因素经过多元逻辑回归分析，结果发现只有年龄是白牦牛感染弓形虫的主要风险因素，而白牦牛性别、胎次及采样季节在统计学上没有显著性差异（$p>0.05$）。

殷铭阳（2015）通过二元 logistic 回归分析来研究影响牦牛弓形虫感染的风险因素，发现性别因素的统计结果差异不显著（$p>0.05$），不是影响牦牛感染弓形虫的风险因素；牦牛的年龄和采样季节是两个重要的风险因素。牦牛在秋季感染弓形虫的风险是冬季的 3.5 倍，这可能是由于甘南地区冬季气候恶劣而不适合弓形虫卵囊的存活而导致感染率降低。

调查结果表明，牦牛感染弓形虫的抗体水平，可因牦牛的性别、年龄和采样季节的不同而存在差异，其感染风险因子的权重依序为采样季节大于年龄、年龄大于性别。

调查结果显示，牦牛弓形虫病的流行广泛，给动物和人类带来了高风险。有关黑牦牛弓形虫病的报道主要集中在青海省，白牦牛弓形虫病的调查主要在甘肃省。

影响弓形虫感染的主要因素是与犬猫接触。在牦牛放养的草原上有很多流浪猫、野生猫及猫科动物，其排泄的粪便中可能含有弓形虫卵囊，这增加了牦牛通过粪口途径摄入卵囊的机会，从而导致较高的弓形虫感染率。出现感染率差异性较大的原因可能与被调查地区原有的弓形虫感染水平不同、地理位置的不同、采集样品的时间不同、检测的样本数量不同、检测方法的不同及牦牛年龄的不同等有关。

四、危害

弓形虫病对多种动物健康造成严重损害并给畜牧业带来巨大的经济损失。弓形虫作为一种机会性感染病原，牛感染弓形虫后多为隐性感染，少数表现为呼吸困难、咳嗽、发热、精神沉郁、食欲减退乃至废绝等症状。该病对母牛危害较大，可使怀孕母牛出现流产，严重的会引起死亡，给养牛业造成重大的经济损失。此外，也存在人类因食用牛肉而感染弓形虫的病例。

五、防治

为有效控制牦牛弓形虫病的流行，应采取以下防控措施：

（1）加强猫等终末宿主的管理，防止猫等进入饲养场、厩舍，扑灭圈舍内的鼠类，搞好环境卫生，防止猫及其排泄物污染牛舍、饲料和饮水等。

（2）采用血清学方法，定期对种牛场和重点疫区的牛群进行监测，及时发现并隔离饲养或淘汰病牛。

（3）对发病并确诊的病牛，选用磺胺类药物和抗菌增效剂等联合治疗，可收到良好效果。

（4）加强科技宣传，预防人的弓形虫感染。只有这样，才能有效控制弓形虫病的流行，将危害降到最低限度，促进畜牧业发展，确保人类健康。

第二节　牦牛住肉孢子虫病

住肉孢子虫病（Sarcosporidiosis）是由类锥体纲（Conoidasida）、真球虫目（Eucoccidiorida）、住肉孢子虫科（Sarcocystidae）、住肉孢子虫属（Sarcocystis）的多种虫体感染所引起的一种世界性的寄生性原虫病，同时也是一种重要的人畜共患寄生虫病。住肉孢子虫广泛寄生于哺乳类、鸟类和爬行类动物，包括人、猴、鲸和各种家畜，对人和动物的健康和公共卫生安全造成了严重的影响。

牦牛（Bos grunniens）是世界上生活在海拔最高地区的哺乳动物，主要分布在我国西部高原地区，是中国的主要牛种之一，仅次于黄牛和水牛，居第三位。其全身一般为黑褐色，身体两侧胸、腹、尾都有长而密的毛，四肢短而粗健，素有"高原之舟"的美称，既可在高原作为运输工具，又可用于农耕，同时也是当地牧民主要的经济来源。有学者研究，发现在牦牛养殖区，人的住肉孢子虫感染率可达到 21.8%。因此，全面了解牦牛住肉孢子虫的生物学特性与流行现状，不仅有助于控制牦牛住肉孢虫病的流行，而且对推动研究人与牦牛住肉孢子虫的关系和有效预防人感染住肉孢子虫病产生积极作用。

一、病原

住肉孢子虫常寄生于宿主的横纹肌和中枢神经系统。根据文献记载，寄生于人和动物的住肉孢子虫已超过 200 种，但了解其完整生活史的物种不足 1/3。从 1843 年首次发现至今，对于住肉孢子虫的研究经历了漫长的时间，也取得了许多进展，表 1-7 列出了住肉孢子虫主要的研究进展情况。

表 1-7　住肉孢子虫研究简史

研究者时间	发现	参考文献
1843	在家鼠的肌肉中发现住肉孢子虫（住肉孢子虫的首次发现）	Miescher F，et al
1882	确立住肉孢子虫属（Sarcocysits）的属名	Lankester ER，et al
1972	实现有性繁殖阶段的体外培养	Fayer R，et al
1972	发现双宿主生活史	Rommel M，et al
1975	在单一宿主中发现多种住肉孢子虫	Heydorn A O，et al
1976	开始使用化学疗法	Fayer R，et al
1976	发现住肉孢子虫病导致的流产现象	Fayer R，et al
1989	基于包囊形态对住肉孢子虫种类进行划分	Dubey JP，et al
1991	发现神经住肉孢子虫（S. neurona Dubey，1991）是马原虫脑脊髓炎的病原体	Dubey J P，et al
2015	完成神经住肉孢子虫（S. neurona）的测序与注释，这是首次完成住肉孢子虫属单一种成员的测序	Tomasz B，2015

（一）病原形态

我国学者魏琻等从 1981 年起，在国内开展了对牦牛住肉孢子虫的系统性研究，于 1983 年在国内率先报道了甘肃省天祝藏族自治县、青海省泽库县牦牛住肉孢子虫的调查情况，并对从牦牛体内检出的 2 种住肉孢子虫的形态学特征进行了详细研究，于 1985 年正式发表了在牦牛体内发现的 2 种住肉孢子虫新种——牦牛住肉孢子虫新种（*Sarcocystis poephagi* sp. nov.）、牦牛犬住肉孢子虫新种（*Sarcocystis poephagicanis* sp. nov.）。

1. 牦牛住肉孢子虫（*S. poephagi*）

光学显微镜： 牦牛住肉孢子虫的长度最长可达 40 mm，是已知家畜住肉孢子虫中很长的一种虫型，大小为 4.29（0.55～40.00）mm×0.21（0.07～0.76）mm。包囊呈线状、杆状、毛发状、柳叶状等，包囊壁较厚，上有横纹，无刺或突起。包囊表面有龟裂状条纹，龟裂状条纹由囊壁第 2 层向包囊内延伸而形成隔，隔将包囊内部分成许多小室，小室内充满月牙形的殖子，大小为 10.63（7.72～14.70）μm×4.09（2.06～6.18）μm。

透射电镜： 包囊壁较厚，外层由 7～8 层梭状细胞交替砌成，梭状细胞膜呈锯齿状。内层由一层透明的细颗粒构成，其中间有一致密的颗粒带。隔由内层伸出，将包囊分成若干小室，室内布满殖子。成熟的殖子称缓殖子，香蕉状。锥形体在其尖端，微线分布于前端 1/3 处，而其在两侧可延至虫体更后，棒状体有 3 根，中间一根较长，两边两根较短。有亚膜纤维约 16 根。核在虫体后部，很大，核内有核仁，数目不等。核膜下有核膜下染色质，核内有染色质和染色质周围颗粒。在核周围常有颗粒内质网。线粒体较大，内含管状或泡状构造。溶酶体和板层结构均存在，也有自噬空泡存在，但数目较少。速殖子（母细胞）与缓殖子相似，不同者缺乏棒状体和亚膜纤维。

扫描电镜： 包囊两端尖细如棒状。包囊壁由两层组成，外壁表面有散在的块状物，龟裂成槐树皮状，质地疏，如多孔状泡沫砖。内壁表面无皱褶及块状物，为较致密的多孔网状组织，状如粗纱布。横断面扫描：外壁较厚，由瓣状结构组成，7～8 层，横向排列，高低不平，形成波浪状突起，上有许多孔；内壁较薄，环状，包围包囊，质地较致密。内壁向包囊内延伸形成隔。小室不明显。殖子蚕茧状，有膜包围，上有凹陷，可能为微孔，殖子之间由膜状物连接。

2. 牦牛犬住肉孢子虫（*S. poephagicanis*）

光学显微镜： 牦牛犬住肉孢子虫的包囊较小，大小为 0.29（0.10～0.42）mm×0.12（0.04～0.29）mm，呈圆形、椭圆形、卵圆形等，形状如桑葚或蚕蛹。包囊壁很薄，上无横纹，也无突起或刺。由囊下凹部分伸向包囊内部形成隔，隔较厚，将包囊分成若干小室，小室内含月牙形殖子，大小为 10.78（7.46～11.58）μm×3.08（2.57～5.66）μm。

透射电镜： 包囊壁较薄，外层由圆锯齿状峰构成，内层为匀浆状基质。隔将包囊分成若干小室，室内充满殖子。锥形体在殖子前端。核在殖子后部，核膜下有核膜下染色质，核内有染色质和染色质周围颗粒，核中心区有核仁，数目不等，形状不一。由缓殖子的锥形体处伸出 2 根棒状体，向后延伸，但较短。微线分布于缓殖子的前端或整个两边，数目较少。溶酶体数目较少，自噬空泡较多。颗粒内质网多在核周围，也有形状不同的线粒体，但数目均较少。速殖子与缓殖子相似，不同者只是缺少棒状体和亚膜纤维。

扫描电镜： 包囊呈圆球形，嵌于肌肉内。表层（第一层）平整，无突起，布满大小不等的网眼，如蜂巢样。断裂面高低不平，有如岩石样的纵向崎纹，峭纹为殖子密集而成，崎纹上有小突起，无孔。殖子形状不规则，也无明显界限。

（二）住肉孢子虫生活史

住肉孢子虫均为异宿主寄生，终末宿主为犬、狐和狼等肉食动物，寄生于其小肠上皮细胞内；中间宿主为草食动物、禽类、啮齿类和爬行类等，寄生于其肌肉内。人类可作为某些住肉孢子虫的中间宿主或终末宿主。

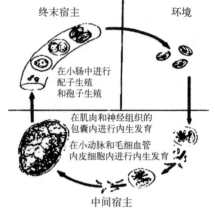

牛、羊等中间宿主通过吞食经住肉孢子虫孢子囊污染的饲草或饮水而感染，孢子囊在宿主肠道释放出子孢子，子孢子经血液循环到达各脏器，在血管内皮细胞中进行2次裂体生殖，然后进入血液或单核细胞内进行第3次裂体生殖，裂殖子进入横纹肌纤维内发育为包囊，再经1～2个月或更长时间发育为成熟的与肌纤维平行的包囊，该包囊称米氏囊（Miescher's tube），内含许多香蕉形的缓殖子（滋养体），又称雷氏小体（Rainey's corpuscle）。牦牛住肉孢子虫的终末宿主为猫，牦牛犬住肉孢子虫的终末宿主为犬（图1-5）。

图1-5　住肉孢子虫生活史

二、检测技术

住肉孢子虫病的诊断分为生前诊断和死后诊断。生前诊断主要是免疫学方法，包括间接血凝试验（IHA）、酶联免疫吸附试验（ELISA）及荧光抗体试验（IFA）等，这些方法操作简便，具有一定的可靠性，而准确诊断需要在免疫学方法基础上，结合临床症状、剖检或组织检查。死后诊断主要为压片镜检，简单可行，结果直观，稳定可靠。压片镜检也是家畜住肉孢子虫感染调查采用的常规方法。此外，近年开展的分子生物学检测技术，主要用于住肉孢子虫的种类鉴定和系统发育研究。

（一）肌肉中包囊的检查

通过肉眼和显微镜可以直接观察住肉孢子虫包囊，利用光学显微镜可对未染色的组织压片、组织病理切片及蛋白酶消化样品进行检查。运用组织压片技术可以观察到肉眼看不见的住肉孢子虫包囊。将新鲜的组织固定，经病理组织学切片和染色技术进行检查，可观察包囊周围的组织特征。经蛋白酶消化的样品可长期保留，可检测消化液中是否含有住肉孢子虫缓殖子或包囊。这几种方法中，病理组织学技术和蛋白酶消化法检出率较高，但过程较烦琐。

1. 压片镜检

将沿肌纤维方向剪成米粒大小的小肉样 0.1 g，置于载玻片上，分摊均匀，滴加适量 50%甘油水溶液透明，盖上一张载玻片压片，将两片玻片用力挤压至肉样半透明为止，用自制橡皮圈固定后镜检。另加一载玻片覆盖，均匀用力压薄肉粒至透过它可以看见纸上的字为止，用显微镜（4×10或10×10）检查住肉孢子虫包囊，统计每个部位的包囊数，每个部位至少制作3张压片。检查时应对每份肉样压片一个视野挨一个视野地详细观察，计数在视野中发现的住肉孢子虫包囊。

2. 判定方法

每份样品任何一个部位发现 1 个包囊，判定为阳性，计算感染率和感染强度。

感染率（%）=（检出虫体的动物数/被检动物数）×100

感染强度＝$\bar{X}$(min～max)

（X 代表平均强度，min 代表最小强度，max 代表最大强度）

（二）免疫学检测技术

间接血凝试验（IHA）较敏感，易出现假阳性，需严格控制反应条件。酶联免疫吸附试验（ELISA）是快速诊断感染的血清学方法，应用广泛。荧光抗体试验（IFA）具有高度的敏感性、特异性，直观性方面表现优异，但需要高水平的操作技术和特定的设备，且结果判断存在一定的主观性。下面介绍 3 种常用检测方法的操作步骤。

1. IHA（间接血凝试验）

（1）缓殖子可溶性抗原制备　获取住肉孢子虫包囊，剪碎后反复洗涤获得缓殖子，再经反复冻融、超声粉碎、离心方法获得缓殖子可溶性抗原，经紫外分光光度计测定蛋白含量，稀释为 0.8 mg/mL，−20 ℃保存。

（2）致敏红细胞悬液的制备　将健康的红细胞洗涤处理，以戊二醛醛化，再以 0.01%鞣酸鞣化，用 0.8 mg/mL 浓度的缓殖子可溶性抗原致敏，将敏化后的红细胞以含 1%兔血清的磷酸缓冲液配成 1.5%的悬液，即为抗原诊断液。在 4 ℃保存。

（3）判定标准　红细胞全部集中在 V 型血凝板孔底呈点状，边缘光滑，周围液体清亮者为阴性；红细胞均匀铺在孔底，周围液体呈云雾状，或红细胞凝集成一圆圈，或边缘有颗粒凝集块等为阳性。

2. ELISA（酶联免疫吸附试验）

（1）缓殖子可溶性抗原制备　获取住肉孢子虫包囊，剪碎后反复洗涤获得缓殖子，再经反复冻融、超声粉碎、离心方法获得缓殖子可溶性抗原，经紫外分光光度计测定蛋白含量，稀释为 0.8 mg/mL，−20 ℃保存。

（2）固相载体的表达　选择适当的固相载体，如聚苯乙烯微量反应板。将已知的抗体或抗原以适当的浓度稀释后，使用碳酸盐包被缓冲液将其包被到固相载体上。包被过程中需确保抗体或抗原均匀覆盖固相载体表面，避免出现气泡或未覆盖的区域。包被后，将固相载体放置在适宜的条件下（如室温或 4 ℃）孵育一段时间，以确保抗体或抗原牢固结合。孵育后，用洗涤液洗涤固相载体，以去除未结合的抗体或抗原，减少非特异性结合。

（3）酶结合物的制备　选择适当的酶标记物，如辣根过氧化物酶或碱性磷酸酶。将酶与抗体或抗原以一定的比例混合，形成酶标记物。混合过程中需确保酶与抗体或抗原充分反应，形成稳定的酶结合物。制备好的酶结合物需储存于适当的条件下，避免反复冻融，以保证其活性。

（4）按常规 ELISA 程序进行，包括底物和最佳条件的选择。常规程序包被、洗涤、封闭、洗涤、显色、测定 OD 值等。

3. IFA（荧光抗体试验）

（1）缓殖子的制备　将洗净的住肉孢子虫包囊剪碎成泥样，经 3 层纱布过滤，以 PBS 或生理盐水反复离心洗涤 3 次，乳白色的沉淀即为洁净的缓殖子；再以 5%福尔马林固定

1 h 后，以 PBS 充分洗涤 2 次，保存在 4 ℃冰箱中备用。

（2）荧光抗体制备　用低温袋内法，以异硫氰酸荧光素（FITC）标记兔抗牛 IgG，再经 Sephade x G - 50 和 DEAE 层析提纯后，加 0.001％硫柳汞防腐，小瓶分装，－20 ℃冰箱中保存，荧光素与蛋白质摩尔比为（1.45～1.950）∶1。

（3）操作程序　①缓殖子抗原涂片，晾干，甲醛固定，PBS 洗涤，晾干；②滴加被检血清置湿盒内，在 37 ℃培养箱中孵育 45 min，之后用 PBS 洗涤 3 次，每次 5 min，晾干或吹干；③滴加荧光抗体（稀释 1∶8），置湿盒内于 37 ℃培养箱中感作 45 min，用上述方法洗涤和晾干，滴加 0.1％伊文斯蓝覆盖 10 min，洗涤，晾干；④加缓冲甘油封片；⑤荧光显微镜下检查。

（4）判定标准确定　整个缓殖子出现明亮黄绿色（苹果绿）荧光者为"＋＋＋"；缓殖子周围出现均匀而明亮黄绿色者为"＋＋"；缓殖子边缘出现黄绿色荧光轮廓或均匀密布点状黄绿色荧光者为"＋"；缓殖子为深橘红色，背景较暗，不发荧光者为"－"。

（5）试验结果　阳性血清均出现明亮黄绿色的荧光，呈强阳性反应；阴性血清和空白对照不出现荧光。

（三）分子生物学检测技术

传统的形态学鉴定方法在住肉孢子虫虫种鉴别上有一定的局限性，而分子生物学具有敏感性高、特异性强的特点，在评估住肉孢子虫种类及系统发育关系方面具有明显的优势。线粒体 DNA 为母系遗传，具有快速进化的特征，已被广泛应用于研究种群结构、物种区分等方面。多项研究发现，核糖体 18S 和 28S 基因由于高度保守，不适宜区分亲缘关系很近的物种。而细胞色素 C 氧化酶第一亚基（COX1）作为线粒体基因中较为保守的基因，在寄生虫的分类鉴定和群体遗传方面被认为是理想的遗传标记，近年来被广泛应用于住肉孢子虫的分类研究。

三、流行情况

（一）国内流行状况

1. 不同地区感染情况调查统计结果

我国西藏、甘肃、新疆、青海、云南和四川是世界上牦牛的主要养殖区，其养殖量占世界牦牛养殖量的 95％。国内外针对牦牛住肉孢子虫病流行病学调查研究的报道较少，多集中于青海牦牛，资料文献基本都是来自中国学者，目前仅有 43 篇，其中 39 篇是关于自然感染率的调查，涉及生物学特性研究的仅 4 篇。文献分析表明：青海、甘肃和新疆的牦牛住肉孢子虫的自然感染非常普遍，且能够垂直传播。如甘肃天祝牦牛住肉孢子虫的自然感染率为 87.1％(115/132)，这也是世界上牦牛住肉孢子虫的首次报道；青海牦牛住肉孢子虫的自然感染率为 36.9％(144/390)。牦牛胚胎住肉孢子虫的自然感染为 26.1％(6/23)；新疆和静牦牛住肉孢子虫的自然感染率为 23.3％(24/103)。牦牛住肉孢子虫对宿主的性别没有明显的偏好性，而对寄生部位有较强的特异性，主要寄生于牦牛的膈肌、心肌、食道肌。1986 年魏斑等对牦牛住肉孢子虫进行季节动态调查，发现牦牛住肉孢子虫和牦牛犬住肉孢子虫对成年牦牛（尤其 3 岁牦牛）造成一年两次感染高峰，即每年的 6 月或 8 月和12 月。

根据文献，对不同地区牦牛住肉孢子虫的感染情况进行统计，结果见表 1 - 8。

表 1-8　中国不同地区牦牛住肉孢子虫感染情况统计结果

发表时间	调查地区	样本数（头）	感染数（头）	感染率（%）	感染强度	调查者
1983 年	甘肃天祝藏族自治县	132	112	84.85	53.9 (5~275) 个/g	魏珽等
1984 年	青海泽库县	150	139	92.67	1~118 个/g	魏珽等
1985 年	青海黄南藏族自治州	20	19	95.0	1.17 (0~26) 个/0.1g	娘吉先等
1987 年	新疆库尔勒市	103	24	23.3	1~47 个/g	才成林等
1987 年	甘肃碌曲县	150	146	97.33	12 (1~82) 个/0.1g	张平成等
1988 年	甘肃肃南裕固族自治县	50	49	98.0	35.28 (3.528) 个/0.1g	王兴亚等
1989 年	甘肃天祝藏族自治县	286	266	93.01	22.62 (1~177) 个/0.1g	田维丰等
1989 年	甘肃天祝藏族自治县	23	6	26.1	—	魏珽等
1991 年	青海达日县	187	164	87.7	4.4 个/g	赵万寿
2001 年	青海西宁市	209	133	63.6	—	韩秀敏
2007 年	青海贵南县	93	64	68.8	6.4 (1~17) 个/0.1g	韩占成等
2008 年	青海共和县	382	208	54.45	—	冯成兰等
2009 年	青海化隆回族自治县	150	22	14.7	—	张超舞
2009 年	青海玉树县、久治县、贵德县、循化撒拉族自治县、门源回族自治县	121	70	57.85	4.58 个/0.1g	李春花等
2009 年	青海兴海县	327	227	69.42	11.73 (0~59) 个/0.1g	更太友
2009 年	青海乌兰县	134	45	33.58	—	张贵林
2012 年	青海称多县	214	58	27.10	—	陈林
2013 年	青海化隆回族自治县	30	12	40.0	11 (2~27) 个/0.1g	康明等
2015 年	青海门源回族自治县	50	3	6.0	—	李世珍
2015 年	青海兴海县	12	5	41.7	3.2 (1~5) 个/0.1g	贺飞飞等
2015 年	青海泽库县	55	16	29.1	6 (2~13) 个/0.1g	张洪波等
2017 年	青海 13 市、县	390	144	36.92	4.79 个/0.1g	马豆豆等
2019 年	西藏拉萨市、那曲市、日喀则市	101	64	63.37	—	李宏亮

2. 牦牛不同年龄、不同性别、不同寄生部位感染情况

对调查资料中涉及牦牛不同年龄、不同性别、不同寄生部位感染情况进行统计,结果见表 1-9、表 1-10、表 1-11 所示。

表 1-9　不同年龄牦牛住肉孢子虫感染情况调查

地区	2~4 岁			5~6 岁			7~8 岁		
	样本数（头）	感染数（头）	感染率（%）	样本数（头）	感染数（头）	感染率（%）	样本数（头）	感染数（头）	感染率（%）
青海泽库县	18	17	94.44	47	45	95.74	77	58	75.32
甘肃碌曲县	37	36	97.30	88	85	96.59	25	25	100
新疆	46	10	21.74	57	14	24.56			

表 1-10　不同性别牦牛住肉孢子虫病感染情况统计

地区	雌性			雄性		
	样本数（头）	感染数（头）	感染率（%）	样本数（头）	感染数（头）	感染率（%）
甘肃天祝藏族自治县（1981）	74	67	90.54	58	49	84.48
青海泽库县（1982）	53	48	90.57	97	91	93.81
甘肃碌曲县（1986）	58	56	96.55	92	90	97.83
新疆和静县（1987）	41	9	21.95	62	15	24.19

表 1-11　青海省牦牛各部位住肉孢子虫调查统计结果

地名	食道肌			心肌			膈肌			腹外斜肌		
	调查数（头）	阳性数（头）	阳性率（%）	调查数（头）	阳性数（头）	阳性率（%）	调查数（头）	阳性数（头）	阳性率（%）	调查数（头）	阳性数（头）	阳性率（%）
兴海县	30	11	36.7	30	6	20	30	10	33.3	30	3	10
贵德县	30	7	23.3	30	6	20	30	9	30	30	4	13.3
贵南县	30	9	30	30	8	26.7	30	7	23.3	30	3	10
乌兰县	30	7	23.3	30	2	6.7	30	6	20	30	2	6.7
天峻县	30	8	26.7	30	6	20	30	7	23.3	30	3	10
祁连县	30	7	23.3	30	9	30	30	9	30	30	3	10
门源回族自治县	30	11	36.7	30	9	30	30	13	43.3	30	5	16.7
循化撒拉族自治县	30	6	20	30	7	23.3	30	8	26.7	30	4	13.3
达日县	30	8	26.7	30	6	20	30	9	30	30	4	13.3
久治县	30	10	33.3	30	9	30	30	7	23.3	30	3	10
玉树市	30	9	30	30	5	16.7	30	6	20	30	3	10
治多县	30	6	20	30	4	13.3	30	7	23.3	30	2	6.7
河南蒙古族自治县	30	5	16.7	30	4	13.3	30	5	16.7	30	2	6.7
合计	390	104	26.7	390	81	20.8	390	103	26.4	390	41	10.5

3. 流行特点

住肉孢子虫分布于世界各地，宿主广泛，部分种类可感染人，引起的疾病属于人兽共患寄生虫病。各种年龄和性别的牦牛均可感染住肉孢子虫，而且随着年龄的增长，感染率升高。住肉孢子虫的孢子囊对外界抵抗力较强，在适宜温度下，可存活 1 个月以上，但对高温和冷冻较敏感，在 60～70 ℃的环境 10 min、冷冻 1 周或 −20 ℃存放 3 d 均可丧失活力。终末宿主粪便中的住肉孢子虫卵囊或孢子囊可直接感染中间宿主，中间宿主还可以通过食入鸟类、蝇和食粪甲虫等散播的卵囊或孢子囊而感染。住肉孢子虫种类多，其形态大小有差异，以前认为有严格的宿主特异性，因发现同一虫种可寄生于不同的宿主，现在认为无严格宿主特异性。

（二）国外流行状况

Fukuyo M 等（2002）在蒙古国调查牦牛 30 头，检出感染牛 28 头，感染率为 93.3%。

四、危害

住肉孢子虫感染中间宿主造成的病理变化主要在全身横纹肌，尤其是后肢、腰部、腹侧、食道、心脏、横膈等部位存在大量白色的梭形包囊。显微镜检查可见肌肉中有完整的包囊而不伴有炎性反应，也可见到包囊破裂，释放出的缓殖子导致严重的心肌炎或肌炎，其病理特征是淋巴细胞、嗜酸性细胞和巨噬细胞的浸润和钙化。住肉孢子虫病对牦牛及其肉制品、环境、人均具有一定的危害和潜在威胁，故应该引起重视。

（一）对牦牛的危害

牦牛感染本病后，主要的临床症状为：慢性感染时表现神情沉郁、疲倦无力、食欲减退或废绝、消瘦、贫血、全身浮肿、共济失调、孕牛流产、生产性能下降等，严重时可引起死亡；怀孕的牦牛可能会过早分娩、体重减轻、流产等，或出现其中部分症状，病程可持续数天至数周。

（二）对肉制品的影响

该病导致牦牛肉质糜烂而被大量废弃，直接影响肉制品品质并造成经济损失。另外，当人吞食生的或未煮熟的含有住肉孢子虫包囊的肉制品，或者食入被卵囊或孢子囊污染牦牛肉后，可能会造成人的感染。

五、防治

住肉孢子虫病的传播主要由家养的犬、猫等终末宿主引起，因此预防本病的发生及流行可以从以下几方面着手：

（1）加强对住肉孢子虫病的宣传力度，加强对终末宿主的日常管理和对病原的控制，防止感染扩大，严禁用生肉制品喂犬、猫，对于含有包囊或孢子囊的内脏、肉样应及时销毁。

（2）定期对圈舍进行消毒，防止中间宿主感染，严禁包括人在内的终末宿主的粪便污染牦牛的饲草和饮水，以切断传染源。

（3）对于住肉孢子虫病目前尚无特效治疗药物，可试用的药物有左旋咪唑、丙硫苯咪唑、敌百虫、吡喹酮，以及抗球虫药（马杜拉霉素除外）等。

（4）加强个人饮食卫生，做到饭前便后洗手，生熟肉分开切，肉和蔬菜分开切。

第三节　牦牛球虫病

牛球虫病主要是由艾美耳属（*Eimeria*）球虫寄生于肠上皮细胞内引起的原虫病。病原种类多，分布广。牛的主要病变特征为出血性肠炎。犊牛对球虫的易感性高，且病情严重、危害较大（Soulsby，1986）；成年牛常呈隐性感染，成为带虫者，是牛球虫病的重要传染源。犊牛感染球虫后，球虫寄生在犊牛肠道中，破坏肠上皮细胞，引起下痢、消瘦、贫血、发育不良、免疫力下降，严重者便血，甚至死亡，给养牛业造成很大的经济损失（Thomas，1994；黄兵，1992）。目前，有关牦牛球虫病方面的研究较少，尚缺乏较系统深入的研究，影响了对该病的防治。

为掌握青藏高原地区牦牛球虫感染现状及分布情况，确定优势虫种，丰富牦牛球虫病流行病学资料，近年来，许多学者开展了青藏高原地区牦牛球虫病流行病学调查研究。我们在前期工作的基础上，进行了青海省牦牛球虫病流行病学调查，综合整理已有牦牛球虫病调查资料，为牦牛球虫病流行病学与防治技术研究提供依据和参数。

一、病原

球虫是一类寄生性原虫，隶属于类锥体纲（Conoidasida）、球虫亚纲（Coccidia）、真球虫目（Eucoccidiorida）、艾美耳亚目（Eimeriina）、艾美耳科（Eimeriidae）的艾美耳属（*Eimeria*）和等孢属（*Isospora*），具有显著的宿主特异性。

目前，全世界报道的牛球虫有 27 种，其中艾美耳属球虫 25 种。据调查，有 14 种艾美耳球虫可感染牦牛，分别是邱氏艾美耳球虫（*E. zuernii*）、皮利他艾美耳球虫（*E. pellita*）、加拿大艾美耳球虫（*E. canadensis*）、牛艾美耳球虫（*E. bovis*）、圆柱状艾美耳球虫（*E. cylindrica*）、亚球形艾美耳球虫（*E. subspherica*）、椭圆艾美耳球虫（*E. ellipsoidalis*）、巴西利亚艾美耳球虫（*E. brasiliensis*）、怀俄明艾美耳球虫（*E. wyomingensis*）、阿拉巴马艾美耳球虫（*E. alabamensis*）、伊利诺斯艾美耳球虫（*E. illinoisensis*）、奥博艾美耳球虫（*E. auburnensis*）、孟买艾美耳球虫（*E. bombayansis*）、巴克朗艾美耳球虫（*E. bukidnonensis*）。14 种球虫的卵囊见图 1 - 6 所示。14 种球虫卵囊的基本形态特征见表 1 - 12。

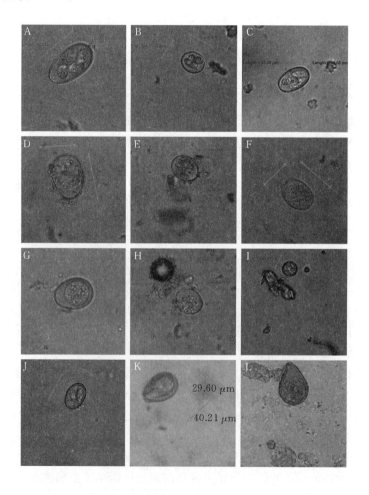

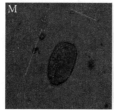
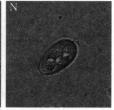

图 1-6 感染牦牛的球虫卵囊

A. 牛艾美耳球虫（*E. bovis*）；B. 邱氏艾美耳球虫（*E. zuernii*）；C. 圆柱状艾美耳球虫（*E. cylindrica*）；
D. 皮利他艾美耳球虫（*E. pellita*）；E. 加拿大艾美耳球虫（*E. canadensis*）；F. 巴西利亚艾美耳球虫（*E. brasiliensis*）；
G. 阿拉巴马艾美耳球虫（*E. alabamensis*）；H. 伊利诺斯艾美耳球虫（*E. illinoisensis*）；
I. 亚球形艾美耳球虫（*E. subspherica*）；J. 椭圆艾美耳球虫（*E. ellipsoidalis*）；K. 怀俄明艾美耳球虫（*E. wyomingensis*）；
L. 巴克朗艾美耳球虫（*E. bukidnonensis*）；M. 孟买艾美耳球虫（*E. bombayansis*）；
N. 奥博艾美耳球虫（*E. auburnensis*）

表 1-12　牦牛 14 种球虫卵囊形态特征

种类	大小（μm）	形状	颜色	孢子囊
牛艾美耳球虫（*E. bovis*）	（15.19～20.58）×（21.07～34.3）	卵囊呈卵圆形	外壁无色，内壁为淡黄褐色，有卵膜孔	呈长卵圆形，大小（5.88～8.35）μm×（11.72～18.25）μm，内有斯氏体，孢子囊残体呈颗粒状
邱氏艾美耳球虫（*E. zuernii*）	（12.25～20.0）×（17.78～19.11）	卵囊呈短椭圆形或亚球形	卵囊壁为 2 层，平滑、无色，囊壁厚 0.74～0.78 μm。无卵膜孔、外残体及极粒	呈卵圆形，大小为（7.35～14.21）μm×（4.9～5.88）μm，内有斯氏体和呈颗粒状的孢子囊残体，子孢子的粗端有一清晰的折光体
圆柱状艾美耳球虫（*E. cylindrica*）	（21.6～25.97）×（12.25～15.68）	卵囊呈长椭圆形，两边稍平直	卵囊壁为 2 层，光滑、无色，厚度为 0.8～1.0 μm。无卵膜孔、外残体，未见极粒	孢子囊呈长椭圆形，大小为（11.27～12.74）μm×（5.39～6.37）μm，有斯氏体和内残体
皮利他艾美耳球虫（*E. pellita*）	（37.0～43.12）×（25.0～28.42）	卵囊呈宽卵圆形，窄端稍平	卵囊壁为 2 层，呈暗褐色，厚度为 2.94 μm，表面均匀地散布着许多小而钝的隆起。有 1 个宽的卵膜孔，宽度为 6.37～7.84 μm，无外残体、极粒	孢子囊呈长卵圆形，平均大小为 18.5 μm×7.84 μm，斯氏体不明显，有内残体，呈致密的小颗粒状
加拿大艾美耳球虫（*E. canadensis*）	（28.0～37.0）×（20.0～27.0）	卵囊呈长卵圆形	囊壁为 2 层，微黄色，厚度为 2.1 μm，卵膜孔明显，宽 8.82 μm 左右。无外残体、极粒	孢子囊为长卵圆形，平均大小为 19.8 μm×7.95 μm，斯氏体明显，有内残体

(续)

种类	大小（μm）	形状	颜色	孢子囊
巴西利亚艾美耳球虫（E. brasiliensis）	(30.0～35.0)×(22.5～25.0)	卵囊呈典型的梨形，一端呈圆形状，另一端稍锐	卵膜孔明显，宽4.5～5.0 μm，稍隆起。卵膜孔后两边稍向内缩。卵囊壁为2层，表面光滑，呈黄褐色，囊壁厚约1.5 μm。无极粒，未见外残体	孢子囊为长卵圆形，大小为15.0 μm×7.5 μm，有1个小的斯氏体，有内残体，呈细颗粒状
阿拉巴马艾美耳球虫（E. alabamensis）	(18.13～23.03)×(13.21～14.21)	卵囊呈宽卵圆形	囊壁为2层，厚约0.69 μm，无色或浅黄色。无卵膜孔、极粒、外残体	孢子囊呈卵圆形，大小为(10.78～15.19) μm×(4.41～5.39) μm，有明显的斯氏体，有内残体，呈颗粒状，松散地散布于子孢子之间
伊利诺斯艾美耳球虫（E. illinoisensis）	(24～29)×(19～22)	卵囊为椭圆形或稍卵球形	囊壁为单层，囊壁厚1.3 μm，光滑，外壁无色，内表面是淡褐色的，无卵膜孔、外残体、极粒	孢子囊呈拉长的卵圆形，在孢子囊狭窄的一端携带一个小的斯氏体，有内残体，呈颗粒状
亚球形艾美耳球虫（E. subspherica）	(9.9～14.4)×(9.8～13.2)	卵囊呈球形或近球形	囊壁为2层，光滑，囊壁厚0.6 μm，无色或微黄色。无卵膜孔、外残体、极粒	孢子囊呈椭圆形，大小为(9.8～10.78) μm×(5.39～5.88) μm，斯氏体不明显，无内残体
椭圆艾美耳球虫（E. ellipsoidalis）	(14.21～29.4)×(10.78～16.74)	卵囊呈椭圆形	囊壁为2层，无色，平滑，厚0.8～0.88 μm，无卵膜孔、极粒、外残体	孢子囊呈卵圆形，大小为(12.25～17.15) μm×(4.9～7.35) μm，斯氏体不明显，有内残体
怀俄明艾美耳球虫（E. wyomingensis）	(34.78～40.67)×(21.56～26.95)	卵囊呈宽卵圆形	囊壁为2层，厚约2 μm，呈淡黄色，有明显的卵膜孔，其宽度为4.9～5.39 μm，无极粒和外残体	孢子囊呈长卵圆形，大小为(17.15～22.1) μm×(6.86～8.82) μm，有小的斯氏体，有内残体。孢子囊壁上有一排颗粒
巴克朗艾美耳球虫（E. bukidnonensis）	(47～50)×(33～38)	卵囊呈卵圆形	囊壁为3层，外层厚2.9 μm，有间断的径向条纹、斑点或斑点状的深色突起，无卵膜孔、极粒、外残体	孢子囊呈长卵圆形，通常位于中央，大小为10～20 μm，有一个扁平的、不明显的斯氏体，无内残体

（续）

种类	大小（μm）	形状	颜色	孢子囊
孟买艾美耳球虫（*E. bombayansis*）	（33.37～46.15）×（19.25～32.05）	卵囊呈椭圆形、圆柱形或不对称形，一边穹隆形，一边平直	囊壁为2层，有卵膜孔，卵囊壁光滑透明而且均匀	孢子囊大小为（15.38～23.07）μm×（7.69～8.97）μm，无外残体，有内残体，呈团块状或散在颗粒状，这两种残体可同时在一个卵囊内出现
奥博艾美耳球虫（*E. auburnensis*）	（27.03～41.07）×（20.51～30.82）	卵囊呈长卵圆形、椭圆或锥形	囊壁为2层，厚2.5～4.0 μm，外表呈淡黄绿色，粗糙，有较明显的卵膜孔，无极粒、外残体	孢子囊呈长椭圆形，大小为（12.8～25.6）μm×（7.62～10.27）μm，在尖的一端有一个变暗的斯氏体，有内残体

二、检测技术

牦牛球虫检测一般采用饱和盐水漂浮法、蔗糖溶液漂浮法进行卵囊检查。收集卵囊，在恒温箱中进行孢子化培养，在显微镜下观察孢子化卵囊特征，注意形状、大小、颜色、卵膜孔和极粒等差异，显微照相，参考有关资料进行虫种鉴定。同时，记录样品中各种球虫卵囊的比例，测算牦牛的球虫感染率。

采用饱和蔗糖溶液漂浮法，取被检粪便3～5 g放入50 mL烧杯中后加入20 mL蒸馏水，用玻璃棒搅拌均匀后，经孔径0.175 mm粪筛过滤至50 mL离心管中，3 500 r/min离心5 min后，弃去上清液，加入30 mL饱和蔗糖溶液，用玻璃棒把粪便沉淀物搅匀后3 500 r/min离心10 min，再用吊环钓取少量表面液膜滴于洁净载玻片上，加盖玻片进行镜检。

（一）试验仪器

电子天平、压舌板、小烧杯、50 mL和15 mL离心管、纱布、漏斗、塑料吸管、电子显微镜、麦氏计数板、镊子、玻璃棒等。

（二）粪样的采集

通过直肠取粪样或捡取刚排出的新鲜粪便，逐头采集牦牛新鲜粪样约20 g，分别装入塑料袋中，密封、编号，并注明采集地、性别、年龄及采集时间。用冷藏瓶带回实验室后，保存在4 ℃的冰箱中备检。

（三）粪样检查

定性检测：取粪样5 g放入50 mL烧杯中，加入适量水，待泡软后轻轻搅拌均匀，经60目铜丝网过滤。将滤液移入15 mL试管中，2 500 r/min离心10 min，倾去上清液，沉淀中加入少量饱和食盐水，混匀。用饱和盐水加满，盖上盖玻片静置10 min后，将盖玻片置于载玻片上，进行镜检。发现球虫卵囊者判为阳性，未发现者判为阴性。

定量检测：对定性检测为阳性的粪样，取5 g粪便放入100 mL烧杯中，加入50 mL水，轻轻搅匀后经60目铜丝网过滤，并用洁净水冲洗几次滤网。滤液经2 500 r/min离心

10 min，倾去上清液，加入少量水混匀后加水至 20 mL，充分混匀，取 2 mL 混匀液置于 10 mL 离心管内，加入饱和盐水 4 mL，充分混匀，用吸管吸取混匀液注满改良麦氏记数板，静置 10 min 后，显微镜下对麦氏计数板中 2 个计数室内的卵囊进行计数，得到数值 A。结果以每克粪便卵囊数（OPG）（OPG＝A×40）来表示。

（四）卵囊的收集与孢子化培养

参考 Becker 和董辉等的方法，对于镜检发现的阳性样品进行球虫的收集与培养。将来源于同一个地区的阳性粪样，按<1 岁、1~2 和>2 岁进行归类，每类中每个样品取质量相等的粪便置于干净的烧杯中，加适量的水充分混匀，经 60 目筛网过滤，滤液经 2 500 r/min 离心 10 min，沉淀物用饱和盐水漂浮收集卵囊，卵囊沉淀多次用清水反复离心洗净，除去残余饱和盐水。然后，将卵囊转移至培养皿中，加入适量 2.5% 重铬酸钾溶液，28 ℃恒温箱中培养，至 95% 以上卵囊完全孢子化，置于 4 ℃保存。

（五）虫种鉴定

培养前检查一次，培养后每隔 6 h 观察一次卵囊的发育情况，进行显微照相，至卵囊完成孢子化。记录卵囊的形态和内部构造，根据卵囊大小、形状、颜色，有无内外残体、极粒和卵膜孔等，参照有关文献进行虫种鉴定（Levine 等，1970；Pellérdy，1974；孔繁瑶，1997；黄兵等，2004）。

三、流行情况

1984 年以来，我国青海、西藏、四川、新疆、甘肃等牦牛主要养殖地区和国外的印度、尼泊尔等地的科研工作者已对牦牛球虫病流行情况进行了多个点次的调查。

（一）国内牦牛球虫病流行状况

1. 青海省流行情况

（1）前期调查（已有调查结果的整理总结） 据《青海省畜禽疫病志》中记载，青海西宁地区牛群中流行的球虫有 12 种，牦牛中有 2 种，分别是圆柱状艾美耳球虫和怀俄明艾美耳球虫。

为摸清牦牛球虫病的感染状况，许多兽医寄生虫病学工作者开展了有限的调查研究，表 1-13 显示了青海省对牦牛球虫病的调查结果。

表 1-13　青海省牦牛球虫病感染情况调查统计结果

发表年份	调查年份	地域	采用方法	调查数（头）	阳性数（头）	阳性率（%）	参考文献
2016	2010.11—2011.1	祁连县、玉树县、达日县、河南蒙古族自治县	漂浮法	324	113	34.9	DONG H 等
2015	2010—2011	兴海县	漂浮法	62	13	20.97	贺飞飞等
2016	2015	祁连县	漂浮法	71	23	32.39	雷萌桐等
2017	2014.8—2015.10	海晏县、祁连县、尖扎县	漂浮法	587	310	52.81	郭志宏等
2018	不详	久治县	漂浮法	500	156	31.2	俄拉

DONG H 等（2012）采用饱和盐水漂浮法对青海省祁连县、玉树县、达日县及河南蒙

古族自治县4个地区的放牧牦牛进行了检测，检出艾美耳球虫感染牛113头，平均感染率为34.88%(113/324)，祁连县（57.7%）、玉树县（46.9%）达日县（18.6%）和河南蒙古族自治县（15.3%）的阳性率各不相同，小于1岁犊牛阳性率（53.3%）显著高于1岁幼年牛（36.1%），两者的阳性率明显高于成年牛（15.6%），犊牛每克粪便中的卵囊数明显高于成年牛；在66.4%的牦牛中发现2～7种混合感染。

贺飞飞等（2015）采用饱和盐水漂浮法对兴海县62头牦牛粪样进行了检测，检出感染牛13头，感染率20.97%。检出艾美耳球虫11种，优势虫种为邱氏艾美耳球虫、皮利他艾美耳球虫、加拿大艾美耳球虫、圆柱状艾美耳球虫和亚球形艾美耳球虫。感染率分别为30.65%、24.19%、14.52%、19.36%和14.52%，平均感染率为20.65%。

雷萌桐等（2016）采用饱和盐水漂浮法对祁连县71头牦牛粪样进行了检测，感染率32.39%(23/71)。检出艾美耳球虫12种，即邱氏艾美耳球虫、皮利他艾美耳球虫、加拿大艾美耳球虫、牛艾美耳球虫、圆柱状艾美耳球虫、亚球形艾美耳球虫、椭圆艾美耳球虫、巴西利亚艾美耳球虫、怀俄明艾美耳球虫、阿拉巴马艾美耳球虫、孟买艾美耳球虫、奥博艾美耳球虫，其中邱氏艾美耳球虫、皮利他艾美耳球虫、加拿大艾美耳球虫为优势种。

郭志宏等（2017）采用饱和盐水漂浮法对海晏县、祁连县和尖扎县587份牦牛粪样进行了检测，检出感染牛310头，平均感染率为52.81%(310/587)；海晏、祁连、尖扎县感染率分别为47.85%、48.92%和63.53%，各地之间感染率没有显著差异（$p>0.05$）；检出艾美耳球虫13种，其中牛艾美耳球虫、加拿大艾美耳球虫、椭圆艾美耳球虫和邱氏艾美耳球虫为调查地区牦牛球虫感染的主要虫种。犊牛中1月龄牦牛的感染率最低（17.72%），3月龄牦牛的感染率最高（达79.22%）。单一球虫种感染的比例最高为23.00%。

俄拉（2018）采用饱和盐水漂浮法检测了久治县500头牦牛粪样，检出球虫感染牛156头，感染率为31.2%(156/500)。

综上所述，青海省在祁连县、海晏县、玉树县、达日县、久治县、河南蒙古族自治县和尖扎县等地区进行了5个点次的调查，共检测1544头份放牧牦牛粪样，检出艾美耳球虫感染牛615头，平均感染率39.83%（范围为20.96%～52.81%）。检出艾美耳球虫14种，检出的多种球虫为青海省牦牛宿主新记录，丰富了病原学内容。其中邱氏艾美耳球虫、牛艾美耳球虫、皮利他艾美耳球虫、加拿大艾美耳球虫、圆柱状艾美耳球虫和亚球形艾美耳球虫为优势种。

（2）牦牛球虫病流行现状调查（现地调查）　为进一步掌握青藏高原地区牦牛球虫感染现状及分布情况，确定优势虫种，丰富牦牛球虫病流行病学资料，青海省畜牧兽医科学院高原动物寄生虫病研究团队在前期工作的基础上，于2020—2021年进行了青海省牦牛球虫病流行病学调查，综合整理已有牦牛球虫病调查资料，为牦牛球虫病流行病学与防治技术研究提供依据和参数。

1）材料与方法

① 调查地区　青海省达日县、玉树市、治多县、称多县、河南蒙古族自治县、兴海县、祁连县、刚察县、乌兰县等9个地区。

② 方法　按《动物球虫病诊断技术》（GB/T 18647—2020）的规定进行采样与检测。

2）结果

① 青海 9 个地区牦牛艾美耳球虫感染率　本次调查结果见表 1-14，从表中可知，9 个地区共检查了 863 份样品，其中 267 份检出有球虫感染，平均感染率为 30.94%。不同地区牦牛球虫感染率不尽相同，其中感染率超过 30% 的有玉树市、祁连县、刚察县、乌兰县、兴海县等 5 个地区，占调查地区总数的 55.56%。

结果表明，各调查地区牦牛均不同程度存在艾美耳球虫感染，平均感染率为 30.94%，感染范围为 13.98%～49.48%。

表 1-14　青海省 9 个地区牦牛球虫感染率

采样地点	采样数（头）	阳性数（头）	阳性率（%）
达日县	93	17	18.28
玉树市	96	44	45.83
治多县	99	21	21.21
称多县	96	25	26.04
河南蒙古族自治县	93	13	13.98
兴海县	95	30	31.58
祁连县	97	48	49.48
刚察县	96	36	37.50
乌兰县	98	33	33.67
合计	863	267	30.94

② 牦牛球虫种类及优势虫种　对 267 份球虫阳性粪便的卵囊进行形态学鉴定，共检出 14 种艾美耳球虫，各地区牦牛感染各种艾美耳球虫的头数及阳性粪便样品中检出该种球虫的比例见表 1-15。在 9 个地区的球虫阳性粪样中，按检出各种球虫的总阳性数计，邱氏艾美耳球虫检出率为 50.19%，加拿大艾美耳球虫为 36.70%，皮利他艾美耳球虫为 33.3%，牛艾美耳球虫为 29.21%，圆柱状艾美耳球虫为 27.72%，这 5 种为多数地区牦牛的优势流行种。不同地区牦牛感染的球虫种类数量不同，其中玉树市、刚察县、乌兰县牦牛均检出 12 种球虫，治多县、兴海县、祁连县均检出 11 种球虫，高于称多县、河南蒙古族自治县的 9 种和达日县的 8 种。

表 1-15　不同地区牦牛各种球虫感染情况统计结果

虫种	达日县 (n=17)	玉树市 (n=44)	治多县 (n=21)	称多县 (n=25)	河南蒙古族自治县 (n=13)	兴海县 (n=30)	祁连县 (n=48)	刚察县 (n=36)	乌兰县 (n=33)	合计 267
牛艾美耳球虫 (E. bovis)	8 (47.06%)	13 (29.55%)	9 (42.86%)	10 (40.00%)	7 (53.85%)	11 (36.67%)	6 (12.50%)	9 (25.00%)	5 (15.15%)	78 (29.21%)
邱氏艾美耳球虫 (E. zuernii)	5 (29.41%)	27 (61.36%)	10 (47.62%)	14 (56.00%)	8 (61.54%)	14 (46.67%)	23 (47.92%)	19 (52.78%)	14 (42.42%)	134 (50.19%)

（续）

虫种	达日县 （$n=17$）	玉树市 （$n=44$）	治多县 （$n=21$）	称多县 （$n=25$）	河南蒙古 族自治县 （$n=13$）	兴海县 （$n=30$）	祁连县 （$n=48$）	刚察县 （$n=36$）	乌兰县 （$n=33$）	合计 267
椭圆艾美耳球虫 （E. ellipsoidalis）	0 （0.00%）	9 （20.45%）	6 （28.57%）	7 （28.00%）	4 （30.77%）	8 （26.67%）	9 （18.75%）	8 （22.22%）	12 （36.36%）	63 （23.60%）
圆柱状艾美耳球虫 （E. cylindrica）	0 （0.00%）	8 （18.18%）	7 （33.33%）	12 （48.00%）	5 （38.46%）	10 （33.33%）	13 （27.08%）	11 （30.56%）	8 （24.24%）	74 （27.72%）
亚球型艾美耳球虫 （E. subspherica）	0 （0.00%）	12 （27.27%）	4 （19.05%）	6 （24.00%）	0 （0.00%）	4 （13.33%）	8 （16.67%）	7 （19.44%）	10 （30.30%）	51 （19.10%）
阿拉巴马艾美耳球虫 （E. alabamensis）	2 （11.76%）	2 （4.55%）	2 （9.52%）	5 （20.00%）	0 （0.00%）	6 （20.00%）	5 （10.42%）	4 （11.11%）	7 （21.21%）	33 （12.36%）
加拿大艾美耳球虫 （E. canadensis）	10 （58.82%）	14 （31.82%）	5 （23.81%）	10 （40.00%）	3 （23.08%）	9 （30.00%）	19 （39.58%）	13 （36.11%）	15 （45.45%）	98 （36.70%）
皮利他艾美耳球虫 （E. pellita）	11 （64.71%）	8 （18.18%）	6 （28.57%）	8 （32.00%）	6 （46.15%）	12 （40.00%）	14 （29.17%）	11 （30.56%）	13 （39.39%）	89 （33.33%）
巴西利亚艾美耳球虫 （E. brasiliensis）	4 （23.53%）	6 （13.64%）	3 （14.29%）	2 （8.00%）	3 （23.08%）	5 （16.67%）	7 （14.58%）	6 （16.67%）	3 （9.09%）	39 （14.61%）
巴克朗艾美耳球虫 （E. bukidnonensis）	0 （0.00%）	4 （9.09%）	0 （0.00%）	0 （0.00%）	0 （0.00%）	0 （0.00%）	0 （0.00%）	2 （5.56%）	0 （0.00%）	6 （2.25%）
伊利诺斯艾美耳球虫 （E. illinosensis）	0 （0.00%）	4 （9.09%）	0 （0.00%）	2 （8.00%）	2 （15.38%）	0 （0.00%）	0 （0.00%）	0 （0.00%）	3 （9.09%）	11 （4.12%）
怀俄明艾美耳球虫 （E. wyomingensis）	2 （11.76%）	5 （11.36%）	3 （14.29%）	4 （16.00%）	0 （0.00%）	2 （6.67%）	10 （20.83%）	3 （8.33%）	0 （0.00%）	29 （10.86%）
孟买艾美耳球虫 （E. bombayansis）	0 （0.00%）	0 （0.00%）	4 （19.05%）	5 （20.00%）	0 （0.00%）	1 （3.33%）	4 （8.33%）	5 （13.89%）	2 （6.06%）	21 （7.87%）
奥博艾美耳球虫 （E. auburnensis）	3 （17.65%）	0 （0.00%）	0 （0.00%）	0 （0.00%）	1 （7.69%）	0 （0.00%）	0 （0.00%）	0 （0.00%）	2 （6.06%）	6 （2.25%）

③ 混合感染情况　在青海省 9 个地区牦牛艾美耳球虫阳性的样品中，不同年龄段牦牛的球虫混合感染情况见表 1-16。从表中可见，各样品中球虫感染，以多种混合感染为主。不同年龄段牦牛的混合感染情况不同，其中 1 岁内牦牛可混合感染 1～7 种球虫，其中以 1～5 种感染为主；1～2 岁牦牛可混合感染 1～5 种球虫，其中以 1～3 种感染为主；大于 2 岁牦牛可混合感染 1～3 种球虫，其中以 1～2 种感染为主。艾美耳球虫单种感染率为 38.95%，混合种感染率为 61.05%，混合种感染率高于单种感染率。存在 2～7 种艾美耳球虫混合感染情况，其中以 2 种艾美耳球虫的混合种感染率最高。不同地区牦牛艾美耳球虫混合感染情况见表 1-17。

表 1-16　青海省不同年龄段牦牛的球虫混合感染情况

年龄	1 种	2 种	3 种	4 种	5 种	6 种	7 种	合计（头）
<1 岁	51	35	21	15	12	5+2	4	145
比例（%）	35.17	24.14	14.48	10.34	8.28	4.83	2.76	
1~2 岁	30	19	17	9	8	—	—	83
比例（%）	36.14	22.89	20.48	10.84	9.64	—	—	
>2 岁	23	14	2	—	—	—	—	39
比例（%）	58.97	35.90	5.13	—	—	—	—	

表 1-17　青海省 9 个地区牦牛球虫混合感染情况

采集地	1 种	2 种	3 种	4 种	5 种	6 种	7 种	合计（头）
达日县	7	2	4	4	0	0	0	17
比例（%）	41.18	11.76	23.53	23.53	0.00	0.00	0.00	
玉树市	20	12	3	4	4	0	1	44
比例（%）	45.45	27.27	6.82	9.09	9.09	0.00	2.27	
治多县	8	5	3	3	2	0	0	21
比例（%）	38.10	23.81	14.29	14.29	9.52	0.00	0.00	
称多县	9	8	3	2	3	0	0	25
比例（%）	36.00	32.00	12.00	8.00	12.00	0.00	0.00	
河南蒙古族自治县	4	3	3	2	1	0	0	13
比例（%）	30.77	23.08	23.08	15.38	7.69	0.00	0.00	
兴海县	10	8	6	3	2	1	0	30
比例（%）	33.33	26.67	20.00	10.00	6.67	3.33	0.00	
祁连县	18	12	9	2	3	3	1	48
比例（%）	37.50	25	18.75	4.17	6.25	6.25	2.08	
刚察县	13	10	4	2	3	2	2	36
比例（%）	36.11	27.78	11.11	5.56	8.33	5.56	5.56	
乌兰县	15	8	5	2	2	1	0	33
比例（%）	45.45	24.24	15.15	6.06	6.06	3.03	0.00	
合计（头）	104	68	40	24	20	7	4	

④ 不同年龄段牦牛感染情况　对各采样点不同年龄段牦牛的球虫感染情况进行统计，结果见表 1-18、表 1-19、表 1-20，从表中可知，9 个地区小于 1 岁犊牦牛的球虫平均感染率为 49.32%，1~2 岁牦牛的感染率为 28.82%，均明显高于 2 岁以上牦牛的感染率 13.88%，而且同一年龄段不同地区牦牛球虫的感染率也有明显的差别。

表 1-18　青海省 9 个地区小于 1 岁犊牦牛的球虫感染情况

采样点	采样数（头）	阳性数（头）	阳性率（%）
达日县	31	12	38.71
玉树市	32	19	59.38
治多县	35	17	48.57
称多县	32	14	43.75
河南蒙古族自治县	32	6	18.75
兴海县	32	15	46.88
祁连县	33	22	66.67
刚察县	33	21	63.64
乌兰县	34	19	55.88
合计	294	145	49.32

表 1-19　青海省 9 个地区 1～2 岁牦牛的球虫感染情况

采样点	采样数（头）	阳性数（头）	阳性率（%）
达日县	31	3	9.68
玉树市	32	15	46.88
治多县	33	2	6.06
称多县	32	6	18.75
河南蒙古族自治县	31	4	12.90
兴海县	32	8	25.00
祁连县	33	18	54.55
刚察县	32	16	50.00
乌兰县	32	11	34.38
合计	288	83	28.82

表 1-20　青海省 9 个地区 2 岁以上牦牛的球虫感染情况

采样点	采样数（头）	阳性数（头）	阳性率（%）
达日县	31	1	3.23
玉树市	32	10	31.25
治多县	31	0	0.00
称多县	32	2	6.25
河南蒙古族自治县	30	2	6.67
兴海县	31	7	22.58
祁连县	31	8	25.81
刚察县	31	7	22.58
乌兰县	32	2	6.25
合计	281	39	13.88

⑤ **球虫感染强度** 结果见表1-21。从表可知，不同地区的牦牛球虫感染强度明显不同，其中OPG最高的是达日县犊牛（2 556.7个），其次为河南蒙古族自治县犊牛（1 266.7个）；其余的OPG均低于1 000个。青海地区牦牛的球虫感染强度高于1 000个的牛群有2组，占7.41%；OPG低于1 000个的有24组，占88.89%；OPG为0的1组，占3.70%。可见，尽管青海省牦牛的球虫感染较为普遍，但感染强度较低。球虫的感染强度与牛群的年龄有很大的关系，随着牛群年龄的增大，球虫的感染强度逐渐减小。

表1-21 青海省9个地区牦牛球虫感染强度

采样点	年龄（岁）	感染强度（OPG）	平均（OPG）	阳性数/检查数（头）
达日县	<1	100~3 600	2 556.7	12/31
	1~2	100~700	340	3/31
	>2	600	600	1/31
玉树市	<1	200~1 200	545.3	19/33
	1~2	100~900	280	15/33
	>2	100~500	213	10/32
治多县	<1	100~2 000	534	17/33
	1~2	100~1 200	380	2/33
	>2	0	0	0/33
称多县	<1	200~1 700	540	14/32
	1~2	100~300	220	6/32
	>2	100~200	150	2/32
河南蒙古族自治县	<1	200~2 800	1 266.7	6/32
	1~2	200~500	350	4/31
	>2	100~300	200	2/30
兴海县	<1	200~900	460	15/32
	1~2	100~600	320	8/32
	>2	100~400	180	7/31
祁连县	<1	300~1 400	840	22/33
	1~2	100~2 100	520	18/33
	>2	100~800	360	8/31
刚察县	<1	200~1 600	638.9	21/33
	1~2	100~1 300	520	16/32
	>2	100~700	420	7/31
乌兰县	<1	200~1 900	280	19/32
	1~2	100~1 800	165.5	11/33
	>2	200~1 000	600	2/33

2. 四川省流行状况

邬捷等（1984）采用饱和盐水漂浮法检测四川省阿坝藏族自治州红原县牦牛粪样63头份，感染率76.19%（48/63），其中犊牛感染率达77.36%（41/53），成年牦牛感染率70%（7/10），感染强度犊牛高于成年牦牛；检出邱氏艾美耳球虫、圆柱状艾美耳球虫、巴西利亚艾美耳球虫、奥博艾美耳球虫、加拿大艾美耳球虫、皮利他艾美耳球虫、怀俄明艾美耳球虫等7种艾美耳球虫。

蒋锡仕等（1987）采用饱和盐水漂浮法调查四川省若尔盖、红原县牦牛粪样141份，腹泻牦牛球虫感染率为57.9%，非腹泻牦牛为37.7%，犊牦牛感染率（47.3%～73.3%）明显高于成年牦牛感染率（16.1%～31.3%）；检出艾美耳球虫10种，按感染率高低依次为加拿大艾美耳球虫、邱氏艾美耳球虫、圆柱状艾美耳球虫、牛艾美耳球虫、皮利他艾美耳球虫、奥博艾美耳球虫、怀俄明艾美耳球虫、亚球形艾美耳球虫、巴西利亚艾美耳球虫、椭圆艾美耳球虫，优势种为加拿大艾美耳球虫和邱氏艾美耳球虫，其中有7种球虫与邹捷等（1984）报道的一致。椭圆艾美耳球虫、亚球形艾美耳球虫和牛艾美耳球虫为国内首次在牦牛中检出。

蒋锡仕等（1989）采用饱和盐水漂浮法调查四川省康定县牦牛粪样46份，感染率为58.7%（27/46），检出艾美耳球虫8种，即邱氏艾美耳球虫、圆柱状艾美耳球虫、椭圆艾美耳球虫、牛艾美耳球虫、亚球形艾美耳球虫、加拿大艾美耳球虫、皮利他艾美耳球虫、奥博艾美耳球虫。

贺安祥等（2009）采用饱和盐水漂浮法调查四川省甘孜藏族自治州半农半牧区康定县和纯牧区色达县牦牛粪样500份，平均感染率为30.00%（150/500），其中康定县感染率为31.95%（54/169），色达县感染率为29.00%（96/331）；犊牛及青年牛（3岁以下）粪样球虫感染率为44.81%（108/241），成年牦牛（3岁以上）粪样球虫感染率为16.22%（42/259）；公牛感染率为26.38%（43/163），母牛感染率为31.75%（107/337）；单一感染率（62/150）小于混合感染率（88/150）。共检出9种球虫，分别为牛艾美耳球虫（24.00%）、圆柱状艾美耳球虫（12.00%）、邱氏艾美耳球虫（16.00%）、亚球形艾美耳球虫（18.03%）、巴西利亚艾美耳球虫（8.27%）、加拿大艾美耳球虫（6.67%）、椭圆艾美耳球虫（9.33%）、怀俄明艾美耳球虫（3.30%）和奥博艾美耳球虫（2.40%），优势虫种为牛艾美耳球虫、邱氏艾美耳球虫和圆柱状艾美耳球虫。

计慧姝等（2017）采用廖氏计数法（改良）调查四川省阿坝藏族羌族自治州红原县和甘孜藏族自治州理塘县的牦牛粪样402头份，检出红原县牦牛球虫平均感染率17.50%，理塘县牦牛感染率2.38%。未鉴定到种。

综上，四川省对若尔盖县、红原县、理塘县、康定县和色达县5个地区进行了8个点次的调查，共检测牦牛粪样1 152头份，阳性率为2.38%～76.19%，平均感染率为40.03%。不同年份均有感染，检出艾美耳球虫10种，其中邱氏艾美耳球虫、椭圆艾美耳球虫和牛艾美耳球虫为优势虫种。调查结果汇总见表1-22。

表1-22 四川省牦牛粪样球虫卵囊检查结果统计

发表年份	调查年份	地域	采用方法	调查数（头）	阳性数（头）	阳性率（%）	参考文献
1984	1982.7	阿坝藏族自治州红原县	饱和盐水漂浮法	63	48	76.19	邹捷等
1987	1986.9—12	阿坝藏族自治州若尔盖县、红原县	饱和盐水漂浮法	腹泻19	11	57.9	蒋锡仕等
				非腹泻122	46	37.7	
				合计141	57	40.4	

（续）

发表年份	调查年份	地域	采用方法	调查数（头）	阳性数（头）	阳性率（%）	参考文献
1989	1988.8—10	康定县	饱和盐水漂浮法	犊牛 30 成年牦牛 16	27	58.7	蒋锡仕等
2009	2007.5—2008.10	甘孜藏族自治州半农半牧区康定县和纯牧区色达县	饱和盐水漂浮法	500	150	30.00	贺安祥等
2017	不详	阿坝藏族羌族自治州红原县	廖氏计数法（改良）	360	63	17.50	计慧姝
		甘孜藏族自治州理塘县	廖氏计数法（改良）	42	1	2.38	

3. 新疆维吾尔自治区流行状况

杜晓杰等（2014）采用饱和盐水漂浮法调查新疆巴音郭楞蒙古自治州和静县和乌鲁木齐市球虫，调查 210 头，感染 85 头，感染率 40.48%。

杜晓杰（2015）采用饱和盐水漂浮法调查新疆巴音郭楞蒙古自治州和静县、和硕县牦牛粪样 449 头，检出阳性牛 160 头份，球虫感染率 35.63%（160/449），未鉴定到种。

哈西巴特等（2016）采用饱和盐水漂浮法对新疆巴音郭楞蒙古自治州天然牧场的本土黑牦牛粪样（449 头份）和引种白牦牛粪样（46 头份）进行了检测，检出感染率分别为 72.61%（326/449）和 67.40%（31/46），OPG 分别为 3 360 个和 3 580 个，未鉴定到种。

综上，新疆 2 个地区的 3 个点次调查，共调查牦牛 1 154 头，球虫病感染率为 35.63%～72.61%，不同年份均有感染。调查结果汇总见表 1 - 23。

表 1 - 23　新疆维吾尔自治区牦牛球虫病粪便卵囊检查结果

发表年份	调查年份	地域	采用方法	调查数（头）	阳性数（头）	阳性率（%）	参考文献
2014	不详	巴音郭楞蒙古自治州和静县和乌鲁木齐市	饱和盐水漂浮法	210	85	40.48	杜晓杰等
2015	2012.5—2014.5	巴音郭楞蒙古自治州和静县、和硕县	饱和盐水漂浮法	449	160	35.63	杜晓杰
2016	2015	巴音郭楞蒙古自治州和静县、和硕县	饱和盐水漂浮法	黑牦牛 449	326	72.61	哈西巴特等
				白牦牛 46	31	67.40	

4. 甘肃省流行状况

聂福旭等（2017）采用饱和盐水漂浮法对甘肃省天祝藏族自治县白牦牛粪样 252 头份进行了检测，检出感染牛 190 头，感染率 75.40%（190/252）。其中 3 月龄内犊牛感染率 100%（108/108），1 岁以上牦牛感染率 62.50%（90/144）。

5. 西藏自治区流行状况

毋亚运等（2017）采用饱和蔗糖溶液漂浮法调查西藏林芝市、山南市和日喀则市等地放牧牦牛粪样 577 头份，检出艾美耳球虫感染牛 477 头，感染率为 82.67%（477/577），未鉴定到种。

张凯慧等（2019）采用饱和蔗糖溶液漂浮法对西藏林芝市、山南市和日喀则市 3 个地区牦牛 239 份粪样进行检测，检出艾美耳球虫感染牛 105 头，感染率为 43.93%（105/239）。检出艾美耳球虫 11 种，分别为邱氏艾美耳球虫 25.94%（62/239）、椭圆艾美耳球虫 15.48%（37/239）、圆柱状艾美耳球虫 11.30%（27/239）、阿拉巴马艾美耳球虫 10.88%（26/239）、亚球形艾美耳球虫 7.95%（19/239）、牛艾美耳球虫 7.53%（18/239）、加拿大艾美耳球虫 5.86%（14/239）、皮利他艾美耳球虫 5.44%（13/239）、奥博艾美耳球虫 3.35%（8/239）、巴克朗艾美耳球虫 1.26%（3/239）和巴西利亚艾美耳球虫 1.26%（3/239）。其中邱氏艾美耳球虫、圆柱状艾美耳球虫、椭圆艾美耳球虫和阿拉巴马艾美耳球虫为优势虫种；牦牛球虫单种感染率为 18.41%（44/239），混合种感染率为 25.52%（61/239），以 2 种球虫的混合感染率最高（11.30%），混合感染 3、4、5、6 和 7 种球虫的感染率分别为 9.21%、0%、3.35%、0.84% 和 0.84%。

综上，在西藏 3 个地区进行的 2 个点次调查，共检测牦牛粪样 816 头份，球虫阳性率为 43.93%～82.67%。检出艾美耳球虫 11 种，其中邱氏艾美耳球虫和椭圆艾美耳球虫为优势虫种。调查结果汇总见表 1-24。

表 1-24 西藏自治区牦牛球虫病粪样卵囊检查结果

发表年份	调查年份	地域	采用方法	调查数（头）	阳性数（头）	阳性率（%）	参考文献
2017	2016.6—7	林芝市、山南市、日喀则市等地	饱和蔗糖溶液漂浮法	577	477	82.67	毋亚运等
2019	2016.6—7	林芝市工布江达县、山南市加查县、日喀则市谢通门县	饱和蔗糖溶液漂浮法	239	105	43.93	张凯慧等

（二）国外牦牛球虫病流行状况

迄今，国外对牦牛球虫病的调查仅见 2 个点次的调查。即 Rahaman 等（2010）对印度锡金邦牦牛球虫调查发现，感染率为 4.55%（218/4 792）；Acharya 等（2016）对尼泊尔下野马地区牦牛粪样进行检查，共检测牦牛粪样 96 头份，球虫阳性率为 19.79%（19/96）。调查结果汇总见表 1-25。

表 1-25 国外牦牛球虫病粪样卵囊检查结果

发表年份	调查年份	地域	采用方法	调查数（头）	阳性数（头）	阳性率（%）	参考文献
2010	2001—2008	印度锡金邦	漂浮法	4 792	218	4.55	Rahaman H
2016	2014.2—3	尼泊尔下野马地区	漂浮法	96	19	19.79	Acharya K P

从总体调查结果可以看出，各地区牦牛均有球虫感染，感染情况有差异。

（三）牦牛球虫病病原种类与易感年龄

有关牛科动物感染球虫的种类，Levine（1973）报道牛球虫种类有 22 种，Li 等（2018）报道在中国牛科动物中发现了 16 种艾美耳球虫，调查鉴定主要围绕奶牛和黄牛展开，有关牦牛球虫感染情况的调查相对较少。

在青海省牦牛粪样中，检测出艾美耳球虫球虫 14 种，其中邱氏艾美耳球虫、加拿大艾美耳球虫、皮利他艾美耳球虫、圆柱状艾美耳球虫、牛艾美耳球虫、亚球形艾美耳球虫和椭圆艾美耳球虫为不同地区的优势流行虫种。阿拉巴马艾美耳球虫、伊利诺斯艾美耳球虫、孟买艾美耳球虫、巴克朗艾美耳球虫首次从青海牦牛中检出，为青海牦牛宿主新纪录。

在四川省牦牛中检出虫种10种，即加拿大艾美耳球虫、邱氏艾美耳球虫、圆柱状艾美耳球虫、牛艾美耳球虫、皮利他艾美耳球虫、奥博艾美耳球虫、怀俄明艾美耳球虫、亚球形艾美耳球虫、巴西利亚艾美耳球虫、椭圆艾美耳球虫，其优势种为加拿大艾美耳球虫、邱氏艾美耳球虫和圆柱状艾美耳球虫。

从西藏自治区林芝、山南和日喀则3个地区牦牛中检测出11种艾美耳球虫，且感染种类存在地域差异，其中邱氏艾美耳球虫和椭圆艾美耳球虫为优势虫种。

球虫病主要危害犊牛（3月龄内犊牛），随着年龄的增长，球虫感染率降低，3月龄内犊牛的感染率和感染强度＞3月龄～1岁牛＞1～2岁牛＞成年牛。蒋锡仕等、贺安祥等、Dong等、郭志宏等及本团队的调查结果一致。

综上所述，牦牛感染球虫较为普遍，迄今在牦牛检出的球虫种类有14种，优势种类存在地域差异；各种年龄均可感染，球虫的感染率、感染强度与牛群的年龄有很大的关系，随着牦牛年龄的增长，感染率、感染强度逐渐减小；不同地区、不同年龄牛群的优势虫种不尽相同。符合牛球虫病的发病特点。

（四）牦牛球虫病感染季节与影响因子

球虫繁殖需要适宜的环境、充足的氧气、适宜的温度以及较高的湿度，这些因素直接影响球虫卵囊的孢子化率和对宿主的感染性。

牦牛球虫病的流行与地区气候、外界的气温、饲养管理方式及饮水卫生条件关系密切。牦牛主要分布在青藏高原及毗邻地区，冬季气温低，不利于球虫卵囊孢子化。由于每年4、5月份为母牦牛产犊期，是青藏高原外界环境温度较低的月份，外界环境温度基本达不到卵囊孢子化的要求，因此外界环境中孢子化卵囊的分布较少，而造成牛群感染的概率小。7、8、9月份外界环境温度较高，适宜球虫卵囊的孢子化发育，是牦牛球虫病易感季节。此时，犊牦牛正处于3～6月龄，易受到感染而发病。

牦牛球虫病的流行及调查结果与采样季节、降水量、外界气温、饲养密度、与其他畜种的接触等直接相关。各地区牦牛依赖天然草场放牧饲养为主，而草场经常是多种家畜交错放牧或混牧，各种家畜之间接触频繁，无疑增加了感染的概率。此外，不同地区牦牛球虫阳性率差异，可能还与采样地区环境、采样牦牛群原有的球虫感染程度存在一定关系。

四、危害

犊牛对球虫的易感性高，且病情严重，成年牛常呈隐性感染，为带虫者。球虫寄生于牦牛肠上皮细胞，可导致肠道上皮细胞被破坏或损伤，造成其食欲不振、消瘦、贫血、腹部疼痛等症状，而且正常的营养吸收受阻，致使其生长缓慢或产奶量下降，还可引起腹泻，影响牛健康生长，严重者便血，甚至死亡，给养牛业造成较大的经济损失。

五、防治

（一）药物防治

目前的抗球虫药物多用于奶牛、肉牛等球虫病防治，用于牦牛需要在试验的基础上，选择对牦牛球虫病有较好防治效果的药物。为达到理想的防治效果，可以交替或轮换使用不同类型的抗球虫药物。目前，抗球虫药主要有以下几类：

（1）聚醚类离子载体抗生素类抗球虫药　抗球虫谱广，应用广泛，与化学类药物相比不易产生抗药性，但其抗球虫效果相对较弱。常用的有：莫能菌素、盐霉素、马杜拉霉素、海南霉素等。

（2）吡啶类抗球虫药　如氯羟吡啶，又称克球粉、克球丹、可爱丹、康乐安等。

（3）磺胺类抗球虫药　有磺胺喹噁啉、磺胺二甲嘧啶等，作用于球虫感染后的第3、4天，临床多用于治疗球虫与细菌混合感染的病例。

（4）三嗪类抗球虫药　主要有地克珠利、托曲珠利等，具有广谱、高效、低毒的特点，安全范围大、组织残留量低，屠宰前无须停药。郭志宏等（2016）试验报道，应用地克珠利按每千克体重1 mg，给牦牛连续灌服3 d，卵囊转阴率达92.86%，治疗效果好，并且药物使用量少，灌服方便，可望成为治疗牦牛球虫性腹泻的首选药物。

（5）中兽药抗球虫药　有些中药含有抗球虫的生物碱成分，可抑制球虫的发育。

（二）预防措施

严格贯彻"预防为主"和"因病设防、科学免疫、突出重点、讲求实效"的原则，推行"防、检、诊、治"相结合的成功经验，积极做好查源灭源工作，严防病情扩散，加强兽医卫生监督管理。

着力开展牦牛球虫病疫情专题调研工作，在此基础上，在区域范围内划定牦牛球虫病重度、中度和轻度流行地区。在重度流行地区可采取强化预防措施，预防密度必须达到100%；中度流行地区应对成年牦牛特别是育龄母牛进行强制预防措施；轻度流行地区大力开展疫情监测工作，根据监测结果及时开展预防措施。

针对牦牛养殖地区有关球虫病工作中存在的问题和预防失败的原因，各相关主管单位应积极调查和研究制订出符合当地实际且行之有效的预防程序，包括药物选择、运输、保存、最佳用药时间、剂量和用药方式的确定等。

积极开展野牦牛球虫病流行病学调查，尤其是野牦牛和家养牦牛活动交叉较多的区域，从而为科学防控提供依据，以保障放牧牛群安全。

加强饲养、放牧管理，在有条件的地区适当地对泌乳母牦牛进行补饲，增强机体抗病力。尽量减少和避免如饲料的突然更换、应激等可能诱发本病因素的影响。加强分群饲养管理，放牧牛群也应按年龄段分开饲养。对牛舍、牛圈应天天清扫，将粪便和垫草等污染物集中运往贮粪地点，进行消毒。定期用沸水、3%～5%的热碱水消毒地面、牛栏、饲槽、饮水槽等，一般可每周一次。

第四节　牦牛隐孢子虫病

隐孢子虫（*Cryptosporidium* spp.）是一种以腹泻为主要特征的人兽共患原虫，隶属于顶端复合体门（Apicomplexa）、类锥体纲（Conoidasida）、球虫亚纲（Coccidia）、真球虫目（Eucoccidiorida）、隐孢子虫科（Cryptosporidiidae）、隐孢子虫属（*Cryptosporidium*）。隐孢子虫于1907年由Tyzzer首次在小鼠胃黏膜中发现并命名。起初，隐孢子虫并没有引起足够的重视，直至1976年，出现首例人感染隐孢子虫的报道，随后多个国家相继报道人感染隐孢子虫的病例，其地域分布广泛，遍布世界多个国家，世界卫生组织将其归为新兴公共卫生问题之一。我国于1985年首次发现牛感染隐孢子虫病的案例，之后多地报道人兽共患病例。已经报道的隐孢子虫有效种多达40余种，宿主范围十分广泛，可感染包括人类在内的哺乳动物、鸟类、爬行类、两栖类和鱼类等200多种脊椎动物，主要寄生于宿主胃肠道上皮细胞内。隐孢子虫传播途径广泛，可通过水源、食物、空气和直接接触等途径传播。

一、病原

目前，已经报道的隐孢子虫有效种多达40余种，具有一定的宿主特异性，同一种隐孢子虫仅感染一种宿主或亲缘关系较近的物种，然而，有些虫种宿主广泛。牛（奶牛、肉牛、牦牛、水牛）感染的主要虫种有安氏隐孢子虫（*C. andersoni*）、牛隐孢子虫（*C. bovis*）、瑞氏隐孢子虫（*C. ryanae*）和微小隐孢子虫（*C. parvum*）（见表1-26）。其中，*C. andersoni* 大小为（6.0~8.1）μm×（5.0~6.5）μm，平均7.4 μm×5.5 μm；*C. bovis* 大小为（4.76~5.35）μm×（4.17~4.76）μm，平均4.89 μm×4.63 μm；*C. ryanae* 大小为（2.94~4.41）μm×（2.94~3.68）μm，平均3.16 μm×3.73 μm；*C. parvum* 大小为（4.5~5.4）μm×（4.2~5.0）μm，平均5.0 μm×4.5 μm。

此外，人隐孢子虫（*C. hominis*）、犬隐孢子虫（*C. canis*）、泛在隐孢子虫（*C. ubiquitum*）、贝氏隐孢子虫（*C. baileyi*）、肖氏隐孢子虫（*C. xiaoi*）等也有感染牦牛的报道。

表1-26　牛常见感染的隐孢子虫虫种

隐孢子虫虫种	主要宿主	感染部位
Cryptosporidium andersoni	牛	皱胃
Cryptosporidium bovis	牛	小肠
Cryptosporidium ryanae	牛	小肠
Cryptosporidium parvum	小牛、羔羊、马、羊驼、犬、小鼠、松鼠	小肠
Cryptosporidium hominis	灵长类动物、牛、绵羊、猪	小肠
Cryptosporidium ubiquitum	人、牛、羊	肠道
Cryptosporidium xiaoi	羊、牛	小肠

牛源隐孢子虫镜检结果见图1-7。

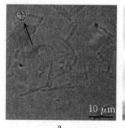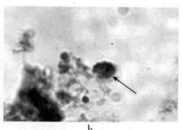

图1-7　牛源隐孢子虫镜检

a. 饱和蔗糖溶液漂浮法（400×镜检）；b. 改良抗酸染色法（1 000×镜检）

隐孢子虫的传播主要通过粪-口传播。研究表明，与人类有密切接触的动物，可能是人类感染的来源。此外，水源污染是导致牲畜和野生动物感染隐孢子虫的重要原因之一。

二、检测技术

目前关于隐孢子虫的诊断，主要有病原学、免疫学和分子生物学检测方法，每种方法均有各自的优点和缺点。

（一）病原学检测（具体操作步骤）

该方法是传统的隐孢子虫诊断方法，是将粪便样品进行涂片，用改良抗酸染色法进行染色，最后利用显微镜进行镜检，或者是用饱和蔗糖进行粪便样品漂浮，然后进行镜检。该方法具有检测成本低的优势，但是费时、费力，敏感性较低，需要专业人员操作。此外，由于各种隐孢子虫的大小相似，仅从形态学上很难鉴定感染的虫种。

1. 饱和蔗糖溶液漂浮法检测

参照 DB64T 1726—2020 标准的要求进行操作，具体如下：

（1）在含有粪便样品的离心管中加 PBS，用吸管反复吹打冲洗，将溶液转移到 100 mL 烧杯中，加 PBS 至 20 mL，用压舌板搅匀。

（2）用四层无菌纱布过滤溶液于 50 mL 离心管中，3 000 r/min，离心 10 min，弃上清。

（3）沉淀加 15 mL 饱和蔗糖溶液，用玻璃棒搅匀，1 500 r/min，离心 10 min。

（4）用直径 0.5～1 cm 的铁丝圈勾取液面表层一滴加到载玻片上，盖上盖玻片，400 倍显微镜下镜检。

2. 改良抗酸染色法检测

参照 NY/T 1949—2010 标准的要求进行操作，具体如下：

（1）取卵囊液 10 μL 滴于载玻片上与牛血清混匀，涂成大小为 1 cm 的圆圈，晾干。

（2）室温下干燥，火焰固定，置入乙醚中 3 min 去脂，晾干，置入甲醇中固定 3 min。

（3）用改良抗酸染色甲液染 2～5 min，蒸馏水或自来水冲洗后甩干。

（4）在 10% 硫酸中脱色 30～60 s，蒸馏水或自来水冲洗，再脱色，反复至涂片不再返色。

（5）用改良抗酸染色乙液染 5 min，蒸馏水或自来水冲洗，自然干燥。

（6）用高倍显微镜（400×）观察涂片。

（二）免疫学检测

当前，用于隐孢子虫检测的免疫学方法主要有酶联免疫吸附试验（ELISA）、免疫层析技术（immunochromtogaphic test，ICT）、免疫磁珠分离（immunomagnetic separation，IMS）和免疫荧光分析（immuno-fluorescence assay，IFA）等。免疫学检测方法具有快速、简便等优势，但是存在特异性差、不能区分现有感染和既往感染等问题。

ELISA 法检测隐孢子虫粪抗原

（1）取出包被板，在记录表上记录样本的位置。如果只需使用部分板条，则将需要的板条拆下进行试验，剩余的板条放在附赠的自封袋中，并放入干燥剂，封好口后置于 2～

8 ℃保存。

（2）在适当孔中加入 100 μL 未稀释的阴性对照和阳性对照。

（3）剩下的每孔中加入 50 μL 稀释缓冲液 N.8。

（4）在含有稀释缓冲液 N.8 的孔里加入 50 μL 未稀释的样品

（5）置于微孔板振荡器上，振荡充分，混匀孔中内容物。

（6）盖上反应板（用盖子、铝箔或者贴膜），18～26 ℃条件下孵育 30 min。

（7）倒出或吸出微孔板内的液体，每孔加入约 300 μL，洗涤溶液洗 3 次。每次洗涤后弃去孔内液体。最后一次吸弃液体后，在吸水材料上用力将反应板拍干。在两次洗涤之间以及在加入下一个试剂之前避免反应板干燥。

（8）每孔加 100 μL 已稀释的酶标抗体。

（9）盖上反应板（用盖子、铝箔或者贴膜），在 18～26 ℃条件下孵育 30 min。

（10）重复步骤 7。

（11）每孔加 100 μL TMB 底物液 N.9。

（12）在 18～26 ℃条件下，避光孵育 10 min。

（13）每孔加 100 μL 终止液 N.3，且轻轻敲打混匀。

（14）用 450 nm 滤光片读取并记录样品和对照的 OD 值。

（15）计算结果（酶标仪读板）。

（三）分子生物学检测

应用较多的有普通 PCR 和荧光定量 PCR 等。分子检测方法不仅可以鉴定多种隐孢子虫，而且能够进行基因分型和定量。然而，该方法存在耗时、耗力，需要专门的检测设备以及专业人员操作等问题。

大量学者已对应用 PCR 方法开展隐孢子虫虫种或基因型鉴定进行了报道，其中常用的虫种鉴定的基因靶标有核糖体小亚基 RNA（SSU rRNA）、热激蛋白 70（HSP 70）、肌动蛋白（Actin）、卵囊壁蛋白（COWP）等。Xiao 等（1999）建立的基于 SSU rRNA 基因的巢式 PCR 检测方法，能够有效地鉴别隐孢子虫不同虫种和基因型，应用广泛。

此外，近年报道的基于隐孢子虫 60 ku 糖蛋白（60 ku glycoprotein，gp60）基因的亚型分析工具被广泛用于同种隐孢子虫的亚型鉴定。由于该基因具有高度的多态性，相同的等位基因核苷酸序列和氨基酸序列的同源性均为 98%～100%，而不同等位基因间的核苷酸序列同源性只有 77%～88%，氨基酸序列的同源性更低，只有 67%～80%，因此被用于同种隐孢子虫不同亚型之间的鉴定。应用该方法，不仅可以进行隐孢子虫的遗传进化研究，而且可以进行疾病的溯源。

三、流行情况

牦牛是我国高原地区的特色物种，主要分布在青藏高原及周边地区。世界现有牦牛头数约 1 700 万头，其中我国有 1 600 多万头，占 90% 以上，主要分布在青海、西藏、四川、甘肃等地，其中青海养殖量占到全国的 40%～50%。

（一）前期调查（已有调查结果的整理总结）

关于牦牛感染隐孢子虫的报道，除了我国以外，世界上其他地区并未报道。我国蒋锡仕和朱辉清于 1989 年首次报道川西北地区牦牛感染隐孢子虫，随后我国青海、甘肃、西藏等几个牦牛主产区均报道了牦牛感染隐孢子虫的情况。在所有的研究报道中，采用的方法有显微镜检法（包括饱和蔗糖漂浮法、改良抗酸染色法及免疫荧光染色法）、分子生物学检测法（PCR）和免疫学检测法（ELISA）。

1. 显微镜检法

应用显微镜检法，仅见青海和四川两地的报道，感染率为 1.5%（3/200）～48.9%（92/188），平均感染率为 20.9%（392/1 874）。其中，青海的感染率为 1.5%（3/200）～37.5%（9/24），平均感染率为 17.8%（300/1 686），不同地区之间感染率差异非常大；四川的感染率为 48.9%（92/188），详见表 1-27。

表 1-27　我国牦牛隐孢子虫的流行情况（显微镜检法）

发表时间	调查时间	省份	检测方法	样品数量（头）	阳性数量（头）	感染率（%）	参考文献
2020	2019	青海	镜检	200	3	1.5	杜梅卓等
2018	2015—2016	青海	镜检	344	40	11.6	Wang 等
2016	不详	青海	镜检	71	18	25.4	雷萌桐等
2009	不详	青海	镜检	396	42	10.6	周春香等
2007	不详	青海	镜检	246	86	35.0	窦春香
2007	2006	青海	镜检	190	32	16.8	王春景等
2001	不详	青海	镜检	80	26	32.5	白元宏等
1994	不详	青海	镜检	85	26	30.6	叶成红等
1991	不详	青海	镜检	24	9	37.5	陈刚等
1991	1990	青海	镜检	50	18	36.0	陈刚等
1989	1986—1988	四川	镜检	188	92	48.9	蒋锡仕等
			总计	1 874	392	20.9	

2. 免疫学检测法

应用免疫学检测法，仅见青海和西藏的 3 篇报道。马利青等（2011）利用重组的 *C. parvum* P23 蛋白作为 ELISA 诊断抗原，对来自青海省部分地区的牦犊牛血清进行 *C. parvum* 特异性抗体的检测，感染率为 33.6%（368/1094）；铁富萍等（2011）应用 P23 蛋白对青海海晏地区牦牛进行 ELISA 检测，血清阳性率为 0.7%（1/135）；Li 等（2020）利用商品化试剂盒，对西藏那曲市牦牛进行隐孢子虫抗体检测，血清阳性率为 10.8%（103/950），详见表 1-28。

表 1-28　我国牦牛隐孢子虫的流行情况（ELISA 检测法）

发表时间	调查时间	省份	检测方法	样品数量（头）	阳性数量（头）	感染率（%）	参考文献
2011	不详	青海	ELISA	1 094	368	33.6	马利青等
2011	2009	青海	ELISA	135	1	0.7	铁富萍等
2020	2019	西藏	ELISA	950	103	10.8	Li 等
合计				2 179	472	21.7	

3. 分子生物学检测

近年来，随着分子生物学方法的普及，越来越多的研究应用该方法进行牦牛隐孢子虫检测，目前青海、西藏、四川、甘肃和云南等地均报道了牦牛隐孢虫感染情况，其中青海的报道最多。应用PCR方法检测发现，我国牦牛隐孢子虫的平均感染率为9.4%（393/4 188），其中青海的平均感染率为12.1%（333/2 752），西藏的平均感染率为1.7%（14/842），四川的平均感染率为11.0%（33/300），甘肃的平均感染率为5.7%（11/193）。此外，Zhang等（2019）对青海海西蒙古族藏族自治州、西藏昌都市和云南迪庆藏族自治州的101份牦牛样品进行了分子检测，感染率为2.0%（2/101），详见表1-29。

对所有阳性样品进行虫种鉴定，发现感染牛的4种最常见的隐孢子虫在牦牛中均有发现，其中 *C. bovis*（n=143）的感染率最高，其次是 *C. andersoni*（n=102）和 *C. ryanae*（n=78），*C. parvum*（n=17）的感染率最低。此外，还发现一些在牛上不常见的虫种，包括 *C. struthionis*（n=5），*C. hominis*（n=4），*C. canis*（n=3），*C. bovis*＋*C. ryanae*（n=3），*C. ubiquitum*（n=2），*C. suis-like*（似猪隐孢子虫）（n=2），*C. baileyi*（n=1），*C. xiaoi*（n=1）和新基因型（n=2），具体见表1-29。

此外，对部分 *C. parvum* 和 *C. ubiquitum* 阳性样品进行了亚型鉴定，感染的亚型分别为ⅡdA19G1（n=1），ⅡdA15G1（n=2）和ⅩⅢa（n=1），具体见表1-29。

表1-29　我国牦牛隐孢子虫的流行情况（PCR）

发表时间	调查时间	省（自治区）	检测方法	样品数量（头）	阳性数量（头）	感染率（%）	虫种（数量）	亚型（数量）	参考文献
2020	2019	青海	PCR	200	2	1.0	*C. andersoni*（1），*C. bovis*（1）		杜梅卓等
2019	2016—2017	青海	PCR	1 027	26	2.5	*C. ryanae*（17），*C. bovis*（8），*C. baileyi*（1）		Ren等
2018	2015—2016	青海	PCR	344	39	11.3	*C. bovis*（11），*C. ryanae*（6），*C. andersoni*（5），*C. struthionis*（5），*C. parvum*（5），*C. hominis*（4），*C. canis*（3）		Wang等
2016	2013—2015	青海	PCR	554	158	28.5	*C. andersoni*（72），*C. bovis*（47），*C. ryanae*（37），*C. suis-like*（2）		Li等
2015	2009—2012	青海	PCR	300	10	3.3	*C. bovis*（4），*C. parvum*（5），*C. ryanae*（1）		Qi等

（续）

发表时间	调查时间	省（自治区）	检测方法	样品数量（头）	阳性数量（头）	感染率（%）	虫种（数量）	亚型（数量）	参考文献
2014	2013	青海	PCR	327	98	30.0	C. bovis（56），C. ryanae（33），C. andersoni（2），C. bovis＋C. ryanae（3），C. ubiquitum（1），C. xiaoi（1），New genotype（2）		Ma 等
2020	2019	西藏	PCR	71	0	0.0			Wu 等
2020	2019	西藏	PCR	150	2	1.3	C. bovis（2）		Li
2019	2016	西藏米林县、工布江达县、巴宜区、加查县、谢通门县	PCR	577	8	1.4%（范围0%～6.9%）	C. andersoni（7），C. bovis（1）		Wu 等
2015	2009—2012	西藏	PCR	44	4	9.1	C. parvum（4）	ⅡdA19G1（1）	Qi 等
2016	不详	四川	PCR	216	32	14.8	C. andersoni（13），C. ryanae（11），C. bovis（8）		郝力力
2015	2009—2012	四川	PCR	84	1	1.2	C. parvum（1）		Qi 等
2015	2009—2012	甘肃	PCR	117	7	6.0	C. bovis（2），C. parvum（2），C. ryanae（2），C. ubiquitum（1）	ⅡdA15G1（2），Ⅻa（1）	Qi 等
2014	2013	甘肃	PCR	76	4	5.3	C. bovis（3），C. andersoni（1）		Qin 等
2019	2018	青海、西藏、云南	PCR	101	2	2.0	C. andersoni（1），C. ryanae（1）		Zhang 等
合计				4 188	393	9.4	C. bovis（143），C. andersoni（102），C. ryanae（78），C. parvum（17），C. struthionis（5），C. hominis（4），C. canis（3），C. bovis＋C. ryanae（3），C. ubiquitum（2），C. suis－like（2），C. baileyi（1），C. xiaoi（1），New genotype（2）		

(二) 青海牦牛隐孢子虫病流行现状调查 (现地调查)

截至目前,有关青海省牦牛隐孢子虫感染情况的报道并不多。因此,对青海牦牛进行隐孢子虫的流行病学调查,弄清隐孢子虫的感染情况,制订合适的预防和控制措施,对于牦牛的健康养殖具有重要的意义。应用 PCR 方法检测发现,青海牦牛隐孢子虫的感染率为 1.0%～30.0%,差异非常大。本次调查比较全面地对青海省 6 个县的牦牛样品进行了检测,探究青海省牦牛隐孢子虫的感染情况。

1. 方法

(1) 样品的采集　从青海达日县、治多县、祁连县、刚察县、共和县和湟源县等 6 个地区采集牦牛粪便。样品用无菌手套采集,所有样品做好采样时间、地点、日龄等相关信息标记,于低温保存箱保存,带回实验室,$-4\ ℃$ 保存,备用。

(2) 隐孢子虫卵囊显微镜检　采用饱和蔗糖溶液漂浮法检查粪便中隐孢子虫卵囊,具体操作如下:取粪便样品 $5～10\ g$,加 $50\ mL$ 水溶解,用压舌板搅拌混匀,四层纱布过滤。取 $5\ mL$ 滤液分装于无菌离心管中,$4\ ℃$ 保存,用于 DNA 提取。其余滤液 $3\ 000\ r/min$,离心 $10\ min$,弃上清。沉淀加饱和蔗糖溶液混匀,$1\ 500\ r/min$,离心 $10\ min$。用铁丝圈取液面表层一滴加到载玻片上,盖上盖玻片,400 倍显微镜下镜检。阳性样品加 2.5% 重铬酸钾,$4\ ℃$ 保存,备用。

(3) 样品 DNA 的提取　为鉴定牦牛感染的隐孢子虫虫种或基因型,取保存于 $4\ ℃$ 的样品,用 PBS 反复洗 2 次,洗掉残留的重铬酸钾,进行 DNA 提取。DNA 的提取方法参照 FastDNATM SPIN Kit for Soil 试剂盒操作说明进行,提取的 DNA 于 $-20\ ℃$ 保存,待检。

(4) 扩增引物　以隐孢子虫小亚基核糖体 RNA (SSU rRNA) 基因为检测的目的基因,按照之前报道的套式 PCR 引物序列进行合成。引物序列如下:第一轮 PCR 上游引物序列 (P1-1) 为 5'-TTC TAG AGC TAA TAC ATG CG-3',下游引物序列 (P1-2) 为 5'-CCC ATT TCC TTC GAA ACA GGA-3';第二轮 PCR 上游引物序列 (P2-1) 为 5'-GGA AGG GTT GTA TTT ATT AGA TAA AG-3',下游引物序列 (P2-2) 为 5'-CTC ATA AGG TGC TGA AGG AGT A-3'。引物送赛默飞世尔科技 (中国) 有限公司合成。

(5) 样品的扩增　PCR 的反应体系如下:在第一轮反应体系中加入 $2×PCR\ buffer$ $12.5\ \mu L$,$2\ mmol/L\ dNTP\ 4\ \mu L$,$10\ \mu mol/L$ 第一轮上下游引物各 $0.5\ \mu L$,$20\ mg/mL$ BSA $1\ \mu L$,DNA 模板 $1\ \mu L$,$1\ IU/\mu L\ KOD$ 酶 $0.5\ \mu L$,加灭菌水补至 $25\ \mu L$;第二轮反应体系中除引物换成第二轮上下游引物以外,其余成分不变,DNA 模板为第一轮 PCR 产物,取 $1\ \mu L$ 进行第二轮扩增。每一次 PCR 扩增,均设阳性和阴性对照。两轮 PCR 反应条件相同,扩增条件为:$94\ ℃$ 预变性 $5\ min$;$94\ ℃$ 变性 $45\ s$,$56\ ℃$ 退火 $45\ s$,$72\ ℃$ 延伸 $1\ min$,35 个循环;$72\ ℃$ 延伸 $10\ min$;第二轮退火温度为 $60\ ℃$,其余不变。PCR 扩增结束以后,取 $5\ \mu L$ 第二轮扩增产物经 1.2% 琼脂凝胶进行电泳鉴定。

(6) 阳性样品酶切分析　将电泳鉴定的阳性样品采用限制性长度多态性 (restriction fragment length polymorphism, RFLP) 分析技术进行酶切,初步鉴定虫种。具体如下:分别取第二轮 PCR 产物各 $10\ \mu L$,每管加 $1\ \mu L\ Ssp\ I$、$Vsp\ I$ 和 $Mbo\ II$ 内切酶,$37\ ℃$,酶切 $2\ h$,酶切产物在 2.0% 琼脂凝胶中进行电泳鉴定。

（7）阳性样品序列分析　将剩余部分第二轮 PCR 产物送赛默飞世尔科技（中国）有限公司测序，测序结果进行 Blast（http：//blast. ncbi. nlm. nih. gov/Blast. cgi）比对分析，鉴定牦牛感染的虫种。

（8）阳性样品序列测定及系统发育分析　从 GenBank 下载相关寄生虫的基因序列，与本试验获得的序列，利用 MEGA7.0 软件进行系统进化树分析，进一步确认牦牛感染的寄生虫虫种或基因型。进化树的外源序列为柔嫩艾美耳球虫（*Eimeria tenella*）的 SSU rDNA 基因序列（GenBank 登录号：AF026388）。

（9）微小隐孢子虫亚型鉴定　将经鉴定为微小隐孢子虫（*C. parvum*）的阳性样品，以隐孢子虫 60 ku 糖蛋白（60 ku glycoprotein，gp60）基因为目的基因，进行套式 PCR 扩增，鉴定感染的基因亚型。PCR 扩增的外引物序列为：5'- ATA GTC TCC GCT GTA TTC-3'（AL3531）和 5'- GCA GAG GAA CCA GCA TC-3'（AL3534），内引物序列为：5'- TCC GCT GTA TTC TCA GCC-3'（AL3532）和 5'- GAG ATA TAT CTT GGT GCG-3'（AL3533），引物送赛默飞世尔科技（中国）有限公司进行合成。PCR 扩增体系和扩增条件同 SSU rRNA 基因，取 5 μL PCR 产物在 1.2% 琼脂凝胶中进行电泳鉴定。阳性 PCR 产物送公司测序，所获序列参考之前报道的方法进行亚型鉴定。

（10）数据统计和分析　通过 SPSS 21.0 软件对获得的数据进行卡方检验，比较不同地区感染率的差异是否显著。当 $p > 0.05$ 时，判定为差异不显著；当 $p \leqslant 0.05$ 时，判定为差异显著；当 $p < 0.01$ 时，判定为差异极显著。

2. 结果

（1）隐孢子虫的镜检结果　采用饱和蔗糖溶液漂浮法，对所有粪便样品进行了显微镜检。在 400 倍镜下，能够看到大小为 2～10 μm 的粉红色卵囊，具体见图 1-8。

（2）样品的 PCR 扩增结果　应用套式 PCR，对所有采集样品进行分子鉴定，目的片段大小约为 830bp。部分样品成功扩增出目的条带，具体结果见图 1-9。

（3）不同地区牦牛隐孢子虫的感染情况　本次调查从青海省 6 个县（达日县、治多县、祁连县、刚察

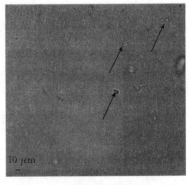

图 1-8　牦牛粪便样品隐孢子虫
显微镜检查结果

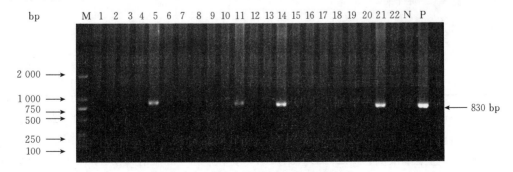

图 1-9　部分样品的 PCR 扩增结果

1～22. 样品；P. 阳性对照；N. 阴性对照；M. DL2 000 DNA 分子量标准

县、共和县和湟源县）共采集样品 586 份，利用饱和蔗糖溶液漂浮法富集卵囊进行显微镜
镜检，共检出阳性样品 142 份，阳性率 24.2%。不同县的感染率为 5.6%~36.2%，其中
感染率最高的是湟源县，为 36.2%（85/235），其次为祁连县 28.2%（20/71），治多县
25.4%（15/59），共和县 20.0%（10/50），刚察县 8.0%（8/100），达日县感染率最低，为
5.6%（4/71）（表 1 - 30）。统计学分析结果表明，不同县之间感染率差异极显著（$p < 0.01$）。

表 1 - 30　不同区县青海牦牛隐孢子虫的感染情况

县	样品数量	阳性样品数量（比例，%）	虫种					
			微小隐孢子虫	牛隐孢子虫	瑞氏隐孢子虫	微小隐孢子虫＋牛隐孢子虫	瑞氏隐孢子虫＋牛隐孢子虫	未知
达日县	71	4 (5.6)	1	3	0	0	0	0
治多县	59	15 (25.4)	7	7	1	0	0	0
祁连县	71	20 (28.2)	6	11	1	2	0	0
刚察县	100	8 (8.0)	1	5	2	0	0	0
共和县	50	10 (20.0)	1	1	0	0	0	8
湟源县	235	85 (36.2)	0	4	1	0	1	79
总计	586	142 (24.2)	16	31	5	2	1	87

（4）不同季节牦牛隐孢子虫的感染情况　本次调查分别在春季、夏季和冬季进行了牦
牛样品采集，其中春季的感染率最高，为 28.4%（95/335），其次为夏季 20.9%（19/91），
秋季的感染率最低，为 17.5%（28/160）（表 1 - 31）。统计学分析结果表明，不同季节之
间感染率差异显著（$p < 0.05$）。

表 1 - 31　不同季节青海牦牛隐孢子虫的感染情况

季节	样品数量	阳性样品数量（%）	虫种					
			微小隐孢子虫	牛隐孢子虫	瑞氏隐孢子虫	微小隐孢子虫＋牛隐孢子虫	瑞氏隐孢子虫＋牛隐孢子虫	未知
春季	335	95 (28.4)	1	5	1	0	1	87
夏季	91	19 (20.9)	4	12	3	0	0	0
冬季	160	28 (17.5)	11	14	2	2	0	0
总计	586	142 (24.2)	16	31	5	2	1	87

（5）不同日龄牦牛隐孢子虫的感染情况　本次调查按<1 岁、1~2 岁和>2 岁三个年
龄段进行采样。研究结果发现，隐孢子虫感染随着牦牛日龄的增大，感染率降低，其中小
于 1 岁的牦牛感染率最高，为 27.3%（24/88），其次为 1~2 岁牦牛，为 13.6%（12/88），
大于 2 岁的牦牛感染率最低，为 8.8%（11/125）（见表 1 - 32）。统计学分析结果表明，不
同日龄之间感染率差异显著（$p < 0.05$）。

表 1-32　不同日龄青海牦牛隐孢子虫的感染情况

年龄	样品数量	阳性样品数量（%）	虫种					
			微小隐孢子虫	牛隐孢子虫	瑞氏隐孢子虫	微小隐孢子虫＋牛隐孢子虫	瑞氏隐孢子虫＋牛隐孢子虫	未知
＜1岁	88	24 (27.3)	5	15	2	2	0	0
1~2岁	88	12 (13.6)	3	8	1	0	0	0
＞2岁	125	11 (8.8)	7	3	1	0	0	0
未知（ND）	285	95 (33.3)	1	5	1	0	1	87
总计	586	142 (24.2)	16	31	5	2	1	87

（6）牦牛感染隐孢子虫的虫种鉴定　本次研究镜检共检出阳性样品 142 份，所有阳性样品均提取 DNA 进行分子鉴定，其中只有 55 份样品扩增成功，其余 87 份样品扩增失败。将扩增成功的样品一部分用于酶切鉴定，另一部分用于测序鉴定。结果表明，本次调查共鉴定出 3 种隐孢子虫，分别为微小隐孢子虫（C. parvum）、牛隐孢子虫（C. bovis）和瑞氏隐孢子虫（C. ryanae）。其中 C. bovis 的感染率最高，为 56.4%（31/55）；其次为 C. parvum，为 29.1%（16/55）；C. ryanae 感染率最低，为 9.1%（5/55）。此外，还发现 2 份 C. parvum 和 C. bovis 的混合感染，1 份 C. ryanae 和 C. bovis 的混合感染。应用 MEGA 7.0 软件，对本研究获得的序列与 GenBank 上下载的不同种隐孢子虫序列进行系统进化树构建，发现与 Blast 比对的结果一致，所有阳性样品均与相对应的 C. bovis、C. parvum 和 C. ryanae 序列在同一个分支上（图 1-10）。

（7）牦牛感染微小隐孢子虫的亚型鉴定　对于鉴定为 C. parvum 的 16 份阳性样品，进行 PCR 亚型鉴定，其中 13 份扩增成功，共发现 5 个基因亚型，均属Ⅱa 亚型家族。鉴定的亚型分别为ⅡaA15G2R1（$n=8$），ⅡaA16G2R1（$n=2$），ⅡaA14G1R1（$n=1$），ⅡaA14G2R1（$n=1$）和ⅡaA16G3R1（$n=1$）。

3. 讨论

关于牦牛感染隐孢子虫的报道，蒋锡仕和朱辉清于 1989 年首次在川西北地区报道牦牛隐孢子虫感染，随后我国青海、甘肃、西藏等几个牦牛主产区均有感染隐孢子虫的报道，感染率为 0~48.9%。本研究首次比较全面地对青海省 6 个县的牦牛样品进行了检测，总的感染率为 24.2%（142/586），该结果与 Ma 等和 Li 等报道的结果相似，两篇报道分别对青海省 6 个县和 4 个县进行了研究，感染率分别为 28.5%（158/554）和 30.0%（98/327），统计学分析表明二者与本研究获得的结果差异不显著（$p>0.05$）。但是，本研究结果低于应用显微镜检方法对青海牦牛样品的研究（感染率为 30.6%~37.5%）。然而，Wang 等和 Qi 等对青海的研究发现，牦牛隐孢子虫的感染率只有 11.3%（39/344）和 3.3%（10/300）。造成这些结果的差异可能与采样的季节、样品的来源、检测的方法及牦牛日龄不同有关。

本研究对不同日龄的青海牦牛进行了研究，发现随着日龄的增长，感染率逐渐下降，该结果与 Ma 等和 Li 等的研究相似，均是随着日龄的增长，感染率下降，这些结果符合隐孢子虫感染的特点，大部分的研究显示幼龄动物更易感。然而，从细节上来看，还是存在差异。例如，Ma 等发现，＜1岁牦牛的感染率为 49.3%，1~2 岁为 31.7%，＞2 岁为

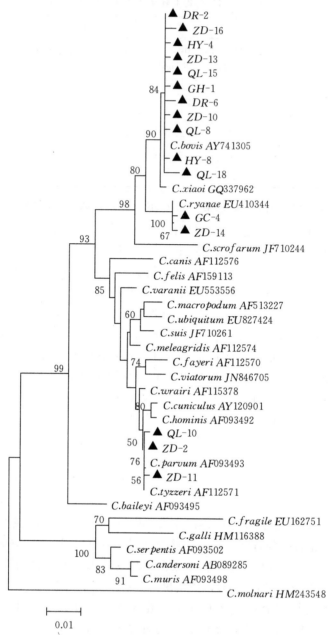

图1-10 基于SSU rRNA基因的隐孢子虫系统进化分析

▲表示本研究所获得的部分序列

17.4%，而本研究发现<1岁的感染率为27.3%，1～2岁为13.6%，>2岁为8.8%。由于本研究有95份阳性样品年龄未知，而这部分的感染率高达33.3%（95/142），这可能是本研究与之前研究感染率差异比较大的原因。因此，今后需要对不同日龄样品的采集数量进行确认。

本研究分别在春季、夏季和冬季进行了采样，研究结果发现春季的感染率最高。有关不同季节牦牛感染的研究，目前并未见报道，但是关于其他品种牛不同季节样品的研究已有部分报道。例如，Learmonth 等发现新西兰 Waikato 地区奶牛在春季的感染率最高，而 Szonyi 等和 Wang 等分别对美国纽约地区和我国河南省奶牛的研究发现夏季的感染率最高。

为了节约检测成本，本研究首先对所有样品进行了显微镜检，对镜检阳性的样品放入 2.5% 重铬酸钾溶液中进行保存。由于多数隐孢子虫形态大小相似，仅从形态学上很难鉴定感染的虫种，因此本研究把保存在重铬酸钾中的样品取出部分，用 PBS 反复洗 2 次，去掉重铬酸钾，随后提取样品 DNA，用于虫种鉴定。然而，PCR 扩增过程中，仅有 55 份样品扩增成功，其余 87 份样品扩增失败。这可能与样品在重铬酸钾中放置的时间过长，造成部分卵囊发生降解有关系。

扩增成功的样品，经分子鉴定和系统进化树分析，发现存在 3 种隐孢子虫，其中 *C.bovis* 是优势种，这与 Ma 等的报道结果一致，Ma 等研究也发现 *C.bovis* 的感染率最高，该研究还发现 *C.andersoni*、*C.ubiquitum*、和 *C.xiaoi* 感染，而本研究并未见这几种隐孢子虫感染。Qi 等对我国西藏自治区、青海省、四川省、甘肃省牦牛的研究发现 *C.parvum* 是优势种；Wang 等对青海牦牛的研究发现存在 *C.hominis*、*C.canis* 和 *C.struthionis* 感染。造成这些结果的原因可能与采样的日龄和地区不同有关，有研究显示牛感染的隐孢子虫虫种与年龄相关，其中 *C.parvum* 主要感染断奶前犊牛，*C.bovis* 和 *C.ryanae* 主要感染断奶后犊牛，*C.andersoni* 主要感染成年牛。

对不同虫种进行基因亚型的研究，能够对虫种进行溯源，找出感染的来源，其中最常用的是基于隐孢子虫糖蛋白 *gp*60 基因的亚型鉴定。虽然目前报道的隐孢子虫有效虫种多达 40 余种，但是由于不同种间存在一定的差异，目前仅能对 10 几种隐孢子虫进行亚型鉴定，其余虫应用 *gp*60 基因并不能有效扩增。本研究对牦牛感染的 *C.parvum* 进行了亚型鉴定，发现全部属于Ⅱa 亚型，其中ⅡaA15G2R1 是优势基因亚型（61.5%，8/13），该基因亚型也是人感染的主要亚型，该结果提示我们牦牛感染的隐孢子虫可能会给人的健康带来潜在的威胁，需要引起足够的重视。有关牦牛感染 *C.parvum* 基因亚型的研究，之前仅见 Qi 等对我国西部 4 省（自治区）进行的研究，该研究发现牦牛感染的 *C.parvum* 的亚型均是Ⅱd，这与本研究的结果不一致。对我国牛感染的隐孢子虫进行的亚型鉴定，也以Ⅱd 亚型为主，由于本研究获得的 *C.parvum* 的数量偏少，因此该结果还有待进一步确认。

4. 结论

本研究从不同地区、不同日龄和不同季节角度，对牦牛隐孢子虫感染情况进行了调查。研究发现，牦牛隐孢子虫感染普遍，但是不同地区感染率存在差异；随着牦牛日龄的增长，隐孢子虫的感染率逐渐下降；对不同季节牦牛隐孢子虫感染情况进行了研究，发现与高原地区牦牛四季的生存和健康状态相一致。分子鉴定结果表明，主要存在 3 种隐孢子虫感染，分别为 *C.parvum*、*C.bovis* 和 *C.ryanae*，其中 *C.parvum* 也是感染人的重要人兽共患虫种，*C.parvum* 阳性样品的亚型鉴定结果显示，ⅡaA15G2R1 是主要基因亚型，该基因亚型也是人感染的最主要的基因亚型。此外，还有 *C.hominis*、*C.canis* 的感染。这些结果提示我们，牦牛感染的隐孢子虫对人存在潜在的威胁，需要引起注意，尤其是牧区的牧民。本研究结果为深入了解牦牛隐孢子虫流行情况、制订有效的防控措施提供了数据支持。

四、危害

隐孢子虫是重要的肠道原虫，牛感染隐孢子虫主要表现为精神沉郁、厌食、腹泻，粪便呈黄乳油状，灰白色或黄褐色，有大量纤维素、血液和黏液，后呈透明水样粪便，严重时死亡。然而，不同日龄的牛，感染症状存在差异。成年牛一般呈隐性感染，不出现明显的临床症状。犊牛感染后表现较为强烈的临床症状，如严重腹泻、食欲不振、体重下降、胃肠功能紊乱、精神抑郁、生长缓慢、站立不稳等，严重者死亡。

研究显示，能够感染人的隐孢子虫虫种主要有 *C. parvum* 和 *C. hominis*，其中 *C. hominis* 主要感染人，而 *C. parvum* 的宿主十分广泛，能够感染包括人在内的多种动物，占人感染的相关病例的85%以上。*C. parvum* 是一种以腹泻为主要临床症状的人兽共患隐孢子虫，人感染后一般7 d左右出现明显症状，包括腹痛、腹泻、呕吐及发热等，大部分患者的病症持续6～10 d，但也有可能会持续数周。对于免疫功能低下患者或者艾滋病病人而言，病情更加严重，甚至威胁生命。研究显示，*C. parvum* 的传播可能与家畜集约化养殖密切相关。因此，从牦牛检出 *C. parvum*，提示存在潜在的公共安全风险，对人的健康具有一定的威胁，需要引起足够的重视。从全健康（One Health）和生物安全角度来看，加强畜禽集约化养殖中隐孢子虫病原的监测，对于从源头遏制隐孢子虫的传播，减少该病对我国公共卫生的危害具有重要意义。

五、防治

曾有人试用硝唑尼特（Nitazoxanide，NTZ）、巴龙霉素（Paromomycin）、常山酮（Halofuginone）等治疗隐孢子虫感染，但治疗效果并不显著。目前尚没有有效的药物或疫苗控制该病。

关于隐孢子虫病的防治，平时以预防为主。加强孕畜的饲养管理，做好围栏卫生清洁工作；注意冬季保暖，保持圈舍干燥、干净、舒适、通风良好；每天清扫畜舍及运动场上的积粪，粪便堆积发酵处理；定期对畜舍、人员防护用具、操作器具、进出车辆及周围环境进行消毒；对单独圈舍进行严格消毒，防止隐孢子虫的交叉感染（可使用5%氨水溶液、5%次氯酸钠溶液、10%甲醛溶液、3%过氧化氢溶液等消毒液）；将不同年龄牦牛分群饲养，幼龄牦牛置于无污染的圈舍，并饲喂充足的初乳，避免外来动物进入圈舍和牧场。一旦牦牛发生隐孢子虫感染，病牛立即隔离，对牧场进行消毒；采取对症疗法，包括止泻、适时纠正脱水和电解质紊乱，提供充足的饮水，适当补充能量；对腹泻严重的病牛，可口服补液盐或静脉输液；合并感染或继发感染者，采用适当的抗生素和其他药物进行综合对症治疗。

第五节　牦牛新孢子虫病

新孢子虫病（Neosporosis）是由犬新孢子虫（*Neospora caninum*）寄生于家畜及野生动物宿主细胞内引起的一种原虫病（蒋金书，2000），该病于1984年由挪威兽医学家Bjerkes首次发现。徐雪平等（2002）首次在国内报道在牦牛血清中检测到犬新孢子虫抗体，已知犬、狐狸是犬新孢子虫的终末宿主兼中间宿主，牦牛、马、羊及野生动物（如野鹿）等哺乳动物均是中间宿主。该病以引起母畜流产、死胎、畸形胎及新生胎儿运动障碍和神经系统疾病等为主要特征，可垂直传播和水平传播，给畜牧业造成较为严重的经济损失，严重危及养殖业的发展。新孢子虫病流行范围广，至少能引起全球 40% 的奶牛流产。我国上海、青海、吉林、西藏、河南、宁夏、新疆等地均有报道，说明新孢子虫病已在我国广泛流行，但对牦牛新孢子虫的感染情况报道不多。为摸清我国牦牛新孢子虫病流行情况，许多学者相继对牦牛新孢子虫感染情况进行了调查，现将研究结果进行汇总，以期为牦牛新孢子虫病流行病学与防治技术研究提供参考。

一、病原

犬新孢子虫隶属于顶复门、类锥体纲（Conoidasida）、球虫亚纲、真球虫目、肉孢子虫科、新孢子虫属，是 1988 年才被确认的一种动物寄生原虫。

新孢子虫在发育阶段会出现数种不同的形态，如速殖子、组织包囊、卵囊等。

速殖子可寄生于感染动物的各种细胞，呈卵圆形、月牙形，大小一般为（4～7）$\mu m \times$（1.5～5）μm，平均为 5 $\mu m \times$ 2 μm，并随分裂期不同而有所差异。大多数速殖子寄生于宿主细胞的胞质内带虫空泡中，反复分裂，可有上百个虫体存在于虫体集落内。速殖子对宿主细胞侵入性强，接触 3～5 min 即可侵入宿主细胞质内，快的 30 s 即可侵入宿主细胞质，迅速分裂形成虫体集落。

包囊主要寄生于脑、脊髓、神经元及眼视网膜，呈圆形或卵圆形，大小不等。包囊中含有大量细长形缓殖子，细胞器与速殖子相似，但其棒状体的数目少，细胞核靠一端。

卵囊一般发现于犬的粪便中，犬感染新孢子虫后通过粪便将卵囊排出。刚被排出的卵囊不具备感染能力，其在外界自然环境中孢子化，完成孢子化的卵囊具有感染性，其直径为 10～11 μm。卵囊的孢子化时间约为 24 h，孢子化卵囊内含 2 个孢子囊，每个孢子囊内含 4 个子孢子。中间宿主吞食了被感染性卵囊污染的饮水或饲料而感染。

二、检测技术

目前，针对新孢子虫病的实验室检测技术主要有两大类，即基于抗原、抗体的免疫学方法和对病原进行直接检测的分子生物学检测技术。免疫学方法主要包括凝集试验（NAT）、间接荧光抗体试验（IFAT）、酶联免疫吸附试验（ELISA）、免疫印迹技术（IB）等，其中 IFAT 和 ELISA 应用最广泛，主要用于血清和初乳中抗犬新孢子虫 IgG 抗体的检测。聚合酶链式反应（PCR）是最常用的分子生物学诊断方法。目前针对犬新孢子虫的诊断，建立的 PCR 有常规 PCR、巢氏 PCR、间接原位 PCR、单管套式 PCR、定量竞争 PCR、二温式 PCR、实时荧光定量 PCR、环介导等温扩增技术（LAMP）、基因芯片技术等，其中 LAMP 和基因芯片技术表现出极高的诊断效率和准确性。

免疫学方法存在敏感性不高、易出现假阴性结果的问题，不能进行早期诊断，只能作为流行病学诊断的参考依据。分子生物学诊断方法克服了免疫学方法的缺点，具有特异性强、操作简单、快速、敏感的优点。目前，PCR 可以针对各种样品进行检测，实现了新孢子虫病的早期诊断。在国外有关犬新孢子虫的研究资料中，Nc-5 基因报道较多，最为保守，具有良好的特异性。

三、流行情况

经对牦牛新孢子虫病相关文献统计发现，新孢子虫病呈散发性或地方性流行，一年四季均可发生。从地域、气候、温度上看，高海拔地区独特的气候、地理环境为牦牛和不同寄生虫生存和繁衍提供了共生的条件，西藏、青海、新疆3个省（自治区）牦牛新孢子虫血清抗体阳性率呈现一致性。从放牧犬的数量来看，西藏、青海牧区养犬的数量较多，牦牛在饲养过程中与犬接触较为频繁，易感染新孢子虫。从其他原因来看，青藏高原地区栖息大量的野生动物，如野生狐犬、狼和其他动物与牦牛共生，也可能影响该地区新孢子虫病的流行。从饲养方式来看，自养自繁的养殖模式更容易感染新孢子虫病。

从新疆、西藏、四川及青海4个省（自治区）共收集牦牛血清样品3 587份，利用新孢子虫血清抗体ELISA检测试剂盒检测，共检出阳性样品312份，阳性率为8.70%。其中青海牦牛感染率为3.7%～10.07%，新疆牦牛感染率为3.03%～25.0%，西藏牦牛感染率为5.1%～14.95%，四川牦牛感染率为6.1%～7.36%（表1-33）。

表 1-33 我国牦牛新孢子虫病感染情况

省份（区域）	采样时间（年）	检测方法	被检数（头）	检测结果		参考文献
				阳性数（头）	阳性率（%）	
青海大通回族土族自治县	<2005	ELISA	149	15	10.07	马利青等
青海称多县	<2005	ELISA	32	6	18.75	马利青等
青海海晏县	2009	ELISA	135	5	3.7	铁富萍等
合计	—	ELISA	316	26	8.23	—
新疆乌鲁木齐	2001	ELISA、Dot-ELISA	4	1	25.0	徐雪平等
新疆和静县	2003—2004	ELISA	300	30	10.0	巴音查汗等
新疆和静县	<2006	ELISA	40	6	15.0	巴音查汗等
新疆和静县	2009—2010	rELISA	210	40	19.1	哈希巴特等
新疆和静县	<2010	rELISA	66	2	3.03	杨帆等
新疆巴音布鲁克地区、塔城市、昌吉市、托克逊县、温泉县	2011	ELISA	91	13	14.3	张玉婷
新疆和静县	<2016	rELISA	440	18	4.09	吉尔格力等
新疆塔什库尔干塔吉克自治县	2018—2019	rELISA	43	9	20.9	吾力江等
合计	—	—	1 194	119	9.97	—
西藏（日喀则、拉萨、林芝、昌都）	2013	ELISA	294	15	5.1	李坤等
西藏（拉萨、林芝、那曲、昌都）	2017	ELISA	455	68	14.95	贡嘎等
合计	—	—	749	83	11.08	—

（续）

省份（区域）	采样时间（年）	检测方法	被检数（头）	检测结果		参考文献
				阳性数（头）	阳性率（%）	
四川阿坝藏族 羌族自治州	<2013	ELISA	1 070	65	6.1	张焕容等
四川红原县	2013	ELISA	258	19	7.36	李坤等
合计	—		1 328	84	6.33	—
总计	—	—	3 587	312	8.70	—

四、危害

牦牛通常分布在气候独特的高海拔地区，多半为放牧饲养，养殖技术相对于奶牛较为落后。饲养过程中与野生动物，尤其藏犬、狼等新孢子虫的终末宿主接触频繁，加上缺乏寄生虫病防控措施，导致牦牛极其容易感染寄生虫，对牦牛养殖业造成了巨大经济损失。

成年牦牛的主要临床症状是产死胎或流产，经常发生在妊娠中后期；犊牛感染后生长缓慢，体质较差，还伴有神经系统疾病，表现出肢体持续性麻痹、四肢僵直、肌肉无力、运动失调、吞咽困难，甚至心力衰竭。病理变化与新孢子虫寄生的部位有关，组织包囊寄生于脊髓和大脑中，可见小脑发育不全、脊髓区发生非化脓性炎症；速殖子寄生在神经、血管内皮、室管膜等细胞中，主要表现出肌炎、肝炎和持续性肺炎病变，也可引起严重的神经肌肉损伤，如喉肌、食道肌及骨骼肌出现炎症反应。

五、防治

目前尚无特效药物或者疫苗。对于患病牦牛，可通过抗生素疗法、对症治疗缓解症状。常用治疗药物有复方新诺明、磷酸克林霉素、离子载体抗生素等，治疗效果与患病牛的体况有一定关系。早期感染的病牛可以用甲氧苄啶和乙胺嘧啶对症治疗，用药1月左右麻痹症状可消失。

现阶段预防牦牛新孢子虫病的有效措施主要有：

（1）加强牧区周边藏犬的严格管理，严禁给犬饲喂牦牛的胎盘，以期切断传播途径，从而达到预防目的。

（2）建立健全新孢子虫病检验检疫制度，严格控制牦牛与新孢子虫终末宿主接触，淘汰新孢子虫阳性动物，可有效控制该病的传播。

（3）及时清扫牦牛饲养场所，执行严格的动物粪便发酵处理措施，避免感染性虫卵感染牦牛。

（4）加强饲养管理，牧区草场在允许的情况下实行轮牧措施。同时加强卫生条件和饲养管理，避免出现不同物种间的交叉感染。结合当地环境特点，选择合适的抗寄生虫药物和制订合理的防疫措施。

（5）建立标准的生物安全措施，阻止感染新孢子虫的动物进入未感染新孢子虫的畜群。而对于已被新孢子虫感染的畜群，采取的主要措施是通过淘汰血清学阳性牛来减少垂直传播的机会，通过控制已感染新孢子虫的终末宿主来降低水平传播的概率。

第六节　牦牛梨形虫病

梨形虫病（Piroplasmosis）是指由梨形虫目的原虫寄生于动物血细胞和网状内皮系统引起的各种寄生虫病的总称（又称焦虫病、血孢子虫病），包括巴贝斯虫病（Babesiosis）和泰勒虫病（Theileriosis）。巴贝斯虫病（又称蜱传热、红尿热等）是由蜱传播的多种巴贝斯虫寄生于牛、羊、马、犬及其他野生动物红细胞内所引起的疾病的总称，临床上多以高热稽留、贫血、厌食、精神浓郁及血红蛋白尿为主要特征。泰勒虫病是由蜱传播的泰勒虫寄生于牛、羊和其他野生动物巨噬细胞、淋巴细胞和红细胞内所引起的疾病的总称，临床上多以发热、贫血、体表淋巴结肿大和死亡为主要特征。

一、病原

引起梨形虫病的巴贝斯虫和泰勒虫，分别隶属于原生动物亚界（Protozoan）、顶复门（Apicomplexa）、类锥体纲（Conoidasida）、梨形虫亚纲（Piroplasmia）、梨形虫目（Piroplasmida）的巴贝斯科（Babesiidae）、巴贝斯属（Babesia）和泰勒科（Theileriidae）、泰勒属（Theileria）。目前，牛的巴贝斯虫主要有双芽巴贝斯虫（B. bigemina）、牛巴贝斯虫（B. bovis）、大巴贝斯虫（B. major）、分歧巴贝斯虫（B. divergens）、卵形巴贝斯虫（B. ovata）、东方巴贝斯虫（B. orientalis）和猎户巴贝斯虫（B. venatorum）；牛的泰勒虫主要有环形泰勒虫（T. annulata）、小泰勒虫（T. parva）、突变泰勒虫（T. mutans）、斑羚泰勒虫（T. taurotragi）、缘膜泰勒虫（T. velifera）、东方泰勒虫（T. orientalis）和中华泰勒虫（T. sinensis）。在牦牛上检测到的巴贝斯虫有 B. bovis、B. bigemina、B. venatorum 和 B. ovata；检测到的泰勒虫有 T. annulata、T. sinensis、瑟氏泰勒虫（T. sergenti）、吕氏泰勒虫（T. luwenshuni）。

在我国，牛巴贝斯虫、双芽巴贝斯虫是最主要、致病性最强、流行最广泛的病原，二者常呈混合感染。在形态学上，牛巴贝斯虫大小为 $1.5 \sim 2\ \mu m$，虫体长度小于红细胞半径，属于小型虫体；虫体典型形状为成对的梨籽形，尖端相连呈钝角且位于红细胞中央，虫体常呈空泡状。双芽巴贝斯虫大小为 $2.3 \sim 5\ \mu m$，虫体长度大于红细胞半径，属于大型虫体；呈成对梨籽状，两虫体尖端呈锐角且位于红细胞中央，每个红细胞中虫体数目为1～2个。已报道的牛泰勒虫主要有环形泰勒虫、瑟氏泰勒虫和中华泰勒虫，其中环形泰勒虫是优势虫种。环形泰勒虫形态多样，有圆环形、卵圆形、梨籽形、杆形、逗点形、十字形等，其中以圆环形和卵圆形最为多见，占虫体总数的70%～80%。瑟氏泰勒虫以杆形和梨籽形为主，占虫体总数的67%～90%。中华泰勒虫除了环形泰勒虫所具有的虫体外，还有许多难以描述的不规则虫体，如在同一红细胞内不同虫体发育变大，生成的原生质连接融合形成不规则虫体，有些虫体还具有出芽增殖的特性。

二、检测技术

梨形虫病的诊断可以通过流行病学调查、媒介蜱的存在、临床症状等进行初步诊断，为了鉴别虫种及与其他传染病相似的症状，需要进行实验室检查。目前，梨形虫病的实验室诊断方法有病原形态学观察、血清学检查和 PCR 检测。

（一）病原形态学观察

淋巴结涂片染色是梨形虫病最经典的诊断方法，也可以采用静脉末梢采血涂片来检查。具体操作步骤是：①制片：直接采集牛耳尖静脉血，将血滴滴至载玻片上，左手持载玻片，右手持推片并轻轻接触血滴，当血液呈"一"字形时，将推片与载玻片形成 30°夹角，用均匀的速度将血向载玻片的另一端推动。②干燥：血涂片制成后，应在空气中快速摇动扇干，并用甲醇固定 3～5 min，防止细胞皱缩变形或溶血。③染色：采用瑞氏-吉姆萨染色法染色，染色时间为 4～10 min，切记染色时间过长或染液蒸发干，影响镜检结果。④水洗：用细小的流水沿玻片的边缘缓慢冲洗干净。⑤镜检：首先在低倍镜下（10～40 倍）进行浏览，观察有无异常细胞和细胞分布情况，然后，在 100 倍油镜下，观察红细胞内巴贝斯虫和泰勒虫的形态与大小。该方法简单、价廉，但对血涂片制作要求高（涂片厚度、染液种类、固定时间、染色时间），同时镜检的准确性依赖于检查人员对梨形虫形态结构的掌握和了解程度，当染虫率低或隐性感染时常常存在漏检的情况。

（二）血清学检查

为了避免血涂片检查时存在的缺点，许多学者用血清学方法来检测梨形虫。酶联免疫吸附试验（ELISA）、胶体金免疫层析试纸条（ICS）等已用于梨形虫病的检测。目前，建立了 5 种 ELISA 用于泰勒虫病的抗体检测。第 1 种是基于环形泰勒虫子孢子表面抗原 SPAG 建立的间接 ELISA，仅能检测出环形泰勒虫阳性血清，与东方泰勒虫、中华泰勒虫、双芽巴贝斯虫和牛巴贝斯虫等梨形虫阳性血清无交叉反应。第 2 种是基于瑟氏泰勒虫主要表面蛋白 P33 建立的间接 ELISA，与乳胶凝集试验（LAT）相比较，阴性符合率为 90.0%，阳性符合率为 100%，总符合率为 96.7%，用该方法对珲春市 56 份、敦化市 48 份牛血清样品检测，阳性率分别为 73.2%和 60.4%。第 3 种是基于主要梨形虫表面膜蛋白 MPSP 建立的间接 ELISA，与环形泰勒虫、瑟氏泰勒虫和中华泰勒虫阳性血清有反应，与牛的巴贝斯虫阳性血清无交叉反应，其敏感性和特异性分别为 100%和 95.7%，对 10 个省份 1 936 份牛血清进行检测，抗体阳性率为 23.1%～67.3%。第 4 种是基于环形泰勒虫裂殖子表面抗原 Tams1 建立的 GST - Tams1 间接 ELISA 方法，与其他梨形虫病阳性血清无交叉反应，与环形泰勒虫巢氏 PCR 检测方法的阳性符合率达 96%。第 5 种是基于环形泰勒虫表面蛋白 TaSP 建立的间接 ELISA 方法，与其他梨形虫病阳性血清无交叉反应，特异性和敏感性分别为 100%和 95.7%，与环形泰勒虫巢氏 PCR 检测方法的阳性符合率为 98.5%；陈银银（2018）基于主要梨形虫表面膜蛋白 MPSP 建立了牛泰勒虫病免疫胶体金试纸条快速诊断方法，用该方法与 rMPSP - ELISA 检测方法分别对甘肃省 80 份牦牛血清进行了检测，其阳性检出率分别为 65%和 72.5%，该方法敏感性较 ELISA 方法略差，但具有操作简便、速度快、使用范围广、适于野外现场诊断等优点。

目前，已建立 4 种 ELISA 用于牛巴贝斯虫病抗体检测。第 1 种是基于牛巴贝斯虫 MSA - 2C 表面蛋白建立的 GST - MSA - 2C 间接 ELISA 方法，这是国内首次利用重组抗原建立的牛巴贝斯虫病血清学诊断方法，与牛巴贝斯虫巢氏 PCR 检测方法的阳性符合率为 96%。第 2 种是基于双芽巴贝斯虫棒状体相关蛋白 RAP - 1C 建立的间接 ELISA，敏感性和特异性分别为95.5％和100％，与牛其他梨形虫病阳性血清无交叉反应。第3种是基于牛双芽巴贝斯虫HSP20蛋白建立的GST－HSP20融合蛋白间接ELISA，与其他梨形虫病阳性血清无交叉反应，具有良好的特异性，与牛双芽巴贝斯虫巢氏PCR检测方法的阳性符合率为96％。第4种是基于牛巴贝斯虫BORCT蛋白建立的间接ELISA方法，其敏感性和特异性分别为94.2％和96.5％，与其他巴贝斯虫、泰勒虫阳性血清均无交叉反应。用该方法对甘肃、四川、新疆采集的314份牛血清进行检测，3省（自治区）都有牛巴贝斯虫的分布，平均阳性率为46.82％。

虽然血清学方法具有易于操作、可以大量检测样品等优点，但由于梨形虫各种之间存在交叉抗原和较弱的免疫反应，因此，用血清学方法存在假阳性和假阴性问题。

（三）PCR检测

由于分子生物学方法具有灵敏度高、特异性好、快速等优点，为梨形虫病的诊断提供了更准确的手段。目前，在梨形虫病检测上已经建立了常规PCR、多重PCR、巢氏PCR、荧光定量PCR等，但基于不同靶基因建立的不同PCR方法，其阳性检出率有差异。以瑟氏泰勒虫 $p23$ 和 $p33$ 基因、$HSP70$ 基因和18S RNA基因为靶基因建立的PCR方法，样本检出率分别为30.19％、39.62％、47.17％和54.72％，表明以18S RNA基因为靶基因的PCR方法从敏感性和临床检出率上明显优于其他3种方法。基于环形泰勒虫裂殖子表面蛋白Tams1建立的巢氏PCR，其检出率（62.2％）高于常规PCR检出率（58.2％）和血涂片镜检检出率（35.7％）。基于环形泰勒虫表面蛋白COB和瑟氏泰勒虫ITS建立的多重PCR，利用环形泰勒虫引物可检测到10～7ng/μL的虫体DNA，利用瑟氏泰勒虫引物能够检测到10～6ng/μL的虫体DNA。基于环形泰勒虫裂殖子表面蛋白Tams1建立的SYBR GreenⅠ荧光定量PCR方法，其灵敏度为180拷贝/μL，比常规PCR敏感10倍。基于环形泰勒虫转运蛋白TMP21建立了TB Green实时荧光定量PCR方法，灵敏度为10.4拷贝/μL，用该方法对10的766份样品检测，其检测敏感性高于普通PCR。基于梨形虫18S rRNA建立了巢氏PCR方法，用该方法对甘孜藏族自治州牦牛梨形虫感染情况进行了调查，结果显示，1 381份牦牛样本中梨形虫阳性样本438份，其阳性率为31.72％，共鉴定出6个虫种，其中，中华泰勒虫和吕氏泰勒虫为甘孜藏族自治州优势虫种。基于牛巴贝斯虫18S rRNA建立的实时荧光PCR方法，灵敏度为13.1拷贝/μL，敏感性较常规PCR高1 000倍。基于双芽巴贝斯虫 $HSP20$ 基因建立的巢氏PCR方法，灵敏度相当于4.6 pg/mL全血基因组DNA。基于牛卵形巴贝斯虫18S rRNA建立的二温式PCR方法，其基因组DNA的最小检测量为16 fg/μL，与其他泰勒虫和巴贝斯虫无交叉反应。

三、流行情况

牛梨形虫病已在我国新疆、甘肃、青海、四川、西藏、河南、河北、吉林、广西、内蒙古、海南、福建、陕西、重庆、山东、贵州、吉林、黑龙江、辽宁、江西、云南等21个省（自治区、直辖市）有报道。根据牦牛分布区域，我国新疆、甘肃、青海、四川、西藏等地均有牦牛梨形虫病报道。

（一）牦牛巴贝斯虫病流行状况

据相关文献统计，牦牛巴贝斯虫在甘肃、四川、青海、新疆均有报道，总的感染率为 0.07%～24.18%，不同地方有差异。如甘肃玛曲县、天祝藏族自治县，牦牛双芽巴贝斯虫的感染率为 0.98%～22.33%，天祝藏族自治县牦牛存在牛巴贝斯虫和卵形巴贝斯虫的感染，感染率分别为 0.73% 和 1.22%；新疆和静县、巴音布鲁克地区和乌鲁木齐市 104 团牦牛都有双芽巴贝斯虫的感染，感染率分别为 9.89%、18.68% 和 19.33%，和静县牛巴贝斯虫的感染率较双芽巴贝斯虫高，为 18.68%；四川甘孜藏族自治州双芽巴贝斯虫的感染率为 0.07%；青海海晏县牛巴贝斯虫的感染率为 1.48%；2011 年，青藏高原某地区牦牛双芽巴贝斯虫的感染率为 24.18%。我国牦牛感染巴贝斯虫情况见表 1-34。

表 1-34 我国牦牛感染巴贝斯虫情况

地区		采样时间	样品总数	诊断方法	不同虫种感染牛数量（头）及阳性牦牛数量占比（%）			数据来源
					双芽巴贝斯虫	牛巴贝斯虫	卵形巴贝斯虫	
甘肃	玛曲县	2013	600	ELISA	134（22.33）	—	—	秦思源等
	天祝藏族自治县	2015	350	PCR	29（8.29）	0		李四通等
		2017	409	PCR	4（0.98）	3（0.73）	5（1.22）	刘军龙等
		—	974	ELISA	173（17.76）			秦思源等
四川	甘孜藏族自治州	2018	1 381	PCR	1（0.07）	—	—	蓝岚等
青海	海晏县	—	135	ELISA	—	2（1.48）	—	铁富萍等
新疆	和静县	2010—2012	91	ELISA	9（9.89）	17（18.68）	—	王真等
	巴音布鲁克地区		91	ELISA	17（18.68）			杜晓杰等
	乌鲁木齐市 104 团	—	119	ELISA	23（19.33）			
	青藏高原	2011	91	ELISA	22（24.18）			李迎等

（二）牦牛泰勒虫病流行状况

经对相关文献统计，牦牛泰勒虫病在甘肃、四川、青海、新疆、西藏有报道，总的感染率为 0.29%～84.21%。甘肃天祝藏族自治县、夏河县、碌曲县、玛曲县、合作市牦牛环形泰勒虫的感染率为 7.71%～84.21%，天祝藏族自治县和渭源县牦牛有 25.71%～64.15% 感染中华泰勒虫，其中渭源县高于天祝藏族自治县，并且天祝藏族自治县也存在一定程度瑟氏泰勒虫和吕氏泰勒虫的感染；对四川阿坝藏族羌族自治州、甘孜藏族自治州、道孚县和理塘县中华泰勒虫的检测发现，感染率分别为 26.85%、5.5%、21.97%、16.52%，对甘孜藏族自治州和理塘县吕氏泰勒虫的检测发现，两地区牦牛也存在感染；新疆巴音郭楞蒙古自治州和塔什库尔干塔吉克自治县都有环形泰勒虫的感染，染虫率分别为 25% 和 13.33%；青海天峻县泰勒虫感染率为 24.18%。见表 1-35。

表 1-35　我国牦牛感染泰勒虫情况

地区		采样时间	样品总数	诊断方法	虫种及阳性数量（%）				数据来源
					环形泰勒虫	中华泰勒虫	瑟氏泰勒虫	吕氏泰勒虫	
甘肃	天祝藏族自治县	—	350	PCR	27（7.71）	90（25.71）	34（9.71）	—	李四通等
		—	95	PCR	0	29（30.53）	0	1（1.05）	秦鸽鸽等
	渭源县	—	53	PCR	—	34（64.15）	—	—	刘爱红等
	夏河县	—	82	ELISA	61（74.39）	—	—	—	陈银银等
	碌曲县	—	19	ELISA	16（84.21）	—	—	—	
	玛曲县	—	182	ELISA	127（69.78）	—	—	—	
	合作市	—	37	ELISA	25（67.57）	—	—	—	
四川	阿坝藏族羌族自治州	2016	108	PCR	—	29（26.85）	—	—	钟维等
	甘孜藏族自治州	2018	1 381	PCR	—	76（5.5）	—	25（1.81）	蓝岚等
	道孚县	2019	173	PCR	—	38（21.97）	—	—	李友英等
	理塘县	—	345	PCR	—	57（16.52）	—	1（0.29）	李友英等
青海	天峻县	2012—2013	91	ELISA	未定种 22（24.18）				刘道鑫等
新疆	巴音郭楞蒙古自治州	—	304	PCR	76（25.0）	—	—	—	杜兰兰
	塔什库尔干塔吉克自治县	—	30	PCR	4（13.33）	—	—	—	李才善等

四、危害

泰勒虫病以发热、贫血、体表淋巴结肿大和死亡为典型症状，其发病具有明显的季节性和地域性。外地引进牛、纯种牛和改良牛对该病的易感性明显高于当地牛，发病率为27.7%～100%，致死率为19.2%～63.4%。环形泰勒虫能导致宿主细胞随着寄生虫感染数量的增多而无限增加，这一类泰勒虫也称为恶性泰勒虫，全球每年约有2.5亿头牛受到该病的威胁，给养牛业造成巨大的经济损失，在我国该病被列为二类疫病，是影响经济发展的重要疾病之一。

巴贝斯虫病以高热稽留、贫血、厌食、精神沉郁及血红蛋白尿为典型特征。由于牛巴贝斯虫感染的红细胞存留于大脑毛细血管中而导致动物出现神经症状，且牛巴贝斯虫的感染可能会持续终生，严重时可引起动物死亡。在热带和亚热带地区，牛双芽巴贝斯虫和牛巴贝斯虫对牛的危害最大，使全球约5亿牛受到严重威胁。此外，牛巴贝斯虫（*B.bovis*）作为一种人畜共患病原，对人体健康构成严重威胁。

在中国，分布有牦牛的6个省份中，检测到5个省份的牦牛有不同程度的梨形虫感染，严重影响了当地农牧民的生活和经济来源。因此，应因地制宜制订综合防治措施。

五、防治

主要依靠药物防治、阻断传播媒介蜱和疫苗免疫接种措施等。

目前对牛梨形虫病尚无特效药，但药物杀虫仍是治疗梨形虫感染的主要措施，主要使用磷酸伯氨喹（PMQ）、咪唑苯脲（Imidocarb）、三氮脒（Diminazene，又称贝尼尔）、黄花蒿、青蒿琥酯杀虫和配合对症治疗，以达到使牛康复的效果。

由于梨形虫病为蜱传性疾病（硬蜱是传播梨形虫的主要媒介），故其发病时间与蜱的生活史密切相关，因此预防该病的关键是灭蜱（包括牦牛体和圈舍内的蜱）。灭蜱药物主要包括有机磷类药物（氯吡硫磷、二嗪农）、拟除虫菊酯（氯氰菊酯、溴氰菊酯、三氟氯氰菊酯）、大环内酯类药物（阿维菌素、多杀菌素）、双甲脒、敌百虫等。同时，在每年9—10月雌蜱产卵季节，可对畜舍墙缝、墙洞进行封堵硬化，以消灭雌蜱和幼蜱。

在梨形虫病防治上，药物治疗虽然发挥了巨大作用，然而，近年来逐渐发现，梨形虫已对传统的药物产生了耐药性；加之化学药物毒性大、难降解等弊端，引起动物及动物产品药物残留和环境污染，对公共卫生造成了严重威胁。随着寄生虫免疫学研究和分子生物学技术的快速发展，梨形虫基因组和蛋白组功能研究不断取得突破。目前，针对巴贝斯虫病疫苗的研发，已经确定的保护性抗原有裂殖体表面抗原（MSA-1），还有顶端复合体蛋白如球形体蛋白2（SBP2）、球形体蛋白3（SBP3）和棒状体蛋白1（RAP-1），这些保护性抗原对B细胞和T细胞有很强的免疫原性，可以阻止巴贝斯虫子孢子入侵红细胞。针对泰勒虫病，已有商品化的环形泰勒虫裂殖体胶冻细胞苗，每年3—4月接种，免疫持续时间达1年以上，有效保护率达99.8%。目前，更多学者致力于梨形虫病多价疫苗和联合疫苗的研究，将梨形虫不同阶段表达的蛋白通过串联表达，制成亚单位疫苗进行免疫，以便更好地应对梨形虫感染，取得更好的免疫保护效果。

第二章 牦牛绦虫病流行病学与防治

绦虫病（Cestodiasis）是由圆叶目（Cyclophyllidea）和假叶目（Pseudophyllidea）的绦虫或绦虫蚴引起的多种动物寄生虫病，以圆叶目绦虫为多见。牦牛能够感染的绦虫种类主要为莫尼茨属（*Moniezia*）和曲子宫属（*Thysaniezia*）的绦虫，感染的绦虫蚴主要为牛囊尾蚴（*Cysticercus bovis*，又称牛囊虫）、细颈囊尾蚴（*Cysticercus tenuicollis*）、脑多头蚴（*Coenurus cerebralis*，又称脑包虫）、棘球蚴（Hydatid cyst，又称包虫）。文献资料显示，寄生于牦牛的绦虫有7种、绦虫蚴有5种，危害最为严重的为棘球蚴。棘球蚴病广泛分布于我国青海、四川、西藏、甘肃等地。

牦牛主要分布于我国西藏、青海、四川、甘肃、新疆等地。调查显示，中国牦牛主产区内牦牛绦虫病的感染情况复杂，调查结果不尽相同。在青藏高原，牦牛多以放牧为主，感染绦虫病（如棘球蚴病）的概率高，严重影响牦牛产业的发展，并严重威胁社会公共卫生安全。因此，全面了解青藏高原牦牛绦虫与绦虫病的现状，对保障青藏高原牦牛产业的健康发展和促进社会公共卫生安全都具有重要意义。

第一节 牦牛棘球蚴病

一、病原

棘球蚴病（Echinococcosis）又称包虫病（Hydatidosis，hydatid disease），由棘球绦虫的中绦期（棘球蚴）寄生于牛、羊、猪、人及其他动物的肝、肺及其他器官而引起。棘球绦虫隶属于圆叶目的带科（Taeniidae），寄生于犬科动物的小肠。目前，世界上公认的种类有4种：细粒棘球绦虫（*Echinococcus granulosus*）、多房棘球绦虫（*E. multilocularis*）、少节棘球绦虫（*E. oligathrus*）和福氏棘球绦虫（*E. vogeli*）。下文主要介绍细粒棘球蚴和多房棘球蚴。

（一）细粒棘球蚴

1. 形态结构

细粒棘球蚴为一包囊状构造，内含液体。棘球蚴的形状常因寄生部位不同而有变化，一般近似球形，直径为5～10 cm。棘球蚴的囊壁分两层，外层为乳白色的角质层，内为胚层，又称生发层（Germinal layer），前者是由后者分泌而成。胚层向囊腔芽生出成群的细胞，这些细胞空腔化后形成一个小囊，并长出小蒂与胚层相连，在囊内壁上生成数量不等的原头蚴（Protoscolex），此小囊称为育囊或生发囊（Brood capsule）。育囊可生长在胚层上或者脱落下来漂浮在囊腔的囊液中。母囊（包虫囊）内还可生成与母囊结构相同的子囊，甚至孙囊，与母囊一样亦可生长出育囊和原头蚴。有的棘球蚴还能外生，即向母囊外衍生子囊。游离于囊液中的育囊、原头蚴和子囊统称为棘球砂（Hydatid sand）。原头蚴上有小钩、吸盘及微细的石灰颗粒，具有感染性。但有的胚层不能长出原头蚴，无原头蚴的囊称为不育囊（Acephalocyst）。不育囊可长得很大，其出现随中间宿主的种类不同而有差别。据报道猪有 20％、绵羊有 8％，而牛多数为不育囊，这表明绵羊是细粒棘球绦虫最适宜的中间宿主，但牦牛体内也常见有细粒棘球蚴的寄生。

2. 生活史

犬、狼等终末宿主将细粒棘球绦虫的虫卵和孕节随粪便排至体外。虫卵对外界因素的抵抗力较强，在自然界中可存活很长时间并保持感染性。孕节有主动运动的特性，可从粪便中爬出，甚至还可沿草茎爬至草上，在运动的同时孕节破裂，虫卵溢出，污染草、料和饮水。牛、羊等中间宿主吞食含虫卵的草料等而感染。进入消化道的六钩蚴，钻入肠壁经血流或淋巴散布到体内各处，以肝、肺两处为最多，如绵羊有 70％在肝脏、25％在肺脏，马和牛的棘球蚴 90％以上在肝脏。在此缓慢生长，经 6～12 个月方可成为具有感染性的棘球蚴。棘球蚴的生长可持续数年，在肝、肺处的棘球蚴，直径可达 20 cm 以上。犬和其他的食肉动物因吞食了含棘球蚴的脏器而感染。棘球蚴经 40～50 d 的潜隐期发育为细粒棘球绦虫。虫体在犬体内的寿命为 5～6 个月。

（二）多房棘球蚴

1. 形态结构

多房棘球蚴又称为泡球蚴，为圆形或卵圆形的小囊泡，大小由豌豆到核桃大，被膜薄，半透明，由角质层和生发层组成，呈灰白色，囊内有原头蚴，含胶状物。实际上泡球蚴是由无数个小的囊泡聚集而成。在牛、绵羊和猪的肝脏可见有泡球蚴寄生，但不能发育至感染阶段。

2. 生活史

多房棘球蚴是多房棘球绦虫（*Echinococcus multilocularis* 或 *Alveococcus multilocularis*）的中绦期，寄生于啮齿类（包括麝鼠、田鼠、旅鼠、沙鼠、黄鼠、鼢鼠和小鼠）及人的肝脏。多房棘球绦虫寄生于狐狸、狼、犬、猫（较少见）的小肠中，是一种极为重要的人畜共患寄生虫。

由多房棘球蚴引起的棘球蚴病在我国的新疆、青海、宁夏、内蒙古、四川和西藏等地均有发生，以宁夏为多发区。国内已证实的终末宿主有沙狐、红狐、狼及犬，中间宿主有布氏田鼠、长爪沙鼠、黄鼠和中华鼢鼠等啮齿类。

狐狸、犬等将虫卵和孕节随粪便排至体外。虫卵对外界因素的抵抗力极强，如在 2 ℃ 的水中可存活达 2 年之久。低温对六钩蚴几乎无作用，在 -51 ℃ 的条件下，短时间内对它亦无有害影响。田鼠等啮齿类吞食虫卵而感染，虫卵在其肝脏中发育快而凶猛。狐狸和犬等吞食含泡球蚴的肝脏而感染，潜隐期为 30～33 d。成虫在狐狸和犬体内的寿命为 3～3.5 个月。

二、检测技术

棘球蚴病的检测技术主要有影像学检查、免疫学检测和剖检等。

（一）影像学检查

B 型超声诊断法是采用辉度调制显示，可以取任何角度与声束方向一致的切面，得到灰度图像，从而获得被检对象解剖形态和结构的空间信息。由于棘球蚴存在的位置相对固定，使得脏器组织成为超声探查棘球蚴的良好透声窗，以避免胃肠道气体干扰所产生的多次反射伪像，排除超声扫描过程中带来的障碍，从而提高棘球蚴病病变的显示分辨率。超声检查是无损伤性、安全的直观影像检查方法，可显示完整占位病变，具有可重复动态观察和方便宜行的优势。同时，与免疫学等方法结合便用，可提高对棘球蚴病诊断的准确率。B超诊断法仅适合于肝部寄生的棘球蚴包囊的诊断，对感染早期的棘球蚴或者小包囊的检出率低。

布威麦尔耶姆·阿不来提等（2012）对棘球蚴病超声图像进行分型诊断，以期为临床诊断、流行病学调查、肝棘球蚴病的治疗提供重要的参考依据。超声图像分为6型：囊型病灶型（CL）、单囊型（CE1）、多子囊型（CE2）、内囊塌陷型（CE3）、实变型（CE4）和钙化型（CE5）。各型图像特征见表2-1。

表 2-1　B超图像特征

分型	图像特征
对照肝组织	回声均匀，呈现中等回声
CL	单纯囊性病灶，与肝囊肿很难鉴别，诊断需要结合血清学试验，病灶处于发展早期
CE1	可见明显囊壁的囊性回声，囊内通常十分充盈，根据超声图像可以直接确诊，病灶处于活跃状态
CE2	有多个子囊回声，根据超声图像可以确诊，呈"车轮状"或者"蜂房状"，病灶处于活跃阶段
CE3	出现"飘带征"，实变内容物有囊性回声，根据超声图像可直接确诊，病灶处于过渡阶段
CE4	病灶实变呈"棉球征"强回声，确诊需要血清学诊断的支持，病灶处于不活跃阶段
CE5	囊壁钙化呈"蛋壳征"，诊断需要结合血清学诊断的支持，病灶处于不活跃阶段。

（二）免疫学检测

在感染细粒棘球蚴的初期，宿主体内的病理反应并不明显，这为准确诊断疾病带来困难。而机体内部对于病原的免疫应答反应则非常显著，因此，免疫学方法适用于早期诊断，特别是包囊体积较小或未成形时，免疫学方法对于细粒棘球蚴病的诊断起到重要作用。利用免疫学方法检测细粒棘球蚴病，快速准确、成本低廉，可大规模应用于宿主的诊断以及流行病学调查，结合影像学的诊断结果，适用于早期诊断。虽然细粒棘球蚴的天然抗原用于诊断较为敏感，但是其特异性较低，容易发生假阳性或假阴性结果。纯化后的重组抗原特异性较高，但其敏感性较低。基于此，有学者采用ELISA结合抗原B与抗原5（AgB与Ag5）检测或免疫印迹技术对细粒棘球蚴病进行检测，诊断效果大大提高。

随着噬菌体肽呈现技术及基因重组等多种技术的发展，利用免疫学方法对细粒棘球蚴病进行诊断越来越准确高效。常用的免疫学方法有间接血凝试验（IHA）、皮内变态反应（IDT）、酶联免疫吸附试验（ELISA）等。

国内有科研团队在研究开发血清学检测方法，已有企业生产销售适用于中间宿主（牛羊）的间接ELISA检测试剂盒。

（三）剖检

剖检是检测棘球蚴最原始、最常用的方法。其操作过程是：取屠宰后动物的感染部位（肝、肺等组织器官，图2-1），肉眼观察的同时进行触摸检查，从而迅速得出结果。目前，剖检仍在临床上广泛应用，也是世界动物卫生组织推荐的常规（传统）检测方法，即"金标准"。

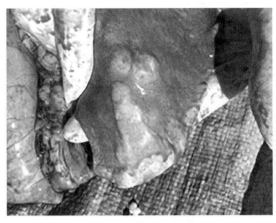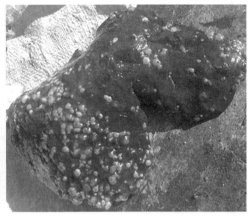

a　　　　　　　　　　　　　　　　　b

图 2-1　棘球蚴感染脏器
a. 疑似感染棘球蚴包囊的肺脏；b. 感染棘球蚴的肝脏

三、流行情况

棘球蚴病呈全球性分布，几乎在全世界都有病例报道。牦牛养殖以放牧为主，与终末宿主联系紧密，因此牦牛棘球蚴病分布区域广。

（一）国内

国内外有关牦牛棘球蚴病的报道较多，以中国报道最多。不同地区、不同时间点的调查发现，感染率不尽相同。棘球蚴主要寄生于肝、肺，也可寄生于脾、心脏及其他组织器官。

笔者整理了国内自有报道以来的牦牛棘球蚴病感染情况（表 2-2 至表 2-8），并对部分区域棘球蚴病年度感染总体情况进行了分析（图 2-2 至图 2-10）。

1. 细粒棘球蚴感染情况

表 2-2　青海省牦牛细粒棘球蚴感染及分布

地区		调查年份	感染率	参考文献
各地	/	1952—1998	59.43%（32 144/54 091）	王虎
各地	/	1987	25%～99.7%（无数据）	刘文道
各地	/	2013	/	蔡进忠
各地	/	2018—2019	9.14%（31/339）	赵全邦
西宁市	外贸冷库	1998	55.29%（277/501）	韩秀敏
海东市	互助土族自治县	2010	15.61%（74/474）	张万元
玉树藏族自治州	各县	1952—1998	43.72%（3 692/8 444）	王虎
	/	1997—2001	79.55%（459/577）	程海萍

（续）

地区		调查年份	感染率	参考文献
	治多县	2012	2.32%（6/259）	程时磊
	曲麻莱县	2012	1.64%（2/122）	程时磊
玉树藏族自治州	玉树县	1990	80.65%（821/1 018）	袁文华
		1992—1999	80.00%（296/370）	王虎
		2012	20.61%（74/359）	程时磊
	称多县	1992—1999	78.74%（163/207）	王虎
		1994	52.66%（544/1 033）	何多龙
		2010	34.72%（125/360）	蔡金山
		2012	0.00%（0/69）	程时磊
海西蒙古族藏族自治州	各县	1952—1998	55.51%（3 369/6 069）	王虎
	各县	1990—1991	79.71%（220/276）	王虎
	格尔木市	1992—1999	54.70%（541/989）	王虎
		2001	19.51%（400/2 050）	管刚
	都兰县	1984	21.82%（12/55）	尹东汉
		2018	23.08%（30/130）	祁永青
	天峻县	1984	55.25%（495/896）	尹东汉
		1991	37.80%（378/1 000）	高丽英
		2006	18.23%（105/576）	张晓强
	德令哈市	1992—1999	56.67%（34/60）	王虎
		1992—1995	90.00%（54/60）	李长宏
		2010	18.30%（56/306）	蔡金山
	乌兰县	1983	47.83%（11/23）	杨占魁
		1984	89.47%（34/38）	尹东汉
		1992—1999	47.83%（110/230）	王虎
		1993	37.50%（3/8）	杨占魁
		2003—2008	20.99%（72/343）	李启强
		2006	18.57%（52/280）	张长英
黄南藏族自治州	各县	1952—1998	70.14%（4 432/6 319）	王虎
	/	1990—1991	90.61%（357/394）	王虎
	/	1997—2001	79.69%（306/384）	程海萍
	尖扎县	1981—1982	84.44%（38/45）	闫启礼
	河南蒙古族自治县	1981—1982	77.50%（31/40）	闫启礼
		1991	64.46%（671/1 041）	刘玉德
	同仁县	1981—1982	62.50%（25/40）	闫启礼
		1991	70.15%（752/1 072）	韩发泉
		1992—1999	40.00%（112/280）	王虎
		2011	0.21%（1/467）	曹谦
		2012	5.31%（17/320）	唐生林

（续）

地区		调查年份	感染率	参考文献
黄南藏族自治州	泽库县	1981—1982	71.43%（45/63）	闫启礼
		1989—1990	79.69%（306/384）	王虎
		1991	69.97%（706/1 009）	仓娘盖
		1992—1999	79.69%（306/384）	王虎
		2000	65.42%（70/107）	都占林
		2010	34.00%（102/300）	蔡金山
		2011	66.67%（4/6）	张洪波
		2013	35.47%（72/203）	黄福强
海北藏族自治州	各县	1952—1998	61.99%（6 911/11 148）	王虎
	各县	2002—2003	5.22%（60/1 149）	郭红玮
	门源回族自治县、祁连县、刚察县	1996	59.81%（6 183/10 338）	郭红玮
	刚察县	1987	90.00%（27/30）	吴延明
		2003	7.25%（20/276）	谭生魁
		2005	35.48%（11/31）	何成基
		2018	6.67%（10/150）	蔡金山
	海晏县	1992—1999	80.77%（84/104）	王虎
		1990—2000	56.25%（72/128）	河生德
		1991	80.58%（838/1 040）	胡义
		2018	2.00%（4/200）	蔡金山
	门源回族自治县	1984	51.06%（48/94）	王文祥
		1992—1999	51.06%（48/94）	王虎
		2005	12.00%（6/50）	何成基
		2012	7.21%（22/305）	高建梅
		2018	18.00%（18/100）	蔡金山
		2019	3.00%（3/100）	潘淑琴
	祁连县托勒牧场	1988	31.90%（67/210）	蔡进忠
	祁连县	1992—1999	56.55%（285/504）	王虎
		2005	2.00%（1/50）	何成基
		2013	37.79%（99/262）	黄福强
		2015	5.28%（19/360）	雷萌桐
		2015	6.25%（17/272）	扎西吉
		2018	0.00%（0/75）	蔡金山
海南藏族自治州	各县	1952—1998	63.15%（4 245/6 722）	王虎
	兴海县	2008	48.65%（306/629）	更太友
		2015	11.67%（7/60）	贺飞飞

（续）

地区		调查年份	感染率	参考文献
海南藏族自治州	贵德县	1991	32.00%（16/50）	尕藏加
		1992—1999	32.00%（24/75）	王虎
		2019	10.59%（9/85）	乜春
	共和县	1987	74.71%（192/257）	何多龙
		1989—1991	48.89%（396/810）	吴献洪
		1992—1999	47.57%（235/494）	王虎
		2008	48.70%（263/540）	吕望海
		2009	21.71%（71/327）	文进明
		2011	75.00%（6/8）	蔡金山
		2017	8.13%（46/566）	白崇湘
		2018	5.21%（33/633）	白崇湘
		2019	3.32%（24/723）	白崇湘
	贵南县	1997	84.95%（875/1 030）	常明华
		2001	79.00%（173/219）	马雪琴
		2004	58.00%（58/100）	陈彩英
		2010	25.25%（76/301）	蔡金山
		2010	25.81%（16/62）	胡广卫
		2011	26.67%（80/300）	常明华
		2012	18.94%（57/301）	常明华
		2013	11.25%（18/160）	常明华
		2014	22.00%（22/100）	常明华
果洛藏族自治州	各县	1952—1998	61.70（9 495/15 389）	王虎
	/	1993	27.41%（148/540）	季永珍
	/	1997—2001	70.59%（876/1 241）	程海萍
	/	2018	25.58%（33/129）	达热卓玛
	玛沁县	2012	5.20%（26/500）	马霄
	玛多县	1992—1999	62.80%（417/664）	王虎
	甘德县	1982	48.50%（2 759/5 689）	雷天斌
		1992—1999	48.51%（276/569）	王虎
		2010	22.52%（68/302）	蔡金山
		2012	35.76%（182/509）	马霄
	达日县	1985	81.15%（749/923）	李动
		1991	86.80%（901/1 038）	乃智尖措
		1992—1999	86.54%（90/104）	王虎
		2007	26.42%（14/53）	韩秀敏
		2012	62.80%（314/500）	马霄

（续）

地区		调查年份	感染率	参考文献
果洛藏族自治州	久治县	1985	80.00%（16/20）	久治县兽医站
		2007	32.04%（165/515）	胡青攀
		2012	9.60%（48/500）	马霄
		2015	50.00%（150/300）	华吉卓玛
		2016	51.47%（175/340）	华吉卓玛
		2017	44.00%（88/200）	华吉卓玛
		2018	23.13%（37/160）	华吉卓玛
	班玛县	1983	99.68%（1 894/1 900）	刘滋泽
		1997	85.70%（2 019/2 356）	田生珠
		2005	64.04%（803/1 254）	田生珠

表 2-3 西藏自治区牦牛细粒棘球蚴感染及分布

地区		调查年份	感染率	参考文献
阿里地区	/	2016	28.82%（66/229）	索郎旺杰
山南市	/	2016	11.40%（35/307）	索郎旺杰
拉萨市	/	2016	28.11%（52/185）	索郎旺杰
	林周县	2019	/	刘建枝
那曲地区	那曲县	1994	83.30%（30/36）	刘晓堂
	申扎县	1990	5.00%（1/20）	张永清
	/	2016	5.74%（21/366）	索郎旺杰
日喀则市	/	2016	11.61%（67/577）	索郎旺杰
	江孜县	2019	/	刘建枝
林芝市	/	2016	0.71%（1/140）	索郎旺杰
	巴宜区	2019	/	刘建枝
	米林县	2019	/	刘建枝
昌都市	/	2016	12.09%（41/339）	索郎旺杰
	昌都市	2019	/	刘建枝
	江达县	2019	/	刘建枝
	贡觉县	2019	/	刘建枝
	左贡县	2019	/	刘建枝
	芒康县	2019	/	刘建枝
	八宿县	2019	/	刘建枝
	洛隆县	2019	/	刘建枝
	边坝县	2019	/	刘建枝
	丁青县	2019	/	刘建枝
	类乌齐县	2019	/	刘建枝
	察雅县	2019	/	刘建枝

表 2-4 四川省牦牛细粒棘球蚴感染及分布

地区		调查年份	感染率	参考文献
川西北	若尔盖县、松潘县、石渠县、色达县	1982—1984	4.17%～92.00%	蒋学良
	/	1984	28.54%(805/2 821)	朱依柏
	/	2012—2018	3.68%～17.32% (3 800～17 887)/103 274	袁东波
甘孜藏族自治州	甘孜县	1998	49.70%(163/328)	何金戈
		2000	78.79%(78/99)	阳爱国
	石渠县	1982	88.84%(422/475)	毛光辉
		1986	49.93%(1 820/3 645)	邱加闽
		1987	51.55%(50/97)	邱加闽
		1998	54.46%(55/101)	何金戈
		2017	17.73%(363/2 047)	张朝辉

表 2-5 甘肃省牦牛细粒棘球蚴感染及分布

地区		调查年份	感染率	参考文献
兰州	皇城羊场	1989	75.51%(37/49)	田广孚
武威市	天祝藏族自治县	2016	3.81%(29/762)	白天俊
		2017	4.35%(38/874)	白天俊
		2018	4.72%(41/868)	白天俊
甘南藏族自治州	各县	1985—1988	5.27%(3 054/57 947)	蒋次鹏
	碌曲县	1985	41.87%(224/535)	李志华
	玛曲县、碌曲县	2005	9.59%(176/1 835)	赵玉敏
		2006	8.08%(95/1 176)	赵玉敏
		2007	9.94%(63/634)	赵玉敏
	甘南藏族自治州	1996	16.80%(21/125)	李敏
		2004—2007	19.87%(126/634)	赵玉敏
		2007	7.83%(78/996)	王庆华
		2008	7.16%(87/1 215)	王庆华
		2009	4.27%(65/1 524)	王庆华
		2010	4.28%(53/1 239)	王庆华
		2011	3.20%(55/1 720)	王庆华
		2013	14.19%(598/4 213)	何文
		2014	14.15%(401/2 834)	何文
		2015	10.87%(326/3 000)	何文
		2016	9.91%(221/2 230)	何文

表 2-6 新疆维吾尔自治区牦牛细粒棘球蚴感染及分布

地区		调查年份	感染率	参考文献
哈密地区	伊吾县	1990	41.46%（17/41）	赵河江
克孜勒苏柯尔 克孜自治州	/	2012	1.92%（3/156）	陈晓英
北疆	/	2012—2013	0.00%（0/36）	买买提江·吾买尔

表 2-7 云南省牦牛细粒棘球蚴感染及分布

地市	县域	调查年份	感染率	参考文献
迪庆藏族自治州	中甸县	1999	/	黄德生

2. 多房棘球蚴感染情况

多房棘球蚴的危害较细粒棘球蚴更为严重，相比其他棘球蚴，牦牛的感染率较低，但在传播过程中也扮演着重要角色。邱加闽等（1991）对四川省石渠县的调查表明，该地区牦牛感染率较高，达 8.62%。

表 2-8 牦牛多房棘球蚴感染及分布

地区			调查年份	感染率	参考文献
西藏	那曲地区	那曲县	1991	5.56%（2/36）	邱加闽
四川	甘孜藏族自治州	石渠县、甘孜县	1998	0.70%（3/429）	何金戈
		石渠县	1987	6.19%（6/97）	邱加闽
			1991	8.62%（66/766）	邱加闽
甘肃	甘南藏族自治州	/	1993	1.60%（2/125）	李敏
		/	2004—2007	0.32%（2/634）	赵玉敏
		玛曲县、碌曲县	2005—2007	0.14%（5/3 645）	赵玉敏
青海	玉树藏族自治州	称多县	1991	0.00%（0/1 033）	邱加闽
			2013	/	蔡进忠
	海南藏族自治州	共和县	2013	/	蔡进忠
	海北藏族自治州	海晏县	2013	/	蔡进忠
		祁连县	2013	/	蔡进忠
	海西蒙古族 藏族自治州	都兰县	2013	/	蔡进忠
		德令哈市	2013	/	蔡进忠
	黄南藏族自治州	/	1997—2001	4.69%（18/384）	程海萍
		泽库县	1989—1990	4.69%（18/384）	王虎
		泽库县	2013	/	蔡进忠
	果洛藏族自治州	班玛县	1983	1.00%（19/1 900）	刘滋泽
		甘德县	2013	/	蔡进忠
		达日县	2013	/	蔡进忠
		玛多县	2013	/	蔡进忠

3. 部分区域牦牛棘球蚴年度感染总体情况

随着"犬犬投药、月月驱虫"措施的深入实施，各地总体上棘球蚴病发病率在下降，班玛县、石渠县、称多县、泽库县、刚察县、海晏县、门源回族自治县、共和县、贵南县的牦牛年度感染率分别见图 2-2 至图 2-10，均呈下降态势。

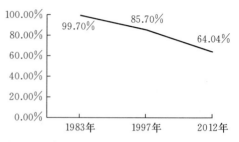

图 2-2 青海班玛县牦牛棘球蚴年度感染情况

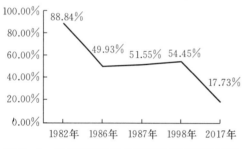

图 2-3 四川石渠县牦牛棘球蚴年度感染情况

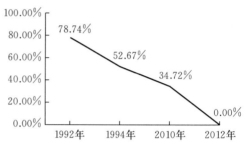

图 2-4 青海称多县牦牛棘球蚴年度感染情况

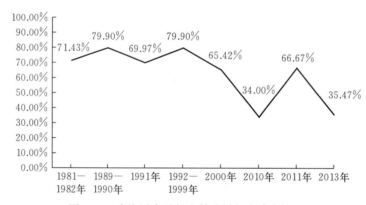

图 2-5 青海泽库县牦牛棘球蚴年度感染情况

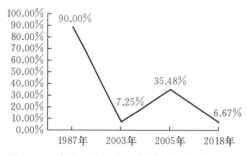

图 2-6 青海刚察县牦牛棘球蚴年度感染情况

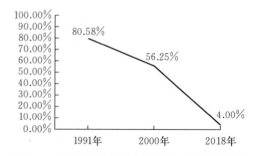

图 2-7 青海海晏县牦牛棘球蚴年度感染情况

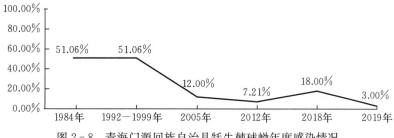

图 2-8 青海门源回族自治县牦牛棘球蚴年度感染情况

图 2-9 青海共和县牦牛棘球蚴年度感染情况

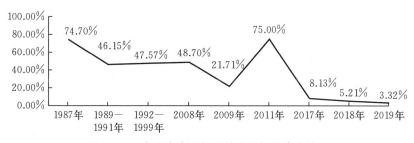

图 2-10 青海贵南县牦牛棘球蚴年度感染情况

　　青海、四川这些县总体趋势逐渐走好，但也有不少区域内的感染率与20世纪几乎相差无几，有关西藏、四川、云南等区域内的牦牛统计数据极少，有待开展基础数据的调查，为棘球蚴病的防治提供依据。

（二）国外

　　国外有关牦牛棘球蚴病的报道较少，数量有限。Thapa 等报道不丹10例牦牛感染棘球蚴，在10例屠宰牦牛胴体中发现的包囊均为不孕囊，都为细粒棘球蚴。Ranga Rao 报道了印度有牦牛感染细粒棘球蚴，未明确感染率。

四、危害

（一）细粒棘球蚴

　　棘球蚴对动物和人可引起机械性压迫、中毒和过敏反应等，其严重程度主要取决于棘球蚴的大小、数量和寄生部位。机械压迫使周围组织发生萎缩和功能障碍。代谢产物被吸收后，使周围组织发生炎症和全身过敏反应。牛感染严重时常表现消瘦、衰弱、呼吸困难或轻度咳嗽，剧烈运动时症状加剧，甚至可因囊泡破裂而产生严重的过敏反应，突然死亡。

　　附：国内在青海省祁连县发现最大的棘球蚴包囊重达 51 kg。刘建枝、夏晨阳两位学者也在西藏牦牛体内发现巨大的棘球蚴包囊（图 2-11），重达约 30 kg，包囊囊液约 16 L。

图 2-11　西藏牦牛肝脏巨型棘球蚴包囊（夏晨阳拍摄）

（二）多房棘球蚴

　　多房棘球蚴的危害比细粒棘球蚴严重，其生长特点是弥漫性浸润，形成无数个小囊泡，压迫周围组织，引起器官萎缩和功能障碍，如同恶性肿瘤一样，可转移到全身各器官中。

（三）经济损失

　　杨发春 1989 年在某部队调查发现，每只棘球蚴病病羊少产肉 1.04 kg，每头棘球蚴病病牛少产肉 2.04 kg。杨发春 1991 年对青海省屠宰的牦牛（阳性病例 2 219 头，无棘球蚴病牦牛 1 432 头）胴体重进行了比较分析发现，感染棘球蚴的牦牛胴体重与未感染的牦牛胴体重平均相差 7.21 kg。许海扶等报道青海省存栏牦牛 500 万头以上，每年出栏牛 100 万头，棘球蚴病感染率以 54.47% 计算，即有病牛 54.47 万头，每年损失牛肉 626.41 万 kg。以上 3 项合计，全省每年直接经济损失 13 537.75 万元，再加上棘球蚴病引起的死亡、产奶量减少和影响后期发育，经济损失巨大。

五、防治

（一）治疗

　　可选用阿苯达唑、吡喹酮等进行治疗，按商品化产品使用说明书中的推荐剂量对绦虫成虫驱虫效果较好，但对棘球蚴的杀灭效果尚不明确，应在试验研究的基础上确定使用剂量及治疗用药方案。迄今对牦牛棘球蚴病的治疗试验较少。

　　南绪孔等（1989）应用阿苯达唑按 30 mg/kg 剂量给牦牛口服，分 3 次投药，每次间隔 1 个月，用药后 3 个月棘球蚴囊液中原头节死亡率为 78.26%～97.45%，对肝脏棘球蚴、肺脏棘球蚴的杀灭率分别为 93.33% 和 81.54%；按 60 mg/kg 剂量，分 3 次投药，每次间隔 1 个月，用药后 3 个月棘球蚴囊液中原头节死亡率为 91.43%～100.0%，对肝脏棘球蚴、肺脏棘球蚴的杀灭率分别为 93.33% 和 81.54%。翁家英等（1983）应用吡喹酮按 50 mg/kg 剂量给绵羊深部肌肉分点注射或皮下分点给药，疗效均达 100%，可借鉴用于牦牛棘球蚴病治疗。

（二）预防

近年来，李盛琼等比较和评价了包虫病基因工程亚单位疫苗 EG95 按不同剂量免疫牦牛后的抗体差异，试验结果表明，采用 EG95 基因工程亚单位疫苗按 5 头份剂量免疫，间隔 28 d 后二免，对牦牛的免疫效果较为理想。阳爱国等开展了包虫病基因工程 EG95 疫苗（免疫剂量分别为 250 和 500 μg EG95 抗原）对牦牛的免疫效果、安全性试验，并调查该疫苗在不同性别、不同年龄、不同海拔地区牦牛间存在的免疫差异性，结果发现各试验组牦牛在免疫抗体产生时间、群体阳性率等方面无显著差异（$p > 0.05$），且该疫苗适用于不同海拔地区牦牛使用，安全性高并可产生较高的抗体水平。Heath 等进行牛（免疫剂量分别为 50、250 和 500 μg EG95 抗原）和牦牛（免疫剂量为 50 μg EG95 抗原）免疫保护试验发现：在二次免疫（250 μg EG95 抗原）后，免疫保护率达 90%，并能维持 12 个月；在二次免疫 12 个月后进行三免，保护率提高到 99%。

目前，对牦牛棘球蚴病采取"四位一体"综合防控模式，采取涵盖犬驱虫、牛免疫、健康教育和病变脏器无害化处理等主要技术措施的防治技术，阻断传播循环链，统筹生态保护和疫病防控。

（1）对犬登记造册，对犬进行"犬犬投药、月月驱虫"，确定定期驱虫日，驱虫后 3 d 内犬粪集中收集，无害化处理（或深埋或烧毁），防止病原扩散；对牧场上的野犬进行捕杀，根除感染源。常用驱虫药物有吡喹酮、氢溴酸槟榔碱。

（2）保持畜舍、饲草、料和饮水卫生，防止犬粪的污染。

（3）病牛的脏器不得随意喂犬或丢弃，应无害化处理。

（4）现阶段尚无牛用疫苗，可选用 EG95 疫苗对牦牛进行免疫预防。

（5）加强健康教育，注意个人卫生。

第二节　牦牛囊尾蚴病

牦牛囊尾蚴病（Cysticercosis）是由带吻属（*Taeniarhynchus*）的肥胖带吻绦虫（*T. saginatus*）或称牛带绦虫（*Taenia saginata*）的中绦期（牛囊尾蚴，又称牛囊虫 *Cysticercus bovis*）寄生于牛的肌肉引起。牛带绦虫只寄生于人的小肠，是一种重要的人兽共患寄生虫。

一、病原

（一）形态结构

牛囊尾蚴呈灰白色，为半透明的囊泡，直径约 1 cm（图 2-12）。囊内充满液体，囊壁一端有一内陷的粟粒大的头节，直径为 1.5～2.0 mm，上有 4 个吸盘，无顶突和小钩。

牛带绦虫为乳白色，带状，节片长而肥厚，全虫长 5～10 m，最长可达 25 m 以上。头节上有 4 个吸盘，但无顶突和

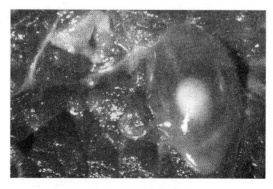

图 2-12　牛囊尾蚴

小钩，因此，也叫无钩绦虫。头节后为短细的颈节。颈部下为链体，由 1 000～2 000 个节片组成。成节近似方形，每节内有一套雌雄同体的生殖系统。睾丸数为 800～1 200 个。卵巢分两叶。生殖孔位于体侧缘，不规则地左右交替开口。孕节窄而长，内有发达的子宫，其侧支为 15～30 对。每个孕节内约含虫卵 10 万个。虫卵呈球形，黄褐色，内含六钩蚴，结构与猪带绦虫卵相似，大小为（30～40）μm×（20～30）μm。

（二）生活史

牛带绦虫寄生于人的小肠（空肠）中，孕节随人的粪便排出，并经常自动地从终末宿主的肛门爬出。孕节或虫卵可污染牧地和饮水。虫卵对外界因素的抵抗力较强。当中间宿主牛吞食虫卵后，六钩蚴在小肠中溢出，钻入肠壁，随血液循环散布于全身肌肉，经 10～12 周的发育，变为牛囊尾蚴。牛囊尾蚴在成年牛体内一般在 9 个月内死亡。终末宿主人吃生的或半生的含有囊尾蚴的牛肉而感染。牛囊尾蚴在人的小肠内，经 2～3 个月发育变为牛带绦虫，其寿命可达 20～30 年或更长。

二、检测技术

牦牛感染牛囊尾蚴的生前诊断较困难，可采用血清学方法进行诊断，如间接血凝试验和酶联免疫吸附试验。尸体剖检时发现牛囊尾蚴便可确诊。牛囊尾蚴最常寄生的肌肉为咬肌、舌肌、心肌、肩胛肌（三头肌）、颈肌及臀肌，亦可寄生在肺、肝、肾及脂肪等处。

对于人的牛带绦虫病，可根据孕节从肛门爬出时的痒感，或用棉签肛拭子涂片检查，或粪便检查找到虫卵或孕节，进行诊断。

三、流行情况

牛囊尾蚴病和牛带绦虫病的发生和流行与牛的饲养管理方式、人的粪便管理、人喜食生牛肉的习惯有密切关系。牛带绦虫分布于世界各地，特别易在有食生牛肉习惯的地区流行。

（一）国内

牦牛囊尾蚴病呈地方性流行。在流行区，虫卵对外界因素的抵抗力较强，在牧地上，一般可存活 200 d 以上。牦牛在牧地上饮用污染水而感染，是流行的重要因素。犊牛较成年牛易感染，有的生下来几天即遭感染，还发现有经胎盘感染的犊牛。国内牦牛囊尾蚴感染及分布情况见表 2-9。

表 2-9　牦牛囊尾蚴感染及分布

地区			年份	感染率	参考文献
云南	/	/	2014	/	黄兵
四川	阿坝藏族自治州	若尔盖县	1982	5.00%(无数据)	蒋学良
新疆	/	/	2014	/	黄兵
甘肃	/	/	2014	/	黄兵
西藏	/	/	2014	/	黄兵

(续)

	地区	年份	感染率	参考文献
	各地 共和县、玉树县	1987	0.43%（无数据）	刘文道
	海西蒙古族藏族自治州 天峻县	1991	1/1（仅1例）	刘国庆
青海	海北藏族自治州 刚察县	2013	/	蔡进忠
	海南藏族自治州 贵南县	2010	9.68%（6/62）	胡广卫
		2014	33.33%（4/12）	胡广卫
	兴海县	2013	/	蔡进忠
	玉树藏族自治州 囊谦县	2013		蔡进忠
	称多县	2013	/	蔡进忠

（二）国外

Ranga Rao 报道了印度有牦牛感染囊尾蚴，但未明确感染率。

四、危害

牦牛感染囊尾蚴后一般不出现临床症状。人工感染试验表明，发育中的牛囊尾蚴在牦牛体内移行期间有明显的致病作用，可引起体温升高、虚弱、腹泻、食欲不振、呼吸困难和心跳加速等，有时可致牦牛死亡。受感染的牛肉无法食用而销售，造成一定经济损失。

牛带绦虫可引起人体消化障碍，如腹泻、腹痛、恶心等，长期寄生时可造成内源性维生素缺乏症及贫血。由于牛带绦虫虫卵不感染人，因此，人体内没有牛囊尾蚴寄生。

五、防治

牛囊尾蚴的治疗，可试用吡喹酮和甲苯咪唑。对于牛带绦虫，可用槟榔南瓜子合剂、仙鹤草、氯硝柳胺等治疗。近年来也有人用吡喹酮、丙硫咪唑和巴龙霉素进行驱虫，疗效良好。

预防措施如下：①做好牛带绦虫患者的普查与驱虫。②管理好人的粪便，改进牦牛的饲养管理方法，防止牦牛接触人的粪便。③加强牛肉的卫生检验工作，对于轻微感染的胴体应做无害化处理。④改变人们食生牛肉的饮食习惯，加强宣传教育工作，提高认识。

第三节 牦牛脑多头蚴病

脑多头蚴病（Cerebralcoenurosis）是由多头多头绦虫（*Multiceps multiceps*）或称多头带绦虫（*Taenia multiceps*）的中绦期（脑多头蚴，脑共尾蚴，脑包虫，*Coenurus cerebralis*）寄生于绵羊、山羊、黄牛、牦牛，偶见于骆驼、猪、马及其他野生反刍动物的脑及脊髓中引起，极少见于人。脑多头蚴病呈世界性分布，在我国各地均有报道，但多呈地方性流行，并可引起动物死亡，是危害羔羊和犊牛的一种重要寄生虫病。多头带绦虫寄生于犬、狼、狐狸及北极狐的小肠中，属带科、多头属（*Multiceps*）。

一、病原

（一）形态结构

脑多头蚴为乳白色、半透明的囊泡，呈圆形或卵圆形，直径约5 cm或更大，大小取决于寄生部位、发育程度及动物种类。囊由两层膜组成，外膜为角质层，内膜为生发层，其上有许多原头蚴，直径为 $2\sim3$ mm，数量有 $100\sim250$ 个。

(二)生活史

成虫寄生于犬、狼等终末宿主的小肠内，脱落的孕节随粪便排出体外，虫卵溢出污染饲草、料或饮水。牛、羊等中间宿主吞食后，六钩蚴钻入肠壁血管，随血流到达脑和脊髓中。幼虫生长缓慢，感染后 15 d，平均大小仅有 $2\sim3$ mm，$24\sim30$ d 时为 $1\sim1.5$ cm，85 d 时为 $4\sim7$ cm。感染 1 个月后开始形成头节，进而出现小钩，大约经 3 个月可变为感染性的脑多头蚴。犬、狼等食肉动物吞食了含脑多头蚴的脑脊髓而感染，原头蚴吸附于其肠壁上发育为成熟的绦虫。潜隐期为 $40\sim50$ d，在犬体内可存活 $6\sim8$ 个月。

二、检测技术

根据典型临床症状、病史可做出初步判断。病牛伴有失明、动作失调、转圈、头抵墙，直至卧地不起而死亡。触诊牦牛头骨变薄而软。尸体剖检时发现脑多头蚴便可确诊。

实验室检测：参照聂华明检测羊脑多头蚴病抗体的方法进行实验室检测。羊脑多头蚴病抗体检测方法的建立如下：从羊脑多头蚴原头节提取总 DNA，采用 RT-PCR 技术首次扩增出 HSP 基因序列，该基因的开放阅读框为 480 bp，编码 136 个氨基酸。将此基因克隆到 pET-32a（＋）载体，构建重组表达质粒 pET-32a-HSP，经转化大肠杆菌 BL21（DE3）后 IPTG 诱导表达，用 SDS-PAGE 和 Western-blot 检测表达产物。以纯化后的表达蛋白作为抗原，建立检测羊脑多头蚴病抗体的重组蛋白。

三、流行情况

(一)国内流行状况

脑多头蚴相比于多房棘球蚴而言，在牦牛体内寄生更多，分布更广，感染率也较高，最高可达 32.35%（633/1 957）。国内牦牛脑多头蚴的分布情况见表 2-10。

表 2-10　牦牛脑多头蚴感染及分布

地区			年份	感染率	参考文献
云南	迪庆藏族自治州	中甸县	1999	/	黄德生
四川	/	若尔盖县、白玉县	1982	8.33%（无数据）	蒋学良
新疆	/	/	2014	/	黄兵
甘肃	/	/	2014	/	黄兵
西藏	日喀则市	亚东县	2019	/	刘建枝
	林芝市	巴宜区	2019	/	刘建枝
		米林县	2019	/	刘建枝
		昌都市	2019	/	刘建枝
		江达县	2019	/	刘建枝
	昌都市	贡觉县	2019	/	刘建枝
		江达县	2019	/	刘建枝
		左贡县	2019	/	刘建枝
		芒康县	2019	/	刘建枝

（续）

地区			年份	感染率	参考文献
西藏	昌都市	八宿县	2019	/	刘建枝
		洛隆县	2019	/	刘建枝
		边坝县	2019	/	刘建枝
		丁青县	2019	/	刘建枝
		类乌齐县	2019	/	刘建枝
		察雅县	2019	/	刘建枝
青海	各地		/	/	刘文道
			2013	/	蔡进忠
	西宁市	湟源县	2007	3.67%（16/436）	沈秀英
	海南藏族自治州	贵南县	2010	3.23%（2/62）	胡广卫
		共和县	2011	25.00%（2/8）	蔡金山
		兴海县	2015	8.33%（1/12）	贺飞飞
	海东市	乐都区	2018—2019	32.35%（633/1 957）	魏华颖
			2019—2020	31.20%（728/2 333）	魏华颖
	玉树藏族自治州	称多县	2007	4.83%（76/1 572）	沈秀英
	果洛藏族自治州	久治县	1985	10.00%（2/20）	久治兽医站
			2002	3.25%（13/400）	旦巴
	海北藏族自治州	祁连县	2015	3.13%（1/32）	雷萌桐
		刚察县	1987	0.00 （0/27）	吴延明
		/	2004	0.31%（34/10 968）	郭红玮

（二）国外流行状况

Ranga Rao 报道了印度有牦牛感染脑多头蚴，但未明确感染率。

四、危害

脑多头蚴感染后 1～3 周，即虫体在牦牛脑内移行时，导致牦牛出现体温升高及类似脑炎或脑膜炎症状。重度感染的动物常在此期间死亡。牦牛感染后 2～7 个月开始出现典型的症状，运动和姿势异常。临床症状主要取决于虫体的寄生部位。寄生于大脑额骨区时，头下垂，向前直线奔跑或呆立不动，常把头抵在任何物体上；寄生于大脑颞骨区时，常向患侧做转圈运动，多数病例对侧视力减弱或全部消失；寄生于枕骨区时，头高举，后腿可能倒地不起，颈部肌肉强直性痉挛或角弓反张，对侧眼失明；寄生于小脑时，表现知觉过敏，容易悸恐，行走时出现急促步样或步样蹒跚，视觉障碍、磨牙、流涎、平衡失调、痉挛；寄生于腰部脊髓时，引起渐进性后躯及盆腔脏器麻痹，最后死于高度消瘦或因重要的神经中枢受害而死。如果寄生多个虫体而又位于不同部位时，则出现综合性症状。

Wangdi 等对不丹牦牛脑多头蚴病做了研究，发现脑多头蚴病是当地牦牛死亡的主要原因，每年冬季在牦牛迁徙过程中每个群体会损失 1～3 头牦牛。

五、防治

(一) 治疗

治疗过程中应结合牛的具体临床症状，选择不同的手段对症治疗。

轻症的治疗：对于症状不是很明显、发病症状较轻或处于发病初期的患病牛，通常选择驱虫药物治疗。使用吡喹酮，按每千克体重 30 mg，1 次/d，连续使用 3 d，为 1 个疗程。对于养殖场的犬科动物可以选择使用丙硫咪唑片，使用剂量为每千克体重 15 mg，连续使用 5 d。治疗期间，及时收集犬科动物和患病牛排出的粪便，堆积发酵，杀灭粪便中的寄生虫虫卵和成虫。

重症的治疗：对于症状较为严重的患病牛，由于其大脑组织中存在大量囊泡，选择常规驱虫药物进行治疗，难以进入囊泡组织中，整体防控效果较差，因此推荐手术疗法。

沈秀英等（2009）采用吡喹酮增量法（每千克体重 40 mg、80 mg、120 mg），经过 3 d 治疗，牦牛脑多头蚴病有效率为 80%，治愈率为 70%；阿苯达唑增量法（每千克体重 15 mg、30 mg、45 mg），经过 3 d 治疗，牦牛脑多头蚴病有效率、治愈率均达 100%；吡喹酮和阿苯达唑联合法治疗牦牛脑多头蚴病有效率为 67%，治愈率为 50%。

(二) 预防

加强科普宣传及健康教育，提高国民疫病防控知识水平。注意饮食卫生和个人防护，避免食用被虫卵污染的食物和水。加强流行病学调查与监测。

加强该病流行地区犬类的管理，严格控制养犬数量，对家养犬登记造册，定期应用吡喹酮驱虫，驱虫后 3 d 内的粪便集中后无害化处理。做好无主犬的扑杀工作。

做好圈舍、放牧地环境卫生工作，杜绝犬科动物在牧场和养殖区域活动，防止犬粪污染环境和水源，保障饮用水清洁卫生。

加强屠宰场管理，执行严格的检疫制度，患病动物的脏器严禁饲喂犬科动物或任意丢弃，应无害化处理（焚烧或深埋处理）。

目前在无法实施野生动物投药防控的情况下，进行中间宿主治疗，杀灭中绦期幼虫，可以有效阻断脑多头蚴病的传播链条，对该病的防控有重要意义。

第四节　牦牛裸头科绦虫病

牦牛裸头科绦虫病（Anoplocephalidcestodiasis）是由裸头科（Anoplocephalidae）的莫尼茨属（*Moniezia*）、曲子宫属（*Thysaniezia*）和无卵黄腺属（*Avitellina*）的多种绦虫寄生于反刍动物小肠引起的一类寄生虫病。

一、病原

(一) 莫尼茨绦虫

在我国常见的莫尼茨绦虫有两种：扩展莫尼茨绦虫（*M. expansa*）、贝氏莫尼茨绦虫（*M. benedeni*），分布广，危害较大。

1. 形态结构

两种莫尼茨绦虫在外观上颇相似，头节小，近似球形，上有 4 个吸盘，无顶突和小钩。体节宽而短，成节内有两套生殖器官，每侧一套，生殖孔开口于节片的两侧。卵巢和卵黄腺在体两侧构成花环状。睾丸数百个，分布于整个体节内。子宫呈网状。两种虫体各节片的后缘均有横列的节间腺（interproglottidal glands）。扩展莫尼茨绦虫的节间腺为一列小圆囊状物，沿节片后缘分布；贝氏莫尼茨绦虫的节间腺呈带状，位于节片后缘的中央。此外，扩展莫尼茨绦虫长可达 10 m，宽 1.6 cm，呈乳白色，虫卵近似三角形；贝氏莫尼茨绦虫长可达 4 m，宽为 2.6 cm，呈黄白色，虫卵为四角形。虫卵内有特殊的梨形器，内含六钩蚴，虫卵直径为 56～67 μm。

2. 生活史

莫尼茨绦虫的中间宿主为地螨类（oribatid mites），易感的地螨有肋甲螨和腹翼甲螨。终末宿主将虫卵和孕节随粪便排至体外，虫卵被中间宿主吞食后，六钩蚴穿过消化道壁，进入体腔，发育至具有感染性的似囊尾蚴。动物吃草时吞食了含似囊尾蚴的地螨而感染。扩展莫尼茨绦虫在犊牛体内经 47～50 d 变为成虫。绦虫在动物体内的寿命为 2～6 个月，后自动排出体外。

（二）曲子宫绦虫

在我国常见的虫种为盖氏曲子宫绦虫（*T. giardi*），许多省份均有报道。

1. 形态结构

成虫呈乳白色，带状，体长可达 4.3 m，最宽为 8.7 mm，大小因个体不同有很大差异。头节小，直径不到 1 mm，有 4 个吸盘，无顶突。节片较短，每节内含有一套生殖器官，生殖孔位于节片的侧缘，左右不规则地交替排列。雄茎经常伸出，睾丸为小圆点状，分布于纵排泄管的外侧；子宫管状横行，呈波状弯曲，几乎横贯节片的全部。虫卵呈椭圆形，直径为 18～27 μm，每 5～15 个虫卵被包在一个副子宫器内。

2. 生活史

生活史不完全清楚，有人认为中间宿主为地螨，还有人试验感染啮虫成功，但感染绵羊未获成功。

（三）无卵黄腺绦虫

在我国常见的虫种为中点无卵黄腺绦虫（*A. centripunctata*）和微小无卵黄腺绦虫（*A. minuta*）。前者主要分布于西北及内蒙古牧区，西南及其他地区也有报道；后者主要分布于西部地区的甘肃、贵州、青海、四川、云南等。

1. 形态结构

虫体长而窄，可达 2～3 m 或更长，宽度仅有 2～3 mm，头节上无顶突和钩，有 4 个吸盘，节片极短，且分节不明显。成节内有一套生殖器，生殖孔左右不规则地交替排列在节片的边缘。卵巢位于生殖孔一侧。子宫在节片中央。无卵黄腺和梅氏腺。睾丸位于纵排泄管两侧。虫卵被包在副子宫器内。虫卵内无梨形器，直径为 21～38 μm。

2. 生活史

生活史尚不完全清楚，有人认为啮虫为中间宿主，现已确认弹尾目的长角跳虫为中间宿主。虫卵被中间宿主吞食后，经 20 d 可在其体内形成似囊尾蚴。牦牛在牧地上食入含似囊尾蚴的中间宿主而感染。似囊尾蚴在牦牛体内约经 1.5 个月的发育变为成虫。

二、检测技术

（一）粪检

1. 莫尼茨绦虫

粪便内有黄白色的孕卵节片，形似煮熟的米粒，将孕节做涂片检查时，可见到大量灰白色、特征性的虫卵。用饱和盐水漂浮法检查粪便时，镜检可检出虫卵。结合临床症状和流行病学资料分析便可确诊。

2. 曲子宫绦虫

粪检时可在粪便中检获副子宫器，内含 5~15 个虫卵。

3. 无卵黄腺绦虫

观察粪便内有无孕卵节片（节片如米粒样）或特征性虫卵，尸检可在肠道内轻易找到巨大虫体。

（二）剖检

若需要，可剖检感染宿主，在小肠中可能见到绦虫成虫。其中，扩展莫尼茨绦虫和贝氏莫尼茨绦虫的外观很相似，头节小、近似球形，上有 4 个吸盘，无顶突和小钩；体节宽而短，成节内有两套生殖器官，生殖孔开在节片的两侧；子宫呈网状，卵巢和卵黄腺在节片两侧构成花环状；睾丸数百个，分布在整个体节内。

三、流行情况

（一）国内

1. 不同地区牦牛莫尼茨绦虫感染情况

目前，在牦牛体内共发现 3 种莫尼茨绦虫，其中扩展莫尼茨绦虫、贝氏莫尼茨绦虫感染较多、分布较广，贝氏莫尼茨绦虫感染率最高达 41.67%，而白色莫尼茨绦虫仅见于西部个别省份。3 种莫尼茨绦虫在我国牦牛的感染与分布情况见表 2 - 11 至表 2 - 13。

表 2 - 11　牦牛扩展莫尼茨绦虫感染及分布

地区			年份	感染率	参考文献
四川	阿坝藏族自治州	若尔盖县、炉霍县	1982	22.22%（无数据）	蒋学良
甘肃	/	/	2014	/	黄兵
新疆	/	/	2014	/	黄兵
云南	迪庆藏族自治州	中甸县	1999	/	黄德生
青海		久治县	1986—1987	20.00%（无数据）	刘文道
		贵南县	2010	12.90%（8/62）	胡广卫
	海南藏族自治州	共和县	2013	/	蔡进忠
		兴海县	2013	/	蔡进忠
	玉树藏族自治州	囊谦县	2013	/	蔡进忠
西藏	拉萨市	林周县	2019	/	刘建枝
	林芝市	米林县	2019	/	刘建枝
		巴宜区	2019	/	刘建枝

（续）

地区		年份	感染率	参考文献
西藏	昌都市			
	昌都市　2019	2019	/	刘建枝
	江达县	2019	/	刘建枝
	贡觉县	2019	/	刘建枝
	左贡县	2019	/	刘建枝
	芒康县	2019	/	刘建枝
	八宿县	2019	/	刘建枝
	洛隆县	2019	/	刘建枝
	边坝县	2019	/	刘建枝
	丁青县	2019	/	刘建枝
	类乌齐县	2019	/	刘建枝
	察雅县	2019	/	刘建枝

表 2-12　牦牛贝氏莫尼茨绦虫感染及分布

地区			年份	感染率	参考文献
四川	若尔盖县、红原县、白玉县、木里藏族自治县、金阳县、石渠县		1982	4.17%～41.67%（无数据）	蒋学良
甘肃	/	/	2014	/	黄兵
新疆	/	/	2014	/	黄兵
云南	/	/	2014	/	黄兵
青海	各地	/	1987	20.00%～25.00%（无数据）	刘文道
		/	2013	/	蔡进忠
	海南藏族自治州	兴海县	2015	25.00%(3/12)	贺飞飞
	海北藏族自治州	海晏县	2011	16.67%(1/6)	马睿麟
		祁连县	2015	28.13%(9/32)	雷萌桐
西藏	那曲地区	申扎县	1990	15.00%(3/20)	张永清
	拉萨市	林周县	2019	/	刘建枝
	昌都市	昌都市	2019	/	刘建枝
		江达县	2019	/	刘建枝
		贡觉县	2019	/	刘建枝
		左贡县	2019	/	刘建枝
		芒康县	2019	/	刘建枝
		八宿县	2019	/	刘建枝
		洛隆县	2019	/	刘建枝
		边坝县	2019	/	刘建枝
		丁青县	2019	/	刘建枝
		类乌齐县	2019	/	刘建枝
		察雅县	2019	/	刘建枝

表 2 - 13 牦牛白色莫尼茨绦虫感染及分布

省 （自治区）	地市	县域	年份	感染率	贡献作者
西藏	/	/	2014	/	黄兵
云南	迪庆藏族自治州	中甸县	1999	/	黄德生

2. 不同地区牦牛曲子宫绦虫感染情况

仅见盖氏曲子宫绦虫寄生于牦牛。刘文道等报道感染率最高可达 40.00%。盖氏曲子宫绦虫的感染与分布情况见表 2 - 14。

表 2 - 14 牦牛盖氏曲子宫绦虫感染及分布

	地区		年份	感染率	参考文献
四川	/	/	2014	/	黄兵
云南	/	/	2014	/	黄兵
新疆	/	/	2014	/	黄兵
甘肃	/	/	2014	/	黄兵
青海	海北藏族自治州	托勒牧场、 囊谦县、乌兰县	1987	10.00%～40.00% （无数据）	刘文道
		祁连县	2013	/	蔡进忠
	海南藏族自治州	共和县	2013	/	蔡进忠
		兴海县	2013	/	蔡进忠
	海西蒙古族藏族自治州	乌兰县	2013	/	蔡进忠
	玉树藏族自治州	囊谦县	2013	/	蔡进忠
西藏	昌都市	昌都市	2019	/	刘建枝
		江达县	2019	/	刘建枝
		贡觉县	2019	/	刘建枝
		左贡县	2019	/	刘建枝
		芒康县	2019	/	刘建枝
		八宿县	2019	/	刘建枝
		洛隆县	2019	/	刘建枝
		边坝县	2019	/	刘建枝
		丁青县	2019	/	刘建枝
		类乌齐县	2019	/	刘建枝
		察雅县	2019	/	刘建枝

3. 不同地区无卵黄腺绦虫感染情况

已发现 2 种无卵黄腺绦虫可寄生于牦牛，其中中点无卵黄腺绦虫感染较多、分布较广，感染率最高 21.88%。2 种无卵黄腺绦虫在我国牦牛的感染与分布情况见表 2 - 15 和表 2 - 16。

表 2 - 15　牦牛中点无卵黄腺绦虫感染及分布

地区			年份	感染率	参考文献
四川	/	/	2014	/	黄兵
青海	各地	/	2013	/	蔡进忠
	海南藏族自治州	兴海县	2015	16.67%(2/12)	贺飞飞
	海北藏族自治州	托勒牧场	1987	20.00%(无数据)	刘文道
		海晏县	2011	16.67%(1/6)	马睿麟
		祁连县	2015	21.88%(7/32)	雷萌桐
西藏	日喀则市	江孜县	2019	/	刘建枝
	昌都市	昌都市	2019	/	刘建枝
		江达县	2019	/	刘建枝
		贡觉县	2019	/	刘建枝
		左贡县	2019	/	刘建枝
		芒康县	2019	/	刘建枝
		八宿县	2019	/	刘建枝
		洛隆县	2019	/	刘建枝
		边坝县	2019	/	刘建枝
		丁青县	2019	/	刘建枝
		类乌齐县	2019	/	刘建枝
		察雅县	2019	/	刘建枝

表 2 - 16　牦牛微小无卵黄腺绦虫感染及分布

地区			年份	感染率	参考文献
四川	/	/	2014	/	黄兵
青海	海南藏族自治州	贵南县	2010	3.23%(2/62)	胡广卫
	海北藏族自治州	祁连县托勒牧场	1987	20.00%(无数据)	刘文道
		祁连县	2013	/	蔡进忠
			2015	3.13%(1/32)	雷萌桐

（二）国外

Ranga Rao 报道了印度有牦牛感染莫尼茨绦虫，共剖检 13 头牦牛，但未明确感染率；粪便虫卵检查，发现 10% 牦牛感染莫尼茨绦虫。

四、危害

（一）莫尼茨绦虫病

大量寄生时，寄生虫积聚成团，造成动物肠腔狭窄，影响食糜通过，导致肠阻塞、套叠或扭转，最后造成肠破裂引起腹膜炎而死亡；夺取营养，影响犊牛生长发育，造成消瘦、体质衰弱；虫体代谢物和分泌物引起各组织器官炎症和退行性病变，毒物破坏神经系统、心脏及其他组织器官；肠黏膜完整性遭到破坏，引起继发感染，降低免疫力。

成年牦牛一般无临床症状。幼年牛病初表现为精神不振、消瘦、离群、粪便变软，后发展为腹泻，重症病例后期常不能站立，精神极度萎靡，衰竭而死。

（二）曲子宫绦虫病

一般情况下，牦牛不出现临床症状，严重感染时可出现腹泻、贫血和体重减轻等症状。牦牛具有年龄免疫性，当年生的犊牦牛很少感染曲子宫绦虫，多见于老龄牦牛。

五、防治

（一）治疗

治疗裸头科绦虫病的常用药物有硫双二氯酚、氯硝柳胺、阿苯达唑、吡喹酮等，按商品化产品使用说明书中的方法使用。

根据不同地区，在8月中下旬成虫期前，选择以下驱虫药物进行驱虫。

阿苯达唑（丙硫苯咪唑），口服，一次量每千克体重10～15 mg。

吡喹酮，口服，一次量每千克体重11.5 mg。

硫双二氯酚，口服，一次量每千克体重45 mg。

（二）预防

掌握适宜的驱虫时间和次数，根据各地牦牛裸头科绦虫感染动态，结合牦牛放牧特点，全年2～3次驱虫。

选择高效广谱、安全经济的驱虫药，以阿苯达唑、吡喹酮为首选药，大面积实施驱虫。

提高驱虫质量和密度，应用足够剂量，按时整群驱虫，驱虫后留圈排虫，减少牧地污染。驱虫的对象主要是幼年牛，但成年牛一般为带虫者，是重要的感染源，因此，对成年牛的驱虫不应忽视。

合理调整夏秋放牧时间，避开清晨甲蝇数量高峰期，早晨牧草上露水消散时再进入牧地，减少绦虫感染机会。

科学利用牧地，充分利用作物茬地和耕翻地放牧，扩大利用人工牧地；有条件的地区可实行轮牧制。

加强驱虫效果考核和跟踪监测。

第五节　牦牛细颈囊尾蚴病

细颈囊尾蚴病由带属（*Taenia*）泡状带绦虫（*Taenia hydatigena*）的中绦期（细颈囊尾蚴 *Cysticercus tenuicollis*）引起。细颈囊尾蚴主要寄生于绵羊、山羊、猪，偶见于牛及其他野生反刍动物的肝脏浆膜、大网膜、肠系膜及其他器官中。本病分布极其广泛，在我国各地均有报道，对幼年动物有一定的危害。成虫寄生于犬、狼和狐狸等动物的小肠内。

一、病原

（一）形态结构

细颈囊尾蚴呈乳白色，囊泡状，囊内充满透明液体，俗称水铃铛，大小如鸡蛋或更大，直径约 8 cm，囊壁薄，在其一端的延伸处有一白结，即其头节所在。头节上有两行小钩，颈细而长。在脏器中的囊体，体外还包围一层由宿主组织反应产生的厚膜，故不透明，易与棘球蚴相混。

（二）生活史

孕节随犬粪排至体外，孕节破裂，虫卵溢出，污染牧草、饲料及饮水。虫卵被牛等吞食后，六钩蚴钻入肠壁血管，随血流到达肝脏，并逐渐移行至肝脏表面，进入腹腔内发育。感染后蚴体到达腹腔需经 18 d 到 4 周时间。在腹腔内再经 34～52 d 的发育变为成熟的细颈囊尾蚴。幼虫多寄生于肠系膜和网膜上，也见于胸腔和肺部。犬、狼等吞食含有细颈囊尾蚴的脏器而感染。潜隐期为 51 d，在犬体内泡状带绦虫可存活一年左右。

二、检测技术

细颈囊尾蚴病的生前诊断较困难，可用血清学方法诊断。死后剖检发现细颈囊尾蚴即可确诊。急性细颈囊尾蚴病易与急性肝片形吸虫病相混淆。在肝脏中发现细颈囊尾蚴时，应与棘球蚴相区别，细颈囊尾蚴只一个头节，壁薄而且透明，而棘球蚴囊壁厚而不透明。

三、流行情况

（一）国内

细颈囊尾蚴相较于其他绦虫蚴而言，危害最轻，各地均有报道。张洪波等报道青海省泽库县牦牛感染率最高，可达 66.67%。详情见表 2 - 17。

表 2 - 17 牦牛细颈囊尾蚴感染及分布

省区	地市	县域	年份	感染率	参考文献
四川	/	金川县、红原县	1982	/	蒋学良
西藏	昌都市	昌都市	2019	/	刘建枝
		江达县	2019	/	刘建枝
		贡觉县	2019	/	刘建枝
		左贡县	2019	/	刘建枝
		芒康县	2019	/	刘建枝
		八宿县	2019	/	刘建枝
		洛隆县	2019	/	刘建枝
		边坝县	2019	/	刘建枝
		丁青县	2019	/	刘建枝
		类乌齐县	2019	/	刘建枝
		察雅县	2019	/	刘建枝

（续）

省区	地市	县域	年份	感染率	参考文献
青海	黄南藏族自治州	贵南县	2010	3.23%（2/62）	胡广卫
		泽库县	2011	66.67%（4/6）	张洪波
		共和县	2011	12.50%（1/8）	蔡金山
		兴海县	2015	25.00%（3/12）	贺飞飞
青海	各地	班玛县、久治县、托勒牧场	1987	10%～20%（无数据）	刘文道
		/	2013	/	蔡进忠
	海北藏族自治州	刚察县	1987	0.00%（0/27）	吴延明
		祁连县	2015	6.25%（2/32）	雷萌桐
		/	2004	2.52%（29/1 149）	郭红玮

（二）国外

未见报道。

四、危害

细颈囊尾蚴对牦牛的危害不太清楚。

五、防治

（一）治疗

使用吡喹酮，对犬进行定期驱虫，粪便及时清理并堆积发酵处理。

治疗病牛，用药方案参照脑多头蚴病治疗方法：吡喹酮增量法或吡喹酮和丙硫咪唑联合法对细颈囊尾蚴有一定疗效。

（二）预防

加强科普宣传及健康教育，提高国民疫病防控知识水平。注意饮食卫生和个人防护，避免食用被虫卵污染的食物和水。加强流行病学调查与监测。

加强该病流行地区犬类的管理，严格控制养犬数量，对家养犬登记造册，定期应用吡喹酮驱虫，驱虫后 3 d 内的粪便集中后无害化处理。做好无主犬的扑杀工作。

做好圈舍、放牧地环境卫生工作，杜绝犬科动物在牧场和养殖区域活动，防止犬粪污染环境和水源，保障饮用水清洁卫生。

加强屠宰场管理，执行严格的检疫制度，患病动物的脏器严禁饲喂犬科动物或任意丢弃，应无害化处理（焚烧或深埋处理）。

前在无法实施野生动物投药防控的情况下，进行中间宿主治疗，杀灭中绦期幼虫，可以有效阻断细颈囊尾蚴病的传播链条，对该病的防控有重要意义。

附：国内牦牛绦虫未明确种的感染及分布情况见表 2-18。

表 2-18　国内牦牛绦虫未明确种的感染及分布情况

地区			年份	感染率	参考文献
四川	川西北	/	2019	9.23%(6/65)	萨日娜
甘肃	甘南藏族自治州	夏河县	2018	3.51%(29/827)	庞生磊
青海	玉树藏族自治州	玉树县	2013	60.00%(6/10)	付永
	果洛藏族自治州	久治县	1985	25.00%(5/20)	久治兽医站
		班玛县	1988—1989	27.78%(20/72)	刘文道
	海北藏族自治州	祁连县托勒牧场	1988—1989	23.33%(14/60)	刘文道
		海晏县	2019	6.29%(10/159)	汪晓荷

第三章 牦牛线虫病流行病学与防治

牦牛线虫病是由线形动物门（Nemathelminthes）线虫纲的多种线虫寄生于牦牛体内引起的一类寄生虫病的总称，是牦牛的常见多发的慢性消耗性寄生虫病，主要有消化道线虫病和肺线虫病。消化道线虫病是由寄生于牦牛第四胃、小肠和大肠等消化道内的各种线虫引起的疾病。肺线虫病是由多种线虫寄生于牛肺脏、气管、支气管内所引起的疾病。病原种类繁多，分布广，混合感染较为普遍，给养牛业造成了巨大的经济损失。

20世纪80年代以来，各级兽医科研、教学及技术推广部门等单位，先后对牦牛线虫病的流行病学与防治等进行了一系列较为深入系统的调查研究，基本弄清了牦牛线虫病的感染情况、危害、病原种类与分布、主要线虫的生物学特性及感染动态，开展了防治技术研究与防治药物筛选及适用制剂研究，评价了不同药物的临床效果，确定了推荐剂量，建立了冬季驱除线虫寄生阶段幼虫的防治技术和牦牛主要寄生虫病高效低残留防治技术，制定了相关技术规范，取得了卓有成效的研究成果，在生产中进行示范和推广应用，有效控制了牦牛线虫病的流行，降低了危害，取得了显著的经济、社会效益，对推动牦牛产业持续稳定高质量发展，提高牦牛饲养业经济效益具有重要意义。

一、病原

（一）病原种类

经对已报道的牦牛线虫病流行病学调查资料进行统计分析，发现从牦牛体内检出的线虫有72种（其中4个未定种），隶属于线虫纲（Nematoda）的6目（Rhabdiasidea）、13科（Strongyloididae）、21属（Genus），结果如下。

蛔目（Ascarididea）

蛔虫科（Ascarididae）

新蛔属（*Neoascaris*）的犊新蛔虫（*N. uitulorum*）。

丝虫目（Filariidea）

丝状科（Filariidae）

丝状属（*Setaria*）的指形丝状线虫（*S. digtata*）、唇乳头丝状线虫（*S. labiatopapillosa*）。

杆形目（Rhabdiasidea）

类圆科（Strongyloididae）

类圆属（*Strongyloides*）的乳突类圆线虫（*S. papillosus*）。

旋尾目（Spiruridea）

筒线科（Gongylonematidae）

筒线属（*Gongylonema*）的美丽筒线虫（*G. pulchrum*）、多瘤筒线虫（*G. verrucosum*）。

圆形目（Strongylidea）

钩口科（Ancylostomatidae）

仰口属（*Bunostomum*）的牛仰口线虫（*B. phlebotomum*）、羊仰口线虫（*B. trigonocephalum*）。

夏伯特科（Chabertidae）

旷口属（*Agriostomum*）的弗氏旷口线虫（*A. vryburgi*）；

夏伯特属（*Chabertia*）的牛夏伯特线虫（*C. bovis*）、叶氏夏伯特线虫（*C. erschowi*）、羊夏伯特线虫（*C. ovina*）、陕西夏伯特线虫（*C. shanxiensis*）；

食道口属（*Oesophagostomum*）的粗纹食道口线虫（*O. asperum*）、哥伦比亚食道口线虫（*O. columbianum*）、甘肃食道口线虫（*O. kansuensis*）、辐射食道口线虫（*O. radiatum*）、有齿食道口线虫（*O. dentatum*）。

网尾科（Dictyocaulidae）

网尾属（*Dictyocaulus*）的胎生网尾线虫（*D. viviparus*）、丝状网尾线虫（*D. filaria*）、卡氏网尾线虫（*D. khawi*）。

原圆科（Protostrongylidae）

原圆属（*Protostrongylus*）的霍氏原圆线虫（*P. hobmaieri*）；

变圆属（*Varestrongylus*）的肺变圆线虫（*V. pneumonicus*）。

伪达科（Pseudaliidae）

缪勒属（Muellerius）的毛细缪勒线虫（*M. minutissimus*）。

比翼科（Syngamidae）

兽比翼属（*Mammomonogamus*）的喉兽比翼线虫（*M. laryngeus*）。

毛圆科（Trichostrongylidae）

古柏属（*Cooperia*）的野牛古柏线虫（*C. bisonis*）、和田古柏线虫（*C. hetianensis*）、黑山古柏线虫（*C. hranktahensis*）、甘肃古柏线虫（*C. kansuensis*）、瞳孔古柏线虫（*C. oncophora*）、栉状古柏线虫（*C. pectinata*）、天祝古柏线虫（*C. tianzhuensis*）、珠纳古柏线虫（*C. zurnaboda*）、兰州古柏线虫（*C. lanchowensis*）、等侧古柏线虫（*C. laterouniformis*）和古柏线虫未定种（*C. spp.*）（青海省、甘肃省、西藏自治区各 1 种）；

血矛属（*Haemonchus*）的捻转血矛线虫（*H. contortus*）；

马歇尔属（*Marshallagia*）的蒙古马歇尔线虫（*M. mongolica*）、马氏马歇尔线虫（*M. marshallagi*）；

长刺属（*Mecistocirrus*）的指形长刺线虫（*M. digitatus*）；

细颈属（*Nematodirus*）的达氏细颈线虫（*N. davtiani*）、尖交合刺细颈线虫（*N. filicollis*）、海尔维第细颈线虫（*N. helvetianus*）、奥利春细颈线虫（*N. oriatianus*）和细颈线虫未定种（*N. spp.*）；

奥斯特属（*Ostertagia*）的普通奥斯特线虫（*O. circumcincta*）、达呼尔奥斯特线虫（*O. dahurica*）、甘肃奥斯特线虫（*O. gansuensis*）、奥氏奥斯特线虫（*O. ostertagi*）、斯氏奥斯特线虫（*O. skrjabini*）、三叉奥斯特线虫（*O. trifurcata*）、琴形奥斯特线虫（*O. lyrata*）、布里亚特奥斯特线虫

（*O. buriatica*）、西方奥斯特线虫（*O. occidentalis*）。

毛圆属（*Trichostrongylus*）的东方毛圆线虫（*T. orientalis*）、艾氏毛圆线虫（*T. axei*）、蛇形毛圆线虫（*T. colubriformis*）、青海毛圆线虫（*T. qing-haiensis*）、突尾（枪形）毛圆线虫（*T. probolurus*）。

鞭虫目（Trichuridea）

毛细科（Capillariidae）

毛细属（*Capillaria*）的双瓣毛细线虫（*C. bilobata*）、牛毛细线虫（*C. bovis*）。

鞭虫科（Trichuridae）

鞭虫属（*Trichuris*）的同色鞭虫（*T. concolor*）、无色鞭虫（*T. discolor*）、瞪羚鞭虫（*T. gazellae*）、球鞘鞭虫（*T. globulosa*）、印度鞭虫（*T. indicus*）、兰氏鞭虫（*T. lani*）、长刺鞭虫（*T. longispiculu*）、羊鞭虫（*T. ovis*）、斯氏鞭虫（*T. skrjabini*）、武威鞭虫（*T. wuweiensis*）、鞭形鞭虫（*T. trichura*）。

（二）土源性线虫生活史

牦牛消化道线虫的生活过程是土源性发育史，不需要中间宿主参与，其发育包括成虫、虫卵、1 期幼虫（L₁）、2 期幼虫（L₂）、3 期幼虫（L₃）等阶段。发育史示意见图 3-1。

二、检测技术

病原检测是诊断牦牛线虫病的主要方法，常用方法有粪检法、寄生虫学完全剖检法和分子生物学技术等。病原种类鉴定，是进行牦牛线虫病流行病学调查、药物防治效果评价、抗药性分析等的重要基础。

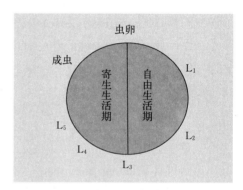

图 3-1　牦牛消化道线虫生活史示意

（一）粪便中线虫虫卵与肺线虫幼虫检查

在早晨放牧前，从牦牛直肠采集待检的新鲜粪便，带回实验室置 4 ℃冰箱保存，待检。

1. 消化道线虫虫卵检查

采用饱和盐水漂浮法（费勒鹏氏法）收集虫卵，镜检分类计数，统计每克粪便中的虫卵数（EPG）。将粪便中相对密度小的虫卵或卵囊漂浮于相对密度较大的溶液表面，主要用于检查线虫卵、绦虫卵及球虫卵囊等相对密度较小的卵及卵囊。

饱和盐水配制：在 1 000 mL 沸水中加入 380 g 食盐，或逐渐加入食盐到析出结晶为止，然后将溶液用纱布过滤，冷却后备用。此溶液的相对密度应为 1.180。

定性检查：取 2~5 g 粪便于容器内，加少许清洁水，用镊子或玻棒搅碎，再加适量清洁水混匀，60 目铜筛或纱布过滤于试管中，静置 30 min 左右（或 2 000 r/min 离心 5~10 min），弃上清液，在沉淀物中加注适量的饱和盐水混匀后，再加饱和盐水至与试管口平行，注意勿溢出，覆以盖玻片，静置 30 min 左右，将盖玻片取下，放于载玻片上，在显微镜下检查。检出线虫卵即为阳性，拍摄虫卵照片进行鉴定。

定量检查：采用改良版麦克马斯特计数法对粪样进行定量检测。取待检粪便 2 g，放入小烧杯中，先加水 10 mL，搅拌混匀后，再加饱和盐水 50 mL，混匀后用 1 mL 吸管吸取粪液，注入麦克马斯特计数板的计数室内，静置 5 min 后，在显微镜下计数两个刻度室中的虫卵数，两个计数室的虫卵数的平均值 A 乘以 200，即为每克粪便中的虫卵数（EPG）。

2. 肺线虫幼虫（L_1）检查

采用贝尔曼氏法（Baermann's technique）培养、分离肺线虫 L_1，镜检分类计数，统计每克粪便中肺线虫的幼虫（L_1）数。

本法主要用于检测牛羊肺线虫病，也可从家畜组织、饲料和土壤中分离肺线虫幼虫。

操作方法：将新鲜粪便 3～5 g，放在直径 10～15 cm 漏斗里的金属筛或纱布上，漏斗下端套上 10～15 cm 的橡皮管，用金属夹夹住橡皮管，并放置在漏斗架上，然后加入 37～40 ℃的温水于漏斗中，直至淹没被检材料为止，置培养箱中 37 ℃培养 3～5 h，取出后静置 1 h 或更久，大部分幼虫从粪便中游出而沉于管底，开动夹子放出底部的液体于离心管中，离心 1 min，用吸管吸弃上清液，再吸管底沉淀物于载玻片上镜检。无离心机时，在管中静置 30～60 min 亦可。

（二）线虫成虫检查

1. 消化道线虫成虫检查

按寄生虫学完全剖检法检查，对剖检的牦牛，先检查心脏、肝脏、食道，再将胃、小肠、盲肠及大肠内容物用生理盐水冲洗，再加生理盐水反复洗涤沉淀，然后挑出虫体，收集于保存液中，带回实验室，在生物显微镜下进行形态学观察与分类鉴定。

2. 肺线虫成虫检查

剖检后取出肺脏，用 0.5% 温盐水反复灌洗气管，收集洗液，静置沉淀，吸取上清液后挑取成虫，镜检沉渣中的寄生阶段虫体。然后纵向切开支气管，撕碎肺组织，浸于温盐水内，置 40 ℃恒温箱内 5 h，捞取肺气管组织，反复静置沉淀后，挑出成虫，收集虫体，镜检鉴定到属或种，分类计数。

（三）线虫寄生阶段幼虫检查

分离检查线虫寄生阶段幼虫的常用方法有酶消化法、贝尔曼氏法、费勒鹏氏法、黏膜刮取法、组织切片检查法等，这些方法在实际应用中各有利弊。

为了选出一种效果确实、幼虫纯净、简便易行的较好方法，研究团队经过反复对比试验，建立了水浴法分离寄生阶段幼虫技术，其特点是方法简便，检出效率高，适用范围广，从器官组织材料中分离出的幼虫纯度好，但从胃肠内容物材料中分离出的幼虫纯度差，有待进一步优化。其操作步骤如下：

在完成线虫成虫检查内容物冲洗后，分别刮取真胃、小肠前段 4 m（由皱胃幽门口向后）、小肠后段 4 m（自回盲口向前）、盲肠、大肠黏膜，收集挑取成虫后的真胃、小肠、盲肠、结肠内容物，采集肠系膜淋巴结、纵隔淋巴结、肺脏器官（已挑出成虫）。将待检材料平摊在一块脱脂纱布中央，刮取的黏膜厚度不超过 3～4 mm，胃肠道内容物厚度不超过 5 mm，折起纱布四边覆盖材料表面，平整移入分离装置（用直径 15 cm、高 2.5 cm 的培养皿，内悬直径 13.5 cm、高 1.7 cm、圆周宽 0.8 cm、底面紧绷纱布的防锈金属圈）中。沿培养皿壁加入 42 ℃ 0.5% 盐水，至淹没材料表面为止，移入 42 ℃恒温水浴箱内 5 h。

然后，慢慢取出纱布和被检材料，收集分离液，反复沉淀，收集虫体，镜检鉴定到属，分类计数。

（四）线虫自由生活阶段幼虫检查（感染性幼虫的采集）

采集与分离幼虫，收集于保存液中，带回实验室，按形态学鉴定分类技术进行鉴定分类。

1. 牧草的采集

在清晨阳光尚未照到牧草时，在牧场中按"W"型分五点收集牧草，每份草样的采集面积 1 m²。再以牧民居住点为零点，离牛圈不同距离（10 m、20 m、50 m、100 m 和 200 m）同样按"W"型分五点采集草样，每份草样的采集面积为 400 cm²，总和也是 1 m²。采样时尽量将牧草从根部贴地剪起，并注意不能大声喧哗，所采草样尽快放入袋中，不能随意抖动。

2. 露水的收集

在采集牧草的同时，若发现牧草上有露水，则用吸管吸取置于青霉素瓶中，在阳光未照到牧草前尽量多收集。收集面积和方法同牧草的采集，计数结果以 1 m² 中所含幼虫计。

3. 样品的检查方法

对于牧草中的幼虫，采用贝尔曼氏法进行检查，收集草样上的感染性幼虫，进行数量的统计和种类的鉴定。对于露水，则直接放于玻片上进行检查，同样进行感染性幼虫数量的统计和种类的鉴定。对于粪便，采用麦氏法计数，并通过饱和盐水漂浮法检查虫卵，对部分虫卵可进行种类的鉴定，并与草样和露水的检查结果相对比。

4. 数据处理

按下列公式进行计算：

感染率＝感染动物数/检查动物数×100％

感染强度＝感染某种虫体数平均值（检出虫体数/阳性动物数）

（范围：感染某种虫体数最小值，感染某种虫体数最大值）

（五）分子生物学检测技术

1. 常用分子标记

（1）核糖体 DNA 内转录间隔区（ITS）　核糖体是一个致密的核糖核蛋白颗粒，由几十种蛋白质和 rRNA 组成，执行着蛋白质的合成功能。真核生物的核糖体中，rRNA 包括两个亚基：大亚基和小亚基。大亚基的 RNA 主要为 28S、5.8S 和 5S rRNA，小亚基的为 18S rRNA。真核生物的 rRNA 基因以串联重复方式存在，其中 18S、5.8S 和 28S rRNA 基因组成一个转录元。在形成 rRNA 时，有两段 RNA 被剪切。第一段是位于 5.8S 和 18S rRNA 之间的片段，称为核糖体 RNA 第一内转录间隔区 ITS‑1（Internal Transcribed Spacer1），第二段是位于 5.8S 和 28S rRNA 之间的片段，称为核糖体 RNA 第二内转录间隔区 ITS‑2（Internal Transcribed Spacer 2）。由于其两端为小亚基和大亚基，不会像 rRNA 基因那样受到功能上的限制。而且，该序列进化速度快，特异性高，表现出较高的序列多态性。因此，ITS 序列是研究寄生虫分类鉴定及遗传变异的理想标记。Wang 等（2012 年）就利用 ITS 区域成功鉴别了牛仰口线虫（Bunostomum. phlebotomum）和羊仰口线虫（B. trigonocephalum）。Liu 等通过扩增并测序羊夏伯特线虫（Chabertia ovina）和叶氏夏伯特线虫（C. erschowi）rDNA 的 ITS 及完整的线粒体基因组，结果表明，C. ovina 和 C. erschowi 的 ITS rDNA 序列长度分别为 852～854 bp 和 862～866 bp，其线粒体基因组长度分别为 13 717 bp 和 13 705 bp，整个线粒体基因组序列差异为 15.33％。此外，线虫中最保守的线粒体小亚基核糖体（rrnS）和最保守的 *nad*2 基因的序列比较表明，这两个物种之间存在显著的核苷酸差异，表明 *C. erschowi* 是特异种。

（2）线粒体 DNA（mtDNA） mtDNA 为核外遗传物质，存在于胞质中，几乎很少发生重组现象，同时，分子质量小，结构简单，进化速度快，是 rDNA 的 5~10 倍，因此，它是研究寄生虫系统发生学、群体遗传学和分子分类学的理想分子遗传标记。Gao 等（2014）对绵羊仰口线虫、山羊仰口线虫和牛仰口线虫中国牦牛株线粒体基因组进行了完整的测序和序列分析，其线粒体基因组大小分别为 13 764 bp、13 771 bp 和 13 803 bp，绵羊仰口线虫和山羊仰口线虫的线粒体基因组同源性高达 99.7%，牛仰口线虫中国牦牛株与绵羊仰口线虫、山羊仰口线虫的线粒体基因组同源性分别为 85.3% 和 85.2%，基因排序均属于 GA3 排列，包括 12 个蛋白质编码基因、2 个 rRNA 基因和 22 个 tRNA 基因，缺乏 ATP8 基因；以串联的线粒体 12 个蛋白质编码基因为基因标记，采用最大简约法（MP）、贝叶斯法（BI）和邻接法（NJ）构建系统发生树，三种方法结果表明，羊仰口线虫与牛仰口线虫中国牦牛株亲缘关系较近，是两个不同的种。Li 等对西南地区牛仰口线虫中国肉牛株线粒体基因组进行了完整测序和分析，线粒体基因组大小为 13 799 bp，编码 12 个蛋白质编码基因、22 个 tRNA 基因和 2 个 rRNA 基因，系统发育表明，牛仰口线虫中国肉牛株和牦牛株与澳大利亚奶牛株相比，亲缘关系较近，但这三种虫株与羊仰口线虫和寄生于人的美洲板口线虫形成旁系关系，确定是仰口线虫内的姊妹种关系。

2. 应用以上分子标记建立的分子鉴定方法（PCR - RFLP）

聚合酶链式反应链接的限制性片段长度多态性分析（PCR - RFLP），又称 CAPS（Cleaved amplification polymorphism sequence - tagged sites），是将 PCR 技术与核酸限制性酶切技术相结合而产生的一项分子鉴定技术，其原理是，相近的物种往往可以用同一对引物扩增出相同大小的目的片段，再将扩增产物用限制性内切酶消化，会得到不同的酶切片段，通过核酸电泳将其区分，从而达到鉴别或鉴定物种的目的。如王春仁（2013）应用该方法，设计了牛仰口线虫和羊仰口线虫 ITS rDNA 通用引物，选用限制性内切酶 *Nde* I 对两种虫体的 ITS rDNA PCR 产物进行酶切，结果表明，羊仰口线虫 ITS rDNA 序列切成两段，而牛仰口线虫 ITS rDNA 序列无变化。韩亮等（2017）选用扩增线虫的 18S~28S 序列的通用引物 NC5 和 NC2，扩增感染白牦牛的 3 种线虫（瞳孔古柏线虫、环纹背带线虫和奥斯特线虫）的 ITS 序列，选用 *Nde* I 和 *EcoR* V 酶对扩增得到的 ITS 序列进行酶切鉴定，在基因水平上成功鉴别了 3 种形态相近的线虫。

3. 高通量测序应用于牦牛寄生虫感染状况检测

Li 等从甘肃省甘南藏族自治州采集健康成年牦牛（HA 组）、腹泻成年牦牛（DA 组）和腹泻牦牛犊（DC 组）的新鲜粪便样本，选用微生物组 18S rRNA 基因 V4 区测序模式，应用 Illumina MiSeq 高通量测序平台，对三组牦牛感染的寄生虫进行高通量测序。结果表明，在 HA 组发现了 2 门 3 纲 5 目 4 科 6 属，在 DA 组发现了 2 门 3 纲 6 目 6 科 8 属，在 DC 组发现了 2 门 5 纲 5 目 10 科 7 属；在动物门水平上，三个组中都存在线虫门（Nematoda）和顶复亚门（Apicomplexa），同时，DC 组中的顶复亚门显著高于 DA 组（$p<0.05$）；在纲的层面上，三个组中都存在叶口纲（Litostomatea）、色矛纲（Chromadorea）和簇虫亚纲（Gregarinasina），而旋毛纲（Spirotrichea）和肾形虫纲（Colpodea）仅在 DC 组中发现；在目的层面上，三组牦牛中都观察到了前庭目（Vestibuliferida）、毛滴虫目

（Tritrichomonadida）、杆形线虫目（Rhabditida）和 Eugregarinorida，而在 HA 和 DC 组中发现 Neogregarinorida，在 DA 组中发现 Trichomonadida 和 Hypotrichomonadida。DA组中毛滴虫目显著高于 HA 和 DC 组（$p<0.05$）；在科的层面上，三个组中都存在 Simplicimonadidae 和 Haemonchidae，HA 和 DA 组中都存在 Trichostrongylidae，Trichomonadidae 和 Dictyocaulidae 仅存在于 DA 组，Plectidae、Strongylidae、Echinamoebidae、Lecudinidae、Pseudokeronopsidae 和 Panagrolaimidae 仅存在于 DC 组，DA组中 Simplicimonadidae 显著高于 HA 和 DC 组（$p<0.05$），而 HA 组中 Haemonchidae显著高于 DA 和 DC 组（$p<0.05$）；在属的层面上，三个组都存在 Entamoeba、Buxtonella 和 Haemonchus，Plectus 和 Echinamoeba 仅存在于 DC 组，而 Trichostrongylus 和Trepomonas 存在于 HA 和 DA 组，Gregarina 在腹泻组（DA 组和 DC 组）中都存在，Tetratrichomonas 和 Dictyocaulus 只存在于 DA 组。本次研究中发现 Tetratrichomonas、Dictyocaulus 和 Echinamoeba 属可能与牦牛的腹泻有关，为高效预防牦牛腹泻奠定了基础。

三、流行情况

（一）国内流行情况

1. 青海省牦牛线虫病流行情况

（1）文献结果整理汇总　青海省从 1982 年开始对牦牛寄生虫病流行病学进行调查研究，累计调查 29 个点次，共剖检牦牛 153 头。结果发现：消化道线虫单一虫种感染率为3.23%～100%，平均感染强度最低为 1 个（1 个），最高为 779.17 个（1～1 561 个）；肺线虫单一虫种感染率为 9.4%～100%，感染强度范围为 1～442.4 个。

粪便虫卵幼虫检测 169 头，检出感染牛 86 头，平均感染率 50.89%，感染强度 49～245 个。调查统计结果见表 3-1。

蒋元生（1988）于 1987 年 5—6 月在果洛藏族自治州久治县牦牛小肠内发现了东方毛圆线虫（Triohostrongylus orientalis），是青海省首次记录，感染率为 20%（2/10），感染强度范围为 0～137 个，平均感染强度为 87 个。李闻（1988）在青海省海南藏族自治州兴海县的牦牛小肠内检获青海毛圆线虫（Tirohostrongylus qinghaiensis Lianget，1987），从而首次发现了青海毛圆线虫的新宿主——牦牛，青海毛圆线虫也成为牦牛寄生虫病的新病原。王启菊（2010）报道在德令哈市牦牛体内检出马氏马歇尔线虫（Marshallagia marshalli），感染率 16.7%（1/6），感染强度 16（16）个。胡广卫等（2013）报道从贵南县牦牛大肠和小肠分别检出有齿食道口线虫（Oesophagostomum dentatum）、突尾（枪形）毛圆线虫（Trichostrongylus probolurus）。这在牦牛为首次报道。其中，有齿食道口线虫感染率 16.13%（10/62），感染强度 27（12～77）个；突尾（枪形）毛圆线虫感染率3.23%（2/62），感染强度 325（263～588）个。整理青海省许多学者的调查结果发现，从青海省牦牛体内共检出线虫 56 种，隶属于 1 门、1 纲、4 目、11 科、18 属。

上述牦牛线虫的分布，在青海省随着地区海拔高度、植被、温度、湿度不同而不尽相同，其中奥斯特线虫、古柏线虫、马歇尔线虫、毛圆线虫和细颈线虫遍布全省各地，在海拔高度相对较低、气候比较温暖潮湿的东部农业区及部分半农半牧区存在着血矛线虫。

表 3 - 1 青海省牦牛线虫病感染情况调查统计结果

发表时间	调查时间	采样地点	方法	检查数（头）	感染率（%）	感染强度（个）	虫属/种	参考文献
1984	1982.10	祁连县	剖检	30	单一虫种 3.3%~53.3%	1~143.3 (1~780)	7 种	罗建中等
1989	1986—1987	7个点34头＋此前13个点次	剖检	34	肺线虫 9.4%~100%,消化道线虫 13.3%~100%	单一虫种 1~442.4 单种 1~535	35 种	刘文道等
1989	1987.5	兴海县中铁乡	剖检	5	网尾线虫 100%,5属消化道线虫 20%~80%	40 (1~121) 1.3~535 (1~1193)	11 种	李闻
2007.09	2006	青海省大通种牛场	剖检	10	100%	132.24(4.7~261.7)	8 属	拉环等
2010	2009	德令哈市	剖检	6	16.7%~100%	单一虫种 3~180	—	王启菊
2011	2009	海晏县	剖检	6	16.67% (1/6)~83.33 (5/6)	0.67~779.17 (1~1560)	9 种	马睿麟
2012	—	化隆回族自治县	剖检	6	66.7%~100%	4 (1~9) ~20 (9~28)	9 种	邵士元
2013	2010.10	玉树县国营牧场	粪检	10	80%	178±59.5 (49~245)	—	付永等
2013	2010—2011	贵南县	剖检	12	单一虫种 3.23%~54.84%	1 (1)~325 (263~588)	26 种	胡广卫
2015	2010—2011	兴海县	剖检	12	33.3% (4/12)~83.3% (10/12)	2.0 (1~3) ~623.7 (490~833)	35 种	贺飞飞
2016	2013—2014	祁连县	剖检	32	单一虫种 9.38% (3/32)~84.38% (27/32)	3. (1~4)~558.9 (233~708)	36 种	雷萌桐
2019	—	海晏县	粪检	159	49.1% (78/159)	—	4 属	汪晓荷

（2）牦牛线虫病流行状况调查研究　近十几年来，在科技部、青海省科技厅等部门的支持下，青海省畜牧兽医科学院高原动物寄生虫病研究室与中国农业大学动物医学院、中国农业科学院上海兽医研究所等单位合作，组成研究团队，针对青藏高原牦牛放牧管理方式及生产特点，在青海省青南高原地区、环湖牧区、祁连山地、柴达木地区的果洛藏族自治州达日县、玛多县，玉树藏族自治州治多县、囊谦县，黄南藏族自治州河南蒙古族自治县、泽库县，海北藏族自治州祁连县、刚察县、海晏县，海南藏族自治州兴海县、贵南县，海西蒙古族藏族自治州乌兰县、都兰县及青海省大通种牛场等地，选择 5 个月未使用抗寄生虫药物防治的牦牛群，开展了牦牛寄生虫病流行病学调查研究。摸清了青海省主要牧区牦牛寄生虫病感染现状，查明了病原种类、分布，确定了优势虫种。

1）牦牛线虫粪检结果

① 粪便中消化道线虫虫卵的检测结果　在祁连县、刚察县、兴海县、乌兰县、河南蒙古族自治县、玛多县、囊谦县和治多县等地，分别于 4、9 月份采集牦牛（各 32 头）新鲜粪便，采用饱和盐水漂浮法进行消化道线虫每克粪便虫卵数（EPG）检查。

各地区 4、9 月份牦牛消化道线虫虫卵检查结果见表 3-2、表 3-3。结果表明：各地区 4 月份牦牛消化道线虫粪检虫卵阳性率达 59.38%～87.50%，感染强度为 163.4～273.2 个；9 月份牦牛消化道线虫粪检虫卵阳性率达 56.25%～78.13%，感染强度为147.8～214.3 个。

表 3-2　各地区 4 月份牦牛消化道线虫虫卵检查结果

调查地区	调查牛数（头）	阳性牛数（头）	阳性率（%）	EPG（个）
祁连县	32	20	62.50	265.5
刚察县	32	26	81.25	246.8
门源回族自治县	32	28	87.50	197.6
海晏县	32	23	71.88	226.3
兴海县	32	27	84.38	273.2
贵南县	32	25	78.13	214.7
乌兰县	32	24	75.00	231.1
河南蒙古族自治县	32	21	65.63	259.6
泽库县	32	20	62.50	241.4
玛多县	32	22	68.75	224.3
达日县	32	27	84.38	189.9
治多县	32	23	71.88	163.4
囊谦县	32	19	59.38	197.6

表 3-3 各地区 9 月份牦牛消化道线虫虫卵检查结果

调查地区	调查牛数（头）	阳性牛数（头）	阳性率（%）	EPG（个）
祁连县	32	22	68.75	183.6
刚察县	32	25	78.13	205.3
门源回族自治县	32	22	68.75	174.3
海晏县	32	19	59.38	147.8
兴海县	32	24	75.00	192.0
贵南县	32	21	65.63	180.2
乌兰县	32	22	68.75	171.1
河南蒙古族自治县	32	23	71.88	214.3
泽库县	32	18	56.25	185.4
玛多县	32	20	62.50	166.8
达日县	32	19	59.38	158.7
治多县	32	24	75.00	150.4
囊谦县	32	21	65.63	159.7

② 牦牛肺线虫幼虫检测结果 网尾线虫的生活史不需要中间宿主，本病常在寒冷而潮湿的季节流行。原圆线虫的发育需要中间宿主螺蛳的参与，中间宿主种类多且分布广，生活在阴暗潮湿的地区，除了严寒的冬季不活动外，全年均可感染；原圆线虫在自然外界环境中自由生活阶段的幼虫对低温、干燥抵抗力强，能在粪便中越冬，一年四季可以发育，侵袭性幼虫在自然草地上可存活 10 个月至 1 年以上，造成对草场的污染，成为新的感染源。因此，原圆线虫分布区域广，感染比网尾线虫更为普遍。中间宿主在雨后大量出现，多雨年份牦牛感染严重。作为肺线虫宿主之一的牦牛种群密度大，数量多，牧区全年放牧管理，为肺线虫提供了充足的寄主，造成肺线虫病的流行，并引起春季发病、死亡高峰。

1964—2010 年间，青海省在祁连县、海晏县及大通种牛场等地进行了牦牛肺线虫感染情况调查。其中，网尾线虫感染率为 3.3%～100%，感染强度为 1～1 443 个；原圆线虫感染率为 20.0%～60.0%，感染强度在 1～1 762 个。

2017—2020 年研究团队调查结果见表 3-4。

表 3-4 牦牛粪检肺线虫感染情况统计结果

调查地区	检查数（头）	网尾线虫		原圆线虫	
		感染率（%）	感染强度（个）	感染率（%）	感染强度（个）
祁连县	32	40.6	6.7 (2～9)	18.8	139.2 (1～472)
刚察县	32	18.8	10.2 (3～16)	37.5	37.6 (6～76)
兴海县	32	28.1	8.4 (3～12)	34.4	41.3 (3～89)
乌兰县	32	34.4	24.6 (5～45)	—	—
河南蒙古族自治县	32	46.9	21.3 (5～42)	68.8	46.7 (9～187)
治多县	32	21.9	16.1 (4～31)	28.1	25.4 (3～46)
囊谦县	32	53.1	42.5 (9～112)	—	—
玛多县	32	25.0	18.8 (7～34)	—	—
达日县	32	34.4	37.9 (6～123)	46.9	29.5 (5～87)

2）牦牛线虫剖检结果　在祁连县、刚察县、兴海县、贵南县、乌兰县、河南蒙古族自治县、玛多县、达日县、囊谦县、治多县、青海省大通种牛场等地，经粪便检查，确定虫卵感染强度较大的幼年牦牛后，进行剖检共剖检牦牛 238 头，调查地区和检出虫种数见表 3-5。共检出线虫 51 种，隶属于 1 门、1 纲、4 目、11 科、18 属。青海省牦牛线虫感染情况见表 3-6。

表 3-5　各地区牦牛寄生虫调查数量及检出的虫种

地区	祁连县	刚察县	兴海县	贵南县	乌兰县	玛多县	达日县	治多县	囊谦县	河南蒙古族自治县	大通种牛场
调查数（头）	20	20	20	12	20	20	32	32	12	20	30
虫种数（种）	73	68	70	52	53	44	62	57	51	56	42
线虫数（种）	42	44	39	28	43	36	34	35	42	37	31

表 3-6　青海省牦牛线虫感染情况调查统计结果

寄生虫名	寄生部位	感染率（%）	检出牦牛数（头）	感染强度（个）
胎生网尾线虫 Dictyocaulus viviparus	气管、支气管	35.7	85	12.8（4～22）
丝状网尾线虫 D. filaria	气管、支气管	23.53	56	2.4（1～4）
卡氏网尾线虫 D. khawi	气管、支气管	15.55	37	2.3（1～3）
霍氏原圆线虫 Protostrongylus hobmaieri	支气管、细支气管	28.57	68	5.8（2～8）
肺变圆线虫 Varestrongylus pneumonicus	小支气管	11.76	28	7.3（3～12）
美丽筒线虫 Gongylonema pulchrum	食道黏膜内	31.09	74	23.2（8～51）
乳突类圆线虫 Strongyloides papillosus	真胃	4.62	11	17.2（7～33）
普通奥斯特线虫 Ostertagia circumcincta	真胃、小肠	56.30	134	98.6（39～165）
达呼尔奥斯特线虫 O. dahurica	真胃、小肠	53.36	127	124.2（58～186）
布里亚特奥斯特线虫 O. buriatica	真胃、小肠	26.89	64	107.4（61～177）
斯氏奥斯特线虫 O. skrjabini	真胃、小肠	19.33	46	11.5（4～17）
奥氏奥斯特线虫 O. ostertagia	真胃、小肠	28.57	68	56.5（32～87）
三叉奥斯特线虫 O. trifurcata	真胃、小肠	33.61	80	84.5（47～131）
甘肃奥斯特线虫 O. gansuensis	真胃、小肠	4.62	11	14.5（5～31）
蒙古马歇尔线虫 Marshallagia mongolica	真胃、小肠	5.04	12	11.5（4～17）
东方毛圆线虫 Trichostrongylus orientalis	真胃、小肠	44.12	105	19.2（8～35）
突尾（枪形）毛圆线虫 T. probolurus	真胃、小肠	15.55	37	16.0（6～27）
艾氏毛圆线虫 T. axei	真胃、小肠	28.15	67	22.5（6～33）
蛇形毛圆线虫 T. colubriformis	真胃、小肠	35.29	84	30.9（16～43）
青海毛圆线虫 T. qinghaiensis	真胃、小肠	23.53	56	55.3（25～99）
尖交合刺细颈线虫 Nematodirus filicollis	小肠	67.65	161	173.6（84～361）
达氏细颈线虫 N. davtiani	小肠	24.37	58	57.3（21～86）
奥利春细颈线虫 N. oriatianus	小肠	50.0	119	269.8（163～421）
细颈线虫未定种 N. spp.	小肠	15.97	38	10.5（3～19）

（续）

寄生虫名	寄生部位	感染率（%）	检出牦牛数（头）	感染强度（个）
牛毛细线虫 Capillaria bovis	小肠	47.48	113	19.7（12～31）
双瓣毛细线虫 C. bilebata	小肠	12.61	30	10.0（6～16）
黑山古柏线虫 Cooperia hranktahensis	小肠	73.95	176	122.4（71～226）
和田古柏线虫 C. hetianensis	小肠	80.25	191	207.0（87～367）
珠纳（卓拉）古柏线虫 C. zurnaboda	小肠	18.07	43	269.4（5～16）
天祝古柏线虫 C. tianzhuensis	小肠	53.78	128	313.2（176～471）
栉状古柏线虫 C. pectinata	小肠	44.54	106	301.0（97～326）
甘肃古柏线虫 C. kansuensis	小肠	25.63	61	558.9（233～708）
瞳孔古柏线虫 C. oncophora	小肠	29.83	71	165.6（91～236）
古柏线虫未定种 C. spp.	小肠	22.27	53	33.1（15～58）
牛仰口线虫 Bunostomum phlebotomum	小肠、大肠	59.66	142	20.1（9～37）
羊仰口线虫 B. phlebotomum	小肠、大肠	36.55	87	16.6.1（7～28）
捻转血矛线虫 Haemonchus contortus	小肠	10.08	24	35.0（17～52）
武威鞭虫 Trichuris wuweiensis	盲肠、结肠	32.35	77	4.6（2～9）
兰氏鞭虫 T. lani	盲肠、结肠	59.24	141	9.1（3～16）
长刺鞭虫 T. longispiculus	盲肠、结肠	20.17	48	7.2（2～11）
瞪羚鞭虫 T. gazellae	盲肠、结肠	13.87	33	2.4（1～4）
球鞘鞭虫 T. globulosa	盲肠、结肠	62.61	149	7.5（3～17）
印度鞭虫 T. indicus	盲肠、结肠	51.26	122	6.7（2～13）
羊鞭虫 T. ovis	盲肠、结肠	26.05	62	8.0（1～15）
斯氏鞭虫 T. skrjabini	盲肠、结肠	28.15	67	5.9（2～10）
粗纹食道口线虫 Oesophagostomum asperum	结肠、盲肠	11.76	28	17.5（8～27）
辐射食道口线虫 O. radiatum	盲肠、结肠	50.42	120	24.5（11～57）
哥伦比亚食道口线虫 O. columbianum	盲肠、结肠	8.82	21	8.3（4～12）
甘肃食道口线虫 O. kansuensis	盲肠、结肠	13.03	31	6.3（3～10）
羊夏伯特线虫 C. ovina	盲肠、结肠	36.55	87	6.2（3～11）
陕西夏伯特线虫 C. shanxiensis	盲肠、结肠	26.89	64	1.8（1～3）

　　3）优势线虫种类　依据粪检与剖检鉴定结果，从牦牛检出的线虫优势种类有奥斯特线虫（Ostertagia spp.）、毛圆线虫（Trichostrongylus spp.）、细颈线虫（Nematodirus spp.）、马歇尔线虫（Marshallagia spp.）、古柏线虫（Cooperia spp.）、鞭虫（Trichuris spp.）、食道口线虫（Oesophagostomum spp.）等线虫。

2. 四川省牦牛线虫病流行情况

　　四川省对牦牛寄生虫的调查研究涉及 19 个点次，详见表 3-7。

表3-7　四川省牦牛线虫病感染情况调查统计结果Ⅰ

发表时间	调查时间	采样地点	方法	检查数	虫属/种	感染率	感染强度（EPG）（个）	参考文献
1985	1978	阿坝藏族自治州13个县	剖检	240头	17	3.6%～100%	消化道线虫1～780，肺线虫1～2 163	余家富
1987	1982—1984	川西北高原牧区、山地、川西南横断山地	剖检	87头	24	4.17%～81.8%	13～4 945	蒋学良
2002	2002.10	红原县	粪检，廖氏计数法	30份	消化道线虫	14.8%～56.7%（17/30）	—	羊云飞等
2016	不详	阿坝藏族羌族自治州红原县	粪检	360份	消化道线虫	18.06%（65/360）（6.38%～47.62%）	平均11.59（4.26～34.52）	计慧姝等
		甘孜藏族自治州理塘县		42份		52.38（22/42）	52.38	

其中检测牦牛粪样432份，检出感染粪样104份，平均感染率24.07%。邬捷等（1963、1964）曾做过一些调查研究，检出线虫7种。余家富（1985）于1978—1985年对阿坝藏族自治州牦牛寄生虫进行了调查，先后剖检牦牛240头，感染率为3.6%～100%，胎生网尾线虫感染强度达1～2 163个，兰氏鞭虫感染强度7～780个。蒋学良等（1987）调查了四川川西北高原牧区、山地、川西南横断山地牦牛寄生虫感染情况。根据以上报道，共剖检牦牛327头，从四川省牦牛体内检出寄生虫56种，其中线虫27种。详见表3-8。

蒋学良等（1987）于1984年在四川省木里藏族自治县、白玉县牦牛体内检出东方毛圆线虫（*Triohostrongylus orientalis*），其中木里藏族自治县牦牛的感染率高达81.8%，感染虫数达27～1 286个，发现牦牛为东方毛圆线虫的新宿主。

表3-8　四川省牦牛线虫感染情况调查统计结果Ⅱ

寄生虫名	寄生部位	感染率（%）	感染强度（个）
美丽筒线虫 *Gongylonema pulchrum*	食道黏膜内	40.0	2～25
牛仰口线虫 *Bunostomum phlebotomum*	小肠、大肠	32～100	1～482
羊仰口线虫 *B. trigonocephalum*	小肠、大肠	16.67	0.92（1～16）
羊夏伯特线虫 *Chabertia ovina*	盲肠、结肠	5.88～45.45	1.3（1～3）
粗纹食道口线虫 *Oesophagostomum asperum*	结肠、盲肠	4.17～9.01	2～17
辐射食道口线虫 *O. radiatum*	盲肠、结肠	20～100	1～60
甘肃食道口线虫 *O. kansuensis*	盲肠、结肠	12.5～25	7～29
胎生网尾线虫 *Dictyocaulus viviparus*	气管、支气管	20～100	1～2 163
丝状网尾线虫 *D. filaria*	气管、支气管	8.33～9.01	10～63
栉状古柏线虫 *C. pectinata*	小肠	5.88	3（1～5）
瞳孔古柏线虫 *C. oncophora*	小肠	9.01	5
茹拉巴德古柏线虫 *C. surnabada*	小肠	5.88	287

（续）

寄生虫名	寄生部位	感染率（%）	感染强度（个）
兰州古柏线虫 C. lanchowensis	小肠	22.22	124（20～228）
捻转血矛线虫 Haemonchus contortus	小肠	9.01～50.0	1～75
指形长刺线虫 Mecistocirrus digitatus	真胃	50.0	3～205
尖交合刺细颈线虫 Nematodirus filicollis	小肠	9.01～17	2～48
奥利春细颈线虫 N. oriatianus	小肠	5.88	3
斯氏奥斯特线虫 O. skrjabini	真胃、小肠	20.4	11.5（4～17）
奥氏奥斯特线虫 O. ostertagia	真胃、小肠	30.1	56.5（32～87）
东方毛圆线虫 Trichostrongylus orientalis	真胃、小肠	4.17～81.8	13～4 935
艾氏毛圆线虫 T. axei	真胃、小肠	72.37	95.5（10～325）
兰氏鞭虫 T. lani	盲肠、结肠	11.1～100	7～780
羊鞭虫 T. ovis	盲肠、结肠	17.65～33.33	2～195
球形鞭虫 T. golbulcsa	盲肠、结肠	5.3～33.0	4～69
斯氏鞭虫 T. skriabini	盲肠、结肠	33.0	33
牛毛细线虫 C. bovis	小肠	3.6～9.3	2～17
犊牛新蛔牛 N. vitulorum	小肠	10.0	4

3. 新疆维吾尔自治区牦牛线虫病流行情况

新疆维吾尔自治区自 1985 年开始，对牦牛寄生虫进行了 8 个点次以上的调查，先后剖检牦牛 432 头，消化道线虫感染率为 1.98%～90.0%，单一属感染强度 1～257 个，胎生网尾线虫感染率 12.5%～13.3%，感染强度达 1～12 个。检测牦牛粪样 1 270 头份，检出感染牛 887 头份，平均感染率 69.84%。详见表 3-9。

表 3-9 新疆维吾尔自治区牦牛线虫病感染情况调查统计结果

发表时间	调查时间	采样地点	方法	检查数	线虫虫属/种	感染率	感染强度（个）	参考文献
1985	1983.11—1984.1	巴音郭楞蒙古自治州和静县	剖检	16 头	3 种	胎生网尾线虫 12.5%，消化道线虫 18.8%～31.3%	胎生网胃线虫 2～6，消化道线虫 2～26	徐存良
1987	1986.10—11	巴音布鲁克地区	剖检	30 头	5 属 1 种	胎生网尾线虫 13.3%，消化道线虫 6.67%～33.31%	1～12，单一属 1～219	石保新
2005	2003—2004	巴音布鲁克地区	剖检	300 头	3 属 3 种	50.0%～90.0%	未统计	巴音查汗
2012	不详	和静县	粪检	116 头份	—	70.69%（82/116）	未统计	曹雯丽
2012	不详	和静县	剖检	40 头份	5 种	87.50%（35/40）	未统计	孟元

（续）

发表时间	调查时间	采样地点	方法	检查数	线虫虫属/种	感染率	感染强度（个）	参考文献
2014	不详	巴音布鲁克地区	粪检	91头份	12属	46.15%（42/91）	未统计	杜晓杰等
		乌鲁木齐市		119头份		81.51%（97/119）		
2015	不详	巴音郭楞蒙古自治州和静县、和硕县	粪检	449头份	11属	60.13%（270/449）	EPG未统计	杜晓杰
			剖检（内脏器官）	46头	9属3种	1.98%～49.60%	虫体3～257	
2016	2015.1	巴音郭楞蒙古自治州和静县	粪检	放牧449头份	7属	4.5%～57.02%（256/449）	240～1 320	哈西巴特
				舍饲46头份		0～52.17%（24/46）	560～1 060	

综合分析新疆维吾尔自治区牦牛寄生虫调查资料，从巴音布鲁克地区牦牛体内检出的线虫有羊夏伯特线虫（*C. ovina*）、牛仰口线虫（*B. phlebotomum*）、捻转血矛线虫（*H. contortus*）、兰氏鞭虫（*T. lani*）和胎生网尾线虫（*D. viviparus*）5种线虫，以及奥斯特属（*Ostertagia*）、马歇尔属（*Marshallagia*）2属线虫。

吴尚文（1965）在新疆和田地区牦牛小肠内检出一种古柏属线虫，定名为黑山古柏线虫（新种）（*Cooperia hranktahensis* nov. sp.）。其后在青海牦牛中也检出。

吴尚文（1966）在新疆和田地区牛体寄生虫调查研究中，剖检在昆仑山上放牧的牦牛，在2头体内检出古柏属线虫，定名为新种——和田古柏线虫（*Cooperia hetianensis* nov. sp.）。其后在青海牦牛中也检出。

4. 西藏自治区牦牛线虫病流行情况

西藏自治区从1994年开始对牦牛寄生虫进行调查研究，共调查6个点次，先后剖检牦牛72头，感染率为25%～100%，单一虫种的感染强度1～1 526个。粪便虫卵检查577头份，检出感染牛211头份，平均感染率36.57%。详见表3-10。

表3-10　西藏自治区牦牛线虫病感染情况调查统计结果

发表时间	调查时间	采样地点	方法	检查数（头）	虫属/种	感染率	感染强度（个）	参考文献
1994	1990—1991	申扎县	剖检	20	8种	25%～75%	1～1 526	张永清
2001	—	林芝地区	剖检	8	1属3种	86%～100%	1～30	米玛顿珠
2002	—	林芝地区	剖检	6	3属3种	33.3%～100%	1～80	佘永新
2017	2016.6—7	林芝、山南和日喀则市	粪检	577	—	36.57%（211/577）	—	毋亚运
2019	1988—1989	江孜县	剖检	16	7种	75%	不详	陈裕祥
2019	1986—1987	林周县	剖检	22	20种	不详	不详	陈裕祥

综合分析西藏自治区牦牛寄生虫调查资料，从牦牛体内检出的线虫有牛仰口线虫（*B. phlebotomum*）、捻转血矛线虫（*H. contortus*）、胎生网尾线虫（*D. viviparus*）3种线

虫，以及夏伯特属（*Chabertia*）、食道口属（*Oesophagostomum*）、奥斯特属（*Ostertagia*）、鞭虫属（*Trichuris*）4 属线虫。

5. 甘肃省牦牛线虫病流行情况

甘肃省共调查 7 个点次以上。剖检牦牛 79 头，感染率为 3.3%～46.6%，感染强度 1～3 000 个。检查牦牛粪样 2 550 头份，感染率为 1.61%～100%，感染强度范围 1～1 300 个。详见表 3-11。

表 3-11 甘肃省牦牛线虫病感染情况调查统计结果

发表时间	调查时间	采样地点	方法	检查数	虫属/种	感染率（%）	感染强度（个）	参考文献
1988	1982.10—11	天祝藏族自治县	剖检	30 头	10 种 2 属 1 未定种	单一种属 3.3%～46.6%	1～150	朱学敬
2015	2013.6—2014.4	天祝藏族自治县	粪检	844 头份	9 属	单一属 1.61%(4/248)～19.55%(35/179)	未统计	刘旭
2015 2017	2013.9—2014.7	甘南藏族自治州	粪检	733 头份	5 属	2.4%～47.9%春季	0～700	殷铭阳
2016	2014.5—2015.3	玛曲县	剖检	18 头	5 种	总感染率 72.2%，单一种 11.1%～44.4%	1～3 000	宋光耀
		天祝藏族自治县	剖检	31 头	3 种	总感染率 29%，单一种 6.5%～22.6%	1～500	
2017	不详	天祝藏族自治县	粪检	146 头份	—	100%	未统计	聂福旭
2018	不详	夏河县	粪检	827 头份	无	消化道线虫 64.4%(533/827)	100～1 300	庞生磊等

综合分析甘肃省牦牛寄生虫调查资料，从牦牛体内检出的线虫有类圆属（*Strongyloides*）、夏伯特属（*Chabertia*）、古柏属（*Cooperia*）、仰口属（*Bunostomum*）、食道口属（*Oesophagostomum*）、长刺属（*Mecistocirrus*）、细颈属（*Nematodirus*）、奥斯特属（*Ostertagia*）和鞭虫属（*Trichuris*）等属线虫。共检出线虫 12 种和 1 未定种。检出的虫种有羊夏伯特线虫（*Chabertia ovina*）、辐射食道口线虫（*Oesophagostomum radiatum*）、牛仰口线虫（*Bunostomum phlebotomum*）、羊仰口线虫（*B. trigonocephalum*）、瞳孔古柏线虫（*Cooperia oncophora*）、海尔维第细颈线虫（*Nematodirus helvetianus*）、西方奥斯特线虫（*Ostertagia occidentalis*）、胎生网尾线虫（*Dictyocaulus viviparus*）、球鞘鞭虫（*Trichuris globulosa*）、兰氏鞭虫（*T. lani*）、羊鞭虫（*T. ovis*）、无色鞭虫（*T. discolor*）。

朱学敬等（1988）报道从牦牛检出的 10 种线虫中，首次从牦牛检出羊仰口线虫（*Bunostomum trigonocephalum*）。

宋光耀检出的 5 种线虫中，无色鞭虫（*Trichuris discolor*）、西方奥斯特线虫（*Ostertagia occidentalis*）和海尔维第细颈线虫（*Nematodirus helvetianus*）在牦牛为首次报道。

另外，朱学敬等（1987）于 1982—1983 年在甘肃省天祝藏族自治县牧区进行牦牛寄生虫调查，共剖检牦牛 31 头，经鉴定小肠内有 3 种古柏线虫，其中有一新种，定名为天祝古柏线虫（*Cooperia tianzhuensis*）。

6. 云南省牦牛线虫病流行情况

云南省共调查 5 个点次，黄德生（1999、2002）报道云南省牦牛寄生虫感染情况，从牦牛检出的线虫有乳类圆线虫（*Strongyloides papillosus*）、弗氏旷口线虫（*Agriostomum vryburgi*）、牛仰口线虫（*Bunostomum phlebotomum*）、辐射食道口线虫（*Oesophagostomum radiatum*）、指形丝状线虫（*Setaria digtata*）、唇乳头丝状线虫（*Setaria labiatopapillosa*）、羊夏伯特线虫（*Chabertia ovina*）、兰氏鞭虫（*Trichocephalus lani*）、和田古柏线虫（*Cooperia hetianensis*）、指形长刺线虫（*Mecistocirrus digitatus*）等 10 种。此后云南地区牦牛寄生虫调查均采用粪检方法，调查牦牛 171 头，检出感染牛 81 头，总感染率为 47.37%，感染强度未见统计数据。详见表 3 - 12。

表 3 - 12　云南省牦牛线虫病感染情况调查统计结果

发表时间	调查时间	采样地点	方法	检查数（头）	虫属/种	感染率（%）	感染强度（个）	参考文献
1999、2002		云南省	统计	—	10 种	—	—	黄德生
2011	不详	香格里拉县中甸草场	粪检	65	—	58.5%(38/65)	未统计	马媛
2021	不详	昆明小哨村和香格里拉市	粪检	合计 106	—	平均 40.57%	未统计	普丽花
				自由放牧 49		69.39%(34/49)		
				社区圈养 24		0 (0/24)		
				异地圈养 33		27.27%(9/33)		

（二）国外流行状况

尼泊尔、印度、俄罗斯、不丹等国家均有牦牛分布，但是这些国家，对于消化道线虫对牦牛的危害关注度并不高。1994 年印度对印度牦牛感染的寄生虫进行了报道，通过血液涂片和粪检等方法发现了 2 目、4 科、9 个属的消化道线虫，分别是犊新蛔虫（*Neoascaris vitulorum*）、黑山古柏线虫（*Cooperia hranktahensis*）、捻转血矛线虫（*Haemonchus contortus*）、指形长刺线虫（*Mecistocirrus digitatus*）、毛圆属（*Trichostrongylus* spp.）、奥斯特属（*Ostertagia* spp.）、细颈属（*Nematodirus* spp.）、夏伯特属（*Chabertia* spp.）、仰口属（*Bunostornum* spp.），主要是毛圆属线虫感染。之后，曾对牦牛消化道线虫感染情况进行调查。2012 年，通过检测牦牛肠道内容物，发现了一些新的线虫，分别是圆线虫属（*Strongylus* spp.）、球鞘毛尾线虫（*Trichuris globulosa*）、类圆属（*Strongyloides* spp.）、犊弓首蛔虫（*Toxocara vitulorum*）、喉兽比翼线虫（*Mammomonogamus laryngeus*）。其中喉兽比翼线虫在印度是首次发现。尼泊尔在 2016 年报道了弓首属（*Toxocara* spp.）、血矛属（*Haemonchus* spp.）、鞭虫属（*Trichuris* spp.）和细颈线虫属（*Nematodirus* spp.）4 个属的线虫；在 2018 年报道了毛圆属（*Trichostrongylus* spp.）、细颈属（*Nematodirus* spp.）和马歇尔属（*Marshallagia* spp.）3 个属的线虫。

调查显示，母牦牛、牛犊和 7 岁以上的老年牦牛患消化道线虫病的概率更高。国外牦牛线虫病感染情况调查统计结果见表 3-13。另外，在 Kaski 地区的绵羊和山羊体内并没有检测到细颈属（Nematodirus spp.）和马歇尔属（Marshallagia spp.）的线虫。表明这两种线虫的感染是该地区牦牛独有的。在相关病原体的检测方面，相较于欧洲、中国等地已经采用现代分子生物技术进行基因层面上的研究，印度、尼泊尔牦牛消化道线虫的鉴定多是根据其形态学特征进行，而较少有更深入的研究。

表 3-13 国外牦牛线虫病感染情况调查统计结果

发表时间	采样地点	方法	检查数（头）	虫属/种	参考文献
1994	印度	粪检、血液涂片、剖检	225 份粪便样本，180 个血液涂片，剖检 13 头牦牛动物内脏	黑山古柏线虫 Cooperia hranktahensis 犊新蛔虫 Neoascaris vitulorum 捻转血矛线虫 Haemonchus contortus 指形长刺线虫 Mecistocirrus digitatus 毛圆属 Trichostrongylus spp. 奥斯特属 Ostertagia spp. 夏伯特属 Chabertia spp. 细颈属 Nematodirus spp. 仰口属 Bunostornum spp.	G. S. C. RangaRao
2010	印度 North Sikkim	粪检虫卵和培养幼虫	348 份粪便	细颈属 Nematodirus spp. 古柏属 Cooperia spp.	S. Bandyopadhyay
2012	印度 Arunachal Pradesh	粪检	895 份粪便	圆线虫属 Strongylus spp. 球鞘鞭虫 Trichuris globulosa 类圆属 Strongyloides spp. 喉兽比翼线虫 Mammomonogamus laryngeus 犊弓首蛔虫 Toxocara vitulorum	Joken Bam
2016	尼泊尔	粪检（直接涂片、沉降和漂浮法）	96 份粪便	弓首线虫 Toxocara spp. 血矛属 Haemonchus spp. 鞭虫属 Trichuris spp. 细颈属 Nematodirus spp.	Krishna Prasad Acharya
2018	尼泊尔	粪检（McMaster 法）	123 头成年牦牛和 27 头幼龄牦牛	毛圆属 Trichostrongyle spp. 细颈属 Nematodirus 马歇尔属 Marshallagia species	Joseph William Angell

（三）线虫虫卵和幼虫在天然草场生活力的研究

王奉先等（1978）于 1964—1965 年在海拔 3 200 m 的青海省海南藏族自治州共和草原进行了线虫虫卵和幼虫在天然草场生活力的研究。结果表明：奥斯特线虫、毛圆线虫、仰口线虫、夏伯特线虫虫卵不能越冬；细颈线虫、马歇尔线虫虫卵部分可以越冬，一年四季都可发育，从虫卵发育至感染性幼虫，夏、秋季需要 1～2 个月，最多 3 个月，冬春季需要 3～4 个月，最长 6 个月。夏伯特线虫、细颈线虫、毛圆线虫和马歇尔线虫的部分侵袭性幼虫,在自然草地上可生存 10 个月至 1 年以上,仰口线虫较脆弱,死亡较快。一年中这些线虫新的侵袭性幼虫于 5 月中旬后开始出现。

(四) 牦牛线虫病感染动态研究

青海省对牦牛线虫病感染动态(流行规律)的研究,总的来说可分为两个阶段:

1. 第一阶段:牦牛的线虫成虫、寄生阶段幼虫及虫卵感染动态研究

20 世纪 80 年代末,刘文道等(1993)于 1988—1989 年在掌握了线虫寄生阶段幼虫分离、鉴别技术的基础上,在青海省牦牛主要养殖区——祁连山地的海北藏族自治州托勒牧场、青南高原地区的班玛县 2 个点,对历来春乏死亡比例最高的幼龄牦牛从成虫、寄生阶段幼虫及虫卵 3 个方面同步研究了消化道线虫、肺线虫的自然消长规律。

结果显示,奥斯特属、毛圆属、马歇尔属、古柏属、网尾属等 5 属线虫的寄生阶段幼虫高峰期在 12 月,成虫高峰期在 3—6 月;食道口线虫、原圆科线虫的寄生阶段幼虫高峰期在 1 月,成虫高峰期在 3—5 月;夏伯特线虫的寄生阶段幼虫高峰期在 2 月,成虫高峰期在 3—6 月;细颈线虫的寄生阶段幼虫高峰期在 2—3 月,成虫高峰期在 5—6 月和 12 月;仰口线虫、鞭虫的寄生阶段幼虫高峰期在 9—10 月,成虫高峰期分别在 12 月和 2—5 月。

总的规律是大部分寄生阶段幼虫荷量在 8—12 月逐月升高,1—6 月随着寄生阶段幼虫荷量的逐月下降,而成虫荷量逐月升高,并于 5—6 月达全年最高峰。冬季寄生阶段幼虫在宿主体内占优势,春、夏季成虫占优势,为冬季驱杀牦牛线虫寄生阶段幼虫技术的建立提供了依据。

2. 第二阶段:冬季驱虫后放牧牦牛线虫病感染动态追踪研究

为阐明坚持多年冬季驱虫措施后线虫的消长规律变化及虫群构成变化情况,进而为优化防治技术提供依据。2010—2012 年,在环青海湖牧区的祁连县、青南高原黄河源头区的达日县、长江源头区的治多县 3 个点开展了"当年未防治幼年牦牛消化道线虫成虫与其寄生阶段幼虫及虫卵自然消长规律同步研究",在环青海湖牧区的祁连县默勒镇开展了"坚持多年长期冬季驱虫群牦牛冬季驱虫后消化道线虫病感染动态变化研究"。

(1)实验动物 在多年实施冬季驱虫技术且驱虫效果好的地区,如达日县窝赛乡、治多县加吉博洛镇、祁连县默勒镇,选择自然条件下放牧且试验前 6 个月未使用任何抗寄生虫药物的 1~2 岁牦牛作为实验动物。同时选 30 头幼年牦牛,每月与剖检同步,定期采集新鲜粪便,进行排卵规律检查。

(2)方法 采用与第一阶段相同的研究方法,同步从成虫、寄生期幼虫、虫卵三方面进行牦牛线虫感染动态追踪研究。

① 消化道、呼吸道线虫成虫检查 从 4 月开始,至翌年 3 月结束,连续一年每月定点、定期剖检,祁连县每月剖检 10 头,达日县、治多县每月剖检 6 头。

按前述线虫成虫检查法检查消化道、呼吸道,收集虫体,镜检鉴定到属或种,分类计数。

② 线虫寄生阶段幼虫检查 采用水浴法分离消化道、呼吸道线虫寄生阶段幼虫,镜检鉴定到属,分类计数。

③ 消化道线虫排卵规律检查 从 4 月开始,至翌年 3 月结束,连续 1 年检查。每个月

直肠采集 30 头试验牦牛的粪便，用饱和盐水漂浮法收集虫卵，统计每克粪便中的虫卵数（EPG）。

（3）结果与分析

① 线虫种类　依据粪检与剖检鉴定结果，从试验牦牛检出的主要线虫有奥斯特属（*Ostertagia*）、毛圆属（*Trichostrongylus*）、细颈属（*Nematodirus*）、马歇尔属（*Marshallagia*）、古柏属（*Cooperia*）、毛细属（*Capillaria*）、仰口属（*Bunostomum*）、鞭虫属（*Trichuris*）、食道口属（*Oesophagostomum*）、夏伯特属（*Chabertia*）、网尾属（*Dictyocaulus*）、原圆科（Protostrongylidae）等线虫。

② 未防治牦牛消化道线虫排卵量年消长规律　祁连、达日和治多县三个地区牦牛消化道线虫排卵量年消长规律分别见图 3-2、图 3-3 和图 3-4。从 4 月开始至 10 月虫卵排出量较高，全年有两个高峰，分别为 4—6 月、8—10 月。

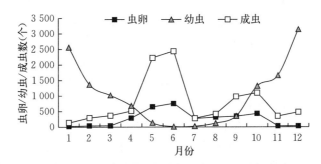

图 3-2　祁连县牦牛消化道线虫与其寄生阶段幼虫及虫卵自然消长规律

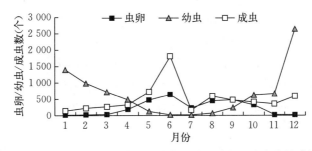

图 3-3　达日县牦牛消化道线虫与其寄生阶段幼虫及虫卵自然消长规律

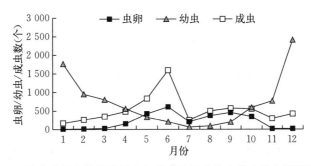

图 3-4　治多县牦牛消化道线虫与其寄生阶段幼虫及虫卵自然消长规律

虫卵作为寄生生活阶段的后期——成虫的生殖产物，与成虫的消长规律基本一致。

EPG 的变化与成虫荷量变化一致，虫卵数量的增减总是伴随着成虫荷量的升高与下降及幼虫荷量的下降与升高。在幼虫数量最多的时期，因发育到性成熟的成虫数量有限，且幼虫尚不具备产卵能力，此时虫卵排出量处于较低水平。随着幼虫量下降和成虫发育成熟，产卵增多。粪检 EPG 的变化与成虫及寄生阶段幼虫在宿主体内的荷量季节变化基本吻合。类似的研究在牦牛尚未见可比较的报道。

③ 未防治牦牛消化道线虫成虫与其寄生阶段幼虫感染动态　祁连县、达日县和治多县 3 个地区牦牛消化道线虫成虫与其寄生阶段幼虫感染动态分别见图 3-2、图 3-3 和图 3-4。

研究结果表明，奥斯特属、毛圆属、细颈属、马歇尔属、古柏属、毛细属、仰口属、鞭虫属、食道口属、夏伯特等 10 个优势属消化道线虫在牦牛体内总的规律是：寄生阶段幼虫荷量 8—12 月逐月陆续升高，并先后于 12 月至翌年 2 月出现寄生高峰，达到最高峰在 12 月到翌年 1 月；1—6 月期间，随着寄生阶段幼虫荷量的先后逐月下降，成虫荷量逐月升高，并于 4—6 月达全年最高峰，出现明显的春季高潮。在冬季宿主体内有一个显著的幼虫寄生高峰期，春季有一个成虫寄生高峰期，秋季有一个次高峰。达日县、治多县牦牛线虫的感染动态总体与祁连县类似，但祁连县成虫春季高峰维持时间较达日县、治多县长。达日县、治多县成虫峰值维持时间较短。

粪检 EPG 的变化与成虫及寄生阶段幼虫在宿主体内的荷量季节变化基本吻合。EPG 的变化与成虫荷量变化一致。成虫荷量的升高与下降，总是伴随着幼虫荷量的下降与升高。探明了青南牧区、环湖牧区牦牛主要线虫病感染动态，感染动态总体走势与刘文道等的研究结果基本一致，但感染强度下降幅度显著。

④ 牦牛冬季驱虫后消化道线虫成虫与其寄生阶段幼虫及虫卵消长规律　图 3-5 结果显示，祁连地区多年实施冬季驱虫措施后，牦牛消化道线虫排卵量、成虫与其寄生阶段幼虫荷量在给药（防治）后 1～4 个月内保持低水平，与未防治牦牛线虫病的感染动态明显不同，尽管 1～4 个月之后的其他月份荷量变化与未防治牦牛线虫的消长规律研究结果相似，总的动态曲线走势与未驱虫牦牛消化道线虫的研究结果相似，但感染强度下降显著，荷量均处于较低状态。对成虫、幼虫及虫卵荷量高峰的出现影响较大，呈现不同程度的峰值降低。

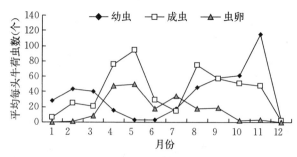

图 3-5　冬季驱虫后幼年放牧牦牛消化道线虫卵、幼虫、成虫消长变化

⑤ 牦牛冬季驱虫后肺线虫成虫与其寄生阶段幼虫感染动态　祁连县逐月剖检幼年牦牛，获得了网尾线虫荷虫量年消长规律，见图 3-6。网尾线虫成虫寄生高峰期在 4—9

月，5月达全年最高峰，7—8月又出现一个次高峰；寄生阶段幼虫荷量11月到翌年4月维持在较高水平，其中12月至翌年1月为全年最高峰。

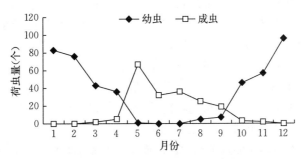

图3-6 牦牛网尾线虫感染动态曲线图

　　研究结果进一步证明了冬季驱虫技术的效果。对寄生虫在性成熟期前进行"围歼"的冬季驱虫技术措施，对奥斯特线虫等大部分线虫效果较好，但细颈线虫、马歇尔线虫由于寄生阶段幼虫高潮不在此期，躲避了冬季驱虫。总体而言，荷虫总数大幅度降低，其中以奥斯特线虫比例下降、细颈线虫比例升高最为明显。一些危害较大的优势虫属的感染率下降，有的优势虫属未检出，感染强度普遍降低，危害减轻。

　　在经过大面积长期冬季驱虫的牛群，危害严重的虫体数量锐减。冬季驱虫的显著优点在于驱杀性成熟前的幼虫，从而减少了虫卵对草场的污染，有利于草场净化，避免了春季成虫高峰的出现和重复感染，减少寄生虫对牛体的危害，延缓牦牛体重下降速度，有利于保膘，避免虫性下痢引起的瘦弱死亡，犊牛成活率提高。

（五）春季成虫高潮的幼虫来源的论证

　　对于放牧牛羊线虫病的季节动态方面的研究，许绥泰（1961）对常见多发的线虫病得出了规律性的结论：春季高潮显著，秋季次之，夏季较低，冬季最低。综合国内外学者的诸多见解，对放牧家畜线虫病春季高潮的来由概括性做出了"当年春季感染"和"幼虫发育受阻"两种可能性的讨论，两种见解的焦点问题是都没有直接的试验论证，都是来源于间接推论。此后，王奉先（1978）对绵羊线虫病春季高潮和驱虫时间进行了探讨；杨平（1979）报道了甘肃羊线虫病的春季高潮及其预防问题；梁经世（1981）探讨了甘肃省放牧羊乏死亡原因，并提出了防治意见；胡思超等（1981）探索了放牧绵羊消化道线虫春季高潮的由来问题。综述各地的调查研究资料，肯定了线虫的春季高潮是造成春乏死亡的直接重要原因。

　　放牧牛羊的春乏死亡，在我国牧区，尤其在青藏高原，历来是阻碍草原畜牧业发展的严重问题。调查研究表明，寄生虫的侵袭和营养缺乏是导致春乏死亡的主要原因。为了制订有效的寄生虫防治措施，1960年以来，根据对放牧绵羊的多点季节动态观察，总结出成虫的消长规律是春季高潮显著，秋季次之，夏季较低，冬季最低，且春季高潮与牛羊春乏死亡密切相关。参考有关寄生虫生活史的研究资料和气候因素，对春季高潮的来由提出了一些讨论和假说，以便研究并推广了春、秋驱虫措施。

　　为揭示线虫病春季成虫高潮来源问题，刘文道研究团队首先研究成功了线虫寄生阶段幼虫的水浴法分离技术，继而又应用此方法，成功地进行了一些缺乏资料的线虫种的发育形态及生活史的研究。在解决了幼虫分离技术和幼虫鉴别技术问题后，研究探明了幼年放牧绵羊和牦牛线虫寄生阶段幼虫与成虫的自然消长规律，结果发现都存在冬季畜体内肺线虫和消化道主要线虫成虫荷量最低时期有一个显著的幼虫寄生高潮，成虫荷虫量最高期为春季（即春季高潮）。为探明线虫春季成虫高潮的主要来源，重点对引起放牧绵羊、牦牛线虫春季成虫高潮的幼虫的感染季节进行了如下两方面的研究：①在1月份试验，将在草地上放牧的绵羊、牦牛转入舍饲，脱离了"当年春季草地感染"的环境，结果证明不能避免春季成虫高潮的出现；②在1月份，应用对线虫寄生阶段幼虫和成虫具有高效驱虫作用的药物，对放牧绵羊、牦牛进行驱虫，排除了1月之前感染的成虫和"受阻型幼虫"，依然在草原上放牧，结果有效预防了春季成虫高潮的出现。

上述研究结果表明，在冬季幼虫高峰前的相当一段时间里，幼虫荷量逐月升高。由此可以看出，形成牦牛春季线虫寄生高潮的幼虫，主要是在漫长的秋季和早冬季节陆续进入牛体，由于种种原因发育迟缓而逐渐积累，形成明显的冬季幼虫寄生高潮。这批幼虫在来年春季大多数又重新恢复发育，从而出现牛体内春季成虫荷量的急剧升高，即春季成虫高潮。

确定了冬季放牧牦牛体内存在的寄生阶段幼虫是形成春季成虫高潮的主要来源，肯定了秋冬感染的受阻型幼虫重新恢复发育与春季成虫高潮之间的因果关系，从而阐述了春季成虫来由的理论问题。这一结论并不排除越冬幼虫和个别小气候环境下发育的幼虫成为春季成虫高潮次要来源的可能性。揭示了形成线虫病春季成虫高潮的来源问题。

四、危害

线虫病是各种线虫寄生于牦牛消化道和呼吸道内引起的疾病，是放牧牦牛的常见多发的慢性消耗性寄生虫病。病原种类多，感染率高，感染强度大，混合感染普遍。消化道线虫病的特征是引起消瘦、贫血、胃肠炎、顽固性下痢、水肿，幼年牛发育受阻，饲料转化率降低，生长缓慢，增重减慢，产肉、产绒、产奶等生产性能下降，畜产品质量下降，有时还继发病毒或细菌性疾病等，严重感染可引起死亡，而突出的危害是造成冬春季枯草期放牧牦牛线虫性下痢、瘦弱死亡的主要原因之一；肺线虫病可引起咳嗽、流鼻涕、肺气肿、肺炎，消瘦，严重时引起死亡。直接影响牧业产发展和牧户收入，给草原牦牛饲养业造成了巨大的经济损失。

五、防治

1. 加强宣传教育

线虫病是危害牦牛养殖效益的重要因素，当地职能部门需要定期开展宣传教育工作，加大宣传力度，在牧民中普及防治常识和防治新技术，提高广大养殖户、牧民对寄生虫病危害性的认识和防治的积极性、主动性。

2. 加强饲养管理

采取有效措施优化和改进饲养管理，定期清除养殖场内运动场和圈舍的粪便并无害化处理，保证养殖场内部清洁，定期消毒，为牦牛创造良好的生长环境；避免在同一草场持续放牧，避免重复感染；寒冷季节适度补饲，保证营养均衡。

3. 定期驱虫

从当地实际出发，依据线虫流行规律研究结果，以寄生阶段幼虫为重点防治对象，以预防春季成虫高潮和控制牦牛的春乏死亡为目标，在冬季重点驱杀牦牛体内占优势的线虫寄生阶段幼虫，同时采取有效驱除线虫成虫的技术措施，可以预防春季成虫高潮的出现。

在防治线虫病时，必须合理应用现行有效的驱虫药，注意不同类型的药物可交替使用，保障足够的剂量，做到用极少的驱虫药，使寄生虫的防治达到有效的水平和维持牦牛较高的生产力，以防止和延迟线虫抗药性的形成。当选用浇泼剂时，可采用背部皮肤浇泼给药方式，不需要抓缚牦牛，可减轻劳动强度，优化给药途径，确保给药量的准确性和防治密度，并减少人畜安全事故的发生，提高用药的有效性和安全性，而且给药方法牧民易掌握，特别适用于牦牛。

附：防治技术与方案

依据流行病学研究结果，以控制寄生虫病引起的放牧牦牛春乏死亡和遏制春季成虫高潮为目标，适时采取驱杀宿主体内占优势的寄生阶段幼虫的防治对策是可行的。在每年1—2月期间选用高效药物对牦牛进行冬季计划性驱虫，能够有效遏制春季寄生虫病高潮的出现，显著减少放牧牦牛的春乏死亡，可取得显著的经济、社会、生态效益，是保障草原畜牧业发展的一项重要技术措施。

一、冬季驱除牦牛线虫寄生阶段幼虫技术的研究与建立

1. 冬季驱除牦牛线虫寄生阶段幼虫技术的建立

在研究探明牦牛线虫病流行规律和抗寄生虫药临床药效的基础上，建立了冬季驱除牦牛线虫寄生阶段幼虫技术。

20世纪90年代初至2016年，在研究掌握了线虫寄生阶段幼虫分离、鉴别技术的基础上，从成虫和寄生阶段幼虫、虫卵三个方面同步研究了放牧牦牛线虫的消长规律，探明了牦牛线虫成虫与寄生阶段幼虫感染动态。

总的规律是寄生阶段幼虫8—12月逐月升高，并于5—6月达全年最高峰，寒冷季节寄生阶段幼虫在宿主体内占优势，温暖季节成虫占优势。冬季是幼虫寄生高潮期，春季是成虫高潮期。在冬季幼虫高峰前的相当一段时间里，幼虫荷量逐月升高。由此可以看出，形成牦牛春季线虫寄生高潮的幼虫，主要是在漫长的秋季和早冬季节陆续进入牛体，由于种种原因发育迟缓而逐渐积累，形成明显的冬季幼虫寄生高潮。这批幼虫在来年春季大多数又重新恢复发育，从而出现牛体内春季成虫荷量的急剧升高，即春季成虫高潮，揭示了线虫病春季成虫高潮来源。这提示牦牛春乏死亡与线虫病的春季高潮是同步的。

依据放牧牦牛寄生线虫成虫及寄生阶段幼虫自然消长规律，建立了严冬季节（1、2月）以驱杀线虫寄生期幼虫为主要目标的冬季驱虫技术措施，遏制了春季线虫成虫高潮的出现。这一措施从保护牦牛来看，排除病原体，有利于在冬春缺草季节对有限牧草的消化利用，延缓体重下降速度，提高抵御自然灾害的能力；对于寄生虫来说，占优势的线虫幼虫及少数的成虫被排除到严寒而干旱的外界，无疑不便生存和散播。这也是对高原寒冷资源的有效利用，有利于草场环境保护。

2. 技术要点

冬季牦牛线虫病寄生期幼虫驱虫技术的技术关键是"驱虫时间、对象、剂量、密度"。在冬季寄生幼虫高潮期，对线虫的防治由成虫转向以在宿主体内尚未发育到性成熟前的寄生期幼虫（童虫）为重点防治对象；药物使用剂量一般要达到能够同时驱除

成虫及其幼虫的有效剂量；由于亚临床症状动物是畜群中主要的传染源，加之反复利用有限的草场资源，寄生虫病防治应强调整体性，即要求高密度防治。同时，选用适用于牦牛的防治制剂也极为重要。

通过冬季线虫寄生阶段幼虫驱虫技术的实施，寄生虫生活环出现断层，使危害家畜的虫体数量锐减。冬季驱虫的显著优点在于驱杀性成熟前的幼虫，从而减少了虫卵对草场的污染，有利于草场净化，避免了春季成虫高潮的出现和重复感染，同时成虫能被更彻底地驱除，减少线虫对牦牛的危害，可延缓牦牛体重下降速度，有利于保膘越冬，避免虫性下痢引起的瘦弱死亡，提高幼年牛成活率等。

3. 可供选用的药物

埃普利诺菌素注射剂，对线虫和节肢动物有效，一次量，每千克体重 0.2 mg，皮下注射。

埃普利诺菌素浇泼剂，对线虫和节肢动物有效，一次量，每千克体重 0.5 mg，沿背中线皮肤浇泼给药。

伊维菌素片剂，对线虫和节肢动物有效，一次量，每千克体重 0.3 mg，经口给药。

伊维菌素注射剂，对线虫和节肢动物有效，一次量，每千克体重 0.2 mg，皮下注射。

伊维菌素浇泼剂，对线虫和节肢动物有效，一次量，每千克体重 0.5 mg，沿背中线皮肤浇泼给药。

奥芬达唑片剂，对体内线虫、吸虫、绦虫有驱虫活性，一次量，每千克体重 7.5～10 mg，经口给药。

阿苯达唑片剂，对体内线虫、吸虫、绦虫有驱虫活性，一次量，每千克体重 10～15 mg，经口给药。

此外，20 世纪 70 年代末应用左旋咪唑对肺线虫病进行防治，也取得了较好的疗效。

4. 注意事项

为避免线虫产生抗药性，采用交替用药的方法进行驱虫。保证投药剂量准确。投药后在固定区域排虫。做好给药后牦牛粪便的无害化处理。泌乳期牦牛在正常情况下禁止使用任何药物，因感染或发病必须用药时，药物残留期间的牛乳不作为商品乳出售，按 GB 31650—2022 的规定执行休药期和弃乳期。对供屠宰的牦牛，应执行休药期规定。

二、不同防治方案对牦牛寄生虫病防治效果和生产性能的影响

大量研究结果表明，放牧牦牛的寄生虫病多为混合感染，其中线虫和昆虫（如蜘蛛）的混合感染最为常见多发，危害严重，对牦牛的生产性能影响极大。因此，依据牦牛寄生虫优势虫属的生物学特性和感染动态，研究制订经济可行、效果显著、易推广的牦牛寄生虫病防治方案，对于有效控制牦牛寄生虫病，提高牦牛的生产性能至关重要。本研究进行了不同防治方案对牦牛线虫病防治效果和生产性能（体重变化）的影响的评价。

1. 材料与方法

（1）试验地点　青海省祁连县默勒镇。

（2）实验动物　放牧幼年牦牛 120 头。试验前通过粪检发现消化道线虫感染为阳性。

（3）防治药物　1%埃普利诺菌素注射剂，每毫升含埃普利诺菌素 10 mg，每瓶 50 mL，河北威远药业有限公司生产。按每千克体重 0.2 mg 剂量颈部皮下一次注射给药。

（4）试验分组　将供试验用的 120 头周岁牦牛，随机分为 4 组，每组 30 头。

1 组，1 月一次给药防治组；

2 组，1 月一次给药＋3 月一次给药两次给药防治组；

3 组，3 月一次给药防治组；

4 组，阳性对照组。

（5）给药方法　1～3 组每头牦牛给药前均进行编号、称重、记录，按设计剂量逐头给药，4 组不给药。给药后在相同条件下放牧饲养，剖检检查驱虫效果，并进行牦牛体重变化检测。

（6）驱虫效果检查　采用粪便检查法，在给药前和给药后 7～12 d 采集各试验组牦牛新鲜粪便，带回实验室，各称取 1 g 粪样用饱和盐水漂浮法检查 EPG；称取 3 g 用贝尔曼氏法分离检查肺线虫幼虫；并于给药后 142 d 随机抽取各试验组牦牛 5 头剖检，用斯氏法和水浴法分离成虫及其寄生阶段幼虫，收集虫体鉴定到属，统计结果。

（7）体重测定　选择祁连县、贵南县两个点，对在同一条件下饲养的防治组与未防治组牦牛进行体重变化比较，在 1 月上旬给药前和给药后间隔 142 d（即 5 月下旬），将各组牦牛称重，统计分析两组体重变化情况，比较差异性。

2. 结果

（1）不同防治方案下驱虫后牦牛线虫粪检虫卵（幼虫）减少率统计结果　见表 3-14。

表 3-14　不同防治方案下驱虫后牦牛粪检虫卵（幼虫）减少率统计结果

单位：%

组别	奥斯特线虫	毛圆线虫	马歇尔线虫	细颈线虫	仰口线虫	网尾线虫	原圆线虫
1	100	100	100	100	100	100	100
2	100	100	100	100	100	100	100
3	100	100	100	100	100	100	100
4	—	—	—	—	—	—	—

（2）不同防治方案下驱虫后牦牛线虫剖检统计结果　见表 3-15。

表 3-15　不同防治组牦牛寄生虫剖检统计结果

虫属	阳性对照组		1 月一次给药防治组				1 月＋3 月两次给药防治组				3 月一次给药防治组			
	幼虫	成虫	幼虫		成虫		幼虫		成虫		幼虫		成虫	
	荷虫量（个）	荷虫量（个）	荷虫量（个）	驱虫率（%）	荷虫量（个）	驱虫率（%）	荷虫量（个）	驱虫率（%）	荷虫量（个）	驱虫率（%）	荷虫量（个）	驱虫率（%）	荷虫量（个）	驱虫率（%）
奥斯特线虫	85.6	391.6	7.0	91.8	10.7	97.3	0.0	100	0.0	100	2.0	97.7	0.0	100
马歇尔线虫	125.0	258.8	8.0	87.2	78.6	69.6	3.0	97.6	2.0	99.2	3.5	98.7	2.0	99.7
细颈线虫	244.3	472.4	83.8	65.7	129.6	43.7	4.5	98.2	3.0	99.4	12.7	97.3	6.7	98.6
鞭虫	2.0	31.2	0.0	0.0	15.8	49.4	0.0	100	0.0	100	0.0	100	0.0	100
夏伯特线虫	2.0	9.5	0.0	100	0.0	100	0.0	100	0.0	100	0.0	100	0.0	100

（续）

虫属	阳性对照组		1月一次给药防治组				1月+3月两次给药防治组				3月一次给药防治组			
	幼虫	成虫	幼虫		成虫		幼虫		成虫		幼虫		成虫	
	荷虫量（个）	荷虫量（个）	荷虫量（个）	驱虫率（%）	荷虫量（个）	驱虫率（%）	荷虫量（个）	驱虫率（%）	荷虫量（个）	驱虫率（%）	荷虫量（个）	驱虫率（%）	荷虫量（个）	驱虫率（%）
网尾线虫	1.0	4.7	0.0	100	0.0	100	0.0	100	0.0	100	0.0	100	0.0	100
原圆科线虫	9.0	31.8	1.0	88.9	1.5	83.3	0.0	100	0.0	100	1.5	83.3	0.0	96.9
平均	468.9	1 103.6	99.8	78.7	236.2	84.6	7.5	98.4	5.0	99.6	19.7	95.8	8.7	99.2

（3）驱虫效果　埃普利诺菌素注射剂皮下注射防治牦牛线虫病，从驱虫率看，2组防治效果最佳，3组次之，1组最差，其原因主要是2组两次给药时间涵盖了大部分处于寄生高潮期的线虫优势虫属；1组1月一次给药后，到5月检查发现荷虫量增多，原因可能是给药后时间间隔长，重复感染引起的；3组3月一次给药后，到5月检查发现驱虫效果较1组好，原因可能是给药时间距检查时间间隔较短而致。

（4）对牦牛体重的影响　采用3种不同用药方案防治牦牛线虫病后检查体重变化情况，结果发现1组平均少减重5.78 kg/头，2组平均少减重7.28 kg/头，3组平均少减重2.75 kg/头，4组平均少减重1.87 kg/头。3个试验组牦牛秋季均进行药物喷淋。试验结果表明，2组总体效果最佳，1组次之，3组最差。

（5）安全性　在给药后，全部试验牛采食、反刍、精神、排粪等未见异常。

（6）综合评价　采用3种不同防治方案防治牦牛线虫病，评价防治效果及对体重变化的影响，结果：

1组，1月一次防治组，对线虫成虫驱虫率为84.6%，对线虫寄生阶段幼虫驱虫率为78.7%，平均少减重5.78 kg/头。

2组，1月+3月两次防治组，对线虫成虫驱虫率为99.6%，对线虫寄生阶段幼虫驱虫率为98.4%，平均少减重7.28 kg/头。

3组，3月一次防治组，对线虫成虫驱虫率为99.2%，对线虫寄生阶段幼虫驱虫率为95.8%，平均少减重2.75 kg/头。

尽管3组驱虫率比1组驱虫率较高，但体重损失比1组高，这是因为1组1月驱虫后牦牛体内占优势的线虫寄生阶段幼虫和成虫被驱除，避免了幼虫发育和成虫繁殖对牦牛营养的消耗和各种损伤。生产效益方面，1组优于3组。总体而言，1月+3月两次给药的防治效果优于1月或3月的一次给药防治效果。

研究结果表明，应用不同防治方案对牦牛线虫病的防治效果和生产性能有很大的影响。

3. 结论

从防治效果、体重变化两方面看，采用1月+3月两次给药方式的2组防治牦牛线虫病的总体效果最佳，1组次之，3组最差。因此，为了更好地防控牦牛线虫病的流行，净化草场，降低春、秋季荷虫量，针对寄生期幼虫，建议在12月和翌年3月高密度进行两次驱虫，同时能更好地驱除成虫，可涵盖优势虫属幼虫高潮，对预防春季成虫高潮的出现，减少虫卵对草场的污染，降低牧场上侵袭性幼虫荷虫量，逐步控制、净化本病具有重要意义。

第四章　牦牛吸虫病流行病学与防治

牦牛主要依靠天然牧场饲养，由于缺乏基础设施，大部分牦牛的饮水都来自附近的河水，易受寄生虫的侵袭。寄生虫病种类多，其中吸虫病是危害放牧牦牛健康的地区性常见多发的一类寄生虫病，给牦牛饲养业造成了严重损失。牦牛吸虫病主要指由肝片吸虫、双腔吸虫、同盘吸虫、东毕吸虫和斯孔吸虫等多种吸虫引起的疾病。

牦牛吸虫病的流行情况调查主要集中在肝片吸虫病，而对其他吸虫病的调查较为有限。

本章对国内外牦牛吸虫病流行病学、防治等方面的研究情况进行了汇总，旨在对今后开展牦牛吸虫病的流行病学调查和防治研究提供参考。

第一节　牦牛肝片吸虫病

肝片吸虫病又称肝蛭病，是由寄生于牛、羊等反刍动物肝脏、胆管与胆囊内的肝片吸虫（*Fasciola hepatica*）和大片吸虫（*F. gigantica*）引起的寄生虫病。其中，肝片吸虫是牦牛吸虫病的主要病原体，也可在其他哺乳动物（包括啮齿类和人）的肝脏、胆管内寄生，是严重危害放牧牛、羊等反刍家畜的地区性重要人兽共患寄生虫之一。肝片吸虫属于棘口目（Echinostomata）、片形科（Fasciolidae）、片形属（*Fasciola*）。牦牛通过吞食肝片吸虫的囊蚴而感染，导致肝损伤，使肝脏成为废弃物。本病也可引起幼年牦牛的大批死亡，给草原牦牛饲养业造成较大的经济损失，也威胁着人类的健康。

一、病原

（一）病原形态

1. 虫卵形态

（1）肝片吸虫　大多数呈椭圆形或卵圆形，黄色或黄褐色，卵壳薄而光滑，分两层，前端较窄，有一个卵盖，有的卵盖不明显，后端钝圆，卵壳内充满卵黄细胞和一个尚未分裂的胚细胞，大小为（133～157）$\mu m \times$（74～91）μm（图 4 - 1）。

（2）大片吸虫　虫卵呈深黄色，大小为（145～209）$\mu m \times$（71～107）μm。

2. 成虫形态

（1）肝片吸虫　属大型吸虫，背腹扁平，外观呈树叶状，新鲜虫体为棕红色，固定后变为灰白色，大小为（21～41）mm×（9～14）mm。体表被有小的皮棘，棘尖锐利。虫体前端有一个呈三角形的锥状突，在其底部有 1 对"肩"，肩部以后逐渐变窄。口吸盘呈圆形，直径约 1.0 mm，位于锥状突的前端。腹吸盘较口吸盘稍大，位于其稍后方。生殖孔位于口吸盘与腹吸盘之间。肠管分叉后形成较多侧支，其中外侧支多，内侧支少而短。睾丸 2 个，呈分支状，前后排列于虫体的中后部。卵巢呈鹿角状，位于腹吸盘后的右侧。

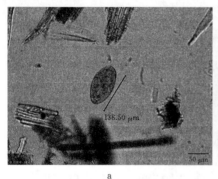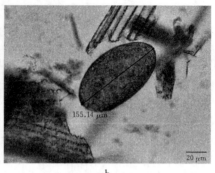

图 4-1 肝片吸虫虫卵

a. 倍数 10×10；b. 倍数 20×10；c. 模式图

卵黄腺由许多褐色颗粒组成，分布于体两侧，与肠管重叠。子宫呈曲折重叠，位于腹吸盘后，内充满虫卵（图 4-2）。

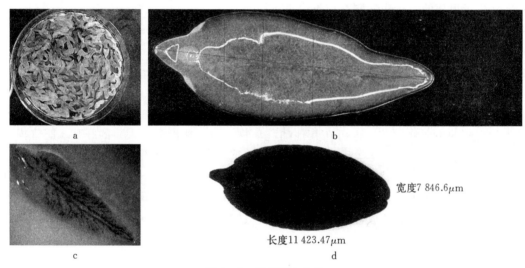

图 4-2 肝片吸虫虫体

a. 采集的大体标本；b、c. 未染色标本；d. 染色标本

（2）大片吸虫 属大型吸虫，虫体呈叶片状，头部尖，两体侧近平行，后端钝圆，长度超过宽度的 2 倍以上，大小为（35～77）mm×（5～13）mm，有明显的头锥。咽比食道长。口吸盘小，位于虫体前端。腹吸盘大，位于肠叉后。肠支的外侧分支与肝片吸虫相似，但内侧分支很多，并有明显的小支。睾丸分支多，且有小支，约占虫体的 1/2。卵巢分支也较多（图 4-3）。

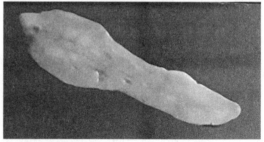

图 4-3 大片吸虫虫体

（二）生活史

肝片吸虫成虫寄生在终宿主的肝胆

管内，中间宿主为椎实螺类，如截口土蜗（*Galba truncatula*）、小土蜗（*G. pervia*）、耳萝卜螺（*Radix auriculata*）及斯氏萝卜螺（*R. swinhoei*）等。

肝片吸虫生活史：成虫寄生在牛、羊及其他草食动物和人的肝脏胆管内，有时在猪和牛的肺内也可找到。在胆管内成虫排出的虫卵随胆汁排在肠道内，与粪便一起排出体外。虫卵在适宜的温度下经过 2～3 周发育成毛蚴。毛蚴从卵内出来后在水中自由游动，当遇到中间宿主椎实螺后，即进入其体内。毛蚴脱去纤毛变成囊状的胞蚴，胞蚴的胚细胞发育为雷蚴。其中，胞蚴有 1～2 代，雷蚴有 1～3 代。每个雷蚴再产生子雷蚴，然后形成尾蚴，尾蚴自螺体逸出后在水草等水生植物上形成囊蚴。囊蚴被终宿主食入后，在肠中脱囊的后尾蚴穿过肠壁，经腹腔侵入肝脏而转入胆管，也可经肠系膜静脉或淋巴管进入胆管。在移行过程中，部分童虫可停留在肺、脑、眼眶、皮下等处异位寄生，造成损害。自感染囊蚴至成虫产卵最短需 10～11 周，成虫每天可产卵约 20 000 个。

二、检测技术

（一）形态学检测

按 NY/T 1950—2010 中方法检查粪便中的肝片吸虫虫卵和肝脏中的肝片吸虫。

1. 虫卵检查

（1）牦牛粪便样品采集 采用随机抽样法，在清晨放牧前，通过直肠取新鲜粪便，编号，记录性别、年龄、地理区域。每份样品不少于 30 g，分别装入自封袋内，装入冷藏箱内带回实验室置于 4 ℃冰箱中待检。

（2）粪便虫卵检查 采用水洗沉淀法检查肝片吸虫虫卵。取 10 g 粪便放入烧杯中，加蒸馏水 10 mL 搅成糊状，然后再继续加水 20 倍，经充分混匀后，将混合液体先经 60 目铜网过滤入另一玻璃杯中，静置沉淀 30 min 后，倒掉上清液，再继续加水混匀，静置沉淀 30 min 后，倒掉上清液，如此反复冲洗沉淀至上清液透明为止，最后吸取沉淀物置于载玻片上显微镜下检查，将全部沉淀物检查完，计数全部虫卵数。

（3）虫卵的鉴定 在显微镜下观察到虫卵呈椭圆形或卵圆形，黄褐色，一端较窄，一端钝圆，微调细焦螺旋较窄一端，有清晰或不太明显的卵盖，内充满卵黄细胞或一个尚未分裂的胚细胞等，可鉴定为肝片吸虫卵。

2. 肝脏虫体检查

首先剖开牦牛腹腔，完整取出肝脏后，将肝脏放入搪瓷盘中，对肝脏进行感官检验。先剥离胆囊，放在平皿内单独检查，将胆汁用清水稀释，等自然沉淀后，检查沉淀物中有无虫体。之后，用剪刀剪开胆囊，检查其中是否有虫体寄生，如果发现有虫体，则收集虫体于生理盐水中；然后，沿大胆管及其分支剪开，注意检查虫体，如发现虫体，取出放在盛有清水的平皿内。再沿着与胆管垂直的方向将肝组织切成数大块，用手挤压，看虫体是否被压出。将肝块浸入搪瓷缸中，用手撕成小块，再用手挤压，向搪瓷缸中加入适量的温清水浸泡 3～5 h，然后拣出肝脏，浸泡液反复沉淀后，弃去上清液，检查沉淀物中的虫体。一旦发现虫体，挑出虫体，将检出的虫体放入装有生理盐水的平皿中，放置数小时后，置于 70% 的酒精溶液中保存。在显微镜下进行形态学鉴定和虫体大小测量，并计数统计。

3. 结果判定

按下列公式进行计算：

感染率＝感染动物数/检查动物数×100%

平均感染强度＝检出数（虫卵数或虫体数）/检查虫卵或虫体感染动物数

感染范围（个）＝阳性最低感染数～阳性最高感染数

（二）免疫学检测方法

免疫应答是机体维持内环境稳定的重要手段。感染吸虫后，宿主体内可检测到特异性抗原或抗体，无论是虫体产生的抗原或是机体免疫应答产生的抗体均有很大的诊断价值。随着免疫学技术的不断进步，已有多种免疫学检测方法在临床与科研工作中被广泛应用，检测效率也在不断提高，其中酶联免疫吸附试验（ELISA）是检测牦牛肝片吸虫的常用方法。

1. 酶联免疫吸附试验

ELISA 是将特异性抗原包被于固相载体，与待测抗体及酶标抗体反应，显色后可测得感染者体内相应的抗体含量。该检测方法的特异性与灵敏度较高，但仍存在一定的交叉反应。ELISA 操作较为简单，常用于临床检验，但 IgG 检测结果无法区分近期和既往感染情况。一般按照 ELISA 试剂盒操作，步骤如下。

（1）包被　将抗原稀释至合适的浓度，一般为 $10 \sim 20~\mu g/mL$，稀释液为碳酸盐缓冲液（pH＝9.6）。酶标板每孔加入 $100~\mu L$ 稀释后的抗原，用合适的塑料制品覆盖酶标板并在 4 ℃下孵育过夜。

（2）清洗　弃去酶标板中的液体，在吸水纸上轻轻拍干。然后，每孔加入 $200~\mu L$ 洗涤缓冲液，室温静置 3 min 后弃去酶标板中的液体，并在吸水纸上轻轻拍干，重复 3～5 次。或使用微孔板自动洗板机进行清洗，每次使用 $300~\mu L$ 洗涤缓冲液，重复 5 次。

（3）封闭　每孔加入 $200~\mu L$ 封闭缓冲液，在 37 ℃恒温培养箱中孵育 90 min。

（4）清洗　重复步骤（2）。

（5）待测抗体孵育　将待测抗体按 1∶1 000 比例稀释，稀释液为抗体稀释液。每孔加入 $100~\mu L$ 稀释后的待测抗体样品，在 37 ℃恒温培养箱中孵育 60 min。

（6）清洗　重复步骤（2）。

（7）特异性抗体孵育　根据说明书稀释各种 HRP 标记的识别不同种属来源和抗体类型的特异性抗体，稀释液为抗体稀释液。每孔加入 $100~\mu L$ 稀释后的抗体，每种二抗重复 3 次。每次试验设置空白对照，空白对照为不含有抗体的抗体稀释液，重复 3 次。在 37 ℃恒温培养箱中孵育 60 min。

（8）清洗　重复步骤（2）。

（9）显色　每孔加入 $100~\mu L$ TMB 显色工作液，在 37 ℃恒温培养箱中避光孵育 30 min。反应结束后，每孔立即加入 $100~\mu L$ 反应终止液。

（10）测量　反应终止后 30 min 内，在酶标仪上测量并记录样品和空白对照的吸光度。检测波长为 450 nm，参比波长为 620 nm。

（11）结果分析

① 试验成立判定　当空白对照的吸光度小于或等于 0.2，且最大测量结果的吸光度大于或等于 0.8 时，试验成立。反之，应重做试验。

② 结果分析　按照公式计算针对不同种属来源和抗体类型的特异性抗体的相对显色强度。

$$s_x = \frac{OD_x - ODN_c}{OD_{max} - ODN_c}$$

式中：

s_x——针对某种种属来源和抗体类型的特异性抗体的相对显色强度；OD_x——针对某种种属来源和抗体类型的特异性抗体的吸光度测量值；ODN_c——阴性对照的吸光度测量值；OD_{max}——所有测量结果中的最大吸光度。

当仅有一种特异性抗体的相对显色强度为 1，且其他的相对显色强度均小于或等于 0.4 时，可以判定待测抗体的种属来源和抗体类型为相对显色强度为 1 的特异性抗体所识别的种属来源和抗体类型。否则，无法判断待测抗体的种属来源和抗体类型。如有需要，可通过抗体氨基酸测序和序列分析对抗体的种属来源和抗体类型进行判断。

2. 蛋白质免疫印迹法（western blot，WB）

WB 的基本原理为将经过 PAGE 分离的吸虫蛋白质组分转移到固相载体上，与相应抗体及抗抗体特异性结合，阳性反应可出现肉眼可见的条带，从而检测出目的蛋白。Allam G、赵坚等曾使用 WB 对肝片吸虫进行免疫印迹分析研究。

3. 免疫层析试验（immunochromatographic test，ICT）

ICT 的基本原理为待测抗原或抗体通过与层析材料中的反应试剂特异性结合，阳性反应可在层析条上的特定区域出现肉眼可见的检出线。ICT 法操作简单、快速，不需要特殊设备或训练有素的操作人员，结果读取简单，适用于基层筛查与临床的"现场检验"，但该法仍存在一定的交叉反应。

4. 斑点金免疫渗滤试验（dot immunogold filtration assay，DIGFA）

DIGFA 是将吸虫特异性抗原呈点状加在固相载体上，与待测抗体及金标抗抗体特异性结合后，阳性反应可呈红色斑点状。DIGFA 法无须试验仪器，操作非常简单，肉眼可判断结果，适合现场应用。但该法易产生假阳性结果，临床应用较少。目前该方法在检测肝片吸虫时特异性不高，故在检测肝片吸虫时很少使用该方法。

5. 免疫组化技术（immunohistochemistry technique，IHC）

免疫组化技术是将抗原抗体反应与组织化学的呈色反应相结合，在组织细胞原位标记特异性抗体，对相应抗原进行定位、定性和定量检测。免疫组化理论示意见图 4-4。

（三）分子生物学检测方法

20 世纪 70 年代以来，分子生物学检测技术在吸虫感染的诊断中发挥了巨大的作用，不同时期的虫体标本和不同

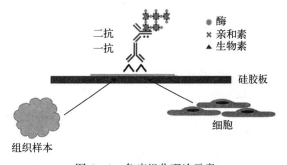

图 4-4　免疫组化理论示意

的保存方法均不会影响分子遗传的研究结果。在牦牛上应用最多是 DNA 序列分析、PCR 等方法，其他宿主的吸虫检测亦可使用 RT-qPCR、LAMP 等检测方法。

1. DNA 序列分析

DNA 序列分析是通过识别基因碱基序列鉴定所测物种。吸虫的核基因 ITS2（riboso-mal second internal transcribed spacer）、线粒体基因 CO1（partial mitochondrial cyto-chrome coxidase subunit 1）、NADH 脱氢酶亚基 ND1（nicotin‑amide adenine dinucleoti-de dehydrogenase subunit 1）和逆转录子 Rn1（retrotransposon 1）等基因序列均被证实可有效应用于吸虫检测，CO1 比 ITS2 更适合于区分亚种关系。传统的 DNA 序列分析基于 PCR 检测技术，对其扩增产物凝胶电泳后进行测序。新型的由 4 种酶催化的 DNA 焦磷酸测序技术则无须电泳，操作更为简便快速。

2. 聚合酶链式反应（polymerase chain reaction，PCR）

ITS2 和 CO1 序列常被用作 PCR 扩增引物设计的靶基因。PCR 法操作简便，商品化试剂盒较多，在实验室与临床应用广泛，但本法需要特定的仪器设备，反应过程中需注意非特异性扩增。

3. 实时荧光定量 PCR（real‑time quantitative PCR，RT‑qPCR）

RT‑qPCR 是在 PCR 的基础上通过检测荧光信号在反应体系中的变化达到实时监测整个反应过程的目的，检测结果以标准曲线图呈现。RT‑qPCR 使分子生物学检测技术迈入了反应过程可视化阶段，给定量研究带来了极大便利，但此法成本较高，标准曲线的绘制较为重要。

4. 环介导等温扩增技术（Loop‑mediated isothermal amplification，LAMP）

LAMP 是于 21 世纪初发明的一种仅用水浴锅即可现场快速扩增核酸的高通量检测方法。LAMP 是于高效快速，操作较为简单，与其他分子学诊断技术相比，不需要特殊仪器，适合现场应用，但不适合长链 DNA 的扩增。

吸虫实验室检测方法的研究与建立一直在不断发展和进步。病原学检查虽然费时费力、检出率不高，但在现场应用中仍不可或缺；免疫学方法检查 IgG 抗体虽无法评判疗效，但抗原、抗体的正确选择仍可给感染早期、轻度感染、寄生部位隐蔽的吸虫患畜提供检测参考；分子生物学检查虽对试验环境和人员要求较高，但其精准的检测能力从基因层面上呈现了肝片吸虫的生物多态性，为其确诊提供了依据，是未来诊断发展的方向。总体来看，开发先进的、标准化的、敏感性高、特异性强的实验室检测方法，是今后的研究方向。目前，需要因时因地制宜，综合选择不同的吸虫实验室检测方法，以提高检测能力。

三、流行情况

（一）全国流行状况

1. 青海流行状况

（1）已有调查 通过对过去调查资料的整理汇总，发现：在青海省的久治县、班玛县、海晏县、兴海县和祁连县等 10 个以上地区，采用剖检法调查牦牛肝片吸虫感染情况，累计检查牦牛 1 515 头，感染率 10.53%～100%；采用粪检法检查门源回族自治县 2 个点牦牛感染情况，共检查 100 头，感染率 4.29%～97.0%；采用 ELISA 试剂盒检测牦牛 546 头，阳性率为 72.0%。各地牦牛肝片吸虫感染情况调查统计结果见表 4‑1。孔祥颖等（2019）报道了青海省海北藏族自治州牦牛感染大片吸虫。

表4-1　青海省不同地区牦牛肝片吸虫感染情况调查统计结果

发表年份	调查年份	地区	检测方法	调查总数（头）	感染数（头）	感染率（%）	参考文献
1984	1981	久治县	剖检法	20	7	35	吴福安等
		囊谦县、久治县等	剖检法	34	不详	10～100	刘文道
1992		班玛县	剖检法	12	2	16.7	青海省畜牧兽医科学院牦牛寄生虫病科研协作组
2009	2009 年之前	门源回族自治县	粪检法	30	29	96.67	马艳丽
2009		海晏县	剖检法	6	2	33.33	马睿麟等
2010	2003—2009	祁连县默勒镇	剖检法	38	4	10.53	赵兰
2013	2011	共和县	剖检法	8	4	50.0	蔡金山等
2013	2010—2011	兴海县	剖检法	1 353	511	37.77	柴正明
2015	2010—2011	兴海县	剖检法	12	5	41.67	贺飞飞等
2017	2016	门源回族自治县	粪检法	70	3	4.29	戴源森
2016	2015	祁连县	剖检法	32	11	34.38	雷萌桐等
2020	2012—2017	青海	ELISA	546	393	72.0	周磊

（2）牦牛肝片吸虫病流行现状调查　采用粪检与剖检法，调查了青海高原牧区放牧牦牛肝片吸虫病的流行现状，为我国牦牛肝片吸虫病流行情况评估提供基本数据，进而为今后青海省开展牦牛肝片吸虫病流行病学与防治研究提供依据。

1）材料与方法

① 试验样品来源　2020 年 3 月至 4 月，选取青海省 16 个地区牧民自繁自养的放牧牦牛 1 542 头（共和县 96 头、兴海县 98 头、贵南县 96 头、祁连县 97 头、刚察县 96 头、海晏县 96 头、都兰县 96 头、乌兰县 97 头、达日县 96 头、玛多县 96 头、治多县 97 头、称多县 96 头、囊谦县 96 头、河南蒙古族自治县 96 头、泽库县 96 头、大通种牛场 97 头），采集粪样的牦牛年龄为 1 岁、1～2 岁和 2 岁以上，剖检牦牛的年龄均在 3 岁以上。

② 采集虫卵与成虫　按形态学检测方法（第 115 页）进行。

2）结果

① 粪检虫卵情况　不同地区牦牛肝片吸虫虫卵粪检检测结果见表4-2。在 16 个地区共检查牦牛粪样 1 542 头份，检出粪便带有虫卵的阳性牛 267 头，平均感染率为 17.32%，感染率范围为 0～40.21%，平均感染强度为 51.9 个，感染强度范围为 18～112 个。

表4-2　不同地区牦牛肝片吸虫粪检虫卵感染情况统计结果

调查地区	调查牛数（头）	阳性牛数（头）	阳性率（%）	平均强度（个）	强度范围（个）
共和县倒淌河镇	96	17	17.71	53.3	29～79
兴海县唐乃亥乡	98	23	23.47	46.3	21～66

（续）

调查地区	调查牛数（头）	阳性牛数（头）	阳性率（%）	平均强度（个）	强度范围（个）
贵南县森多镇	96	26	27.08	45.6	20～70
祁连县阿柔乡	97	17	17.53	49.7	23～76
刚察县泉吉乡	96	36	37.50	57.9	30～112
海晏县甘子河乡	96	31	32.29	53.8	28～97
都兰县巴隆乡	96	37	38.54	55.7	27～82
乌兰县南柯柯村	97	39	40.21	63.1	36～103
达日县吉迈镇	96	0	0	0	0
玛多县扎陵湖乡	96	0	0	0	0
治多县多彩乡	97	0	0	0	0
称多县歇武镇	96	0	0	0	0
囊谦县香达镇、着晓乡	96	19	19.79	45.1	18～84
河南蒙古族自治县赛尔龙乡	96	22	22.92	48.1	32～59
泽库县	96	0	0	0	0
大通牛场	97	0	0	0	0
合计	1 542	267	17.32	51.9	18～112

不同年龄牦牛肝片吸虫粪检感染率统计情况见表 4-3。其中 0～1 岁感染率 9.90%（范围 0～25.00%），1～2 岁感染率 16.18%（范围 0%～37.50%），2 岁以上感染率 25.88%（范围 0～60.61%）。

不同年龄牦牛肝片吸虫粪检感染强度统计情况见表 4-4。总平均感染强度为 51.9 个（范围 18～112），其中 0～1 岁牦牛平均感染强度 45.5 个（范围 18～92 个），1～2 岁 52.0 个（范围 25～93 个），2 岁以上 58.1 个（范围 28～112 个）。结果显示，随着牦牛年龄的增长，肝片吸虫粪检感染率和感染强度都随之升高。

表 4-3　不同年龄牦牛肝片吸虫粪检感染率统计结果

检查地区	0～1 岁			1～2 岁			2 岁以上			总计		
	检查数（头）	阳性（头）	感染率（%）	检查数（头）	阳性（头）	感染率（%）	检查数（头）	阳性（头）	感染率（%）	检查数（头）	阳性（头）	感染率（%）
共和县	32	3	9.38	32	6	18.75	32	8	25.00	96	17	17.71
兴海县	33	5	15.15	32	8	25.00	33	10	30.30	98	23	23.47
贵南县	32	4	12.50	32	9	28.13	32	13	40.63	96	26	27.08
祁连县	33	4	12.12	32	5	15.63	32	8	25.00	97	17	17.53
刚察县	32	8	25.00	32	10	31.25	32	18	56.25	96	36	37.50
海晏县	32	6	18.75	32	9	28.13	32	16	50.00	96	31	32.29
都兰县	32	7	21.88	32	11	34.38	32	19	59.38	96	37	38.54
乌兰县	32	7	21.88	32	12	37.50	33	20	60.61	97	39	40.21
达日县	32	0	0	32	0	0	32	0	0	96	0	0

（续）

检查地区	0～1岁			1～2岁			2岁以上			总计		
	检查数（头）	阳性（头）	感染率（%）	检查数（头）	阳性（头）	感染率（%）	检查数（头）	阳性（头）	感染率（%）	检查数（头）	阳性（头）	感染率（%）
玛多县	32	0	0	32	0	0	32	0	0	96	0	0
治多县	33	0	0	32	0	0	32	0	0	97	0	0
称多县	32	0	0	32	0	0	32	0	0	96	0	0
囊谦县	32	3	9.38	32	6	18.75	32	10	31.25	96	19	19.79
河南蒙古族自治县	32	4	12.50	32	7	21.88	32	11	34.38	96	22	22.92
泽库县	32	0	0	32	0	0	32	0	0	96	0	0
大通牛场	32	0	0	33	0	0	32	0	0	97	0	0
合计	515	51	9.90	513	83	16.18	514	133	25.88	1 542	267	17.32

表4-4 不同年龄牦牛肝片吸虫粪检感染强度统计结果

检查地区	0～1岁			1～2岁			2岁以上			总计		
	检查数（头）	平均强度（个）	范围（个）	检查数（头）	平均强度（个）	范围（个）	检查数（头）	平均强度（个）	范围（个）	检查数（头）	平均强度（个）	范围（个）
共和县	32	47.4	29～62	32	53.2	37～64	30	59.3	34～79	92	53.3	29～79
兴海县	33	42.3	21～58	32	46.6	30～59	31	50.1	28～66	95	46.3	21～66
贵南县	32	39.5	20～62	32	44.8	27～70	31	52.6	36～68	96	45.6	20～70
祁连县	32	43.9	23～53	32	50.3	33～68	30	54.8	33～76	97	49.7	23～76
刚察县	33	50.2	30～92	32	57.4	38～89	31	66.1	29～112	96	57.9	30～112
海晏县	33	45.7	28～71	32	53.0	39～82	32	62.6	40～97	92	53.8	28～97
都兰县	32	48.9	27～54	32	57.7	31～69	32	60.4	39～82	95	55.7	27～82
乌兰县	34	55.1	36～79	32	63.2	39～93	32	71.0	43～103	98	63.1	36～103
达日县	32	0	0	32	0	0	32	0	0	96	0	0
玛多县	32	0	0	32	0	0	32	0	0	96	0	0
治多县	33	0	0	32	0	0	32	0	0	97	0	0
称多县	32	0	0	32	0	0	32	0	0	96	0	0
囊谦县	32	38.7	18～54	32	45.5	25～61	31	51.2	37～84	96	45.1	18～84
河南蒙古族自治县	32	43.5	32～54	32	48.5	41～58	32	52.7	43～65	96	48.1	32～59
泽库县	0	0	0	0	0	0	0	0	0	96	0	0
大通牛场	33	0	0	33	0	0	32	0	0	98	0	0
合计	515	45.5	18～92	513	52.0	25～93	514	58.1	28～112	1 542	51.9	18～112

② 剖检结果　牦牛肝片吸虫剖检结果见表 4-5。检查上述地区牦牛 362 头，检出肝片吸虫的有 66 头，平均感染率为 18.23%，感染率范围 0~39.13%，平均感染强度 21.2 个，感染强度范围 3~46 个。牦牛肝片吸虫呈地区性流行，不同地区间存在差异。

表 4-5　不同地区牦牛肝片吸虫感染情况剖检统计结果

调查地区	调查牛数（头）	阳性牛数（头）	阳性率（%）	平均强度（个）	强度范围（个）
共和县	22	5	22.73	9.2	3~22
兴海县	21	6	28.57	17.5	4~37
贵南县	22	6	27.27	14.2	6~26
祁连县	26	5	19.23	11.6	6~18
刚察县	23	9	39.13	30.6	7~46
海晏县	22	7	31.82	22.7	3~21
都兰县	24	9	37.50	28.3	4~34
乌兰县	26	10	38.46	40.6	9~39
达日县	20	0	0	0	0
玛多县	20	0	0	0	0
治多县	22	0	0	0	0
称多县	20	0	0	0	0
囊谦县	22	5	22.73	20.1	7~43
河南蒙古族自治县	20	4	20.0	16.8	12~36
泽库县	20	0	0	0	0
大通牛场	32	0	0	0	0
合计	362	66	18.23	21.2	3~46

3）讨论与分析

① 与已有调查结果的比较　本次调查中，牦牛肝片吸虫的粪检阳性率 17.32%（267/1 542）、剖检阳性率 27.27%（66/242），均低于吴福安等（1984）剖检法检查的久治县索乎日麻地区平均阳性率 35.0%（7/20），青海省畜牧兽医科学院牦牛寄生虫病科研协作组（1992）剖检法检查的班玛县感染率 16.7%（2/12），王才安等（1996）剖检法检查的林芝阳性率 32.35%（66/204）、粪检阳性率 18.33%（22/120），米玛顿珠（2001）等剖检法检查的林芝感染率 100%（8/8），马艳丽（2009）粪检法调查的门源回族自治县感染率 96.67%（29/30），马睿麟等（2009）剖检法检查的海晏县感染率 33.33%（2/6），柴正明（2013）剖检法检查的兴海地区感染率 37.77%（511/1 353），蔡金山（2013）剖检法检查的共和县感染率 50%（4/8），贺飞飞等（2015）剖检法检查的兴海县感染率 41.67%（5/12），雷萌桐等（2016）剖检法检查的祁连县感染率 34.38%。本次调查结果低于上述大部分研究者对青藏高原地区牦牛肝片吸虫感染情况的调查结果，可能与调查地区近年来加强生态养殖技术推广，每年坚持冬、秋季两次驱虫有关。

② 不同海拔地区牦牛肝片吸虫感染情况比较分析　本次调查在 16 个地区共调查牦牛

粪样 1 542 头份，检出粪便带有虫卵的阳性牛 267 头，平均感染率为 17.32%（感染率范围为 0～40.21%），平均感染强度为 51.9 个，感染强度范围为 18～112 个。从感染率看，乌兰县、都兰县、刚察县、海晏县感染率最高，分别为 40.21%、38.54%、37.50% 和 32.29%；平均感染强度分别为 63.1 个、55.7 个、57.9 个和 53.8 个。其次，感染率较高的有贵南县、兴海县和河南蒙古族自治县分别为 27.08%、23.47% 和 22.92%，平均感染强度分别为 45.6 个、46.3 个和 48.1 个；再次为囊谦县、共和县与祁连县感染率分别为 19.79%、17.71% 和 17.53%，平均感染强度分别为 45.1 个、53.3 个和 49.7 个。而玛多县、达日县、治多县、称多县、泽库县和大通种牛场感染率为 0。

剖检结合屠宰检查牦牛 362 头，平均感染率 18.23%，感染强度 21.2 个（范围 3～46 个）。粪检阳性率低于剖检阳性率，该结果可能与肝片吸虫在牦牛体内的发育阶段有关，只有达到性成熟的成虫才能产卵，童虫期无产卵能力。但粪检阳性率的高低与剖检阳性率结果基本吻合。

在本次调查中，除海拔较高的玛多县、达日县、治多县、称多县、泽库县未检出外，高海拔地区（囊谦县）牦牛的粪检及剖检的阳性率低于海拔较低的地区（都兰县、乌兰县、刚察县、海晏县、贵南县、兴海县、河南蒙古族自治县），不同地区间存在明显的差异性。在粪检阳性率高的调查地区，水纳滩、湿地较多，水源环境类似，野生动物多，与家畜共饮用附近河流的水，受感染的牦牛可将卵排放到环境中，7—10 月被感染的椎实螺将尾蚴排放到环境中。尾蚴随后发展成为囊尾蚴，在河流和草地上感染牦牛、绵羊等宿主。这就形成了肝片吸虫的持续感染和恶性循环。但是，地处农牧交错地带的大通种牛场驱虫较为规范，基本控制了肝片吸虫病的流行。

调查结果显示，牦牛肝片吸虫病在环青海湖及周边地区呈一定的流行态势。部分地区对牦牛肝片吸虫感染的调查尚属首次，无可对比的资料。在同一放牧条件下因不同地区地理环境不同，河滩水源的差异性，肝片吸虫感染率存在一定的差异。这可能与地理环境、气候条件、养殖方案、防治情况、动物福利、取样地点等诸多因素有关。因此，进一步研究确定海拔高度与肝片吸虫病流行的相关性非常必要。

4）结论　本次调查，通过粪检及剖检方法摸清了青海省主要牧区牦牛肝片吸虫的感染情况，粪检总感染率为 17.32%，平均感染强度为 51.9 个；剖检总感染率 27.27%，平均感染强度 21.2 个。在海拔较高、气候寒冷的玛多县、达日县、治多县、称多县、泽库县未检出；在海拔高、较为温暖的囊谦县牦牛的粪检及剖检的阳性率低于海拔较低地区（都兰县、乌兰县、刚察县、海晏县、贵南县、兴海县、河南蒙古族自治县），可能与地理环境、气候条件、养殖方式、防治情况、动物福利、取样地点等诸多因素有关。牦牛肝片吸虫的感染率随着年龄的增长而增长，年龄是与牦牛肝吸虫感染相关的主要因素。牦牛肝片吸虫的感染与性别无明显差异。

本次调查结果显示，牦牛肝片吸虫感染率均低于青海省前期已有研究者的调查结果。

（3）牦牛肝片吸虫感染动态研究　已有的调查显示，青海省许多地区放牧牛羊肝片吸虫病呈地区性流行，季节性感染。但总的来看，迄今对环青海湖地区牦牛肝片吸虫的感染动态资料缺乏。为摸清环环青海湖牧区牦牛肝片吸虫病流行现状及感染动态，丰富牦牛肝片吸虫病流行病学资料，进而为本地区牦牛肝片吸虫病研究与防治提供依据，青海省畜牧兽医科学院高原动物寄生虫病研究团队进行了本项研究。

1) 材料与方法

① 试验地区　青海湖北岸的海北藏族自治州刚察县沙柳河地区。青海湖及周边地区河流、小溪、沼泽居多，适宜肝片吸虫中间宿主椎实螺的生存与繁衍。

② 实验动物　在3群未驱虫的牦牛中，随机选出120头1周岁牦牛，作为实验动物。

③ 试验试剂和仪器　0.9%生理盐水，70%酒精溶液；恒温培养箱、解剖刀、挑虫针、平皿、瓷缸、光学显微镜、计数器、手术剪、手术刀、铜筛网、烧杯等。

④ 虫卵检查　采用沉淀法，每月检查20头幼年牛粪便中的肝片吸虫虫卵数。连续一年定点、定期、定量每月固定日采集新鲜粪便，带回实验室。取10 g粪便于杯中，加少量水，用玻璃棒搅碎，再加20倍清水，混匀，用60目的铜筛网过滤于另一杯中，把滤过的粪便混悬液静止30 min后，倒去上清液，再加清水，混匀，如此反复多次，直至上层清液透明为止，然后弃去上层清液，吸取全部沉淀物涂片镜检，并计数。

⑤ 虫体检查　连续一年定点、定期、定量每月固定日进行剖检，每月逐月剖检未驱虫幼年牛5头，1年共60头，统计每月牦牛肝片吸虫感染率、荷虫量。

解剖试验牛，检查肝脏，先将胆囊取下，将胆汁倒入一个平皿中，并将胆囊剪开，检查有无肝片吸虫寄生，将胆管用剪刀剖开，检查并收集虫体；然后，将肝脏撕成小块，并用手挤压、捏碎，置于瓷缸中，加10倍清水，静置20～40 min，弃去上清液，检查沉淀物，挑出虫体，收集肝脏内成虫、童虫，计数统计。将检出的虫体放入装有生理盐水的平皿中，放置数小时后装入巴氏液或70%酒精溶液中保存。

⑥ 数据处理　按以下公式处理试验数据：

感染率＝被某种虫体感染的牛数/检查牛数×100%

感染强度＝感染某种虫体数平均值（感染某种虫体数最小值～感染某种虫体数最大值）

2) 结果

① 粪检结果　逐月粪检幼年牛肝片吸虫虫卵，统计结果见表4-6。从表中可以看出，从10月到翌年4月感染率保持在较高水平，其中11月到翌年3月为全年最高，5—9月处于较低水平。感染强度以5—9月较低。

表4-6　逐月粪检幼年牦牛肝片吸虫虫卵的统计结果

检查时间（月）	检查数（头）	感染数（头）	感染率（%）	感染强度（个）
6	25	11	44.0	15.4（7～22）
7	25	12	48.0	13.7（9～20）
8	24	14	58.3	9.6（5～16）
9	24	16	66.7	36.2（24～49）
10	24	18	75.0	52.7（34～73）
11	24	21	87.5	54.3（29～71）
12	24	17	70.8	30.3（19～44）
1	24	18	75.0	29.1（12～47）
2	24	19	79.2	47.5（33～61）
3	23	19	82.6	64.9（45～86）
4	23	17	73.9	61.4（46～83）
5	23	15	65.2	19.6（11～38）

② 剖检结果　逐月剖检幼年牛，对肝片吸虫的统计结果见表4-7。从表中可以看出，从8月到翌年5月感染率保持在较高水平，其中10月到翌年4月为全年最高，6—7月处于较低水平。感染强度5—9月较低，9月到翌年4月（12月除外）荷虫量保持在高水平。肝片吸虫见图4-5。

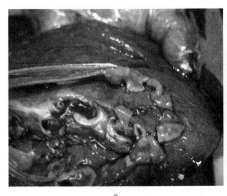 

a　　　　　　　　　　　　b

图4-5　肝片吸虫

a. 从肝脏采集虫体；b. 压片虫体

表4-7　逐月剖检未驱虫幼年牛肝片吸虫统计结果

检查时间（月）	检查数（头）	感染数（头）	感染率（%）	感染强度（个）
6	5	2	40.0	6.5（6～7）
7	5	2	40.0	6.0（4～8）
8	5	3	60.0	5.3（4～7）
9	5	3	60.0	17.3（9～26）
10	5	4	80.0	29.3（14～39）
11	5	4	80.0	38.0（17～41）
12	5	4	80.0	17.3（12～28）
1	5	4	80.0	29.1（12～47）
2	5	5	100.0	23.4（15～34）
3	5	5	100.0	36.2（21～46）
4	5	5	100.0	33.4（22～42）
5	5	4	80.0	8.5（5～13）

③ 感染动态与流行特点　采用逐月粪检与剖检方法，结果见图4-6、图4-7。结果表明，未驱虫幼年牛肝片吸虫粪便虫卵排卵规律与剖检肝片吸虫感染率的动态变化规律基本一致。从10月到翌年4月居全年高峰期，其中2—4月保持全年最高，5—8月处于较低水平。

感染强度的动态变化是10月到翌年4月居全年高峰期，其中2—4月保持全年最高，5—8月处于较低水平，9月开始升高，10—11月达全年次高峰。

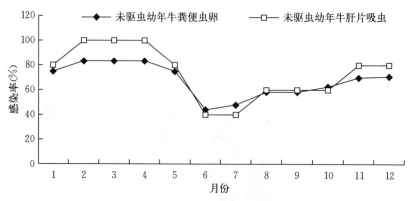

图 4-6 幼年牛肝片吸虫感染率曲线图（逐月剖检法）

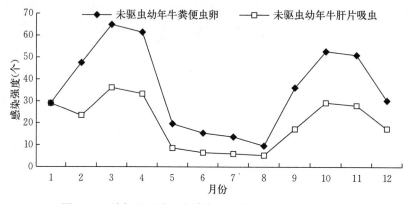

图 4-7 幼年牛肝片吸虫感染强度曲线图（逐月剖检法）

3）讨论与分析　肝片吸虫病流行因素与流行特点分析。调查结果显示，青海省环牧区牦牛依赖天然草场放牧饲养，草场资源有限及反复放牧利用，加之有较多的河流、山川小溪和低洼、潮湿沼泽地带，以及牧户在肝片吸虫病防治中驱虫时间、次数、药物种类、使用剂量等方面仍存在一定的差异，是造成牦牛肝片吸虫病的流行出现地区性差异的主要原因。本病多发生在低洼、潮湿、沼泽地带放牧的牦牛，呈地方性流行，有明显的季节性。牦牛肝片吸虫病感染率的高低与放牧管理、放牧环境、牛的年龄及防治水平等有关。一般多发生在春秋季，提示了牦牛肝片吸虫的感染与中间宿主——椎实螺（特别是越冬椎实螺）体内的尾蚴逸出密切相关。病牛和带虫牛是该病的感染源。

4）结论　通过一年连续 12 个月定点、定期、每月固定日剖检试验牦牛，研究查明了未驱虫牦牛肝片吸虫感染动态，其规律是：从 10 月到翌年 4 月感染率及荷虫量居全年高峰期，其中 2—4 月为全年最高，5—8 月处于较低水平。为了更好地预防、控制牦牛肝片吸虫病，净化草场，依据流行规律，建议在 11—12 月幼虫高峰期前进行驱虫，同时更有效地驱除成虫。

2. 其他地区流行状况

除青海省外，国内其他牦牛养殖区对牦牛肝片吸虫病的流行情况也进行了调查：不同地区共剖检、屠宰检查牦牛 65 901 头，肝片吸虫感染率为 15.5%～100%；采用粪检法调查 2 647 头，感染率为 3.47%～45.0%；采用 ELISA 检测试剂盒检测 4 314 头，阳性率为

28.66%～42.5%；部分地区虽报道牦牛有感染肝片吸虫，但无数据资料。国内其他地区牦牛肝片吸虫感染情况调查统计结果见表4-8。

表4-8　国内其他地区牦牛肝片吸虫感染情况调查统计结果

发表年份	调查年份	地区	检查方法	调查数（头）	阳性数（头）	阳性率（%）	参考文献
1985	1978年以后	四川省阿坝藏族自治州	剖检法	240	—	25～100	余家富
1987	1982	四川省木里藏族自治县	剖检法	30	24	80	刘顺明
1996	1992年4月至10月	西藏自治区林芝地区（如米林县、波密县、朗县等）	剖检法	204	66	32.35	王才安等
			粪检法	120	22	18.33	
1998	1979年以后	西藏自治区昌都地区	剖检法	65 419	10 140	15.5	高先文
	1995		粪检法	536	73	13.6	
1999	不详	云南省迪庆藏族自治州	剖检法粪检法	—	—	感染（数据不详）	黄德生
2001		西藏自治区林芝地区	剖检法	8	8	100.0	米玛顿珠等
2015	2013年6月至2014年4月	甘肃省天祝藏族自治县	粪检法	844	12	14.22	刘旭
2016	不详	四川省红原县、理塘县	粪检法	360	162	45.0	计慧姝
			廖氏计数法（改良）	23.81	42	10	
2017	2016	西藏自治区林芝市、山南市、日喀则市	粪检法	577	2	3.47	毋亚运等
2017	2013年4月至2014年3月	甘肃省天祝藏族自治县、玛曲县、碌曲县	ELISA检测试剂盒	1 584	454	28.66	Zhang等
2019	不详	甘肃省甘南藏族自治州	粪检法	168	11	6.55	Qin等
2020	2012—2017	四川省	ELISA检测试剂盒	546	186	34.1	Gao等
		西藏自治区		1 365	525	38.5	
		甘肃省		819	348	42.5	

Zhang等（2017）采用ELISA试剂盒检测甘肃碌曲县、玛曲县和天祝藏族自治县牦牛血清，检出率为28.7%（454/1 584），其中白牦牛检出率为29.2%（284/974），黑牦牛检出率为27.9%（170/610）。

刘顺明等（1987）调查四川省木里藏族自治县牦牛30头，发现大肝片形吸虫感染率为10%，感染强度为12条。

牦牛的年龄及季节与片形吸虫感染相关，是重要的风险因素。

（二）国外流行状况

国外对牦牛肝片吸虫病流行情况的调查有：Ranga Rao等（1994）用漂浮法结合组织

虫体分离法检测印度拉达克地区牦牛粪便和内脏器官的阳性率为 9.78%（22/225）；Joken 等（2012）用漂浮法结合成虫分离检测印度牦牛粪便和内脏的阳性率为 4.08%（2/49）；Acharya 等（2016）用漂浮法检测尼泊尔下穆斯塘地区牦牛粪便的阳性率为 16.67%（16/96）。

四、危害

牦牛感染片形吸虫后的临床表现取决于寄生数量、毒素作用及宿主的健康状况。通常牦牛体内寄生 250 条成虫时，就会表现出明显的临床症状。该病对幼畜的危害特别严重。

片形吸虫病可分为急性和慢性两种。急性型主要发生在夏末和秋季，此时正值雨季，中间宿主大量繁殖，牦牛等动物通过采食吃进大量的囊蚴，导致大量童虫在体内移行，引起各组织损伤出血，甚至急性肝炎，患畜食欲废绝，黏膜苍白，迅速死亡。慢性型多发生在冬春季节，牦牛等动物吞食囊蚴后几个月发病，主要由成虫引起。成虫以宿主的血液、细胞等为食，同时分泌毒素与代谢产物，使得牦牛渐进性消瘦、贫血、食欲不振，眼睑、颌下、胸腹部水肿，这是慢性片形吸虫病的典型症状。严重时，牦牛因恶病质而死亡。

牦牛急性期的病理危害主要表现为肠壁和肝脏的严重损伤、出血，其他组织也见浆膜出血和组织损伤，黏膜苍白，血液稀薄，血液中含有大量嗜酸性细胞，"虫道"内可见童虫。慢性型由于成虫的机械刺激和毒素的作用，可出现慢性胆管炎、慢性肝炎和贫血；肝脏肿大，肝胆管粗如绳索，突出表面，肝硬化；偶见片形吸虫肺部移行的病例。

片形吸虫病的感染使牦牛产奶、产肉量降低，造成巨大的经济损失，严重影响牦牛健康和畜牧业经济发展。

五、防治

按因地制宜原则，采取综合性防治措施。

（一）加强饲养管理

放牧管理，预防牦牛感染：在肝片吸虫流行区，在夏、秋感染季节，牦牛避免到低洼潮湿的沼泽、水纳滩地带放牧；有条件的规划放牧草场，轮回放牧；减少肝片吸虫的感染机会。

（二）粪便无害化处理

将圈舍内的粪便及时清理，进行堆积发酵无害化处理，利用粪便发酵生物热杀死虫卵；对驱虫后排出的粪便，要严格管理，集中起来堆积发酵处理，防止污染牛舍和草场及形成新的感染源。

（三）消灭中间宿主

消灭中间宿主椎实螺是预防肝片吸虫病的重要措施。在放牧地区，通过兴修水利、填平改造低洼沼泽地来改变椎实螺的生活条件，达到灭螺的目的；在放牧地区，大群养鸭，采用生物防治方法消灭椎实螺；喷洒 0.01%硫酸铜灭螺。

（四）病变脏器的处理

不能将有虫体的肝脏乱弃或在河水中清洗，防止病原扩散。对有严重病变的肝脏立即进行深埋或焚烧等销毁处理。

（五）做好定期驱虫工作

在 10—11 月或 2—4 月，选用有效驱吸虫药物适时驱虫。目前首选三氯苯咪唑（肝蛭净）进行驱虫。三氯苯咪唑是一种苯并咪唑类衍生物，对肝片吸虫成虫和各期童虫均有驱虫活性，主要用于驱除肝片吸虫、大片吸虫、前后盘吸虫。三氯苯咪唑注射剂、片剂等对牦牛肝片吸虫各发育期的虫体均有高效驱除效果。片剂按 12～12.5 mg/kg 剂量经口投服。其他可供选用的药物有：

硫双二氯酚（别丁），口服，一次量每千克体重 60～100 mg。

硝氯酚（拜耳 9015），口服，一次量每千克体重 4 mg。

氯硝柳胺（灭绦灵），口服，一次量每千克体重 75～80 mg。

碘醚柳胺，口服，一次量每千克体重 7～12 mg。

吡喹酮，口服，一次量每千克体重 50 mg。

氯氰碘柳胺钠，用法分为皮下注射、肌内注射、口服，皮下注射一次量 2.5 mg/kg，口服一次量 5 mg/kg。

阿苯达唑，口服，一次量每千克体重 15～20 mg，对肝片吸虫成虫有高效，而对童虫疗效有限。

溴酚磷，口服，每千克体重 12 mg，用以驱除肝片形吸虫，不仅对成虫有效，而且对肝实质内移行期幼虫也有良效。

（六）注意事项

加强基层专业技术人员及村级防疫员防治技术培训，掌握牦牛肝片吸虫病防治技术要点。

准确掌握防治时间和药物使用剂量，保证投药剂量准确；保证给药方式的正确性；为避免虫体产生抗药性，采用交替用药的方法进行驱虫；投药后在固定区域排虫，驱虫后的粪便及时清理并无害化处理。

泌乳期牦牛在正常情况下禁止使用任何药物，因感染或发病必须用药时，药物残留期间的牛乳不作为商品乳出售，按 GB 31650—2022 的规定执行休药期和弃乳期。对供屠宰的牦牛，应执行休药期规定。

第二节　牦牛双腔吸虫病

牦牛双腔吸虫病是由双腔科、双腔属（*Dicrocoelium*）的多种吸虫寄生于牦牛肝脏胆管中引起的疾病。病理特征是慢性卡他性胆管炎及胆囊炎。迄今从牦牛体内共发现双腔吸虫病病原虫种 5 种，即中华双腔吸虫（*D. chinensis*）、支双腔吸虫（*D. dendriticum*）、矛形双腔吸虫（*D. lanceatum*）、客双腔吸虫（*D. hospes*）、扁体双腔吸虫（*D. platynosomum*）。牦牛养殖区广泛存在双腔吸虫病，多流行于潮湿的放牧场所。一般，牦牛无特异性临床表现，患病后期出现可视黏膜黄染、消化功能紊乱、腹泻与便秘交替，逐渐消瘦、皮下水肿，最后因体质衰竭而死亡。

一、病原

（一）病原形态

1. 虫卵形态

中华双腔吸虫：不对称卵圆形，一端具卵盖；成熟虫卵呈咖啡色，透过卵壳可以见到包裹在胚膜里的毛蚴。大小为（465～501）μm×（30～323）μm。

支双腔吸虫：深棕色，壳厚，大小为（38～45）μm×（22～30）μm，内含一个已成熟的毛蚴。

矛形双腔吸虫：似卵圆形，褐色，具卵盖，大小为（34～44）μm×（29～33）μm，内含毛蚴。

2. 虫体形态特征

双腔属吸虫的主要特征是虫体呈矛形，两肠支伸到近体后端，腹吸盘位于体前部 1/3 处，腹吸盘大于口吸盘，两睾丸斜列于腹吸盘之后。

（1）中华双腔吸虫（图 4-8） 虫体呈宽扁状，具有头锥。腹吸盘以前部分呈头锥状，大小为（3.48～8.94）mm×（2.12～3.06）mm。口吸盘位于虫体前端，大小为（0.34～0.55）mm×（0.31～0.54）mm，腹吸盘位于虫体的前 1/4 处，大小为（0.456～0.746）mm×（0.465～0.743）mm。咽大小为（0.160～0.216）mm×（0.124～0.179）mm，食道长

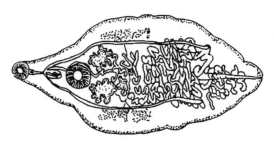

图 4-8 中华双腔吸虫

0.258～0.534 mm，两肠支沿虫体两侧达虫体后 1/6 处。睾丸一对，呈辐射状深分叶或椭圆形不分叶；睾丸呈圆形，不规则块状或分瓣，左右排列于腹吸盘的后方；左睾丸大小为（0.454～0.894）mm×（0.474～0.926）mm，右睾丸大小为（0.503～0.982）mm×（0.481～0.879）mm。卵巢呈横卵圆形或分瓣，位于睾丸后方中线的一侧，大小为（0.158～0.279）mm×（0.231～0.478）mm。雄茎囊位于腹吸盘与肠叉之间，大小为（0.624～0.642）mm×（0.278～0.289）mm。生殖孔开口于肠叉附近。卵黄腺分布于肠支外侧，前起于睾丸，后止于虫体后 1/3 处。

（2）支双腔吸虫（图 4-9） 虫体扁而透明，两端略尖，体表无棘，大小为（5～15）mm×（1.5～2.5）mm。腹吸盘略大于口吸盘，位于体前端 2/5 处。肠支向后伸展，但不到达体末端。睾丸 2 个，位于腹吸盘之后，前后斜列或相对排列。雄茎囊长形，生殖孔位于肠分支处。卵巢椭圆形，偏于体右侧，在睾丸之后。卵黄泡在体两侧，由睾丸后缘水

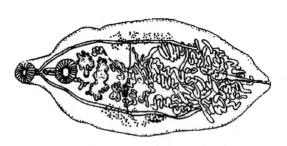

图 4-9 支双腔吸虫

平起向后伸展至体后 1/3 处。子宫从卵模开始向后盘绕，伸展到体后端，然后折回，盘绕而上，直达生殖孔。

（3）矛形双腔吸虫（图 4-10） 虫体狭长呈矛形，棕红色，大小为（6.67～8.34）mm×（1.61～2.14）mm。口吸盘后紧随有咽，下接食道和 2 支简单的肠管。腹吸盘大于口吸盘，位于体前端 1/5 处。睾丸 2 个，圆形或边缘具缺刻，前后排列或斜列于腹吸盘的后方。雄茎囊位于肠分叉与腹吸盘之间，内含有扭曲的贮精囊、前列腺和雄茎。生殖孔开口

于肠分叉处。卵巢圆形，居于后睾之后。卵黄腺位于体中部两侧。子宫弯曲，充满虫体的后半部，内含大量虫卵。

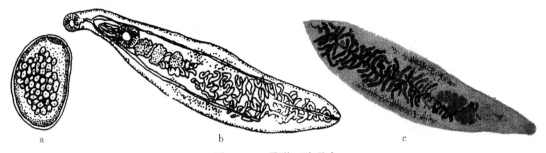

图 4-10　矛形双腔吸虫

a. 矛形双腔吸虫虫卵；b. 矛形双腔吸虫虫体；c. 矛形双腔吸虫染色虫体

（二）生活史

中华双腔吸虫、矛形双腔吸虫等的发育都需要两个中间宿主，第一中间宿主为陆地螺或蜗牛，第二中间宿主为蚂蚁。两种双腔吸虫的发育都经过虫卵、毛蚴、母胞蚴、子胞蚴、尾蚴、囊蚴和成虫各期。成虫在终末宿主肝脏胆管、胆囊内产出虫卵，卵随胆汁进入肠腔，再随粪便排至外界。虫卵被第一中间宿主蜗牛吞食后，在其肠腔中孵出毛蚴。经过母胞蚴、子胞蚴发育为尾蚴。尾蚴从子胞蚴的产孔逸出，数十个甚至数百个尾蚴集中到一起，形成尾蚴囊群，外面包有黏性物质，称为黏性球。通过蜗牛呼吸孔排到体外，沾在植物上。黏性球被第二中间宿主蚂蚁吞食以后，在其体内形成囊蚴。牦牛在牧地上吞食了含有囊蚴的蚂蚁而感染。囊蚴在牦牛肠道中脱囊，经十二指肠到达胆管，发育为成虫。

二、检测技术

1. 虫卵检查

参考肝片吸虫虫卵检查方法，采用粪便水洗沉淀法进行虫卵检测。

2. 虫体检查

牦牛尸体剖检，将肝脏在水中撕碎，用连续洗涤法检查虫体。同时摘取胆囊，剪开检查胆汁及胆囊壁。

三、流行情况

1984—2015 年间，国内学者在牦牛养殖区采用剖检法，对牦牛双腔吸虫感染情况进行了 8 个点次以上的调查，感染率为 5.0%～87.5%；采用离心沉淀法粪检，感染率为 1.12%。调查多集中在青海省，检出 4 种双腔吸虫。统计结果见表 4-9。

表 4-9　牦牛双腔吸虫感染情况调查统计结果

发表年份	调查年份	地区	检测方法	调查数（头）	感染数（头）	感染率（%）	虫种	参考文献
1984	1981	青海省久治县	剖检法	20	9	45.0	双腔吸虫	吴福安等
1984	1982 年 10 月至 11 月	青海省祁连县	剖检法	30	3	10.0	中华双腔吸虫	罗建中

（续）

发表年份	调查年份	地区	检测方法	调查数（头）	感染数（头）	感染率（%）	虫种	参考文献
1985	1978年及1978年以后	四川省阿坝藏族自治州各县	剖检法	240	—	5.0～11.0	矛形双腔吸虫	余家富
1989	1986—1987	青海省久治县、祁连县	剖检法	—	—	10.0～40.0 40.0～80.0 20.0	中华双腔吸虫 支双腔吸虫 矛形双腔吸虫	刘文道等
1989	1988—1989	青海省班玛县	剖检法	72	28	38.89	双腔吸虫	刘文道等
2001	—	西藏自治区林芝地区	剖检法	8	7	87.50	矛形双腔吸虫	米玛顿珠
2015	2010—2011	青海省兴海县	剖检法	12	4	33.33	中华双腔吸虫	贺飞飞
2015	2013—2014	甘肃省天祝藏族自治县	离心沉淀法	179	2	1.12	双腔吸虫	刘旭等
2016	2015	青海省祁连县	剖检法	32	10	31.25	中华双腔吸虫	雷萌桐
					2	6.25	客双腔吸虫	

四、危害

双腔吸虫寄生在牦牛胆管内，引起胆管炎和管壁增厚，肝肿大，肝被膜肥厚。牦牛表现出慢性消耗性疾病的临床症状，如精神沉郁、食欲不振、渐进性消瘦、溶血性贫血、下颌水肿、轻度结膜黄染、消化不良、下痢、腹胀、喜卧等。一般感染少量虫体时，症状不明显，但在冬春季节即使是少量的虫体也能引起严重的症状。严重感染时可引起死亡。

五、防治

防治措施可参考牦牛肝片吸虫病的防治措施。

第三节　牦牛其他吸虫病

牦牛其他吸虫病包括同盘科（Paramphistomatidae）的杯殖属（Calicophoron）、锡叶属（Ceylonocotyle）、殖盘属（Cotylophoron）、平腹属（Homalogaster）、同盘属（Paramphistomum），腹袋科（Gastrothylacidae）的菲策属（Fischoederius）、腹袋属（Gastrothylax），以及短咽科（Brachylaimidae）的斯孔属（Skrjabinotrema）等的多种吸虫引起的疾病。成虫寄生于瘤胃和胆管壁上，一般危害不严重，但如果很多童虫寄生在真胃、小肠、胆管和胆囊时，可引起严重的疾病，甚至大批死亡。

一、病原

（一）病原形态

1. 虫卵

同盘属吸虫：椭圆形，淡灰色，卵黄细胞不充满整个虫卵，一端较拥挤，另一端留有空隙。鹿同盘吸虫虫卵大小为（125～132）μm×（70～80）μm，后藤同盘吸虫虫卵大小为（128～138）μm×（70～80）μm。

　　殖盘属吸虫： 殖盘殖盘吸虫虫卵大小为（112～126）μm×（58～68）μm，印度殖盘吸虫虫卵大小为（138～142）μm×（68～72）μm。

　　杯殖属吸虫： 杯状杯殖吸虫虫卵大小为（115～130）μm×（64～78）μm，纺锤杯殖吸虫虫卵大小（115～126）μm×（60～70）μm。

　　锡叶属吸虫： 陈氏锡叶吸虫虫卵大小为（136～158）μm×（89～107）μm，双弯肠锡叶吸虫虫卵大小为（134～144）μm×（68～72）μm。

　　腹袋属吸虫： 荷包腹袋吸虫虫卵为黄棕色或深褐色，椭圆形，两侧稍不对称，具卵盖，大小为（116～125）μm×（60～70）μm。

　　菲策属吸虫： 日本菲策吸虫虫卵大小为（129～156）μm×（78～96）μm。

　　阔盘属吸虫： 虫卵为黄棕色或深褐色，椭圆形，两侧稍不对称，具卵盖，大小为（42～50）μm×（26～33）μm。

　　斯孔属吸虫： 虫卵椭圆形，卵壳厚，暗褐色，虫卵一端有卵盖，另一端有一小的突出物，刚排出的虫卵内含毛蚴。虫卵大小为（24～32）μm×（16～20）μm。

2. 成虫

鹿同盘吸虫 *Paramphistomum cervi*（图 4-11）

　　虫体呈圆锥形或纺锤形，乳白色，大小为（8.8～9.6）mm×（4.0～4.4）mm。口吸盘位于虫体前端，腹吸盘位于虫体亚末端，口吸盘与腹吸盘大小之比为 1∶2。缺咽，肠支甚长，经 3～4 个回旋弯曲，伸达腹吸盘边缘。睾丸 2 个，呈横椭圆形，前后相接排列，位于虫体中部。贮精囊长而弯曲，生殖孔开口于肠支起始部的后方。卵巢呈圆形，位于睾丸后侧缘。子宫在睾丸后缘经数个回旋弯曲后，沿睾丸背面上升，开口于生殖孔。卵黄腺发达，呈滤泡状，分布于肠支两侧，前自口吸盘后缘，后至腹吸盘两侧中部。

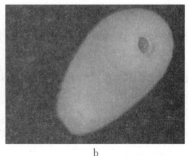

a　　　　　　　　　　　　　　b

图 4-11　鹿同盘吸虫
a. 寄生于瘤胃的虫体；b. 分离的虫体

后藤同盘吸虫 *P. gotoi*

　　虫体呈长圆锥形，前端稍窄，后端钝圆，体后 1/3 部位最宽，虫体表皮披有乳头状突起，虫体大小为（8.20～10.2）mm×（2.6～3.4）mm。口吸盘位于顶端，前部平切，后部钝圆呈瓶状，大小为（1.12～1.36）mm×（0.80～0.92）mm。腹吸盘呈圆盘状，大小为（1.70～1.92）mm×（1.60～1.92）mm，腹吸盘直径与体长之比为 1∶4.5。口吸盘与

腹吸盘大小之比为 1∶1.8。两肠支呈微波状弯曲，末端达卵巢与腹吸盘之间。睾丸边缘
不规则或具有 2~4 个浅分瓣，前后排列于虫体中部、两肠支之间，前睾丸大小为（0.73~
1.52）mm×（0.85~1.36）mm，后睾丸大小为（0.94~1.28）mm×（1.12~1.55）mm。
贮精囊甚长，经 6~8 个回旋弯曲，开口于生殖孔。生殖孔开口于接近食道的中部。卵巢
呈球状，位于后睾丸后缘一侧，直径为 0.32~0.42 mm。梅氏腺位于卵巢之旁。卵黄腺始
自肠分叉附近，向后沿肠支两侧伸至腹吸盘前缘。子宫回旋弯曲，末端开口于生殖孔，内
含多数虫卵。

殖盘殖盘吸虫 Cotylophoron cotylophorum

虫体白色，近圆锥形。体长 8.0~10.8 mm，体最宽 3.20~4.24 mm。口吸盘大小为
（0.56~0.76）mm×（0.72~0.88）mm，腹吸盘大小为（1.76~2.08）mm×（1.72~
2.02）mm，口吸盘与腹吸盘大小之比为 1∶2.6，腹吸盘直径与体长之比为 1∶5.3。食道
长 0.48~0.80 mm，有肥厚的食道球。肠管有 3 个弯曲，终止于腹吸盘前。生殖孔周围
有生殖吸盘，生殖吸盘直径为 0.64~0.70 mm，生殖吸盘与口吸盘长度比为 1∶1.2。睾
丸前后排列，前睾丸大小为（1.15~2.24）mm×（1.92~2.36）mm，后睾丸大小为
（1.51~1.92）mm×（1.84~2.06）mm。卵巢位于睾丸后，大小为（0.48~0.80）mm×
（0.64~0.80）mm。

印度殖盘吸虫 C. indicum

虫体呈圆锥形，体表光滑，大小为（9.6~11.6）mm×（3.2~3.6）mm。口吸盘位
于顶端，呈梨形，大小为（0.56~0.88）mm×（0.64~0.88）mm，其直径与体长之比为
1∶14.3。腹吸盘位于虫体的末端，大小为（1.54~1.72）mm×（1.54~1.88）mm，腹
吸盘直径与体长之比为 1∶6。口吸盘与腹吸盘大小之比为 1∶2。食道长 0.56~0.96 mm，
两肠支呈波浪状弯曲，伸至腹吸盘前缘。睾丸呈类球形，或边缘具有不规则的凹陷，前后
排列于虫体中部的稍后，前睾丸大小为（1.56~2.34）mm×（2.15~3.46）mm，后睾丸
大小为（1.54~2.54）mm×（1.76~2.52）mm。贮精囊长而弯曲，生殖孔开口于肠分叉
之后，具有生殖吸盘和生殖乳突。卵巢位于后睾之后，大小为（0.40~0.80）mm×
（0.78~0.80）mm。卵黄腺始自生殖吸盘两侧，终于腹吸盘前缘。子宫长而弯曲，内含
多数虫卵。

杯状杯殖吸虫 （Calicophoron calicophorum）

虫体圆锥形，淡红色，体表光滑，前端有乳突状的小突起，虫体大小为（13.8~
16.8）mm×（5.8~8.6）mm，虫体 1/3 处最宽，虫体宽长之比为 1∶2.1。口吸盘位于顶
端，呈梨形，大小为（0.96~1.76）mm×（0.84~1.40）mm，直径与体长之比为 1∶12。
腹吸盘位于虫体亚末端，呈球形，大小为（2.92~3.58）mm×（2.88~3.85）mm，直径与
体长之比为 1∶4.6。口吸盘与腹吸盘大小之比为 1∶2.6。食道稍弯曲，长 1.40~2.08 mm，
两肠支经 4~5 个弯曲伸达腹吸盘边缘。睾丸类球形，左右斜列于虫体中部的稍后方，具
有生殖盂和生殖乳突。卵巢位于前睾丸的后方，类球形，大小为（0.93~1.22）mm×
（0.76~1.08）mm。梅氏腺位于卵巢下方。卵黄腺始自口吸盘后缘，终于腹吸盘边缘。
子宫长而弯曲，内含多数虫卵。

纺锤杯殖吸虫 Calicophoron fusum

虫体大小为（9.6~16.0）mm×（0.48~0.60）mm。口吸盘大小为（1.04~1.44）mm×

（0.96～1.20）mm，腹吸盘大小为（2.72～2.98）mm×（2.80～3.20）mm，口吸盘与腹吸盘大小之比为1∶2.5。肠支有6～8个弯曲，伸至腹吸盘边缘。睾丸分10～12个小瓣，斜列于虫体中部，前、后睾丸大小基本一致，为（1.28～1.76）mm×（1.32～1.92）mm。卵巢大小为0.48 mm×0.56 mm。

陈氏锡叶吸虫 *Ceylonotyle cheni*

虫体呈卵圆形，大小为（3.12～6.71）mm×（2.4～2.7）mm。口吸盘类球形，位于虫体前端，大小为（0.32～0.45）mm×（0.35～0.51）mm，腹吸盘类球形，位于虫体后端，大小为（0.78～0.93）mm×（0.89～0.92）mm。口吸盘与腹吸盘大小之比为1∶2。食道短，两肠支各有3～4个回旋弯曲，止于腹吸盘中部外缘。睾丸2个，呈类长方形，边缘完整或有浅分瓣，前后排列于虫体中部，前睾丸大小为（0.42～0.74）mm×（1.07～1.09）mm，后睾丸大小为（0.66～0.81）mm×（1.06～1.15）mm。生殖孔开口于肠叉后方。卵巢呈球形或卵圆形，位于后睾丸的后缘，大小为（0.19～0.23）mm×（0.24～0.27）mm。子宫长而弯曲。卵黄腺分布于虫体两侧，前起于肠叉，后止于腹吸盘中部。排泄管开口于虫体背面，与劳氏管平行，不交叉。

双弯肠锡叶吸虫 *C. dicranocoelium*

虫体细小，略呈圆锥形，乳白色，体背部隆起，腹面稍扁平，体表光滑，体壁薄而透明，体长2.8～6.8 mm，体宽1.6～1.82 mm。口吸盘略呈球形，位于体前亚端，大小为（0.40～0.45）mm×（0.32～0.36）mm，其直径与体长之比为1∶1.6，腹吸盘发达，位于体后亚末端，大小为（0.68～0.80）mm×（0.72～0.80）mm，腹吸盘直径与体长之比为1∶8。口吸盘与腹吸盘大小之比为1∶1.7。食道长0.46～0.48 mm，肠支较短且呈微波浪状弯曲，肠盲端伸达卵巢水平外侧。睾丸略呈球形，边缘完整或具有浅分瓣，位于虫体后1/2前半部，前后排列，前睾丸大小为（0.75～0.96）mm×（0.88～0.96）mm，后睾丸大小为（0.80～0.95）mm×（0.88～1.12）mm。贮精囊短，经3～5个弯曲接两性管，开口于生殖腔。生殖孔开口于肠分叉后方，具有生殖括约肌。卵黄腺不发达，呈块状，分布于体两侧，起于食道后端，止于腹吸盘水平处。卵巢位于后睾丸与腹吸盘之间，呈球形，大小为0.24 mm×0.26 mm。子宫长而弯曲，自卵巢开始经两睾丸背后至生殖腔开口，内含多数虫卵。

荷包腹袋吸虫 *Gastrothylax crumenifer*

虫体圆柱形，深红色，体长11.9～12.5 mm，贮精囊处虫体最宽5.1～5.4 mm，体宽与体长的比例为1∶2.3。腹袋开口于口吸盘的后缘，腹袋腔至腹吸盘的前缘。口吸盘位于体前端，呈类圆形，大小为（0.43～0.72）mm×（0.48～0.64）mm，直径与体长的比例为1∶23.5。腹吸盘位于体末端，呈半球形，大小为（1.14～1.82）mm×（2.3～2.7）mm，腹吸盘直径与体长的比例为1∶7.4。口吸盘与腹吸盘大小之比为1∶4。食道长0.64～1.02 mm，两肠支短，呈波浪状弯曲，伸达睾丸的前缘。睾丸位于体后部，左右排列，大小相等，大小为（2.05～2.07）mm×（1.69～1.92）mm，边缘分为5～6个深瓣。贮精囊甚长，具6～7个回旋弯曲。生殖孔位于肠分支的上方腹袋内，生殖括约肌发达。卵巢位于左右两睾丸的中央下方，呈类球形，大小为（0.40～0.50）mm×（0.48～0.80）mm。梅氏腺位于卵巢的后缘。子宫从两睾丸之间弯曲上升至睾丸前缘转向左侧，至体的中部自左向右侧横行至右侧后再弯曲上升，至两性管通出生殖孔。卵黄腺自肠分支开始至睾丸的前缘，分布于虫体的两侧。劳氏管伸向虫体背部开口。排泄囊呈圆囊状，位于卵巢的下方，排泄孔开口于体背面，与劳氏管平行不相交叉。子宫内含多数虫卵。

日本菲策吸虫 *Fischoederius japonicus*

虫体呈梨形，腹吸盘前缘虫体略收缩，末端平削，大小为（3.7～7.7）mm×（1.7～3.7）mm，宽长之比为 1：2.3。口吸盘呈球形，大小为（0.35～0.60）mm×（0.40～0.55）mm。腹吸盘位于虫体末端，横径为 1.00～1.65 mm。口吸盘与腹吸盘大小为之比为 1：2.3。食道大小为（0.30～0.45）mm×（0.18～0.20）mm，两肠支经 6～8 个弯曲至睾丸前缘。睾丸位于腹吸盘前缘，类球形，背腹排列，直径为 0.27～0.80 mm。贮精囊呈管状弯曲，生殖孔开口于食道基部的腹袋内。卵巢位于睾丸后缘或两睾丸之间，大小为（0.20～0.25）mm×（0.26～0.40）mm。卵黄腺自肠管第一个弯曲开始，沿着体两侧分布至睾丸两侧缘处。子宫环褶向上延伸，开口于生殖孔内，内含大量虫卵。

羊斯孔吸虫 *Skrjabinotrema ovis*

同物异名：绵羊斯孔吸虫。

虫体细小，卵圆形，褐色，大小为（0.7～1.12）mm×（0.3～0.7）mm。口吸盘和腹吸盘都很小。睾丸 2 个，卵圆形，左右斜列于虫体后 1/3 处。生殖孔开口子睾丸前方的侧面。卵巢圆形，比睾丸小，位于睾丸的前侧方，与雄茎囊相对排列。子宫高度发育，盘曲在虫体中部。子宫内充满大量重叠的小卵。卵黄腺位于虫体两侧，前自咽部水平开始，后达卵巢的前缘。

（二）生活史

以鹿同盘吸虫为例，其发育与肝片形吸虫相似，发育过程中需要有一个中间宿主淡水螺的参与。成虫在终末宿主的瘤胃里产卵，虫卵进入肠道，混同粪便一起被排出体外。虫卵在外界适宜的环境条件下，发育成为毛蚴，毛蚴从卵壳内孵出后，进入水中，找到适宜的中间宿主，即钻入其体内，进而发育成胞蚴、雷蚴和尾蚴。尾蚴成熟后离开螺体，附着在水草上形成具有感染力的囊蚴。牦牛在吃草或饮水时吞食了囊蚴而被感染。囊蚴到达肠道后，童虫从囊内游离出来。童虫在附着瘤胃黏膜之前，会先在小肠、胆管、胆囊和真胃内移行，经过数十天后，到达瘤胃发育为成虫。

二、检测技术

1. 虫卵检查

参照肝片吸虫虫卵检查方法，采用沉淀法进行虫卵检查。

2. 虫体检查

牦牛尸体剖检，根据病变及检出童虫、成虫进行确诊。

三、流行情况

1988—2015 年间，国内学者对牦牛肝片吸虫和双腔吸虫以外的其他吸虫感染情况进行了 14 个点次以上的调查，检出虫种 21 种，其中包括 1976 年 2 月福建师范大学汪溥钦教授对采自青海省牦牛的标本检出的 4 种，感染率为 0.56%～100%。牦牛其他吸虫感染情况调查统计结果见表 4-10。

表 4 - 10　牦牛其他吸虫感染情况调查统计结果

发表年份	调查年份	地区	检测方法	调查数（头）	感染数（头）	感染率（%）	虫种类别	参考文献
1984	1981	青海省久治县	剖检法	20	14	70	同盘吸虫	吴福安等
1985	1978 年及1978 年以后	四川省松潘县、南坪县、理县	剖检法	240	—	25～65	鹿同盘吸虫	余家富
		四川省红原县、若尔盖县、黑水县等			—	25～33	杯状杯殖吸虫	
		四川省若尔盖县、马尔康县、红原县			—	5～16	长菲策吸虫	
1987	1982	四川省木里藏族自治县	剖检法	30	—	45	鹿同盘吸虫	刘顺明
					—	20	原羚同盘吸虫	
					—	10	链肠锡叶吸虫	
					—	5	野牛平腹吸虫	
					—	5	胰阔盘吸虫	
1989	1988—1989	青海省托勒牧场	剖检法	60	16	26.67	绵羊斯孔吸虫	刘文道等
1989	1986—1987	青海省久治县	剖检法	10	3	30.0	陈氏锡叶吸虫	刘文道等
					不详	（感染）	后膝同盘吸虫	
					10	100	鹿同盘吸虫	
		青海省牦牛养殖区		—	—	—	殖盘殖盘吸虫 *双弯肠锡叶吸虫 *日本菲策吸虫 *荷包腹袋吸虫 *	
1996		青海、四川省		—	—		印度殖盘吸虫	蒋锡施
1992	—	青海省班玛县	剖检法	12	3	25.0	同盘吸虫	青海省畜牧兽医科学院牦牛寄生虫病科研协作组
1999	云南	云南省迪庆藏族自治州	剖检法	—	—	不详	鹿同盘吸虫	黄德生
		云南省迪庆藏族自治州中甸县、德钦县		—	—	—	细同盘吸虫	
		云南省迪庆藏族自治州		—	—	—	胰阔盘吸虫	
		全省各地		—	—	—	枝睾阔盘吸虫	
		云南省迪庆藏族自治州		—	—	—	腔阔盘吸虫	
		云南省迪庆藏族自治州		—	—	—	长菲策吸虫	

（续）

发表年份	调查年份	地区	检测方法	调查数（头）	感染数（头）	感染率（%）	虫种类别	参考文献
1999	云南	云南省迪庆藏族自治州、楚雄彝族自治州、德宏傣族景颇族自治州	剖检法	—	—	—	荷包腹袋吸虫	黄德生
		云南省迪庆藏族自治州		—	—	—	杯状杯殖吸虫	
		云南省迪庆藏族自治州		—	—	—	纺锤杯殖吸虫	
		云南省迪庆藏族自治州、思茅市、德宏傣族景颇族自治州		—	—	—	链肠锡叶吸虫	
		云南省迪庆藏族自治州中甸县		—	—	—	殖盘殖盘吸虫	
		云南省迪庆藏族自治州		—	—	—	斯氏杯殖吸虫	
2001	—	西藏自治区林芝地区	剖检法	8	8	100.0	鹿同盘吸虫	米玛顿珠
2009	2007—2008	云南省香格里拉县	剖检法	65	16	24.62	鹿同盘吸虫	周菊等
2011	2009	青海省河晏县	剖检法	6	2	33.33	鹿同盘吸虫	马睿麟等
2013	2011	青海省共和县	剖检法	8	2	25.0	鹿同盘吸虫	蔡金山等
2013	2010—2011	青海省贵南县	剖检法	62	2	3.23	鹿同盘吸虫	胡广卫等
2015	2010—2011	青海省兴海县	剖检法	12	2	16.67	绵羊斯孔吸虫	贺飞飞等
				12	3	25.0	殖盘殖盘吸虫	
2015	2013—2014	甘肃省天祝藏族自治县	离心沉淀法	179	1	0.56	姜片吸虫	刘旭等
2016	2015	青海省祁连县	剖检法	32	5	15.63	鹿同盘吸虫	雷萌桐
					9	28.13	绵羊斯孔吸虫	

注：＊为1976年2月福建师范大学汪溥钦教授对青海标本的检出结果。

四、危害

主要是顽固性拉稀，粪便呈粥状或水样，腥臭味，体温有时升高，食欲降低，消瘦，颌下水肿，精神委顿，体弱无力。病程延长后出现恶病质状态，高度贫血，血液稀薄。到了后期，病畜极度消瘦，卧地不起，最后衰竭死亡。

五、防治

防治措施可参考牦牛肝片吸虫病的防治措施。

第五章　牦牛外寄生虫病流行病学与防治

牦牛是中国的主要牛种之一，仅次于黄牛、水牛而居第三位。全世界现有牦牛 1 400多万头，主要分布在中国青藏高原及毗邻地区海拔 3 000 m 以上的高寒地区，蒙古国、印度、不丹、阿富汗、巴基斯坦等地亦有少量分布。我国的牦牛占世界牦牛总数的 92% 以上，分布于青海、西藏、四川、甘肃、新疆和云南等地。牦牛主要依赖天然草场放牧饲养，易遭受胃肠道线虫和体外寄生虫（蜱、螨、蝇、虱、蚤等）的侵袭。牦牛常见易感的外寄生虫按分类主要隶属于节肢动物门的昆虫纲、蜘蛛纲。此外，也有环节动物门蛭纲蛭类虫体感染的报道。外寄生虫可通过吸食血液、叮咬皮肤、分泌毒素等，使牦牛表现出营养不良、贫血、瘙痒、脱毛等症状，影响产肉、产奶等生产性能，严重时引起牦牛死亡。同时，部分体外寄生虫是多种人畜共患病的传播媒介，其直接或间接危害消费者的身体健康和生命安全。

第一节　牦牛皮蝇蛆病

牦牛依赖天然草场放牧饲养，在青藏高原高海拔、空气稀薄、寒冷、牧草生长期短、枯草期长的恶劣环境中自如生活，繁衍后代，并为当地牧民提供奶、肉、毛、役力、燃料等生产和生活必需品，与当地人民的生产、生活休戚相关。牛皮蝇蛆病（Hypodermosis）在北半球许多国家是危害严重的牛寄生虫病之一，也是重要的人畜共患寄生虫病。牛皮蝇蛆病在我国北方和西南地区广泛分布，是长期制约青藏高原及毗邻地区主要畜种牦牛饲养业发展和危害严重的主要寄生虫病之一。皮蝇蛆感染后引起产奶、产肉量减少和皮革损伤，感染严重时还可引起幼龄牛和体弱牛死亡，造成巨大的经济损失。

20 世纪 80 年代以来，牦牛分布区各省、自治区各级兽医科研、技术推广部门等单位，先后对牦牛皮蝇蛆病的流行病学与防治等进行了一系列较为深入系统的调查研究，弄清了牦牛皮蝇蛆病的感染情况、危害、病原种类、生物学特性与流行规律，进行了防治药物临床筛选及药效评价，建立了切合实际、可行有效的防治技术，制定了相关技术规范，取得了令人瞩目的进展，在生产中进行示范和规模推广应用，有效控制了牦牛皮蝇蛆病的流行，降低了危害，取得了显著的经济、社会效益，对提高牦牛饲养业经济效益具有重要意义。

一、病原

（一）病原种类

虽然我国牦牛皮蝇蛆病的病原种类较多，但绝大多数地区报道仅有牛皮蝇（*Hypoderma bovis*）和纹皮蝇（*H. lineatum*）两种，且以纹皮蝇为主要侵袭虫种（占 70%～85%）。除前述两种外，Грунин（1962）对苏联学者 Козлов 于 1900—1901 年在青海省布尔汗布达山峡谷等地采集的皮蝇雌虫标本进行了观测，认为该种雌虫"不排除它是纹皮蝇的高山亚种"，Плеске（1962）和Брееъ（1970）根据该种皮蝇各发育期的生态和形态特征，建议改名为中华皮蝇。其在形态特征上虽与牛皮蝇和纹皮蝇有不同，但是否依此就定为一个新种，当时尚有争论。为了弄清牦牛皮蝇蛆病的病原种类和优势虫种，黄守云等（1983）、王奉先等（1987，1988）许多学者致力于牦牛皮蝇蛆病病原分类学的研究，在参阅有关研究文献的同时，对纹皮蝇、牛皮蝇、中华皮蝇（是独立种，还是纹皮蝇的高山亚种），先后从形态学、生态学、生化、分子分类学等方面进行了研究，查明了病原种类，进一步研究证明了青海省的皮蝇种类还有中华皮蝇（H. sinense），确定了优势虫种。

　　牦牛皮蝇蛆病的病原主要有中华皮蝇（Hypoderma sinense）、纹皮蝇和牛皮蝇3种，隶属于节肢动物门（Arthropoda）、昆虫纲（Insecta）、双翅目（Diptera）、皮蝇科（Hypodermatidae）、皮蝇属（Hypoderma）。对在青海省17个县采集到的5 640只皮蝇3期幼虫（L_3）进行鉴定，发现在皮蝇种群中，中华皮蝇占80.67%，牛皮蝇占12.87%，纹皮蝇占6.46%。调查结果表明，在青藏高原东北部，中华皮蝇分布广，种群密度大，是引起牦牛皮蝇蛆病的优势虫种。3种皮蝇蛆的第三期幼虫见图5-1。

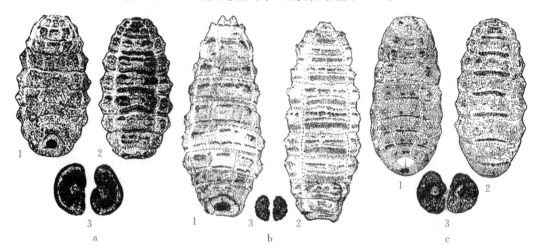

图5-1　皮蝇蛆（第三期幼虫）
1. 背面；2. 腹面；3. 后气门
a. 牛皮蝇（蛆）；b. 中华皮蝇（蛆）；c. 纹皮蝇（蛆）

（二）皮蝇生物学特性研究

　　皮蝇属的发育过程要经过成蝇、卵、幼虫（L_1、L_2、L_3）*、蛹四个不同发育阶段才能完成一个生活世代，其生活史见图5-2。

　　采用逐月定期剖检法和在3、4、5月份背部皮肤触摸法，先后在7个点对寄生在牦牛体表的中华皮蝇、纹皮蝇和牛皮蝇的生物学特性进行了以下几个方面的研究。

1. 成蝇活动规律

　　成蝇从蛹口环裂口破壳钻出，所需时间少则几十秒，多则20~40 min，再经20~60 min即可展翅飞翔，最长达4 h以上。成蝇的雄、雌比例为1：（0.73~1.19）。剖检雌蝇，含

---

　　* L_1指1期幼虫，L_2指2期幼虫，L_3指3期幼虫。

卵量达 367~521 枚，高者达 800 多枚。成蝇在
炎热无风的晴天 9~18 时均有产卵活动，12~
16 时为活动高潮。成蝇在外界的生存期（寿
命）随地区不同，观察结果也不尽相同，在都
兰县 2~7 d，平均 4.3 d；玉树市 2~15 d，平均
6.5 d；海北藏族自治州 4~10 d；大通种牛场
1~11.5 d，平均 3.43 d。

　　自然环境中的成蝇通常在 5 月中旬到 8 月
中旬之间侵袭牛体。纹皮蝇成蝇活动在 5 月上
旬开始出现，牛皮蝇于 6 月中旬开始出现，
6—7 月是活动旺期，也是产卵盛期，8 月逐渐
下降至基本停止。观察在人工设置的纱罩内的
皮蝇，发现 7 月上、中旬和 8 月上旬为成蝇活

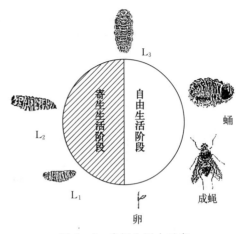

图 5-2　皮蝇生活史示意

动高潮期，以后逐渐下降，8 月底基本停止活动。中华皮蝇成蝇 6 月中旬前后开始飞翔侵
袭牛，7 月至 8 月上旬是侵袭盛期。

2. 卵、蛹及幼虫活动规律

　　（1）产卵季节、部位与虫卵排列　对自然生活的皮蝇进行观察，发现 7 月下旬到 10
月中旬牦牛体表（四肢、胸前和腹侧）被毛上有皮蝇卵，8 月 15 日前未孵化卵较多，虫
卵感染高潮在 8 月中旬前后，8 月底虫卵全部或大部已完成孵化。成蝇产卵多数在牛体关
节水平线以下，其次是下颌、尾部内侧及前肢两趾之间等。皮蝇卵在牦牛毛上多呈单侧羽
状排列，其次是间断排列、不整齐排列、倒状排列、两侧间断整齐排列、人字形排列等，
卵与牛毛呈 30~60°排列。一根毛上的卵数一般为 7~15 枚，最多可达 30 枚，最少 1 枚。
虫卵密度以当年犊牛最高，最高感染部位达 80 个。卵正视似椭圆形，侧视为扁平形，末
端有一黏胶团状的附器。

　　牛皮蝇卵产于牛体腹下被毛上，形状极似纹皮蝇卵，在牛毛上单个分布。

　　（2）虫卵大小　牛皮蝇卵大小为（0.802 2~0.812 5）mm×（0.187 5~0.297 5）mm。

　　（3）幼虫寄生部位　L_1 在青海省 8 月下旬至 9 月初出现于牛内脏器官，以 9 月中旬
至 10 月中旬寄生范围最广、虫数最多，以后逐渐减少，翌年 3 月中旬消失。幼虫在牛体
内寄生的部位和数量，较多的有瘤胃浆膜下占 29.89%、食道浆膜下占 28.26%、结肠小
肠浆膜下占 22.83%。另外，膈肌浆膜下、大网膜内、脊椎管内、直肠浆膜下、胸壁和腹
壁浆膜下、心包膜内等 21~24 个部位中也有寄生。

　　L_2 在青海省 12 月初出现于牛背部皮下，12 月下旬至次年 1 月中旬增多，随后减少。

　　L_3 在青海省 1 月下旬出现，2 月下旬至 3 月上旬最多，5 月中旬基本消失。数量以脊
椎两侧的背部最多（60.48%~92.8%），其次是腰部（28.91%），再次是肩部和臀部（分
别为 3.5%~14.81% 和 2.06%~10.39%），颈部最少（0.4%~1.69%）。瘤疱寄生部位
中寄生数量以背部最多，其次为腰部，再次为肩胛部、臀部、颈部。

　　（4）L_3 脱落季节和时间　在青海省玉树市、都兰县、大通种牛场、海北藏族自治州
等地的观察结果是，中华皮蝇和纹皮蝇 L_3 自然脱落的时间从 2 月下旬至 3 月初开始，
3 月中旬至下旬是脱落盛期，6 月上旬脱落完毕，其中 3 月中旬至 4 月中旬为落地高峰期。

一天内上午脱落多，下午少，夜间极少。牛背部皮下先出现 L_2，后出现 L_3，还有未蜕变成 L_1 的 L_2，是中华皮蝇有别于牛皮蝇和蚊皮蝇的发育特性之一。

牛皮蝇 L_3 4 月中旬开始脱落，7 月上旬基本脱落完毕，5—6 月为落地高峰期；幼虫落地高潮主要发生在白天，夜间极少，白天落地时间各地区略有不同，但以 8~15 时落地最多。

（5）寄生方位　皮蝇幼虫移行至牛背部皮下时形成瘤疱，随后引起皮肤穿孔，幼虫的后气门垂直或斜向对着皮肤孔，一个孔内一般只寄生一个幼虫，偶尔同时寄生两个幼虫。

（6）L_3 化蛹时间　在自然环境下加纱罩进行观察，发现 L_3 落地入土后的化蛹时间与气温、土壤湿度关系密切，气温低，土壤湿度大不利于其发育。观察结果：在青海省海北藏族自治州化蛹所需时间 4~11 d，蛹期 67~93 d；玉树市 2~8 d，蛹期 65~103 d，一般 80 d 左右；都兰县 3~6 d，平均 4.2 d，蛹期 49~65 d，平均 58.5 d。

自然脱落的中华皮蝇 L_3 化蛹的时间，1~8 d 不等，以 3 d 最多，平均 2.93 d，化蛹率为 94.8%，化蛹速度与气温成正比。

（7）蛹的羽化　由蛹羽化为成蝇的时间，因土壤性质、干湿度、地表温度等自然条件的不同而出现差异。青海省各地中华皮蝇羽化期 34~122 d，平均 103.13 d，羽化率 23.4%~46.2%；纹皮蝇平均羽化期 88.5 d，羽化率 45.07%；牛皮蝇平均羽化期 75 d（67~99），羽化率 39.58%。6、7 月为羽化高峰期，羽化多发生在晴朗天气，未见到在阴天和大风天气羽化的，一日内上午羽化出壳的占 90% 以上，尤以 8~10 时为主。

通过对皮蝇的生物学特性研究，证明了中华皮蝇在牛体内的寄生部位，牛背部皮下的出现时间，L_3 的成熟脱落、化蛹、羽化，以及虫卵在牛毛上的分布排列等，与纹皮蝇基本一致，而牛皮蝇与纹皮蝇及中华皮蝇差异明显。

（三）生化鉴别

采用等电点聚焦电泳法对中华皮蝇和纹皮蝇的蛋白质进行比较分析，两者蛋白质带数目差别较大，中华皮蝇比纹皮蝇多 10 条，除在 pH 5.01~5.10 的等电点上有 3 条共带外，其余各带的等电点和位置各不相同。对牛皮蝇、纹皮蝇、中华皮蝇 L_3 的酸性磷酸酶（ACK）和碱性磷酸酶（AKP）进行 SDS - 聚丙烯酰胺凝胶电泳分析，发现蛋白质的带型、带数、迁移率和分子量（表 5 - 1）差异显著，并分别进行酸性磷酸酶（ACK）和碱性磷酸酶（AKP）的活性测定，三种皮蝇 L_3 的 ACK 依次为 0.415、0.078 和 0.263 $\mu mol/(h \cdot mg)$，AKP 依次为 0.192、0.046 和 0.136 $\mu mol/(h \cdot mg)$，表明三种皮蝇的 L_3 在蛋白质区带的分布和 ACK、AKP 活性上存在一定差异。上述结果表明，中华皮蝇和纹皮蝇显然不是一个种，也不是纹皮蝇的高山亚种，而是一个独立种。

表 5 - 1　牛皮蝇、纹皮蝇、中华皮蝇的 L_3 蛋白质区带分子量测定结果

虫种	分子量（ku）											
中华皮蝇	107	103	90.5	78	70	59	49	31	29	20	18	16
纹皮蝇	88	75	62	45	44	29.5	28	19	16	14		
牛皮蝇	107	89	78	75	59	45	33	29.5	28	20	17	14

（四）分子分类学研究

种类鉴定是寄生虫学研究的重要内容，传统的寄生虫学分类鉴定主要是依据虫体的形

态特征、生活史、流行病学资料、虫卵结构及大小等方面进行，当形态结构上的变异很显著时，就可以认为是一个新种。由于受个体发育阶段的形态特征、环境条件及标本材料等因素的限制，传统的分类方法并不能完全解决寄生虫种、株的鉴定问题，一些种类的分类地位和进化关系不易确定。随着分子生物学技术在各学科中的广泛应用，将传统分类学与分子生物学技术相结合，对物种进行更为系统、精确的分类已越来越普遍。

对昆虫特定基因的核苷酸序列进行分析，已成为研究物种遗传变异的有效且高分辨的方法。不同的物种具有不同的进化史和遗传信息，生物信息学技术可应用多种方法解析物种的 DNA 序列中所包含的大量信息，进而更加深入地了解物种的形成、遗传变异及进化信息。核糖体 DNA（rDNA）和线粒体 DNA（mtDNA）等分子标记被广泛应用于寄生虫的分子分类及系统进化分析研究。真核生物的核糖体 DNA（rDNA）存在于核仁区，通常由数百个重复串联序列构成，这些拷贝通常分布在不同的染色体上，每个重复串联序列由 18S（Small subunit RNA，SSU）、ITS（Internal transcribed spacer）、5.8S 以及 28S（Large subunit RNA，LSU）构成，ITS-1、ITS-2 则将 18S、5.8S、28S 这 3 个 rRNA 基因分隔开。核糖体普遍存在于生物体中，在进化过程中非常保守，因此成为寄生虫种间、种内鉴定及遗传进化研究的可靠分子标记。ITS-2 保守性高，因此在种或属水平上是一个敏感而可靠的分子标记，而 ITS-1 区域的变异程度高，因此对于研究种内变异非常有用。昆虫线粒体基因组呈封闭的环状双链，由 37 个基因组成，包括 2 个核糖体基因（$rrnS$、$rrnL$），22 个转运 RNA（tRNA），以及 13 个蛋白编码基因（$cox1$、$cox2$、$cox3$、$cytb$、$atp6$、$atp8$、$nad1$、$nad2$、$nad3$、$nad4$、$nad5$、$nad6$、$nad4L$），另外至少有一个长度变化的非编码区，其中含有丰富的 AT 碱基。线粒体基因组具有母系遗传、分子量小、易提取、无重复序列、进化速率高等优点，目前，已被广泛用于研究昆虫系统发育、行为进化、种群遗传变异和分化、难以从形态学角度区分的近缘种的鉴别以及种下分类单元的鉴定等方面。

目前应用于皮蝇分子系统学研究的主要方法有同工酶电泳、RFLP、DNA 序列分析等。同工酶电泳是利用聚丙烯酰胺凝胶电泳技术，对不同分类单元物种之间的同工酶等位基因进行研究，通过分析酶蛋白的大小结构和肽链氨基酸的序列变化来获得所需的遗传信息，根据生化特征的差异在基因水平上来推测不同分类单元物种之间的差异，进而推断其亲缘关系。目前常将 PRLP 与 PCR 相结合，先选定引物，用 PCR 将目的基因进行扩增、纯化和克隆，然后再进行 RFLP 分析。DNA 序列分析是通过直接测定昆虫 DNA 和 RNA 的核苷酸序列来比较不同个体的同源性，构建系统进化树，推断种群间的系统进化关系。该方法是目前进行分子进化及系统发育研究最可靠、最有效的方法。

同工酶不仅是一项重要的生化指标，而且也是一项可靠的遗传指标。开展酶学性质的研究，不仅在物种种属鉴定方面具有重要的科学价值，而且在疾病防治方面也具有重要的实践意义。乳酸脱氢酶（LDH）、酯酶（EST）等同工酶已广泛应用于昆虫物种鉴定和种间亲缘关系的研究。LDH 是由 A 基因编码的 M 亚基和 B 基因编码的 H 亚基以四聚体形式组成的复合蛋白，共有 LDH1～LDH5 五种同工酶形式，主要参与体内糖酵解过程，催化丙酮酸与乳酸的相互转变，在动物组织糖无氧代谢中发挥重要作用，其分布具有明显的种属特异性。EST 是由多种基因表达的产物，呈现多样性，主要在生物体内以单体或二聚体的形式参与催化酯类化合物的水解。EST 同工酶比较复杂，目前发现大约有 20

多种。

通过分析牛皮蝇不同发育阶段乳酸脱氢酶、酯酶、葡萄糖-6-磷酸脱氢酶（G6PD）、苹果酸脱氢酶（MDH）和异柠檬酸脱氢酶（ICDH）等5种同工酶的理化特性，发现在牛皮蝇不同发育阶段存在不同的控制基因合成所需不同的同工酶以适应虫体生长代谢的需要，同工酶理化性质的不同表现为寄生性蝇类适应不同生态环境而最终导致不同的代谢途径（张立华等，1987）。通过电泳方法比较分析牛皮蝇和纹皮蝇第二、三期幼虫及蛹期乳酸脱氢酶和酯酶，发现牛皮蝇和纹皮蝇酯酶酶谱表型差异显著，纹皮蝇第二期幼虫乳酸脱氢酶比牛皮蝇多2条带，表明酯酶和乳酸脱氢酶可用于皮蝇属的种类鉴定（张立华等，1989）。Li等（2013）研究了中华皮蝇乳酸脱氢酶的特点，发现来自中华皮蝇幼虫的乳酸脱氢酶是一种热稳定和对pH不敏感的酶，乳酸脱氢酶的活力和中华皮蝇蛆的长度呈负相关；中华皮蝇幼虫提取物的聚丙烯酰胺凝胶电泳显示1条LDH带，通过亲和层析和凝胶过滤纯化，在还原和非还原条件下，该酶在SDS凝胶上呈约36 ku的条带；与其他动物相比，中华皮蝇幼虫的LDH对乳酸的米氏常数（Km）显著降低；中华皮蝇幼虫的LDH能在60 ℃ 15 min下保持稳定，并且在较宽的pH范围内仍表现出高催化效率。付永（2016）对牛皮蝇、中华皮蝇、藏羚羊皮蝇、兔裸皮蝇等4种皮蝇蛆的乳酸脱氢酶和酯酶的比较研究表明，4种皮蝇蛆乳酸脱氢酶的最适pH均为6.0，牛皮蝇、中华皮蝇和藏羚羊皮蝇的酯酶在pH 9.0时最稳定，兔裸皮蝇的酯酶在pH 8.5时最稳定，4种皮蝇蛆乳酸脱氢酶和酯酶的最适反应温度均为55 ℃，4种皮蝇蛆乳酸脱氢酶和酯酶酶谱的表达形式和浓度各不相同，具有一定种属特异性，说明牛皮蝇、中华皮蝇、藏羚羊皮蝇和兔裸皮蝇是4个独立种。综上所述，同工酶电泳技术及理化性质的研究为皮蝇种的快速鉴定开辟了新途径。

Otranto等（2000）对胃蝇属未定种（*Gasterophilus* spp.）、羊狂蝇（*Oestrus ovis*）、牛皮蝇、纹皮蝇和山羊遂皮蝇（*Przhevalskiana silenus*）的 *COI* 基因进行RFLP分析（用*Taq* Ⅰ、*Hinf* Ⅰ、*Rsa* Ⅰ和*Hpa* Ⅱ限制性内切酶），发现牛皮蝇和纹皮蝇之间没有明显差异。Otranto等（2003a）应用*Bfa* Ⅰ、*Hinf* Ⅰ和*Taq* Ⅰ三种限制性内切酶对牛皮蝇和纹皮蝇的 *COI* 基因可变区进行PCR-RFLP分析，发现牛皮蝇和纹皮蝇 *COI* 基因的种间差异达到8.5%，认为应用PCR-RFLP分析皮蝇 *COI* 基因的方法可作为牛皮蝇蛆病的流行病学调查和分子诊断工具。Balkaya等（2010）应用*Taq* Ⅰ限制性内切酶对牛皮蝇和纹皮蝇的 *COI* 基因进行PCR-RFLP分析，发现该方法可有效区分土耳其东部牛皮蝇和纹皮蝇的幼虫。以上研究均证实PCR-RFLP方法能够鉴定皮蝇蛆的种类。Otranto等（2003b）对牛皮蝇、纹皮蝇、马鹿皮蝇（*Hypoderma actaeon*）、鹿皮蝇（*Hypoderma diana*）和驯鹿皮蝇（*Hypoderma tarandi*，又称驯鹿肿皮蝇 *Oedemagena tarandi*）的第三期幼虫进行平层扫描的形态学研究，同时又用限制性内切酶*Bfa* Ⅰ做了 *COI* 基因的RFLP分析，并进行序列测定，比较后发现，用 *COI* 基因可以将不同地域的这些皮蝇种分开，证明 *COI* 是进行区分皮蝇种的有力工具。

Otranto等（2003）扩增了狂蝇科引起蝇蛆病的18个虫种（分属于狂蝇科的4个亚科）的 *COI* 基因部分序列（约688bp）并进行了测序，序列包括385个保守位点和303个可变位点，所有物种之间的平均核苷酸变异为18.1%，每个亚科内的变异范围为5.3%～13.34%，种内差异为0.14%～1.59%，种间差异为0.7%～27%。核苷酸系统发育分析表明，这四个亚科之间存在很大差异，与基于形态学和生物学特征的经典分类学结果一致。关贵全（2004）对我国现已发现的感染黄牛和牦牛的牛皮蝇、纹皮蝇和中华皮蝇的不同地区分离株的第三期幼虫进行分子分类学的研究，应用特异性引物分别扩增 18S rRNA 和 *COI* 基因序列并测序，结果显示目的片段大小分别为 1 827 bp 和 1 250 bp 左右；皮蝇第三期幼虫 18S rRNA 基因序列比较发现，牛皮蝇与纹皮蝇、牛皮蝇与中华皮蝇、纹皮蝇与中华皮蝇间的种间差异分别为 1.43%、1.30% 和 1.71%，牛皮蝇、纹皮蝇和中华皮蝇的不同株间的种内差异分别为 0.093%、0.1% 和 0.11%；通过 *COI* 基因序列比较发现，牛皮蝇与纹皮蝇、牛皮蝇与中华皮蝇、纹皮蝇与中华皮蝇的种间差异分别为 11.15%、11.27% 和 4.01%，牛皮蝇、纹皮蝇和中华皮蝇的不同株间的种内差异分别为 0.5%、0.1% 和 0.37%，结果表明应用皮蝇的 18S rRNA 和 *COI* 基因能较好地区分感染牛的牛皮蝇、纹皮蝇和中华皮蝇。通过建立的系统发育树和同源性的比较，显示中华皮蝇应为与牛皮蝇和纹皮蝇平行的独立种。Li 等（2004）对寄生在牦牛体的皮蝇进行了电子显微镜形态扫描观察，发现寄生在牦牛体的皮蝇种类有中华皮蝇、牛皮蝇和纹皮蝇，并对这三种皮蝇蛆的 *COI* 基因序列进行了分析，结果显示中华皮蝇与牛皮蝇和纹皮蝇分别拥有 88.3% 和 88.5% 的同源性，表明中华皮蝇与牛皮蝇和纹皮蝇拥有不同的 *COI* 基因序列。庞程等（2008）利用分子生物学技术检测了藏羚羊皮蝇 *COI* 基因与牛皮蝇 *COI* 基因的同源性为 88.11%，与纹皮蝇 *COI* 基因的同源性为 87.18%，与中华皮蝇 *COI* 基因的同源性为 88.18%，与鹿皮蝇 *COI* 基因的同源性为 86.18%，与驯鹿皮蝇 *COI* 基因的同源性为 85.16%，与赤鹿皮蝇（*H. actaeon*）*COI* 基因的同源性为 83.16%，与山羊遂皮蝇 *COI* 基因的同源性为 82.11%，与羊狂蝇（*O. ovis*）*COI* 基因的同源性为 78.16%，认为藏羚羊皮蝇可能是不同于其他皮蝇种的新种或新记录种。Weigl 等（2010）对赤鹿皮蝇、牛皮蝇、鹿皮蝇、纹皮蝇、中华皮蝇、和驯鹿皮蝇第三期幼虫线粒体非编码区 *tRNA* 和 ND1 基因进行研究，发现不同皮蝇种 *tRNA* 和 ND1 基因片段大小各不相同而且特异，为皮蝇种快速鉴定提供了可靠分子工具。付永（2016）基于 *COI* 基因序列，分析了青海 4 种皮蝇蛆的系统发育和起源时间，测序获得了 60 个牛皮蝇、52 个中华皮蝇、14 个藏羚羊皮蝇（*Hypoderma pantholopsum*）和 25 个兔裸皮蝇（*Oestromyia leporina*）线粒体 *COI* 基因部分序列，分别得到 17、23、12 和 21 个单倍型；综合贝叶斯法系统发生分析和 Beast 分化时间的估算，进一步证实了牛皮蝇、中华皮蝇、藏羚羊皮蝇和兔裸皮蝇是 4 个有效的独立种；AMOVA 检测发现牛皮蝇和中华皮蝇群体间在各自地理区域存在显著的遗传结构差异（$P<0.001$），并且群体内的分化高于群体间的分化；地理结构分析发现牛皮蝇和中华皮蝇由于生境喜好和扩散能力的差异而导致群体遗传结构的不同；种群历史动态分析发现牛皮蝇和中华皮蝇种群经历了突然扩张事件，主要都是在晚更新世（Late pleistocene）期间发生的扩张。刘建枝等（2012）采集了西藏当雄县牦牛的 113 个皮蝇第三期幼虫，结合形态学鉴定，扩增了皮蝇蛆 *COI* 基因并进行测序，结果表明，西藏当雄县感染牦牛的皮蝇蛆为牛皮蝇蛆和中华皮蝇蛆，牛皮蝇蛆为西藏当雄县牦牛皮蝇蛆病病原的优势虫种；*COI* 基因序列显示牛皮蝇和中华皮蝇的种间差异为 10.8%～11.3%，同源性 88.7%～89.2%，牛皮蝇的株间差异为 0.1%～0.6%，同源性 99.4%～99.9%，中华皮蝇的株间差异为 0.1%～0.4%，同源性 99.6%～99.9%。上述研究结果均说明应用特定基因（如 *rDNA* 和 *mtDNA*）的核苷酸序列，可以对皮蝇的系统发育、分类鉴定进行有效的分析和研究。

随着分子生物学理论与技术的发展，尤其是皮蝇 rDNA 和 mtDNA 基因序列的测定和完善，皮蝇系统发育研究不断取得进展。理论的发展使得对试验数据的解释更加容易，技术的发展则使得对试验材料的探究更透彻，也给系统研究皮蝇提供了新的思维方法。虽然现阶段用于研究的材料较少，仍有很多基因并未研究清楚，比如在研究物种起源、种群遗传进化和基因漂流等方面仍存在疑问，然而，随着分子生物学技术的发展、计算机技术的创新和统计学模型等新技术的发展、应用、融合、完善，给皮蝇研究提供了新的思路。

（五）小结

在青藏高原东北部，通过形态学、生物学特性、生化鉴别和分子分类学研究，发现牦牛皮蝇蛆病的病原种类有中华皮蝇、纹皮蝇和牛皮蝇 3 种。其中中华皮蝇分布广，种群密度大，是牦牛皮蝇蛆病的优势病原虫种。

通过牦牛皮蝇蛆病病原生物学特性研究，探明了牦牛皮蝇蛆的寄生规律，其总的规律是皮蝇成蝇飞翔季节在 5—8 月，7—8 月上旬为飞翔高潮期，也就是成蝇袭扰牦牛产卵的季节；9 月中旬至 10 月中旬，牦牛内脏器官寄生有较多的 L_1（比较温暖潮湿的地区 5—8 月也可在内脏器官检出幼虫），10—12 月（或 11 月）内脏器官幼虫荷量达到高潮。说明在此期间皮蝇卵孵出的幼虫陆续向宿主体内移行；11 月至翌年 4 月，幼虫陆续移至皮下，发育为 L_2、L_3，皮下幼虫荷量升高，3—7 月 L_3 陆续离开牛体落地化蛹。3 月上旬至 5 月中旬为中华皮蝇和纹皮蝇幼虫落地季节，而 4 月中旬到 7 月底为牛皮蝇幼虫落地季节。蛹化时间为 4～11 d。中华皮蝇和纹皮蝇蛹经过 67～93 d，牛皮蝇蛹经 65～103 d 羽化为成蝇。中华皮蝇和纹皮蝇成蝇在 5 月上旬开始出现，牛皮蝇成蝇在 6 月下旬开始出现，均于 8 月底停止飞翔。成蝇寿命为 2～15 d。从成蝇飞翔侵袭牦牛到出现在内脏器官约 2.5 个月，从内脏出现幼虫到背部皮下约经 3 个月，在背部皮下从 L_2 蜕变成 L_3，进而发育成熟需 3 个多月。这些均为防治研究提供了科学依据。

二、检测技术

牦牛皮蝇蛆病的诊断与检测技术有形态学鉴别、血清学检测等。

（一）形态学鉴别

对成蝇和从牦牛及人体采集到的皮蝇 L_1、L_2、L_3 进行了形态观察。在成蝇和 L_1 的形态上，纹皮蝇和中华皮蝇无明显差别，不易鉴别。

对中华皮蝇、纹皮蝇和牛皮蝇 L_2 体节腹面、背面棘刺区和后气孔数目的研究结果表明，中华皮蝇、纹皮蝇和牛皮蝇 L_2 体节腹面棘刺区的差异不大，但体节背面棘刺区棘刺的分布和后气孔数目明显不同，其区别要点见表 5-2 和表 5-3。

表 5-2　3 种皮蝇 L_2 体节背面棘刺区的区别

虫种	研究者	报道时间	前缘	后缘
牛皮蝇	Грунин	1962	胸节 2、3，或仅胸节 2，或全光秃	胸节 2 具少数棘刺，或全光秃
纹皮蝇	Грунин	1962	胸节 2，少数延至胸节 3，或全光秃	全部光秃
	翟逢伊	1984	胸节 2	
中华皮蝇	王奉先等	1988	胸节 2、3；腹节 1，部分 1～2，少数光秃	胸节 2、3，少数 2 或 3；腹节 1～4，部分 1～3，少数 1、2

表 5-3　3 种皮蝇 L_2 后气孔的区别

虫种	研究者	报道时间	气孔数	气孔聚合	气孔间隙区
牛皮蝇	Грунин	1962	19~60（多数 30~50）个	紧密	深棕褐色
纹皮蝇	Грунин	1962	11~43（多数 20~30）个	疏松	淡黄色
中华皮蝇	王奉先等	1988	22~80（多数 40~60）个	紧密	棕黄色

对牛皮蝇、纹皮蝇和中华皮蝇 L_3 气门板的形态学研究表明，三者形态略有不同，牛皮蝇 L_3 气门板的形态呈漏斗状，气门孔周围有粗壮的棘刺；纹皮蝇 L_3 气门板扁平，气门孔周围无棘刺；中华皮蝇 L_3 气门板的形态稍有凹陷，气门孔周围有少量小的棘刺。

对中华皮蝇、纹皮蝇和牛皮蝇成熟 L_3 体节腹面棘刺区的研究发现，皮蝇成熟 L_3 第 7 节（即倒数第 2 节）腹面上，牛皮蝇前后缘均无棘刺，纹皮蝇前缘无棘刺，仅后缘有棘刺，中华皮蝇前后缘均有棘刺。

研究结果表明，纹皮蝇、中华皮蝇和牛皮蝇有以下三点不同：①中华皮蝇、纹皮蝇和牛皮蝇 L_3 体节腹面棘刺区的差异不大，但体节背面棘刺区棘刺的分布和后气孔数目明显不同。②牛皮蝇 L_3 气门板的形态呈漏斗状，气门板的表面有很多粗棘刺；纹皮蝇气门板扁平，表面无棘刺；中华皮蝇 L_3 气门板稍有凹陷，周围有少量小的棘刺；③皮蝇成熟 L_3 腹部第 7 节（即倒数第 2 节）腹面上，牛皮蝇前后缘均无棘刺，纹皮蝇前缘无棘刺，仅后缘有刺，中华皮蝇前后缘均有棘刺。

（二）皮蝇蛆病的血清学检测

牦牛皮蝇蛆病是我国西北地区广泛流行的危害严重的一种寄生虫病，对该病的传统诊断是基于临床表现（幼虫从牛背部钻出情况、被毛上虫卵等）、触诊 L_2 或 L_3 所形成的瘤疱、剖检找到幼虫等方法，通过计数虫孔、瘤疱、幼虫的数目来确定感染强度。这些方法虽然具有一定的实用价值，但也存在局限性，如不能进行早期诊断、易漏检、数据不精确、费时费力等，因此不适合牦牛皮蝇蛆病的防治效果的考察和大规模的流行病学调查。简单、准确的早期诊断方法，对牦牛皮蝇蛆病的检测和流行病学调查非常关键。随着免疫学技术的发展，一些血清学检测方法如免疫电泳（Immune electrophoresis，IE）、双向免疫扩散试验（Double immunodiffusion test，DID）、间接血凝试验（Passive hemagglutination Assay，PHA）和酶联免疫吸附试验（Enzyme linked immunosorbent assay，ELISA）逐步应用到牦牛皮蝇蛆病的诊断和研究领域。

Boulard 等（1970）用纹皮蝇 L_1 的粗提胶原蛋白作为抗原，应用间接血凝试验诊断牛皮蝇蛆病，从而建立了第一种用于诊断皮蝇蛆病的血清学方法。Boulard（1973）将免疫电泳技术用于牛皮蝇蛆病的检测当中。Boulard 等（1977）用免疫电泳技术对 13 位感染了皮蝇蛆病的病人进行了检测，结果 10 位病人的血清呈阳性，3 位为阴性，出现了不少的假阴性。

1983 年，Sinclair 等将 ELISA 应用于牛皮蝇蛆病的检测中，认为 ELISA 是检测皮蝇蛆病的一种非常有效的检测方法。Doby 等（1987）比较了 ELISA 和免疫电泳在诊断人的皮蝇蛆病中的优缺点，发现 ELISA 具有较高的敏感性，但不能区分出是牛皮蝇还是纹皮蝇感染，而免疫电泳可以将两者的感染区分开。Boulard（1985）通过 ELISA 和间接血凝试验对血清和乳清中的牛皮蝇蛆抗体进行了检测，开创了用乳清抗体诊断皮蝇蛆病的先河。Guan 等（2005）以纯化的 Hypodermin C 为抗原，应用 Boulard（1985）建立的 ELISA 诊断方法，对我国新疆、内蒙古、黑龙江、吉林和甘肃等地 2001—2002 年间采集到的 4 175 份牦牛和黄牛血清进行了牛皮蝇蛆病血清学调查，结果显示五省（自治区）的牛皮蝇蛆病的感染率分别为 51.77%、27.02%、13.00%、6.03% 和 44.41%，表明牛皮蝇蛆病在我国北方牛群中流行相当严重。Monfray 等（2010）在驯鹿肿皮蝇所致的驯鹿皮蝇蛆病的早期诊断中，比较了免疫扩散试验、间接血凝试验和 ELISA 三种诊断方法，证明 ELISA 优于其他两种方法。Otranto（1998）研究发现，纹皮蝇抗原和山羊遂皮蝇抗体间存在交叉反应，证明了用纹皮蝇抗原检测山羊遂皮蝇感染山羊的可行性。此后，多名研究者应用检测皮蝇蛆病的 ELISA 试剂盒对山羊遂皮蝇所致的山羊的皮蝇蛆病进行检测和流行病学调查。关贵全等（2004 年）以皮蝇 L_1 制备的可溶性虫体抗原为诊断抗原，初步建立了我国牛皮蝇蛆病的 ELISA 诊断方法，具有较高的敏感性和特异性。

在牛皮蝇蛆病的检测中，ELISA 具有较好的特异性和敏感性，许多国家如波兰、德国、法国、加拿大、英国都将其用于大规模牛皮蝇蛆病的血清流行病学调查中。目前，全球范围内，ELISA 被公认为是检测牛皮蝇蛆病的可靠方法，在皮蝇蛆病的流行病学调查和疾病诊断中广泛应用。在早期的 ELISA 中，需收集大量皮蝇 L_1 或 L_2 制备粗制抗原，粗制抗原特异性和敏感性较低，影响皮蝇蛆病的诊断、检测及监测的高效进行。为了提高检测的特异性和敏感性，皮蝇蛆病的研究工作者不断探索纯化皮蝇抗原的方法以完善皮蝇蛆病的 ELISA 检测方法。1994 年 Martienz - Moeron 等将培养纹皮蝇 L_1 时获得的分泌抗原用于 ELISA 中，结果发现其优于虫体抗原。Boulard 等（1996）利用 ELISA 和免疫印迹方法对阶段特异性抗原和交叉反应进行筛选，发现皮蝇科的胶原酶 Hypodermin C（HC）与羊狂蝇（*Oestrus ovis*）及胃蝇（*Gasterophilus* spp.）、蜱、肝片吸虫、捻转血矛线虫和无浆体（*Anopalsma* sp.）都没有交叉反应，而与皮蝇科的虫种具有较好的交叉反应，证明 HC 可作为诊断皮蝇蛆病的理想抗原。随着对 HC 的 cDNA 序列的了解，利用体外重组技术表达重组 HC 成为可能。Casais 等（1998）利用大肠杆菌表达重组的 HC 并将其用于牛皮蝇蛆病的诊断中，结果显示特异性和敏感性分别为 98.2% 和 85%。此后，Panadero 等和 Boldbaatar 等（2001）也应用重组的 HC 分别进行皮蝇蛆病的 ELISA 和 Western blotting 检测，并与天然的 HC 进行比较，结果表明重组 HC 的效果与天然 HC 相同，都具有高度的敏感性和特异性。

综上所述，皮蝇科的 HC 与皮蝇科的虫种具有较强的交叉反应，而与感染牛的其他寄生虫不具有交叉反应，是一种较好的用于皮蝇蛆病诊断的抗原。Webster 等（1997）将竞争性 ELISA 用于牛皮蝇蛆病的检测，证明在样品的非特异性较强时，这种方法可作为间接 ELISA 的辅助方法。间接 ELISA 是牛皮蝇蛆病诊断中应用最广的方法，对检测抗体十分有效，美中不足的是，因为使用药物驱杀皮蝇幼虫后其 IgG 抗体能长期存在，所以该方法不能快速评估药物的驱虫效果和新的皮蝇蛆感染。鉴于此，Panadero - Fontan 等（2002）和 Colwell 等（2003）制备了抗重组 HC 的鼠源单克隆抗体，基于该单克隆抗体建立了用于检测牛体内的循环 HC 的捕获 ELISA，此法的特异性为 95.6%，敏感性为 96.4%，并用此法对驱虫后牛体内的循环 HC 做了动态分析，结果表明抗原捕获 ELISA 可用于评估牛皮蝇蛆感染后的治疗是否成功，以及检测已感染的牛是否再次感染，解决了不能区分牛体内存在的皮蝇幼虫是活虫还是死虫的难题，以便对遗漏的感染牛采取补救措施。

在对皮蝇蛆病的 ELISA 检测中，也可使用混合血清或混合奶样进行检测。Boulard 等（1991，1996b）研究表明，可在牛皮蝇蛆病的调查中使用混合血清，在对某一地区牛皮蝇蛆病根除过程中，混合血清检测结果可为人们提供该地区牛皮蝇蛆病的感染、季节动态等信息，降低皮蝇蛆病的血清学检测成本，同样，对混合奶样也可进行检测。Otranto 等（2001）对混合奶样中抗体的检测试验表明，对奶样的检测也能诊断牛群是否感染皮蝇蛆病，因为不必通过对区域内畜群逐个取样检测来判断该区域畜群是否存在皮蝇蛆病，所以该方法更适用于没有牛皮蝇蛆病流行病学记录的国家和地区。Frangipane（2003）等以牛奶为检测样品，对意大利东北部地区奶牛的牛皮蝇蛆病进行了调查，证实了用牛奶进行皮蝇蛆病的 ELISA 检测具有高效、低成本和操作简单等优点。目前，已在部分国家和地区应用奶样进行牛皮蝇蛆病的大批量检测和流行病学调查，此法也适合我国西北地区牦牛皮蝇蛆病的检测。

（三）小结

对从牦牛及人体采集到的皮蝇 L_1、L_2、L_3 进行了形态观察。用解剖镜、电子显微镜扫描观察中华皮蝇、纹皮蝇和牛皮蝇 L_2 体节腹面、背面棘刺区和后气孔数目、气门板的形态等，确定了鉴别要点。对利用血清学方法诊断牛皮蝇蛆病的研究进展与应用前景进行了分析。

三、流行情况

（一）全国流行状况

1. 青海省流行状况

（1）文献结果整理汇总 为摸清牦牛皮蝇蛆病的感染状况，许多兽医寄生虫病学工作者致力于该方面的研究，主要采用牛背部皮肤触摸法检查幼虫皮下寄生形成的瘤疱和成熟 L_3 脱落形成的虫孔情况，其次采用解剖法检查各龄幼虫在体内的寄生情况。总的来说，可分为未经防治牦牛的感染情况调查和实施药物防治后的效果检查两部分，调查面几乎覆盖了牦牛养殖主要分布区，表 5-4 显示青海省迄今对牦牛皮蝇蛆病主要调查结果。

调查方法采用 9、10、11 月份剖检法和 3、4、5 月份触摸背部瘤疱及皮肤虫孔的方法，计数统计 L_1、L_2、L_3 各期幼虫数量及形成的瘤疱或皮肤虫孔数目。

感染情况调查分为 3 种类型：①调查未使用任何抗寄生虫药物进行防治的牦牛；②在抗寄生虫药物药效评价中未用药的阳性对照组牦牛皮蝇蛆感染情况，药物试验组牦牛给药后的杀虫效果检查；③药物示范推广应用中防治群与未防治群牦牛皮蝇蛆感染情况。

表 5-4 青海省牦牛皮蝇蛆病感染情况调查结果统计

发表时间	调查时间	采样地点	检查数（头）（触摸法）	感染数（头）	感染率（%）	感染强度（个）	参考文献
1982	1981年4月至7月	青海省海北藏族自治州	160	135	84.38	—	黄守云等
1982	1981年3月	青海省同仁县			94.80	9.88 (0~34)	候三忠
					81.80	7.35	
					57.80	5.35	
1985	1982年	青海省久治县	剖检法20	15	75.00	23.75 (0~139)	苏更登等
	1983年3月		403	300	74.44	9.96 (0~122)	

（续）

发表时间	调查时间	采样地点	检查数（头）（触摸法）	感染数（头）	感染率（%）	感染强度（个）	参考文献
1988	1965 年	青海省同仁县	10	10	100	1～256	韩发泉
	1981 年 3 月至 5 月		416	295	70.91	7.17	
	1983 年 3 月至 5 月		466	368	78.97	4.76	
	1984 年 3 月至 5 月		747	440	58.90	3.33	
	1985 年 3 月至 5 月		1 501	214	14.26	0.33 *	
	1986 年 3 月至 5 月		3 133	248	7.92	0.21 *	
1983	1982 年	青海省刚察县	194	152	78.35	10.48（0～83）	郭仁民
			557	84	15.08	1.39 *	
1983	1982 年 3 月至 5 月	青海省大通种牛场	1 075	751	69.86	8.28（0～204）	傅国璋
1983	1983 年 3 月 1983 年 5 月	青海省都兰县	219	198	90.41	19.97（1～81）	都兰县兽医站
			1 045	560	53.59	16.97（1～90）	
			224	113	50.45	2.92（1～25）	
			939	267	28.43	5.08（1～25）	
1984	1983 年 3 月至 5 月	青海省乌兰县	206	157	76.21	10.54	杨占魁
1984	1983 年 3 月	青海省玛沁县	500	340	68.00	8.51（0～77）	马良发
1984	1984 年 3 月至 4 月	青海省玛多县	3 646	2 859	78.41	11.75（1～122）	玛多县兽医站
			2 728	502	18.40	4.06（1～29）	
1985	1981 年 4 月	青海省刚察县、海晏县、大通县、部队牧场、大通牛场合计	196	167	85.20	5.58（0～42）	杨发春
	1982 年 3 月至 5 月		3 510	2 775	79.06	4.88	
	1983 年 3 月至 5 月		3 250	303	9.32	0.69 *	
	1984 年 3 月至 5 月		2 892	246	8.51	1.01 *	
1985	1983 年	青海省兴海县	1 297	913	70.39	9.17（0～87）	兴海县畜牧兽医站、徐天德等
	1984 年		369	212	57.45	4.82（0～95）	
			1 613	262	16.24	0.47（0～23）*	
1985	1984 年 3 月至 5 月	青海省称多县	5 139	3 758	73.13	20.98	马秉泉
1986	1953—1984 年	青海省黄南藏族自治州	5 277	3 406	64.54	0～149	阎启礼
			剖检法 101	97	96.04	0～192	
1988	1984 年 3 月至 5 月	青海省玉树县	2 641	2 254	85.35	9.22	玉树县兽医站
	1985 年 3 月至 5 月		1 884	516	27.39	1.8 *	
	1986 年 3 月至 5 月		5 282	542	10.26	0.76 *	
	1987 年 3 月至 5 月		1 845	273	14.80	0.15 *	
1988	1983 年	青海省共和县	4 519	2 867	63.44	6.8（0～148）	李兴林
	1984—1987 年		10 391	2 426	23.35	0.99 *（0～68）	
2003	1998—2002 年	青海省刚察县	2 250	884	39.29	4.23（1～16）	谭生科

（续）

发表时间	调查时间	采样地点	检查数（头）（触摸法）	感染数（头）	感染率（％）	感染强度（个）	参考文献
2003	2001—2002 年	大通牛场	34	29	85.29	5.24	蔡进忠等
			69	0	0	0*	
2004	2003 年	青海省玛沁县	960	298	31.04	5.65	马军良
	2004 年		960	203	21.15	3.89*	
2008	2006 年 5 月	青海省班玛县	1 752	1 426	81.39	9.9	李青梅
			1 643	42	2.56	1.3*	
2009	2007—2008 年	青海省大通种牛场	31	14	45.16	6.45（2～15）	蔡进忠等
			32	0	0	0*	
2009 年	2008 年 3 月至 5 月	青海省互助土族自治县	322	165	51.24	8.26	张万元
	2009 年		56	29	51.79	8.21	
			56	3	5.36	0.20*	
2010	2009 年	青海省海晏县	134	124	92.54	8.38	朵红
		青海省贵南县	56	39	69.64	1.51	
		青海省玛沁县	76	50	65.79	1.64	
2011	2010 年 3 月	青海省曲麻莱县	244	203	83.20	4.16	杨贵兴
			143	16	11.19	1.19*	
2011	2010 年 3 月至 5 月	青海省治多县	262	262	100.00	4.01	旦正
2011	2007 年 10 月至2009 年 5 月	青海省刚察县	剖检法 34	24	70.59	34.13	文平
			385	235	61.04	4.97	
2011	2007—2008 年	青海省祁连县	2 095	932	44.49	4.62（0～16）	李剑
2011	2008 年	青海省达日县	剖检法 61	39	63.93	30.6（0～61）	杨玉林
	2009 年		1 743	1 114	63.91	5.4（0～18）	
2012	2007—2011 年	青海省称多县	6 740	1 633	24.23	29.52（1～81）	陈林
2012	2004—2011 年	青海省大通种牛场	剖检法 509	226	44.40	30.07（7～63）	孙延生等
			3 642	1 605	44.07	6.11（1～17）	
2012	2009 年 10 月至2010 年 4 月	青海省贵德县	119	92	77.31	10.89（2～53）	祁生武
			455	0	0	0*	
2013	2011—2012 年	青海省 16 个县（市）	4 266	1 153	27.03	1.06	马占全
			9 233	511	5.53	0.15*	
2014	2013—2014 年	青海省祁连县	51	20	39.22	7.4（1～17）	蔡进忠等
			59	0	0	0*	

（续）

发表时间	调查时间	采样地点	检查数（头）（触摸法）	感染数（头）	感染率（%）	感染强度（个）	参考文献
2015	2013年10月至2014年4月	青海省共和县	96	63	65.63	12.3（2~67）	袁志芸
2015.9	2015年3月至5月	青海省班玛县	180	103	57.22	6.6	永红
			420	23	5.48	1.3*	
2020	2020年3月至5月	青海省10个县（市）	4 306	778	18.07	0.47	张志平等
			10 941	474	4.33	0.08*	
合计			119 168	41 837			

注：*为药物防治后的效果考核。

综上所述，青海省摸背检查未防治牦牛 72 100 头，检出感染牛 38 410 头，平均感染率 53.27%（范围 18.07%~100%），平均感染强度 7.97 个（范围 1.06~204 个）。剖检平均感染率 55.31%（范围 44.4%~100%），感染强度 1~192 条。

检查药物防治群牦牛 56 359 头，检出感染牛 6 386 头，感染率在 0~27.39%，平均感染率 11.33%；平均感染强度范围 0.76 个（防治前为 9.22 个）。其中药效评价试验中药物防治组的皮蝇蛆检出为零，有效率均达 100%。在规模示范推广应用中防治群牦牛皮蝇蛆检出感染率在 2.56%~27.39%（防治前为 85.34%）。

在牦牛皮蝇蛆病防治效果调查方面，马占全等（2013）在玉树、治多、曲麻莱、称多、久治、甘德、达日、泽库、同德、共和、贵南、德令哈、祁连、海晏、互助、大通等 16 地组织开展了牦牛牛皮蝇蛆病防治效果调查。2011 年进行防治（使用 0.2 mg/kg 阿维菌素注射剂），2012 年 3 月份共调查防治牛 4 500 头，检出感染牛 255 头，感染率为 5.67%，总瘤疱数 715 个，平均强度 0.16 个；5 月份共调查 4 733 头，检出感染牛 256 头，感染率为 5.41%，总瘤疱数 673 个，平均强度 0.14 个。3 月份共调查未防治牛 2 188 头，检出感染牛 562 头，感染率为 25.69%，总瘤疱数 2 190 个，平均强度 3.90 个；5 月份共调查牛 2 078 头，检出感染牛 591 头，感染率为 28.44%，总瘤疱数 2 328 个，平均强度 3.94 个。结果表明，3 月份 16 地防治组感染率比未防治组下降了 77.93%，平均感染强度下降了 84%；5 月份 16 地防治组比未防治组感染率下降了 80.98%，平均感染强度下降了 87.5%。

张志平等（2020）于 2020 年 3 月和 5 月在青海省互助、共和、德令哈、天峻、祁连、海晏、同仁、班玛、曲麻莱和化隆 10 地开展了牛皮蝇蛆病防治效果考核，共检查未防治组牦牛 4 306 头，检出感染牛 778 头，感染率 18.07%，总瘤疱数 2 032 个，平均强度 0.47 个；检查防治组牦牛 10 941 头，检出感染牛 1 252 头，感染率 4.33%，总瘤疱数 2 857 个，平均强度 0.08 个。结果表明，10 地防治组感染率比未防治组下降幅度达 76.04%，平均感染强度下降幅度达 82.98%。

（2）牦牛皮蝇蛆病流行状况调查

1）材料与方法

① 调查地区 青海省大通种牛场、祁连县、玛多县、囊谦县等 4 个地区。

② 剖检法 用于体内寄生幼虫的检查，在屠宰季节的 10 月、11 月上旬，利用集中屠宰牛的机会，在屠宰时采用随机抽样的方法，检查牦牛皮蝇蛆感染情况，即体内皮蝇 L_1、L_2 寄生情况。其方法是先进行体表检查，屠宰后首先检查皮下皮蝇幼虫，并计数，然后剖开食道和内脏，自咽部起，直到瘤胃、直肠和肠系膜根部，检查食道浆膜、黏膜、瘤胃浆膜、大网膜、背部皮下等部位的皮蝇幼虫，统计皮蝇幼虫寄生数，最后剖开脊髓腔，逐个部位详细检查，并计数，采集部分虫体，酒精固定，进行形态学鉴定。

③ 摸背检查 分别在翌年 3、5 月份，采用触摸法检查各龄牦牛背部皮蝇幼虫寄生形成的皮下瘤疱和成熟 L_3 脱落造成的皮肤虫孔，计数统计。

④ 结果统计 依据剖检体内寄生幼虫数和摸背检查皮下瘤疱及皮肤虫孔有无情况，按以下公式计算出感染率和感染强度。

感染率（％）＝感染幼虫（瘤疱、虫孔）牛数/调查牛数×100％

感染强度（条或个）＝幼虫寄生数或瘤疱（虫孔）数/调查阳性牛数

2）结果与分析

① 青海省大通种牛场 孙延生等（2014）对青海大通种牛场近 8 年（2004 年 9 月至 2011 年 5 月）未用药物防治的牦牛的皮蝇蛆感染情况进行了调查。青海大通种牛场于 2012 年 3 月至 2022 年 5 月开展了防治效果检查。

剖检结果： 2004—2011 年连续 8 年对 3 个畜牧大队未用药物防治的屠宰犊牦牛进行调查，结果见表 5-5，共检查 509 头牦牛，其中从 226 头检出 L_1 和 L_2 6 795 个，平均感染率为 44.40％，平均感染强度 30.07 个（感染范围 7～63 个）。结果显示，皮蝇蛆感染率及感染强度呈逐年下降趋势。

摸背检查结果： 2004—2011 年在 3 个畜牧大队对未用药物防治的牦牛的皮蝇蛆感染情况进行调查，结果见表 5-6，共摸背检查 3 642 头，查出阳性牛 1 605 头，感染范围为 26.54％～75.22％，平均感染率为 44.07％，查出瘤疱和皮肤虫孔 9 808 个，平均感染强度 6.11 个（感染范围 1～17 个）。结果显示，牦牛皮蝇蛆感染率及感染强度呈逐年下降趋势。

将不同调查年份的牦牛皮蝇蛆感染情况进行比较可以看出，2004—2011 年的 8 年间摸背检查牦牛皮蝇蛆感染率维持在 26.54％～75.22％，平均感染率为 44.07％，总体感染率由 2004 年的 75.22％，下降为 2011 年的 26.54％，下降幅度达 64.72％（下降 46.68 个百分点）；感染强度由 8.61 个下降为 3.84 个，下降幅度达 55.40％（下降 4.77 个）。

表 5-5 2004—2011 年剖检犊牦牛皮蝇蛆感染情况统计结果

检查时间	剖检数（头）	感染数（头）	感染率（％）	感染虫数（个）	平均强度（个）	范围（个）
2004	67	50	74.63	1 864	37.28	13～63
2005	61	41	67.21	1 273	31.05	15～55
2006	66	37	56.06	1 101	29.77	12～47
2007	62	27	43.55	894	33.11	13～48
2008	61	20	32.79	539	26.95	9～51

（续）

检查时间	剖检数（头）	感染数（头）	感染率（%）	感染虫数（个）	平均强度（个）	范围（个）
2009	64	17	26.56	313	18.41	6～35
2010	63	18	28.57	462	25.67	8～59
2011	65	16	24.62	349	21.81	7～42
合计	509	226	44.40	6 795	30.07	7～63

表5-6　2004—2011年摸背检查牦牛皮蝇蛆感染情况统计结果

检查时间	检查数（头）	感染数（头）	感染率（%）	瘤疱和皮肤虫孔数（个）	平均强度（个）	范围（个）
2004	452	340	75.22	2 927	8.61	3～17
2005	455	301	66.15	2 088	6.94	3～12
2006	451	242	53.66	1 435	5.93	1～11
2007	452	188	41.59	894	4.76	2～9
2008	454	156	34.36	850	5.45	1～11
2009	463	131	28.29	517	3.95	1～8
2010	459	126	27.45	632	5.02	2～10
2011	456	121	26.54	465	3.84	1～9
合计	3 642	1 605	44.07	9 808	6.11	1～17

不同年龄牦牛的皮蝇蛆感染情况：不同年龄牦牛的皮蝇蛆摸背检查统计结果见表5-7。从表中可见，1岁牦牛皮蝇蛆的平均感染率为51.39%，感染范围3～14个；2～3岁牦牛的平均感染率为46.81%，感染范围2～12个；4岁及4岁以上成年牦牛的平均感染率为30.23%，感染范围1～7个。结果显示，不同年龄牦牛的感染率及感染强度存在差异。

表5-7　2004—2011年不同年龄牦牛皮蝇蛆感染情况摸背检查统计结果

年龄（岁）	检查数（头）	感染数（头）	感染率（%）	瘤疱和皮肤虫孔数（个）	平均强度（个）	范围（个）
1	1 438	739	51.39	5 762	7.80	3～14
2～3	1 205	564	46.81	3 059	5.42	2～12
≥4	999	302	30.23	987	3.27	1～7
合计	3 642	1 605	44.07	9 808	6.11	1～14

药物防治后牦牛皮蝇蛆感染情况：2012—2022年青海省大通种牛场不同年龄牦牛皮蝇蛆摸背检查统计结果见表5-8。

表 5-8　2012—2022 年防治组牦牛皮蝇蛆检查统计结果

| 年份 | 检测数量（头） | | | | | 感染率（%） |
	1 岁	2 岁	3 岁	成年牛	合计（头）	
2012	800	400	100	200	1 500	0
2013	850	400	80	400	1 730	0
2014	1 200	500	150	350	2 200	0
2015	1 500	200	300	500	2 500	0
2016	2 000	200	300	500	3 000	0
2017	2 000	200	300	500	3 000	0
2018	2 300	220	300	500	3 320	0
2019	2 300	180	300	500	3 280	0
2020	2 400	200	250	300	3 150	0
2021	2 500	150	150	250	3 050	0
2022	2 600	300	100	200	3 200	0
合计	20 450	2 950	2 330	4 200	29 930	0

② 祁连县牦牛皮蝇蛆病感染状况调查　**剖检结果：**2018—2020 年连续 3 年共检查屠宰成年牦牛 60 头，剖检结果见表 5-9。从 13 头牦牛体内检出幼虫，感染率 21.67%，检出 L_1 366 个，平均感染强度 26.86 个。

表 5-9　牦牛皮蝇幼虫感染情况剖检统计结果

检查时间	剖检数（头）	感染数（头）	感染率（%）	感染虫数（个）	平均强度（个）	范围（个）
2018	20	6	30.0	195	32.50	12~39
2019	20	4	20.0	107	26.75	15~34
2020	20	3	15.0	64	21.33	13~28
合计	60	13	21.67	366	26.86	12~39

摸背检查结果：2016—2020 年连续 5 年在祁连县 3 个乡镇（默勒镇、阿柔乡、野牛沟乡等乡镇）进行摸背检查，结果见表 5-10 和表 5-11。采用触摸法共检查未防治牦牛 2 646 头（次），检出感染牛 568 头（次），感染率为 11.99%~34.73%，平均感染率为 21.47%，查出瘤疱和皮肤虫孔总数 1 024 个，平均感染强度 1.8 个（感染范围 1~7 个）。同期检查防治组牦牛，感染率为 0。

表 5-10　牦牛皮蝇蛆 3 月份感染情况摸背检查统计结果

检查时间	检查数（头）	感染数（头）	感染率（%）	瘤疱和皮肤虫孔数（个）	平均强度（个）	范围（个）
2016	262	91	34.73	236	2.59	1~7
2017	265	72	27.17	197	2.74	1~6
2018	266	53	19.92	113	2.13	1~5

（续）

检查时间	检查数 （头）	感染数 （头）	感染率 （%）	瘤疱和皮肤虫孔数 （个）	平均强度 （个）	范围 （个）
2019	263	42	15.97	46	1.10	1～2
2020	267	35	13.11	36	1.03	1～2
合计	1 323	293	22.15	628	2.14	1～7

表 5-11　牦牛皮蝇蛆 5 月份感染情况摸背检查统计结果

检查时间	检查数 （头）	感染数 （头）	感染率 （%）	瘤疱和皮肤虫孔数 （个）	平均强度 （个）	范围 （个）
2016	262	86	32.82	170	1.98	1～3
2017	265	69	26.04	75	1.09	1～2
2018	266	51	19.17	78	1.53	1～3
2019	263	37	14.07	39	1.05	1～2
2020	267	32	11.99	34	1.06	1～2
合计	1 323	275	20.79	396	1.44	1～3

不同年龄牦牛的皮蝇幼虫感染情况： 不同年龄牦牛的皮蝇幼虫感染情况摸背检查统计结果见表 5-12。从表中可以看出，当年犊牦牛（1 岁牦牛）感染率及感染强度最高，其次为 2～3 岁牦牛，成年牛最低。

表 5-12　摸背法检查不同年龄牦牛皮蝇蛆感染情况统计结果

年龄 （岁）	检查数 （头）	感染数 （头）	感染率 （%）	瘤疱和皮肤虫孔数 （个）	平均强度 （个）	范围 （个）
1	456	159	34.87	432	2.71	1～6
2～3	395	106	26.84	123	1.16	1～4
成年	472	45	9.53	46	1.02	1～3
合计	1 323	310	23.43	601	2.0	1～6

③ 玛多县牦牛皮蝇蛆病感染状况调查　2016—2020 年连续 5 年在玛多县 3 个乡镇（花石峡镇、玛查理镇、黄河乡）进行触摸检查，结果见表 5-13 和表 5-14。共检查未防治牦牛 1 200 头（次），查出阳性牛 304 头（次），感染率为 7.50%～42.50%，总感染率为 25.33%，查出瘤疱和皮肤虫孔总数 733 个，平均感染强度 2.41 个（感染范围 1～8 个）。同期检测防治组牦牛，感染率为 0。

表 5-13　牦牛皮蝇蛆 3 月份感染情况摸背检查统计结果

检查时间	检查数（头）	感染数 （头）	感染率 （%）	瘤疱和皮肤虫孔数 （个）	平均强度 （个）	范围 （个）
2016	120	51	42.50	172	3.37	1～8
2017	120	43	35.83	130	3.02	1～6
2018	120	28	23.33	71	2.54	1～5

（续）

检查时间	检查数（头）	感染数（头）	感染率（%）	瘤疱和皮肤虫孔数（个）	平均强度（个）	范围（个）
2019	120	22	18.33	35	1.59	1~4
2020	120	9	7.50	10	1.11	1~2
合计	600	153	25.50	418	2.73	1~8

表 5-14　牦牛皮蝇蛆 5 月份感染情况摸背检查统计结果

检查时间	检查数（头）	感染数（头）	感染率（%）	瘤疱和皮肤虫孔数（个）	平均强度（个）	范围（个）
2016	120	51	42.50	124	2.43	1~6
2017	120	41	34.17	77	1.88	1~4
2018	120	28	23.33	39	1.39	1~4
2019	120	21	17.50	28	1.33	1~2
2020	120	10	8.33	47	1.10	1~2
合计	600	151	25.17	315	2.09	1~6

④ 囊谦县牦牛皮蝇蛆病感染状况调查　2016—2020 年连续 5 年在囊谦县 3 个乡镇（香达镇、东坝乡、着晓乡）进行触摸检查，结果见表 5-15 和表 5-16。分别于 3、5 月份共检查未防治牦牛 1 200 头（次），检出感染牛 286 头（次），感染率范围为 6.67%～39.17%，总感染率为 23.83%，查出瘤疱和皮肤虫孔总数 653 个，平均感染强度 1.92 个（感染范围 1~6 个）。同期检测防治组牦牛，感染率为 0。

表 5-15　牦牛皮蝇幼虫 3 月份感染情况摸检查背统计结果

检查时间	检查数（头）	感染数（头）	感染率（%）	瘤疱和皮肤虫孔数（个）	平均强度（个）	范围（个）
2016	120	47	39.17	142	3.02	1~6
2017	120	39	32.50	107	2.74	1~6
2018	120	29	24.17	63	2.17	1~5
2019	120	21	17.50	30	1.43	1~3
2020	120	10	8.33	13	1.30	1~2
合计	600	146	24.33	355	2.11	1~6

表 5-16　牦牛皮蝇幼虫 5 月份感染情况摸背检查统计结果

检查时间	检查数（头）	感染数（头）	感染率（%）	瘤疱和皮肤虫孔数（个）	平均强度（个）	范围（个）
2016	120	47	39.17	111	2.36	1~6
2017	120	38	31.67	79	1.93	1~4

（续）

检查时间	检查数（头）	感染数（头）	感染率（%）	瘤疱和皮肤虫孔数（个）	平均强度（个）	范围（个）
2018	120	28	23.33	35	1.25	1～3
2019	120	19	15.83	26	1.24	1～2
2020	120	8	6.67	47	1.30	1～2
合计	600	140	23.33	298	1.63	1～6

2. 其他地区流行状况

甘肃省对牦牛皮蝇蛆病感染情况共调查 8 个点次。摸背检查未防治牦牛 3 440 头，检出感染牛 2 928 头，感染率 85.12%，感染强度范围 0～188 个；剖检牦牛 1 106 头，检出感染牛 331 头，感染率 29.93%，感染强度范围 1～300 个。详见表 5-17。

表 5-17　甘肃省牦牛皮蝇蛆病感染情况调查统计结果

发表时间	调查时间	采样地点	检查方法	调查数（头）	感染数（头）	感染率（%）	感染强度（个）	参考文献
1984	1983年3月至5月	甘肃省肃南裕固族自治县	触摸法	226	162	71.68	0～42	黄守云
1985	1984年	甘肃省玛曲县	触摸法	11	7	63.64	13～102	李丛林
1992	1988年	甘肃省肃南裕固族自治县	触摸法	447	415	92.84	—	佘永昇
1993	1988年	甘肃省夏河县	触摸法	1 044	921	88.22	6.6 (0～30)	阎海
1994	1986—1992年	甘肃省玛曲县、夏河县、碌曲县	触摸法	1 712	1 423	83.12	12.6 (1～188)	袁正朴
2008	2003—2005年	甘肃省玛曲县	剖检法	903	328	36.32	食道1～29 皮下1～300	马米玲
		甘肃省天祝藏族自治县	剖检法	203	3	1.48	食道1～5	
	合计			4 546	3 259	71.69	32.2	

四川省共调查 6 个点次，摸背检查未防治牦牛 3 443 头，检出感染牛 2 115 头，总感染率 61.43%，感染强度范围 1～315 个，详见表 5-18。

表 5-18　四川省牦牛皮蝇蛆病感染情况调查统计结果

发表时间	调查时间	采样地点	检查方法	检查数（头）	感染数（头）	感染率（%）	感染强度（个）	参考文献
1985	1984年3月至5月	四川省白玉县	触摸法	208	147	70.67	1～315	黄守云
1985		四川省阿坝藏族自治州	剖检法	240		33.0～100	1～130	余家富

（续）

发表时间	调查时间	采样地点	检查方法	检查数（头）	感染数（头）	感染率（%）	感染强度（个）	参考文献
1988	1983—1984	四川省红原县	剖检法	112	87	77.68	27.51	宋远军
			触摸法	249	206	82.73	3.51	
1992	1986	四川省红原县、安曲牧场、若尔盖县	触摸法	827	685	82.83	9.84（1～44）	雷德林等
			触摸法	658	22	3.34	0.20（1～19）*	
1996	1990—1993	四川省西北草地	触摸法	1 149	968	84.25	18.32	蒋锡仕等
	合计		触摸法	3 091	2 028			
			剖检法	352	87		19.32	
	总计			3 443	2 115	61.43		

注：＊药物防治后的效果。

西藏自治区共调查 7 个点次，检查 1 602 头，检出感染牛 1 229 头，总感染率为 76.72%，感染强度范围 0～205 个。其中刘建枝等（2012）采用牛皮蝇蛆病诊断方法——ELISA 检测牦牛血清抗体，计算血清抗体阳性率，共检查 1 175 头，检出阳性牛 1 030 头，感染率达 87.66%。详见表 5-19。

表 5-19　西藏自治区牦牛皮蝇蛆病感染情况调查统计结果

发表时间	调查时间	采样地点	检查方法	检查数（头）	感染数（头）	感染率（%）	感染强度（个）	参考文献
1988	1986—1987	西藏自治区林周县	剖检法	22	19	86.36	45.08（0～205）	陈裕祥
2019	1988—1989	西藏自治区江孜县	剖检法	16	16	100.0	160	陈裕祥
1990	1988	西藏自治区当雄县	摸背法	356	145	40.73	1.17（0～26）	安继升等
1994	1990—1991	西藏自治区申扎县	剖检法	20	13	65.00	2～98	张永清
2002	2001	西藏自治区林芝地区	剖检法	13	6	46.15	1～12	佘永新
2012	2011	西藏自治区当雄县	ELISA	1 175	1 030	87.66		刘建枝
	合计		剖检法	71	54			
			摸背法	356	145			
			ELISA	1 175	1 030			
	总计			1 602	1 229	76.72	0～205	

刘建枝等（2012）采用 ELISA 方法定期检测牦牛自然感染皮蝇蛆的阳性血清抗体月平均动态，阳性牦牛抗体消长曲线结果见图 5-3，在一年中从 10 月份开始升高，11 月至翌年 1 月抗体水平较高，因为这时皮蝇幼虫进入机体，蜕变为 L_1、L_2；若用 ELASA 方法开展血清流行病学调查，最好在 11 月至 1 月份进行。摸清西藏当雄县牦牛皮蝇蛆病的流行现状及抗体动态变化情况，评定出进行血清流行病学调查的最佳时机及预防驱虫的最佳时机，可为本病的防治提供科学依据。

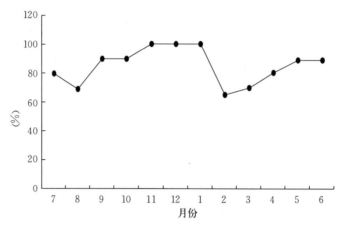

图 5 - 3　西藏当雄县牦牛自然感染皮蝇蛆年平均抗体动态曲线

　　从国内各地的感染率来看，甘肃省最高，其次为四川省，再次为西藏自治区，青海省最低。由于各地的调查样本数不同，调查年份不同，调查结果不尽相同，这可能与各地区牦牛的饲养管理水平、皮蝇蛆感染水平及防治技术的推广应用力度等相关。下一步有待各地开展近期感染情况调查，摸清流行现状，为防治提供参考。

（二）国外流行状况

　　Ahmed 等（2017）报道，于2015 年10月至2016 年1月从土耳其和巴基斯坦屠宰场的牦牛和黄牛上采集了78 个皮下幼虫，经形态学鉴定，牛皮蝇38 个，纹皮蝇37 个，未定种3 个；提取DNA 经PCR - RFLP 分子鉴定，从土耳其黄牛上所采集的40 个 L_3 中，纹皮蝇1 个，牛皮蝇39 个；从巴基斯坦黄牛上所采集的35 个 L_3 都为纹皮蝇，从牦牛上所采集的3 个 L_3 都为中华皮蝇。

（三）不同年龄牦牛皮蝇蛆感染情况

　　将已报道的不同年龄牦牛的皮蝇蛆感染情况进行了统计，结果详见表5 - 20 和表5 - 21。从表5 - 20 可以看出，1 岁犊牦牛（小于 12 月龄）感染率为35.26%～100%，感染强度为4.39～16.12 个；其次为2～3 岁青年牛（13～36 月龄）感染率为26.13～100%，感染强度为3.74～14.6 个；成年牛（36 月龄以上）感染率为25.05%～78.75%，感染强度为1.89～10.8 个。1 岁犊牦牛感染率及感染强度最高，其次为2～3 岁牛，成年牛最低。1～3 岁牦牛的感染率高于成年牛，是皮蝇幼虫的储存宿主。尤以 1 岁以内当年犊牛感染最为严重。

表 5 - 20　不同地区牦牛不同年龄皮蝇蛆感染情况统计结果一

地区	年龄（岁）	调查数（头）	感染数（头）	感染率（%）	感染强度（个）	参考文献
青海海北藏族自治州	<1	65	62	95.38	未统计	黄守云等
	2～3	69	62	89.86	未统计	
	>3	26	11	42.31	未统计	

（续）

地区	年龄（岁）	调查数（头）	感染数（头）	感染率（%）	感染强度（个）	参考文献
青海兴海县	<1	296	264	89.19	16.06	徐天德等
	2～3	492	357	72.56	10.45	
	>3	478	270	56.49	7.28	
青海玛多县	<1	1 918	1 367	71.27	14.22	王晖
	2～3	2 142	1 148	53.59	9.90	
	>3	2 314	845	36.52	5.20	
青海玉树县	<1	873	873	100.0	16.12	玉树县畜牧兽医站
	2～3	427	427	100.0	11.00	
	>3	1 341	954	71.14	2.12	
曲麻莱县	<1	71	61	85.92	4.39	杨贵兴
	2～3	93	79	84.95	4.65	
	>3	80	63	78.75	3.25	
刚察县	<1	69	48	69.57	5.65	文平等
	2～3	63	36	57.14	5.73	
	>3	61	24	39.34	3.38	
祁连县	<1	832	486	58.41	7.58	李剑等
	2～3	784	326	41.58	3.73	
	>3	479	120	25.05	1.89	
达日县	<1	692	565	81.65	7.8	杨玉林等
	2～3	684	432	63.16	4.9	
	>3	367	117	31.88	3.5	
青海大通种牛场	<1	1 438	739	51.39	7.8（3～14）	孙延生等
	2～3	1 205	564	46.81	5.42（2～12）	
	>3	999	302	30.23	3.27（1～7）	
青海16个县（市）	<1	451	159	35.26	1.16	马占全等
	2～3	2 354	615	26.13	1.06	
	>3	1 461	379	25.94	1.04	
	<1	782	60	7.67	0.17*	
	2～3	5 474	306	5.59	0.15*	
	>3	2 977	145	4.87	0.16*	
共和县	<1	22	15	68.18	12.4（2～36）	袁志芸等
	2	26	19	73.08	14.6（6～42）	
	>3	48	29	60.42	10.8（3～67）	

注：＊为药物防治后的效果考核。

表 5-21　不同地区牦牛不同年龄皮蝇蛆感染情况统计结果二

地区	年龄（岁）	调查数（头）	感染数（头）	感染率（%）	感染强度（个）	参考文献
牛场	1～3	416	368	88.46	15.36	傅国璋
	＞3	659	383	58.12	3.81	
都兰县	1～3	450	376	83.56	19.14（1～90）	都兰县畜牧兽医站
	＞3	598	223	37.29	8.70（1～62）	
互助土族自治县	1～3	175	123	70.29	8.98	张万元
	＞3	147	42	28.57	5.26	
称多县	1～3	2 640	822	31.14	43.89（1～18）	陈林
	＞3	4 100	81	1.98	14.95（1～67）	

从表 5-21 可以看出，1～3 岁牛（小于 36 月龄）皮蝇蛆感染率为 31.14%～88.64%，感染强度为 8.98～43.89 个；成年牛（36 月龄以上）感染率为 1.98%～58.12%，感染强度在 3.81～14.95 个。随着牛年龄的增长，感染率呈下降趋势，1～3 岁幼年牛感染率高，3 岁以上牛感染较轻。1～3 岁牛感染率比 3 岁以上的成年牛高 41.72% 个百分点，平均强度高 3.72 个。

傅国璋等（1983）报道，3 岁以下幼年牛的感染率和平均感染强度都显著地高于成年牛，其感染率要高 30.34%，平均感染强度高 3.03 倍。

黄守云等（1985）在四川省白玉县检查不同年龄和性别的牦牛 208 头，其中 1～2 岁牦牛 62 头，检出感染牛 60 头，感染率 96.77%；3 岁以上牦牛 146 头，检出感染牛 87 头，感染率为 59.59%。

结果表明，不同年龄牦牛的感染率和感染强度存在差异。牦牛皮蝇蛆自然感染率与年龄有着密切关系，随着年龄的增长，感染程度呈现下降趋势，危害减轻。可能与牦牛反复感染皮蝇蛆，体内抗体水平不断升高，且成年牛主动躲避成蝇侵袭产卵的能力强等有关。

牦牛皮蝇蛆的感染在性别上无明显差异。

（四）不同检查方法的比较

王奉先等（1987）采用剖检法和摸背法两种不同方法检查对比牦牛皮蝇蛆感染情况。剖检主要寄生部位，皮蝇蛆感染率、感染强度比摸背检查高，触摸的瘤疱数是实际虫体数的 35.82%。剖检法比摸背法感染率高，感染强度大，能较真实地反映感染现状。外表瘤疱数和虫孔数不能反映实际感染强度，只能作为感染程度的参考指标。因此，以往通过触摸瘤疱和虫孔并进行计数来评价防治效果的方法，只能是相对地代表感染强度的一个指标，而不能真正反映牦牛体内实际荷虫数。

（五）皮蝇蛆病的分布

从地区看，牦牛皮蝇蛆病在牦牛养殖区各地均有分布，包括海拔 4 000 m 以上高寒牧区，3 000～4 000 m 一般牧区，3 000 m 以下半农半牧区及低海拔农业区。

从畜种看，皮蝇蛆主要寄生于牦牛、黄牛等易感动物。皮蝇蛆还偶尔寄生于马、绵羊、山羊、猪等家畜，以及鹿、麝、野牛、藏羚羊、盘羊、高原鼠兔等野生动物。此外，也有人感染皮蝇蛆的报道。宋远军等（1992）报道，20 世纪 60 年代以来我国先后发现皮蝇蛆病病人 300 多例；在四川红原、若尔盖两县的 5 个场、乡共发现 9 名牧民患该病；马福和等 1982 年在四川红原某医院发现人感染病例 2 例，采获幼虫标本 3 个，经鉴定为牛皮蝇。马良发（1984）报道，1979 年果洛藏族自治州科技交流活动报道达日县上红科乡卫生院报道人蝇蛆病 40 例，马亦能感染。人体受皮蝇蛆侵害引发蝇蛆症以牧区多见。

（六）小结

通过对牦牛皮蝇蛆病感染情况进行回顾并通过剖检和触摸背部皮下瘤疱及皮肤虫孔等方法现地调查，摸清了牦牛养殖区皮蝇蛆病流行情况。各地区未防治与防治牦牛群中均存在不同程度的感染。临床摸背检查未经防治的牦牛，皮蝇蛆的平均感染率为 54.90%（范围 24.23%～100%），感染强度为 1.06～204 个；剖检法平均感染率为 66.44%（范围 44.4%～100%），感染强度为 1～315 个。

从药物驱虫试验效果评价与示范推广后的防治后效果检查看，进行药物效果评价时推荐剂量的有效率在 95% 以上，多数达 100%，均达高效。在防治技术示范推广中，有效率相对较低，检查防治群牦牛感染率为 2.56%～27.39%（防治前为 85.34%），平均感染强度为 0.08～1.80 个（防治前为 9.22 个）。这可能与防治工作落实、技术培训、严格执行操作规程、防治密度、给药剂量准确性等密切相关。

纵向比较可以看出，感染率总体呈现下降趋势，感染强度虽然在有些年份存在波动，但总体呈现下降趋势。该结果与长期坚持对该病进行防治和加强防治新技术推广力度，连续多年坚持定期高密度防治及加强防治效果监测等密切相关。

从年龄看，皮蝇蛆对 1～3 岁牦牛有较大危害，自然感染率随着年龄增长呈现下降趋势，不同年龄牦牛的感染率及感染强度存在差异。

从检查方法看，剖检比摸背检查感染强度高，能较实际地反映感染情况，外表瘤疱数和虫孔数不能反映实际感染强度，只能作为感染程度的参考指标。

（七）皮蝇幼虫在牦牛体内的移行规律研究

1. 材料与方法

（1）调查地区　在青海省祁连山地、四川省西北牧区红原县等地区。

（2）调查方法　通过每月定期、定量剖检周岁以内牦牛，连续一年同步检查皮下、食道黏膜浆膜下、大网膜内等部位寄生的幼虫，统计 L_1、L_2、L_3 荷量，分析牦牛体内皮蝇幼虫荷量消长变化规律。

2. 结果与分析

（1）青海省牦牛体内皮蝇幼虫年荷量消长规律　青藏高原东北部牦牛体内皮蝇幼虫年荷量消长变化结果见图 5-4。从图中可见，从 7 月开始牦牛内脏器官寄生有 L_1，并逐月升高，在 9—11 月达到高潮，11 月至翌年 6、7 月 L_2 陆续移行到皮下，发育为 L_2、L_3，3—7 月份 L_3 陆续从牛体脱落。

表明 9 月在宿主内脏器官寄生有较多的 L_1（比较温暖潮湿的地方 5—8 月也可在内脏器官检出幼虫），10—12 月（或 11 月）内脏器官幼虫荷量达到高峰。说明在此期间皮蝇卵孵出的幼虫陆续向宿主体内移行，1—2 月（12 月到翌年 2 月）食道壁荷虫数锐减，而 11 月到翌年 3 月（或 2 月）皮下幼虫荷量升高，以及 4（或 3）—6 月皮下幼虫锐减到消失。说明了幼虫经过在宿主内脏器官移行，陆续到达皮下继续发育到第 3 期，然后从皮肤钻出落地化蛹。

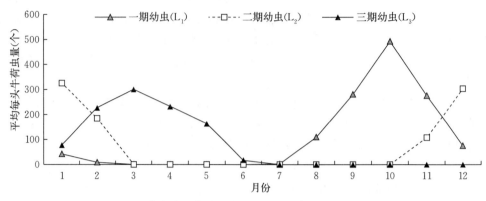

图 5-4   青海省环湖牧区牦牛皮蝇幼虫年荷虫量消长变化

（2）四川省西北部草原地区牦牛皮蝇幼虫年荷量消长规律   四川西北部草原地区牦牛皮蝇幼虫年荷量消长变化结果见图 5-5。从图中可见，L_1 从 6 月开始出现于牦牛体内，7 月有一个次高潮，8 月开始升高，9—12 月达到高峰期，在 9—12 月维持在较高水平，9 月为最高，11 月后逐月下降，翌年 4 月消失；L_2 8 月开始出现于牦牛体内，9 月开始升高，在 9—12 月维持在较高水平，10 月为最高；L_3 9 月出现并开始升高，10—12 月维持在高水平，至翌年 3—5 月也维持在较高水平，4 月为全年最高，至 8 月消失；3—7 月 L_3 陆续从牛体脱落。

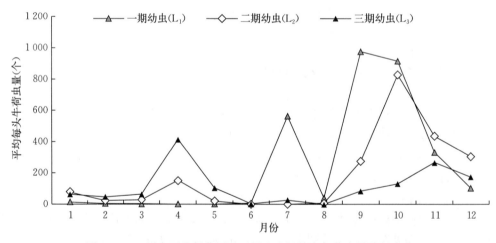

图 5-5   四川省西北部草原地区牦牛皮蝇幼虫年荷虫量消长变化

四、危害

皮蝇蛆病对牦牛养殖业的危害极大，皮蝇的危害分为成蝇期和幼虫期两个阶段。主要危害在幼虫期。

皮蝇蛆病对牦牛的危害是：皮蝇蛆的感染可造成直接损失和间接损失。直接损失主要有：①皮蝇幼虫的寄生，造成牦牛产奶量下降 10% 以上。②影响犊牛发育及成年牛的生长，增重、产肉量较非感染牛减少 10% 左右，肉的质量下降。③牛皮穿孔，导致使用价值降低或废弃，90%～100%的牛皮带有不同程度的"蛆斑"和"蛆眼"，20%～30%的牛皮无法利用，给牦牛饲养业和皮革制造业造成巨大的经济损失。④感染严重时，造成幼龄牛和体弱牛死亡，死亡率约为3%。⑤成蝇的袭扰使牦牛有躲避、踢蹴、甩尾等反应，影响其采食、抓膘及健康。间接损失：常表现为隐性，往往易被人们忽视，但造成的危害是严重的，主要表现在幼龄牦牛发育迟缓；役用牦牛使役能力下降，使役年限减少；饲草料消耗增加，饲养费用提高，影响天然草场生态恢复；诱发各种传染病。

1. 成蝇的危害

成蝇在夏秋季节飞翔产卵时，追逐、骚扰牛群，牛只惊恐，引起所谓"跑峰"现象，影响采食、抓膘、产奶等，并导致流产、外伤，甚至摔死。

2. 幼虫（皮蝇蛆）的危害

幼虫在牛体内移行、发育、蜕化过程中，致使患牛消瘦、贫血、发育受阻、体重减轻、产肉产乳产绒毛量下降、繁活率降低、役力减退、牛皮穿孔，甚至死亡，严重影响牦牛养殖业发展，威胁人类健康。

皮蝇1期幼虫（L_1）钻进牛体健康皮肤，在皮下及肌肉组织、内脏组织中移行并逐步发育成2期（L_2）和3期（L_3）幼虫，在牛体内寄生达7～8个月之久，引起牛瘙痒、不安、疼痛，内脏组织、神经损伤，继发炎症，甚至后肢麻痹、瘫痪。其间幼虫体积增大188倍，消耗宿主大量营养，幼虫分泌的毒素作用于血液和血管壁，引起幼龄牦牛贫血和肌肉稀血症、消瘦、发育受阻、肉的品质降低、产肉量减少，幼虫移行至皮下并从皮肤钻出落地，背部形成皮孔（蛆孔）、蛆斑，且损伤部位是沿背中线两侧脊背部的较好皮质部位，使皮张贬值或完全不能利用（废弃），影响制革业。当牛体内皮蝇幼虫寄生数量达500～1 500个时，还会可引起弱体质牛死亡。

3. 经济损失

通过采取同期对比法进行定量观测与研究，查明了该病对牦牛增重、产肉、产奶量等生产性能及成活率的影响，以及损伤牛皮对制革业的经济影响等。

（1）对增重、产肉、产奶量及成活率的影响　调查地区不同，其结果也不尽相同。青海省畜牧兽医学会寄生虫病资料整理小组在《青海省家畜寄生虫病调查研究工作概述》（1980）中记载，青海省存栏牦牛490万头，产奶母牦牛86万头，以皮蝇蛆平均感染率70%，产奶量减少10%，产肉量减少10%，死亡率3%计，按当年不变价估算每年因产奶量下降、产肉量减少、牛皮损伤、牦牛死亡等共造成经济损失2 394.42万元（当年不变价）。

阎海等（1993）报道，1963年西北畜牧兽医研究所张平成等在甘肃省调查表明，牛皮蝇蛆病可使体重与产奶量减少10%～20%，皮革价值降低20%～30%；1991年在甘肃省夏河县统计，全县牦牛年产鲜奶2 035.68 t，因皮蝇蛆病的危害，至少减产鲜奶203.5～305.3 t，每吨鲜奶按国家收购价800元计算，合计经济损失16.28万～24.42万元；对活畜体重与产肉量的影响的统计结果是1991年全县牦牛的商品量为2.8万头，因遭受皮蝇蛆病的侵害损失体重6 193.6 t，折合少产肉224.7～337 t，直接经济损失64.03万～96.06万元。

蒋锡仕等（1996）1990—1991年在红原县牛皮蝇蛆病严重流行的牦牛群中，通过剖检法调查牦牛皮蝇蛆病防治组与未防治组的经济损失情况，发现未防治组牛皮的3期幼虫和"虮眼"分别是防治组的 51.6 倍和 13.5 倍，经测算用药后每张皮可增加收入 14.24元。未防治组与防治组相比，头平均实际减重 7.51 kg，按每千克活重 2.40 元计算，每头犊牛损失 18.02 元。牛皮蝇蛆病不但造成经济效益，而且影响牛犊安全越冬度春。未防治组与防治组相比，死亡率高 3.37%，按每头 250 元计算，用药后头平增收 8.42 元；头均产奶少 125 kg，按每千克 1.20 元计算，头均损失 150 元。

青海省泽库县、大通种牛场等地的调查结果证明，幼龄牛感染皮蝇蛆比未感染同龄牛体重平均减少 4.36～15.98 kg，成年牛平均减重 13.53～29.05 kg，肉减产率 10.72%；幼年牛因牛皮蝇蛆感染造成的死亡率达 3%～4.87%。

王奉先等（1988）在青海省湟源县等地调查，在 7、8、9 月份测定泌乳母牦牛产奶量，每月中旬连续 3 d 分别测定产奶量，结果是感染牛比未感染牛日产奶量平均少 0.45 kg（28.13%），平均每头产奶母牦牛每年损失牛奶 24 kg；2 岁的感染幼龄牛比未感染牛体重平均减少 15.98 kg，经检验 $P<0.05$，差异显著；感染母牦牛比未感染母牦牛平均体重减少 29.05 kg，经检验，$P<0.01$，差异极显著，如按净肉率 35% 计算，每头少产肉 10.17 kg；感染牦牛成活率 85.62%～86.79%，未感染犊牛成活率 95.26%，下降 8.47～9.64 个百分点。

郭仁民等（1983）在大通牛场两群 5 岁经产牦牛群中，选择体况近似的 11 头牛，进行产后 1 个月日产奶量的测定，结果感染牛比非感染牛产奶量低 10%（8.82～11.4%）。不论幼龄牛，还是成年牛，感染牛平均体重都低于非感染牛。

青海省兴海县畜牧兽医站（1986）调查显示，皮蝇蛆感染导致 1 岁公牦牛头均减重 10.79 kg，母牦牛减重 2.29 kg；2 岁公牦牛头均减重 16.14 kg，母牦牛减重 7.68 kg；3 岁公牦牛头均减重 3.46 kg，母牦牛头均减重 2.53 kg；4 岁公牦牛头均减重 8.56 kg；5 岁公牦牛头均减重 18.36 kg。观察产奶量变化：防治后经 24 d 对 19 头初产牛、经产牛的产奶量进行测定，头均日产奶量分别为 1.96、2.03 kg，较防治前 120 d（对 11 头初产牛、48 头经产牛进行测定，头均日产奶量分别为 1.63、1.88 kg）分别提高 0.33、0.15 kg。

佘永昇（1992）在甘肃肃南裕固族自治县调查牦牛产奶量情况，防治牛 47 头，平均每头日产奶 1.68 kg，未防治牛 18 头，平均每头日产奶 1.33 kg，头均日产奶相差 0.35 kg。

（2）对皮张的影响　据青海省皮革厂、青海省轻工研究所等单位调查，全省每年生产牛皮 30 万张左右，90% 的牛皮带有不同程度的"虮斑"和"虮眼"，而小牛皮 100% 带有"虮眼"，每张皮损失面积平均为 0.58 m²。

青海省兴海县兽医站（1986）在兴海县河卡乡对未防治的冬宰牦牛进行皮张损伤调查，在 100 张皮中有虮害的为 37 张，虮害率 37%。经过连续两年应用倍硫磷防治后，于 1985 年在河卡乡采购站调查冬宰牦牛的皮 200 张，其中有虮害的为 2 张，虮害率 1%，防治后皮张可利用率提高 36 个百分点，效果显著。

马良发（1984）在青海省玛沁县对收购的 923 张牦牛皮进行检查，因"虮眼"损伤，等内皮只有 44 张，每张平均售价 2.4 元，等外皮 396 张，每张平均售价 0.9 元，胶料皮 483 张，每张平均售价 0.63 元，共售得 766.29 元，损失 1 448.91 元。

郭仁民（1983）在青海省刚察县 11 月份调查屠宰牦牛皮虮伤率达 94.74%，平均每张虮伤 28.3 个；收购的犊牛皮 1 176 张，胶料皮占 72.88%，等外皮 20.66%，等内皮 6.46%。

杨发春等（1985）在青海省三县五场调查防治前后牛皮原皮蛆害情况：1982年调查防治前的原皮97张，有蛆眼的92张（94.85%），无蛆眼的5张（5.15%）。1983年调查防治后的原皮195张，有蛆眼的26张（13.33%），无蛆眼的169张（86.67%）；1984年调查防治后的原皮144张，有蛆眼的9张（6.25%），无蛆眼的135张（93.75%）。

田生珠（1988）对青海省班玛县1 322张鲜牛皮的调查结果显示，受皮蝇幼虫侵害的有1 148张，损伤率86.8%，受害强度0~45个蛆眼、蛆斑，每张皮受害面积0.28 m²，占总面积的20%，受害部位主要是脊背部两侧的优质部位，以当年市场价计算，每张皮损失10元左右。

四川皮革研究所（1989）调查了四川省阿坝县牦牛皮情况，没有蛆害的皮是没有的，有蛆眼的占66.67%，蛆眼眼底平均每片147.6个（即每张295个），平均受害面积占全皮面积的6.12%。受害部位都是牦牛牛皮的主要部分。

阎海等（1993）年在甘肃省夏河县调查，全县累计交售牛皮约3.2万张，由于牛皮蝇蛆眼的影响，每张牛皮至少降值5.6~8.4元，累计经济损失17.92万~26.88万元。

安继升等（1990）于1988年在西藏自治区拉萨皮革厂进行的调查显示，仅牛皮蝇蛆病对皮张的危害一项，按当年全区牦牛出栏率计算，年损失达252.72万元。

孙丽华等（1991）于1989年在甘肃兰州皮革厂和甘肃永登泰川金牛皮革厂，对皮蝇蛆病给皮张造成的损失进行了实地调查。按每1 m²价值60元计算，兰州皮革厂每张皮平均损失0.1 m²，合人民币6元，该厂每年加工牛皮10万多张，分三项皮革加工合计每年共损失80万元。泰川金牛皮革厂每年加工牛皮1万，1989年上半年分两项皮革加工合计共损失118 160.74元。

佘永昇（1992）在甘肃肃南裕固族自治县调查牛皮蝇病对牦牛的影响情况，发现除对皮张造成严重损失外，还使产奶量下降20.83%，幼牛增重率下降75.56%，牦牛死亡率升高3.16%。

韩发泉（1993）调查未防治10头死亡牦牛皮感染率100%，平均感染强度43.6个，范围3~184个，27处蛆眼残损12 cm，残损范围0.3~0.7 cm，残损面积13.84 cm²。

4. 小结与建议

通过危害调查分析，查明了皮蝇蛆感染对牦牛产奶、增重、产肉及成活率等生产性能的影响，以及对皮张的影响，牛皮蝇蛆病使牦牛在冬春季枯草期体重下降10%~15%，产奶量降低10%~20%，90%~100%的牛皮带有不同程度的"蛆斑"和"蛆眼"，20%~30%的牛皮无法利用，对牦牛饲养业和制革工业造成了严重危害和经济损失。

虽然已有许多关于牦牛皮蝇幼虫感染对牦牛产奶、犊牛发育、成年牛的增重、产肉性能、成活率及皮张等造成的影响的研究，积累了丰富的第一手资料，但近年来的试验检查数据少，有待进一步开展相关研究，进行补充与完善，以便对危害做出新的评估。

五、防治

国内在牦牛皮蝇蛆病的危害、病原虫种及其生物学特性、流行规律等方面进行了较为深入系统的研究，并在生产中进行了防治技术的推广示范和规模化防治，取得了显著的社会经济效益。尽管如此，牦牛皮蝇蛆病在牧区的流行仍较普遍，在防治中也面临许多有待解决的新问题。分析牦牛皮蝇蛆病的流行因素，总结相关防治技术，提出可行的防治对策，对提高防治效果，控制流行乃至逐步根治本病具有重要意义。

（一）影响牦牛皮蝇蛆病的流行因素

目前影响牦牛皮蝇蛆病的流行因素主要有以下几个方面。

1. 社会因素

由于成年牛比幼龄牛有较强抵抗力，感染皮蝇幼虫后症状相对较轻，农牧民习惯上疏于对成年牛的防治。另外，连续多年防治后感染率降低，危害减轻，部分牧民忽视防治等也是影响防治密度的重要原因之一。

2. 生物因素

皮蝇自身生物学特性决定了其成蝇飞翔能力强，每次达 5～7 km，连续飞翔则更远，母蝇繁殖力很高（每只可产卵 500～800 个）。只要有少量的皮蝇存在，一旦停止防治，短期内感染率和密度回升较快。此外，皮蝇蛆的感染率和密度一般来说与当地饲养管理和牛群数量关系极大。青藏高原牧区全年放牧，作为皮蝇主要宿主的牦牛种群密度大，数量多，放牧管理，因而皮蝇分布区域广，种群密度大，牛的皮蝇幼虫感染率高。草原牧区相互毗连，地区间防治工作的不平衡性，给本病的流行、停止防治后的感染率和密度回升提供了有利条件。

3. 技术因素

药物剂型的影响：在青藏高原地区的草原牦牛养殖业中，牦牛依赖天然草场终年放牧，性情野，不易抓缚、保定，加之目前兽用抗寄生虫药物剂型主要是片剂和注射剂，对牦牛特别是成年牦牛经口或皮下注射给药不便，使用注射剂时常采用打"飞针"的方法，易造成漏针，有时甚至造成人畜受伤，直接影响防治密度、给药量准确性及防治效果。

（二）防治技术

1. 防治的必要性

牦牛主要依赖高原无污染天然草地放牧饲养，是青藏高原草地畜牧业的重要经济支柱畜种，为当地少数民族牧民提供生产和生活资料。牦牛皮是主要畜产品之一，在国内外制革工业的原料市场中一直占有重要地位。

皮蝇蛆病是牛的常见病之一。鉴于该病对畜牧业的严重危害，国外许多畜牧业发达国家在 20 世纪二三十年代就已启动了皮蝇蛆病的可持续防控行动，并将消灭皮蝇蛆病通过立法加以强制执行，主要做法是"坚持预防为主，全国一盘棋"的原则，现在欧洲大部分国家如英国、德国、法国、荷兰等已消灭了牛皮蝇蛆病，只有欧洲南部尚有零星发生。

国内青海省将牛皮蝇蛆病防控工作列入"六五""七五""八五"三个阶段的五年计划中，投入产出比为1∶7.03；四川省从1992年进行大规模防治，其投入产出比达到1∶662，每头牛增收 25.14 元；西藏自治区防治工作起步较晚，按"秋防、春治"的原则进行防治。

对牦牛皮蝇蛆病，目前采取秋季进行药物处理来控制其流行的方法，因受饲养方式、药物剂型及给药方式、防治密度、皮蝇生物学特性等多种因素的制约，尚不能做到对牛皮蝇的根治。尽管防治效果是肯定的，感染强度也明显下降，危害程度也有所减轻，但由于皮蝇蛆病病原生物学特性决定了其繁殖能力强，一旦停止防治或防治工作跟不上，只要还存在少量皮蝇，就可能在短期内恢复或超过防治前的水平。

目前，皮蝇蛆病在牦牛分布区不同程度的发生与流行，是影响牦牛产奶、产肉、产绒等生产性能，以及幼龄牛和体弱牛成活率的重要寄生虫病之一，直接影响牦牛饲养业经济效益和牧户收入，还会使皮革利用率降低，造成制革工业的经济损失。因此，牦牛皮蝇病的防治应是牦牛养殖区常抓不懈的畜疫防治工作。

2. 主要防治技术

早期防治普遍采用驱杀牦牛背部皮下 L_2、L_3 的方法（虫孔灌药），防治次数多为 1～2 次，虽然取得了良好的防治效果，但寄生幼虫由 L_1 发育为 L_2、L_3，已经造成了对牛体的危害和皮肤损伤，且部分 L_3 发育脱落，成为新的感染源。随着对皮蝇生物学特性研究的深入，防治技术不断得到完善，由驱杀 L_2、L_3 转向重点驱杀 L_1、L_2，即在成蝇活动结束与 L_1 大量出现在食道或脊椎管之前进行防治，9 月中旬至 10 月下旬杀灭移行期 L_1 幼虫，切断其生活链。在给药方式上，采取浇背、点背、喷淋、涂擦、内服和注射等方式给药，均有不同程度的防治效果。

王奉先等曾尝试通过药浴池药浴、背部浇淋、腿部搽洗等途经给药，除背部浇淋方法可行外，其他方法均未获得满意结果。

蒋锡仕等（1994）用害获灭（主要成分为伊维菌素）按每千克体重 0.15、0.175、0.2 mg 剂量皮下注射，杀灭率和驱净率均达 100%。蔡进忠等（2003，2009）应用伊维菌素常规剂量注射剂（0.2 mg/kg）、浇泼剂（0.5 mg/kg）和埃普利诺菌素注射剂（0.2 mg/kg）、浇泼剂（0.5 mg/kg）防治牦牛皮蝇蛆病效果好。单曲拉姆等在西藏于 11 月初在牛皮蝇蛆抗体水平最高时，选择阿维菌素片剂或浇泼剂、伊维菌素注射液进行牦牛皮蝇蛆病防治工作，均达高效安全。

罗建勋等、蔡进忠等采用微量伊维菌素浇泼剂、微量伊维菌素注射剂和高效低残留药物防治牦牛皮蝇蛆病，建立了牦牛皮蝇蛆病微量给药防治技术，其核心是采用微量（伊维菌素浇泼剂 25 $\mu g/kg$、注射剂 12.5 $\mu g/kg$）给药新技术［剂量为常规量的 1/(16～20)］防治牦牛皮蝇蛆病，防治效果达 100%。在 9 月中旬至 10 月底驱杀皮蝇 L_1，具有高效、低残留、畜产品安全、经济等优点。

使用浇泼剂，具有给药方法简便、省时省力、给药量准确、防治效果好等优势。适合当前牦牛健康绿色养殖中牦牛皮蝇蛆病的防治。

3. 防治的关键与技术要点

依据皮蝇生物学特性及流行规律研究结果，防治的关键是"时间、对象、密度、规模"。即在以食道壁 L_1 荷量为标志的移行幼虫高潮期和以皮下幼虫荷量为标志的移行到位幼虫出现的早期，即每年 9 月中旬到 10 月底前，以移行阶段 L_1 为重点防治对象，采取高密度、连续多年、连片大规模防治措施。从保护宿主动物来看，该措施有利于高寒牧区牦牛在冬春季枯草期对有限牧草的消化利用，延缓体质下降速度，有利于抓膘、保膘，提高抵御自然灾害的能力，以确保安全越冬度春。对于病原寄生虫来说，重点驱杀体内移行期幼虫（L_1、L_2），切断其生活链，对于控制，甚至逐步根治本病具有重要意义。

（1）防治对象　驱杀皮蝇蛆 L_1。放牧牦牛应全群防治，重点防治 1～3 岁牦牛。

（2）防治时间　在 9 月下旬至 10 月底进行防治。

（3）常规剂量防治技术

① 伊维菌素注射剂　皮下或肌内注射，一次量每千克体重 0.2 mg。

② 伊维菌素浇泼剂　牛背中线皮肤浇泼给药，一次量每千克体重 0.5 mg。

③ 埃普利诺菌素注射剂　皮下或肌内注射，一次量每千克体重 0.2 mg。

④ 埃普利诺菌素浇泼剂　牛背中线皮肤浇泼给药，一次量每千克体重 0.5 mg。

（4）微量给药防治技术

① 伊维菌素浇泼剂　牛背中线皮肤浇泼给药，一次量每千克体重 25 μg。

② 伊维菌素注射剂　牛皮下或肌内注射，一次量每千克体重 12.5 μg。

③ 埃普利诺菌素注射剂　牛皮下或肌内注射，一次量每千克体重 12.5 μg。

4. 防治药物

在牦牛皮蝇蛆病的防治药物应用方面，早期曾试用滴滴涕、六六六、林丹、来苏儿等进行体外防治。随着 20 世纪 60 年代内吸性杀虫剂的问世，由杀灭 L_3 转向杀灭 L_1、L_2，大大减轻了对牛体的危害和对皮革因虫孔造成的损失。国内外广泛使用的杀虫剂有敌百虫（Neguvon）、皮蝇磷（Rid - Ezy）、蝇毒磷（Asuntol）、亚胺硫磷（Phosmet）、育畜磷（Ruelene）、溴硫磷（Bromex）、代灭磷（Famphur）、乐果（Phosphorodithioate）、蝇敌合剂（Neguvon＋Asuntol）、倍硫磷（Fenthion）等，剂型有乳油、粉剂、微胶囊及注射剂等，临床试验推广均有不同程度的防治效果，其中以倍硫磷肌内注射法、牛蝇净（10％亚胺硫磷）浇背法效果最佳，敌百虫（50％酒精溶液）肌内注射法次之。在这些药物中，牛蝇净因药源等原因未能大面积推广应用，使用较多的是敌百虫和倍硫磷。

20 世纪 70 年代主要应用敌百虫防治，0.03～0.04 mg/kg 口服，疗效 72.55％；皮下注射，疗效 94.28％；50％酒精敌百虫溶液，0.025～0.03 mg/kg 臀部肌内注射，疗效 92.5％，100～150 mg/kg 喷淋，疗效 83.46％以上。

20 世纪 80 年代初开始至 2001 年大面积推广使用倍硫磷注射剂，按 6.25 mg/kg 剂量臀部肌内注射。

20 世纪 90 年代以来还试验推广阿维菌素（Avermectin）、伊维菌素（Ivermectin）片剂、注射剂等药物，有效率达 97.9％～100％，但也存在对牦牛给药不便等难题。后来，随着药物制剂技术的发展和防治工作的需求，新型抗寄生虫药物及其适用新制剂的研究开发成为兽药研究的热点之一，新的产品不断问世，如浇泼剂，提高了药物的适用性和有效性。目前开发的有伊维菌素、埃普利诺菌素（Eprinomectin）浇泼剂，为防治该病提供了有力武器（图 5 - 6）。

图 5 - 6　伊维菌素浇泼剂示范应用

目前已停用或禁用的药物有：滴滴涕、林丹、六六六、蝇毒磷、皮蝇磷、亚胺硫磷、育畜磷、溴硫磷、伐灭磷、多灭磷（Methamidophos）、乐果、蝇敌合剂和倍硫磷。

现在可以应用的药物有：敌百虫、辛硫磷（Phoxim）、马拉硫磷（Malathion）、阿维菌素、伊维菌素、埃普利诺菌素。

5. 防治效果评价

牦牛养殖区应用有效药物在每年 9—10 月重点杀灭 L_1，取得了肯定的疗效。

青海省每年防治牦牛 160 万头（次）以上，大部分地区重点对 1～3 岁牛进行防治，牛皮蝇幼虫的平均感染率由防治前的 64.78% 下降到 11.53%，平均感染强度从 6.39 个下降到 0.46 个。据在兴海县、泽库县调查，防治后各龄牦牛头均增重 9.46 kg，菜牛每头产肉量增加 3.12～5.15 kg，产奶量每头年平均增产 13.6%（14.4 kg），皮张利用率提高 36%，防治后成活率比防治前提高 4.87%～5.75%，牛皮一、二级品率分别由防治前的 0.024%、25.58% 提高到 20.3% 和 64.95%，皮牛三、四级品率由 66.62% 和 7.12% 下降为 10.83% 和 1.92%；对 1982—1985 年防治效益统计分析，投入产出比为 1∶（6.62～7.03）。甘肃省、四川省、西藏自治区都组织了规模防治技术示范推广应用。但是部分地区由于连年防治后感染强度减轻，放松了防治工作，2000 年在青海南部防治工作差的 5 个县监测发现，平均感染率又回升至 25.3%，平均强度 2.14 个，个别县牛皮蝇感染已回升到防治前的水平。对未防治牦牛和实施连续 3 年防治及防治停止 2 年后的感染情况调查显示，未防治前牦牛皮蝇感染率和感染强度分别为 85.43%、5.92 个，连续 3 年防治后感染率和感染强度分别下降为 0.97% 和 0.016 个，防治停止 2 年后感染率和感染强度分别回升到 55.35% 和 2.79 个，说明连年防治后一旦停止防治，短期内回升较快。因此，防治工作依然艰巨和长远。

（三）防治对策

1. 行政措施

加强对牦牛皮蝇蛆病防治工作的领导，以法规、条例的形式颁布具体防治方案，通过行政手段，在兽医科研、技术推广部门的指导下，进行技术培训，提高牧民基本素质和防病意识，组织实施周密的、系统的、连续的、大面积防治。只有这样，才能全面提高防治效果，有效控制该病的发生与流行。

2. 科技措施

（1）科研和生产紧密结合　兽医科研部门要结合地区实际，加强与牛皮蝇蛆病防治先进国家或国内有实力的科研院所、大学的科技合作，在诊断技术、防治药物及其适用制剂研究开发、综合控制等方面加强合作，攻克难题，促进牦牛饲养业的可持续发展。

（2）推广应用可行技术　目前，人们已普遍认识到皮蝇蛆病的危害和防治的必要性，关键是针对不同饲养管理模式和牛种，以及牛皮蝇蛆病防治工作中首选药物倍硫磷已停用的现状，加强对防治新技术、新型防治药物及其使用方便剂型的研究开发和推广，改进、优化给药方式，减轻劳动强度，减少或避免人畜意外事故的发生，以提高防治密度和防治效果。对此，国内外科技工作者致力于防治新技术的研究和适用新制剂的研制开发，我们近年来结合高原牧区放牧饲养方式和牦牛特性，研制成功的伊维菌素浇泼剂新剂型等，在示范推广中均取得了满意的防治效果，特别是伊维菌素浇泼剂的开发应用，既提高了用药的安全性和有效性，又优化了给药途经，适用于牦牛，具有良好的应用前景。当务之急是做好新技术的应用和研究示范，新产品的宣传、示范推广，使之尽快在生产中发挥作用。另外，探索采用免疫学方法、利用生物技术防治本病是国内外动物寄生虫学工作者研究的热点，相信在不久的将来可为控制该病开辟新的途径。

在研究探明牦牛皮蝇蛆病流行病学及危害、病原虫种分类学、病原生态学、皮蝇幼虫在牦牛体内移行规律的基础上，总结、分析影响牦牛皮蝇蛆病的流行因素，探讨防治对策。通过药效试验与示范应用，先后选用伊维菌素类等药物，选用溶液剂、注射剂、浇泼剂等多种剂型进行防治试验与示范应用。

依据皮蝇幼虫在牦牛体内的移行规律，制定了在 9 月中旬至 10 月底在皮蝇感染早期以移行期 L_1 为重点驱杀对象的防治技术，筛选出推荐药物和适用剂型，解决了牦牛皮蝇蛆病防治中不易给药的难题；针对牦牛产品安全与药物残留问题，研究建立了微量给药防治技术，适合当前牦牛健康绿色养殖中皮蝇蛆病的防治。

第二节　牦牛其他外寄生虫病

本节介绍了牦牛外寄生虫病的病原、检测方法、国内外流行现状及防控措施，为牦牛外寄生虫病的防控工作提供参考。

一、病原

牦牛常见外寄生虫病的病原主要隶属于节肢动物门的蜘蛛纲、昆虫纲。

蜘蛛纲（Arachnida）中主要包括蜱（Ticks）和螨（Mites），属于蜱螨目（Acarina），是一群体形微小的节肢动物，其躯体呈椭圆形或圆形，分头胸和腹两部分，或者头、胸、腹融合。假头突出在躯体前或位于躯体前端腹面，以气门呼吸。蜱螨类的生活史为不完全变态，可分为卵、幼虫、若虫和成虫四个时期。危害牦牛的蜱类主要为硬蜱科的硬蜱属（Ixodes）、血蜱属（Haemaphysalis）、璃眼蜱属（Hyalomma）、扇头蜱属（Rhipicephalus）和革蜱属（Dermacentor）等，以及软蜱科的钝缘蜱属（Ornithodoros）。蜱类通常在一年中的温暖季节活动。危害牦牛的螨类主要为痒螨科的痒螨属（Psoroptcs）、疥螨科的疥螨属（Sarcoptes）。

昆虫纲（Insecta）中主要包括双翅目（Diptera）、虱目（Anoplura）、食毛目（Mallophaga）、蚤目（Siphonaptera），其主要特征是身体分为头、胸、腹三部分，头上有触角1对，胸部有足3对，腹部除外生殖器外无附肢，用气门及气管呼吸。它们的生活方式各有不同，大多数营自由生活，少部分营寄生生活，可寄生于动物的体内或体表，直接或间接地危害人类和畜禽。除了牛皮蝇（蛆）外，许多双翅目昆虫也可给牦牛带来直接危害和间接危害。如吸血蝇类的厩螫蝇（Stomoxy calcitrans），除骚扰和刺吸牦牛血液外，还能传播锥虫病和炭疽等；多种虻、蚊、蚋、蠓等不仅吸食牦牛血液，也能传播许多传染病和寄生虫病。虱的种类较多，寄生于牦牛的虱目的虱主要有牛血虱（Haematopinus eurysternus）、牛颚虱（Linognathus vituli）等。寄生于牦牛的食毛目的虱又称毛虱，常见的有牛毛虱（Damalinia bovis）。寄生于牦牛体表的蚤类有花蠕形蚤（Vermipsylla alacurt）和尤氏羚蚤（Dorcadia ioffi）。

二、检测技术

对体外寄生虫的检查部位和方法因不同虫种而异，可选择在牦牛颈部、肩胛部、臀部、股内侧等部位检查，将检出的体外寄生虫分类鉴定并计数。

（一）肉眼和显微镜观察

对于体表寄生的蜱、螨、虱、蚤，可采用肉眼观察和显微镜观察相结合的方法进行检查。蜱寄生于牦牛体表，个体较大，通过肉眼观察即可发现。螨个体较小，常需刮取皮屑，在显微镜下寻找虫体或虫卵。

1. 疥螨、痒螨的检查

在疑似病牛皮肤患部与健康部交界处，用消毒后的外科凸刃小刀或骨刮勺沾上甘油或甘油与水的混合液刮取皮屑，刮皮屑时，使刀刃与皮肤表面垂直，反复刮取表皮，直到稍微出血为止。将刮下的皮屑集中于培养皿或试管内，带回实验室供检查。将皮屑放于载玻片上，滴加50%甘油溶液，镜下检查，进行疥螨、痒螨的鉴定。

2. 蠕形螨的检查

在牦牛四肢的外侧和腹部两侧、背部、眼眶四周、颊部和鼻部的皮肤上触摸检查，如有砂粒样或黄豆大的结节，用小刀切开挤压，看到有脓性分泌物或淡黄色干酪样团块时，将其挑在载玻片上，滴加生理盐水1～2滴，均匀涂成薄片，上覆盖片，在显微镜下进行观察。

3. 虱和其他吸血节肢动物检查

在牦牛的颈部、耳后、腹侧部、腋窝、鼠蹊、乳房和趾间等部位，手持镊子仔细检查虱、蜱、蚤等吸血节肢动物的寄生情况，将采到的虫体放入有塞的瓶中或浸泡于70%酒精中。注意从体表分离蜱时，切勿用力过猛，应将其假头与皮肤垂直，轻轻往外拉，以免口器折断在皮肤内，引起炎症。在实验室对采集的虫体进行仔细观察与分类鉴定。

（二）外寄生虫的保存

无翅昆虫一般用70%的酒精保存，有翅昆虫防腐处理后制成干制标本干燥保存，注意防潮、防霉、防蛀。

（三）数据处理

感染率＝感染动物数/检查动物数×100%

感染强度＝检出虫体数（个）/检查阳性动物数（只）

＋/10 cm^2：平均每10 cm^{2}检出虫体在5个以内；

＋＋/10 cm^2：平均每10 cm^{2}检出虫体5～15个；

＋＋＋/10 cm^2：平均每10 cm^{2}检出虫体15～25个；

＋＋＋＋/10 cm^2：平均每10 cm^{2}检出虫体25～35个。

三、流行情况

相较牦牛的蠕虫病而言，牦牛体外寄生虫病的病原种类较少，但其对牦牛可造成巨大的伤害，如皮蝇蛆病在我国牦牛主产区广泛流行，在青海一些牧区牦牛皮蝇蛆病的感染率达80%以上。由于牦牛体外寄生虫病的流行与其病原种类及特性、区域的生境类型、温湿度、海拔等因素密切相关，故牦牛体外寄生虫病的发生呈现一定的区域性和季节性，如牦牛的螨病在秋末、冬季和初春多发，花蠕形蚤病则高于高寒牧场的冬、春季节。因此，在牦牛体外寄生虫病的防治过程中，需根据体外寄生虫的种类、生活习性、发育规律及其在当地的季节性活动状态，因地制宜地采取综合性防治措施，才能取得好的结果。

（一）国内牦牛体外寄生虫流行状况

1. 青海省牦牛体外寄生虫感染情况

通过整理有关青海牦牛寄生虫病文献发现，青海省牦牛体外寄生虫共14种（未鉴定种未计入），隶属于1门（节肢动物门）2纲（昆虫纲、蜘蛛纲）5目（双翅目、虱目、食毛目、蚤目、蜱螨目）8科（硬蜱科、疥螨科、痒螨科、长颚科、啮毛虱科、血虱科、皮蝇科、蠕形蚤科）11属（革蜱属、硬蜱属、血蜱属、疥螨属、痒螨属、长颚属、毛虱属、血虱属、皮蝇属、蠕形蚤属、羚蚤属），详见表5-22。

表5-22　青海省牦牛体外寄生虫感染情况

寄生虫名	分布区域	感染率（%）
草原革蜱 *Dermacentor nuttulli*	青海省（兴海县、班玛县、共和县、贵南县、海晏县）	5.70~80.00
森林革蜱 *D. silvarum*	森林地区（兴海县）	20.00
卵形硬蜱 *Ixodes ovatus*	班玛县	100.00
日本血蜱 *Haemaphysalis. japonica*	青海省	—
牛痒螨 *Psoroptcs bovis*	贵南县、同仁县、共和县	9.20
牛疥螨 *Sareoptes bovis*	同仁县、兴海县、共和县	7.70~10.00
牛颚虱 *Linognathus vituli*	青海省（兴海县、班玛县、托勒牧场、共和县）	11.80~75.00
牛毛虱 *Bovicola bovis*	互助土族自治县、乌兰县、同仁县、共和县	10.00~86.00
牛血虱 *Haematopinus eurysternus*	青海省	—
中华皮蝇（蛆）*Hypoderma sinense*	青海省	20.00~100.00
牛皮蝇（蛆）*Hypoderma bovis*	青海省（兴海县、化隆回族自治县、贵南县）	16.13~66.70
纹皮蝇（蛆）*H. lineatum*	青海省（兴海县、祁连县）	55.00~100.00
皮蝇（蛆）未鉴定 *H. spp.*	称多县、互助土族自治县、刚察县、祁连县、海晏县	15.00~83.33
花蠕形蚤 *Vermipsylla alacurt*	果洛藏族自治州、海南藏族自治州（共和县、贵南县）	3.23~9.40
尤氏羚蚤 *Dorcadia ioffi*	果洛藏族自治州、海南藏族自治州	—

2. 西藏牦牛体外寄生虫感染情况

根据现有文献报道，西藏牦牛体外寄生虫共有8种（未鉴定种未计入），隶属于1门（节肢动物门）2纲（昆虫纲、蜘蛛纲）2目（双翅目、蜱螨目）3科（硬蜱科、软蜱科、皮蝇科）6属（血蜱属、革蜱属、硬蜱属、皮蝇属、钝缘蜱属、痒螨属），详见表5-23。

表5-23　西藏牦牛体外寄生虫感染情况

寄生虫名	分布区域	感染率（%）
阿坝革蜱 *Dermacentor abaensis*	亚东地区	—
西藏血蜱 *Haemaphysalis. tibetensis*	亚东地区	—
卵形硬蜱 *Ixodes ovatus*	亚东地区	—
拟蓖硬蜱 *I. nuttallianus*	亚东地区	—
牛皮蝇（蛆）*Hypoderma bovis*	申扎县	65.00
中华皮蝇（蛆）*Hypoderma sinense*	当雄县，日喀则市	33.33
皮蝇（蛆）未鉴定到种 *H. spp.*	林芝市	45.00
拉合尔钝缘蜱 *Ornithodoros lahorensis*	申扎县	5.00
牛痒螨 *Psoroptcs bovis*	西藏	12.56

3. 四川牦牛体外寄生虫感染情况

根据现有文献报道，四川牦牛体外寄生虫共有10种（未鉴定种未计入），隶属于1门（节肢动物门）2纲（昆虫纲、蜘蛛纲）4目（蜱螨目、虱目、食毛目、双翅目）6科（硬蜱科、长颚科、啮毛虱科、疥螨科、痒螨科、皮蝇科）9属（革蜱属、牛蜱属、血蜱属、硬蜱属、长颚属、毛虱属、疥螨属、痒螨属、皮蝇属），详见表5-24。

表5-24 四川牦牛体外寄生虫感染情况

寄生虫名	分布区域	感染率（%）
阿坝革蜱 *Dermacentor abaensis*	马尔康市、红原县、阿坝县、白玉县、炉霍县	—
微小牛蜱 *Boophilus microplus*	阿坝藏族羌族自治州各县、木里藏族自治县	5.30~50.00
汶川血蜱 *Haemaphysalis warburtoni*	汶川县	—
硬蜱 *Ixodes* sp.	阿坝藏族羌族自治州各县	50.00~100.00
牛痒螨 *Psoroptcs bovis*	阿坝藏族羌族自治州各县	15.00~30.00
牛疥螨 *Sareoptes bovis*	汶川县、理县、茂汶羌族自治县、若尔盖县、红原县、木里藏族自治县、金川县、黑水县、壤塘县	5.00~11.76
牛颚虱 *Linognathus vituli*	阿坝藏族羌族自治州各县	15.00~100.00
牛毛虱 *Bovicola bovis*	阿坝藏族羌族自治州各县、石渠县	15.00~33.00
牛皮蝇（蛆）*Hypoderma bovis*	川西、阿坝藏族羌族自治州各县、白玉县、炉霍县	11.10~100.00
纹皮蝇（蛆）*H. lineatum*	川西、若尔盖县、红原县、木里藏族自治县、白玉县、金川县、炉霍县	4.17~75.00
中华皮蝇（蛆）*H. sinense*	川西	20.00~100.00
皮蝇（蛆）未鉴定种 *H. spp.*	若尔盖县	5.00

4. 甘肃牦牛体外寄生虫种类

关于甘肃牦牛体外寄生虫的调查较少，根据现有文献报道，共有10种，分别为草原革蜱、阿坝革蜱、青海血蜱、牛痒螨、牛疥螨、牛颚虱、牛血虱、牛皮蝇（蛆）、纹皮蝇（蛆）、花蠕形蚤，部分皮蝇（蛆）未鉴定，隶属于1门（节肢动物门）2纲（昆虫纲、蜘蛛纲）3目（蜱螨目、虱目、双翅目）8科（硬蜱科、疥螨科、痒螨科、长颚科、啮毛虱科、皮蝇科、血虱科、蠕形蚤科）9属（革蜱属、血蜱属、疥螨属、痒螨属、长颚属、毛虱属、血虱属、皮蝇属、蠕形蚤属），主要分布在甘肃天祝藏族自治县、玛曲县、碌曲县等。

5. 新疆牦牛体外寄生虫种类

关于新疆牦牛体外寄生虫的调查主要集中在蜱类，根据搜集到的文献，发现寄生在新疆牦牛体表的寄生虫有10种，分别为草原革蜱、森林革蜱、银盾革蜱、高山革蜱、巴氏革蜱、残缘璃眼蜱、亚洲璃眼蜱、牛疥螨、牛皮蝇（蛆）及花蠕形蚤，部分璃眼蜱和皮蝇（蛆）未鉴定，隶属于1门（节肢动物门）2纲（昆虫纲、蜘蛛纲）3目（蜱螨目、双翅目、蚤目）4科（硬蜱科、疥螨科、皮蝇科、蠕形蚤科）5属（革蜱属、璃眼蜱属、疥螨属、皮蝇属、蠕形蚤属），主要分布在新疆巴音郭楞蒙古自治州、阿勒泰、策勒县等地区。

6. 云南牦牛体外寄生虫种类

根据现有文献报道，云南牦牛体外寄生虫有9种，分别为长须血蜱、缅甸血蜱、嗜麝血蜱、卵形硬蜱、残缘璃眼蜱、牛疥螨、牛血虱、牛皮蝇（蛆）及纹皮蝇（蛆），部分皮蝇（蛆）未鉴定，隶属于1门（节肢动物门）2纲（昆虫纲、蜘蛛纲）3目（蜱螨目、虱目、双翅目）4科（硬蜱科、疥螨科、血虱科、皮蝇科）6属（硬蜱属、血蜱属、璃眼蜱属、疥螨属、血虱属、皮蝇属），主要分布在云南丽江、中甸、玉溪、大理、勐腊、耿马、楚雄、思茅、蒙自、迪庆等地。

7. 全国牦牛体外寄生虫病主要病原

整理搜集到的文献发现，我国牦牛主要分布区青海、西藏、四川、甘肃、新疆及云南的牦牛的体外寄生虫共34种，部分璃眼蜱、硬蜱、皮蝇（蛆）未鉴定到种，隶属于1门2纲5目12科19属。详见表5-25。

表5-25 中国牦牛寄生虫节肢动物门分类名录

纲	目	科	属	种
蜘蛛纲 Arachnida	蜱螨目 Arachnida	硬蜱科 Ixodidae	革蜱属 Dermacentor	草原革蜱 D. nuttulli
				森林革蜱 D. silvarum
				阿坝革蜱 D. everstianus
				银盾革蜱 D. niveus
				高山革蜱 D. montanus
				巴氏革蜱 D. pavlovskyi
			璃眼蜱属 Hyalomma	残缘璃眼蜱 H. detritum
				亚洲璃眼蜱 H. asiaticum
				璃眼蜱未鉴定 H. sp.
			血蜱属 Haemaphysalis	西藏血蜱 H. tibetensis
				青海血蜱 H. ginghaiensis
				长须血蜱 H. aponommoides
				汶川血蜱 H. Warburtoni
				缅甸血蜱 H. birmaniae
				嗜麝血蜱 H. moscehieuge
				日本血蜱 H. japonica
			硬蜱属 Ixodes	硬蜱（未鉴定）I. sp.
				卵形硬蜱 I. ovatus
				拟蓖硬蜱 I. nuttallianus
			牛蜱属 Boophilus	微小牛蜱 B. microplus
			扇头蜱属 Rhipicephalus	微小扇头蜱 R. microplus
		软蜱科 Argaside	钝缘蜱属 Ornithodoros	拉合尔钝缘蜱 O. lahorensis
		痒螨科 Psoroptidae	痒螨属 Psoroptes	牛痒螨 P. bovis
		疥螨科 Sarcoptidae	疥螨属 Sarcoptes	牛疥螨 S. bovis

（续）

纲	目	科	属	种
昆虫纲 Insecta	虱目 Anoplura	长颚科 Linognathidae	长颚属 Linognathus	牛颚虱 L. vituli
		血虱科 Haematopinidae	血虱属 Haematopinus	牛血虱 H. bovis 阔胸血虱 H. eurysternus
	食毛目 Mallophga	毛虱科 Trichodectidae	毛虱属 Bovicola	牛毛虱 B. bovis
昆虫纲 Insecta	双翅目 Diptera	皮蝇科 Hypodermatidea	皮蝇属 Hypoderma	牛皮蝇（蛆）H. bovis 中华皮蝇（蛆）H. sinense 纹皮蝇（蛆）H. lineatum 皮蝇（蛆）未鉴定种 H. sp.
		螫蝇科 Stomoxyidae	螫蝇属 Stomoxys	厩螫蝇 S. calitrans
			血喙蝇属 Haematobosca	刺血喙蝇 H. sanguinolentus
		虻科 Tabanidae	斑虻属 Chrysops	中华斑虻 C. sinensis
		蚊科 Culicidae	按蚊属 Anopheles	中华按蚊 A. sinensis
	蚤目 Siphonaptera	蠕形蚤科 Vermipsyllidae	蠕形蚤属 Vermipsylla	花蠕形蚤 V. alakurt
			羚蚤属（长喙蚤属）Dorcadia	尤氏羚蚤（羊长喙蚤）D. ioffi 青海长喙蚤 D. qinghaiensis

（二）国外牦牛体外寄生虫病流行状况

因为绝大多数牦牛分布在中国，其他国家分布较少，所以目前关于国外牦牛外寄生虫的文献亦较少，仅有个别文献报道了牦牛外寄生虫感染情况。如在不丹、印度发现皮蝇蛆、虱的感染；在印度锡金邦等地牦牛蜱的感染率为7.31%～28.93%，这些蜱隶属于硬蜱属、血蜱属、革蜱属、牛蜱属、扇头蜱属、花蜱属；在印度的锡金邦，在冬季，牦牛主要感染蜱，局部地区还有虱的感染，在雨季，牦牛主要感染水蛭，并因水蛭的大量感染而引起贫血。有印度学者在牦牛体表上还发现猫栉首蚤（Ctenocephalides felis）、菲牛蛭（Hirudinaria manillensis）、蒙大拿山蛭（Haemadipsa montana）、软体黏蛭（Myxobdella annandalei）、光润金线蛭（Whitmania laevis）等寄生虫。

四、危害

体外寄生虫对牦牛的危害主要有：①大量吸食血液，引起牦牛营养不良、贫血和发育障碍。②被咬部位出现皮肤损伤，牦牛瘙痒、脱毛、食欲下降，影响产肉、产奶等生产性能，严重时引起死亡，影响幼年牦牛存活率，并造成牛皮损伤（如皮蝇蛆、螨等体外寄生虫的活动造成牛皮损伤），给畜牧业生产和制革业造成经济损失。③体外寄生虫侵害牦牛，使牦牛机体抵抗力下降，易引发继发感染。④部分体外寄生虫能分泌毒素，引起宿主瘫痪。如雌蜱吸血时，涎腺可分泌一种神经毒——蜱瘫毒素（ivovotoxin），引起牦牛发生蜱性瘫痪，最后衰竭死亡。⑤部分体外寄生虫是多种人畜传染病的传染媒介，一些体外寄生虫能够携带和传播病毒、细菌、真菌、立克次体、螺旋体及原虫等许多重要病原，如蜱可携带和传播 210 种病原体，其中，病毒 126 种，细菌 14 种，立克次体 20 种，螺旋体 18 种，原虫和衣原体 32 种。由这些病原体引起的常见人畜共患病有森林脑炎（森林脑炎病毒）、波瓦桑脑炎（波瓦桑脑炎病毒）、苏格兰脑炎（羊跳跃病毒）、内罗毕出血热（内罗毕出血热病毒）、克里米亚-刚果出血热（克里米亚-刚果出血热病毒）、鄂木斯克出血热（鄂木斯克出血热病毒）、克洛拉多热（克洛拉多病毒）、兔热病（土拉弗朗西斯菌）、Q 热（贝氏立克次体）、北亚蜱媒斑点热（北亚立克次体）、落基山斑点热（立氏立克次体）、马赛热（柯氏立克次体）、斑疹伤寒（澳大利亚立克次体）、莱姆病（伯氏疏螺旋体）、蜱媒回归热（伊朗疏螺旋体）、巴贝斯虫病、泰勒虫病、边虫病等。

五、防治

（一）防治原则

牦牛外寄生虫病发生和流行的基本要素包括感染源、传播途径和易感动物，其防治原则须围绕这三要素展开，根据牦牛外寄生虫病的流行病学资料，针对各病原的生活史和流行病学中的各个关键环节，采取综合性防治措施，才能在防治工作收到较好成效。对于危害严重、分布广的重要外寄生虫病，如牛皮蝇蛆病等，须由各相关部门共同参与制定防治方案，并组织实施，同时加强管理、监督、宣传教育和组织协调，才能收到切实的效果。

1. 控制和消灭感染源

感染源是外寄生虫病发生和流行的基本条件。驱（杀）虫是控制和消灭牦牛外寄生虫病感染源的最主要方法。在暖季选用杀虫剂，采用喷淋或涂擦的方法杀灭虱、蜱、螨、蚤等；在冷季选用口服、注射或浇背的方法杀虫。

2. 阻断传播途径

依据外寄生虫的生物学特性制定防治方案，采取避虫放牧、圈舍清洁、粪便堆积发酵、病变脏器无害化处理等方法，阻断传播链条。搞好环境卫生是减少或预防牦牛外寄生虫感染的重要环节。逐日清除粪便，打扫厩舍，可有效减少宿主与感染源接触的机会，同时清除各种寄生虫的中间宿主或媒介等，可减低牦牛感染外寄生虫病的风险。

3. 保护易感动物

加强牦牛的饲养管理，注意饲料的营养水平和饲养条件的改善，在冬春季枯草期补充全价饲料，提供必需的氨基酸、维生素和矿物质，增强牦牛体质，提高其抗病能力。减少应激因素，使牦牛能获得舒服而有利于健康的环境。对于幼畜应给予特殊的照顾。选择或培育抗寄生虫牦牛品种，减少牦牛发病的机会。

（二）预防

牦牛外寄生虫病主要是由接触传染，在预防时应该注意以下方面。

1. 定期药物喷淋

每年定期对牛群进行药物喷淋，可起到预防作用。每年应在夏初秋末各进行一次。一般在牦牛抓绒后的 7~10 d 进行药淋。可选用的药物有 0.025% 螨净（二嗪农）、0.05% 辛硫磷乳剂水溶液、溴氰菊酯等。

2. 引进牦牛的隔离观察

对新引进的牦牛，应隔离观察，确定无蜱、螨、虱、蚤等寄生，确认健康后，进行预防处理后再混入健康牛群。

3. 圈舍定期消毒杀虫

圈舍要保持通风、干燥、采光好，定期清扫，对圈舍及用具做到定期消毒，可用 0.5％敌百虫水溶液喷洒墙壁、地面及用具，或用 80℃以上的 20％热石灰水洗刷墙壁和围栏。消灭环境中的外寄生虫。

4. 定期健康检查

对牦牛定期检疫检查，并随时注意观察牦牛的健康状况。一旦发现病牛，应进行严格隔离和治疗，并给以卫生管理及合理饲养。对于治疗过的病牛，在 21 d 以内应随时观察，如未痊愈，应继续治疗。

5. 病牛的隔离与管理

治疗后的病牛置于消毒过的畜舍饲养。在隔离治疗过程中，饲养管理人员应注意经常消毒，避免通过手、衣服和用具散布病原。对治愈牛应继续观察 20 d，如未再发，再一次用杀虫药处理，方可合群。

6. 免疫预防

外寄生虫病的免疫预防尚不普遍，但也取得了一些进展，如针对微小牛蜱的商品化基因工程重组苗 TickGARD™、Tick Gavac™ 在澳大利亚、拉丁美洲先后上市，尽管受地理位置、蜱株型等多种因素影响，这两种疫苗的抗蜱效果并不确切，但免疫预防这一防治策略越来越多受到重视。截至目前，国内尚无防治牦牛外寄生虫病的商品化疫苗。

（三）各种主要外寄生虫病防治技术

1. 螨病防治

牦牛的螨病主要是由疥螨科的疥螨属、痒螨科的痒螨属的螨类寄生于牦牛的表皮内或体表所引起的慢性皮肤病，以接触感染、能引起剧烈痒觉及各种类型的皮炎为特征。

疥螨和痒螨的全部发育过程均在动物体上完成，包括卵、幼虫、若虫、成虫 4 个阶段，其中雄螨为 1 个若虫期，雌螨为 2 个若虫期。螨病的传播方式为接触感染，既可由患病动物与健康动物直接接触感染，也可因间接接触被螨及其虫卵污染的畜舍、用具及活动场所等而感染。此外，亦可由工作人员的衣服、手及诊断治疗器械传播病原。

（1）预防 畜舍及饲养管理用具要定期消毒，定期进行畜群检查和灭螨处理；在流行区，对群牧的牦牛不论发病与否，要定期用药；牛舍要经常保持干燥清洁，通风透光，密度合理，不要过于拥挤；引入牦牛时应事先了解有无螨病存在，引入后应隔离一段时间，详细观察，并进行螨病检查，必要时进行灭螨处理后再合群。

经常注意牛群中有无发痒、脱毛现象，及时检出可疑牦牛，并及时隔离治疗。同时，对同群未发病的其他牦牛也要进行灭螨处理，对圈舍应喷洒药液、彻底消毒。做好螨病牛皮毛的处理，防止病原扩散，同时要防止饲养人员或用具散播病原。

（2）杀螨 杀螨的药物较多，方法有局部涂擦、喷淋、口服和注射等，依患病牦牛数量、药源及当地的具体情况而定。

常用的药物及用法：1％的敌百虫溶液患部涂擦；0.025％～0.05％双甲脒涂擦、喷淋或药浴；5％氰戊菊酯加水按 1:（250～500）倍稀释后喷淋；巴胺磷（浓度 20 mg/L）喷淋；二嗪农（螨净）药淋：25％规格，每 1 L 水加本品 2.5 mL（初液）或 6 mL（补充液）；伊维菌素类药物每千克体重 0.2 mg 皮下注射等。

（3）患病牛治疗时的注意事项 已经确诊的患畜，要在专设场地隔离治疗。从患畜身上清除下来的污物，包括毛、痂皮等要集中销毁，治疗器械、工具要彻底消毒，接触患畜的人员手臂、衣物等也要消毒，避免在治疗过程中造成病原扩散。

患畜较多时，应先对少数患畜试验，以确定药物的安全性，然后再大面积使用，防止发生意外。对治疗后的患畜，应放在未被污染的或消毒过的地方饲养，并注意护理。

应间隔5～7 d重复给药，以杀死新孵出的幼虫。

泌乳期牦牛在正常情况下禁止使用任何药物，因感染或发病必须用药时，药物残留期间牛乳不作为商品乳出售，按 GB 31650—2022 的规定执行休药期和弃乳期。对供屠宰的牦牛，应执行休药期规定。

2. 蜱病防治

牦牛的蜱病是由蜱寄生于牦牛体表引起的一种吸血性外寄生虫病。硬蜱、软蜱的发育均呈变态发育，生活史包括卵、幼蜱、若蜱和成蜱四个时期。不同地域蜱虫优势种存在差异，但优势种的地域性并不是一成不变的，会随着畜产品贸易、动物迁徙等因素发生变化。

硬蜱在生活史中各活动时期均需在宿主上寄生吸血，根据其发育各期是否更换宿主而分为一宿主蜱（如微小扇头蜱）、二宿主蜱（如残缘璃眼蜱）、三宿主蜱（如草原革蜱）。硬蜱的宿主范围不一，大多数硬蜱有广泛的宿主。软蜱大多属于多宿主蜱。蜱类的昼夜活动与其自身、宿主、外界环境因素有关，如蜱类脱落的节律、宿主动物的活动时间、气温因素等。

蜱吸食血液，同时造成宿主局部充血、水肿和急性炎症反应，并能引起丘疹、水疱等，甚至是继发性感染，导致动物表现为消瘦、贫血、麻痹等症状。其中硬蜱唾液中含有神经毒素，可使上行性肌肉麻痹，引起宿主呼吸衰竭，这种现象称为蜱瘫痪。蜱同时也是巴贝斯虫病和泰勒虫病等重要疾病的传播媒介。

（1）预防　避蜱放牧，牛群应避免到大量滋生蜱的牧场放牧，必要时可改为舍饲。例如传播牛环行泰勒虫病的残缘璃眼蜱为圈舍蜱，在内蒙古成蜱每年5月出现，与环行泰勒虫病的暴发同步，均为每年一次，故可使牛群于每年4月中、下旬离圈放牧，便可避开蜱的叮咬和疾病的暴发，又可在空圈时灭蜱。随着免疫学、分子生物学等技术的发展与完善，免疫学防治被认为是蜱防治的一种可持续的控制方法。

（2）杀蜱　主要采取综合防治措施。对于寄生于牦牛体表的蜱，可以手工或机械清除，或用药物进行驱杀，如用有机磷类药物、菊酯类药物和有机氯类药物进行喷雾、涂搽、药浴，或注射伊维菌素、阿维菌素、多拉菌素等大环内酯类药物。对于在圈舍周围活动的蜱，可以采用堵塞圈舍内所有缝隙和小洞，在圈舍内喷洒杀虫剂等防治措施。对于自然环境中活动的蜱，可以采用轮牧、喷洒杀虫剂、消灭啮齿类动物、开展生物防治（如培育蜱的天敌，用鸡或蜥蜴吃蜱）等措施。

在防治蜱的化学药品选择上，也应注意因地制宜的方式，对不同环境选择不同的药品。室内、封闭性畜舍，由于通风相对较差，且与宿主接触较多，应主要选用无刺激性气味、对人畜低毒、对环境无污染的杀虫剂，如联苯菊酯和氯菊酯等；地面、低墙等可能残留蜱的幼虫和若虫的地方，可采用水乳剂或悬浮剂型的滞留杀虫剂喷洒；室外家畜经常活动的地方，可选用氯菊酯、氯氰菊酯、高效氯氟氰菊酯和氟虫腈等进行全面喷洒，对有覆盖物的地方应提前掀开覆盖物，防止遗漏处滋生蜱。

3. 虱、蚤病的防治

牦牛的虱病主要由牛血虱和牛毛虱引起。牛血虱多寄生在牦牛颈部、背部、肩部及尾根，以吸血为生，在吸血时分泌毒素，引发痒感，引起牦牛不安，影响采食和休息，牦牛啃痒或擦痒时造成皮肤损伤，严重感染会导致贫血，使牦牛生长发育不良、消瘦、生产性能下降。虱病可通过直接接触传播，也可通过混用的工具、褥草等传播。牛毛虱以食毛为生，引起牦牛痒感、精神不安。

蚤病是由体外寄生性吸血蚤（花蠕形蚤、尤氏羚蚤、青海长喙蚤等）及其排泄物引起的皮肤性疾病。这些蚤类主要寄生在牦牛的颈部、胸部的两侧，使寄生部位牛毛脱落，有大量排泄物，引起牦牛发生皮炎、剧痒、不安，严重感染的牛出现食欲降低、消瘦、贫血。

在饲养管理与卫生条件差的畜群，虱病和蚤病较严重。

（1）预防　预防措施包括改善饲养管理，对新引进的牦牛进行检疫，发现病牛应进行隔离治疗。在冬春寒冷季节不使用稻草或其他褥草做垫料，加强舍内的卫生清洁和消毒工作，可用 0.5%～1.0% 的来苏儿或 1%～2% 的敌百虫等对周围环境喷雾消毒或杀虫。

（2）杀虱、杀蚤　可选用溴氰菊酯、氰戊菊酯、敌百虫、辛硫磷、双甲脒等药物喷洒牦牛皮肤和圈舍，每周 1～2 次。对个别严重的病例也可使用阿维菌素类药物（如伊维菌素、多拉菌素、埃普利诺菌素等）进行治疗，很好的治疗效果。

总体来说，牦牛外寄生虫病的治疗方法较多，常用的方法有以下 2 种。①药物喷淋或涂擦治疗。在温暖季节，应用外用杀虫剂，采用药物喷淋疗法；当少数牛发病时，选择在温暖环境中对病牛采取局部涂擦药液治疗。②注射或口服疗法。在任何季节都可采用注射或口服给药的方法，应用伊维菌素类药物，如埃普利诺菌素注射剂、伊维菌素注射剂一次量按每千克体重 0.2 mg，皮下注射；伊维菌素片剂、胶囊一次量按每千克体重 0.3 mg，经口给药。氯氰碘柳胺钠一次量按每千克体重 15 mg，经口给药，皮下和肌内注射。

第六章 牦牛寄生虫病防治药物研究

驱虫是寄生虫病防治的重要措施，是指用药物将寄生于动物体内外的寄生虫杀灭或驱除。一方面是在宿主体内或体表驱除或杀灭寄生虫，可以治愈或减轻病情，使宿主得到康复，减少寄生虫引起的发病率，同时也降低饲养成本，提高饲料报酬；另一方面，杀灭寄生虫，减少病原体向自然界扩散，切断传播途径，预防寄生虫感染，保护动物健康。驱虫在寄生虫病的防治工作中起到重要的作用。

驱虫分为治疗性驱虫和预防性驱虫两种类型。

目前，由于种种原因，抗寄生虫疫苗在临床上还很难发挥作用，在相当长的一段时期，应用药物进行定期驱虫、杀虫仍是防治牦牛寄生虫病最为有效的手段。其中，药物的剂型直接影响药物的给药方式及途径、生物利用度和防治效果。因此，筛选新型广谱、高效、低毒类抗寄生虫药物，并开展适用制剂研究开发，进而推广应用，对于控制牦牛寄生虫病的危害，提高防治水平和提高牦牛饲养业经济效益至为关键。

第一节 奥芬达唑对牦牛蠕虫病的防治研究

奥芬达唑（Oxfendazole，OFZ）是一种新型的高效、广谱、低毒的苯并咪唑氨基甲酸酯类（Benzimidazole carbamate）抗蠕虫药物，又称砜苯咪唑或磺苯咪唑，其化学名称为 5-苯-2-苯并咪唑-氨基甲酸甲酯。奥芬达唑在动物体内的代谢物是相应的砜和亚砜，最终代谢物为氨基砜。奥芬达唑和奥芬达唑砜均具有驱虫活性。

奥芬达唑的作用机理为抑制寄生蠕虫的延胡索酸还原酶，从而导致寄生虫因缺乏能量而死亡。也有研究认为奥芬达唑通过与线虫的微管蛋白质结合，从而阻止微管形成。

奥芬达唑在多种寄生蠕虫的治疗方面有很好的应用前景。国外学者开展的一系列关于奥芬达唑的临床效果研究均证明奥芬达唑是一种低毒、高效的抗蠕虫药物，在已有各种治疗中没有发现中毒情况。已在日本、欧美等许多国家普遍使用，特别是制成脉冲释放丸，在犊牛放牧季节用于控制牧场草地污染及预防牛、绵羊蠕虫病，疗效显著，驱虫活性比芬苯达唑高 1 倍。在国内，20 世纪 90 年代以来在一些地区试验证明，其原料药、片剂和混悬剂对不同家畜的线虫有优良驱虫效果，是一种具有开发、应用前景的广谱、高效、低毒类驱虫药。目前，该药的制剂主要为水产养殖用颗粒剂和宠物用片剂，但对牦牛蠕虫病的防治研究较少，资料缺乏。

在牲畜多、劳力少的高原牧区，用片剂、胶囊剂等固体剂型给反刍家畜给药费时费力，药片容易被吐出，造成实际给药量不足和药物浪费，影响防治效果，特别对牦牛给药更为困难。为优化给药方法，青海省畜牧兽医科学院高原动物寄生虫病研究室研制了奥芬达唑干混悬剂（Oxfendazole for suspension），并进行了其对牦牛蠕虫病的防治研究。

一、奥芬达唑干混悬剂对牦牛消化道线虫的驱虫效果与安全性试验

本试验完成了奥芬达唑干混悬剂对牦牛消化道线虫的驱虫效果与使用安全性评价。

（一）材料与方法

1. 试验药物

奥芬达唑干混悬剂（30 g∶25 g），青海省畜牧兽医科学院高原动物寄生虫病研究室研制，呈白色或类白色粉末，250 mL 瓶装，临用时加饮用水至 250 mL 刻度处混匀即成 10％口服混悬液，用前充分摇匀，用兽用投药枪经口投服。

奥芬达唑原料粉，汉中爱诺动物药业股份有限公司提供。

2. 实验动物

在青海省刚察县泉吉乡，从试验前 5～6 个月未投服任何驱虫药的牦牛中，通过饱和盐水漂浮法检查粪便虫卵，挑选自然感染多属线虫的 80 头成年牦牛供药效试验；选 1.5 岁健康牦牛 30 头供安全性试验。

3. 药效试验分组

将 80 头供试牦牛随机分为 5 组，每组 16 头。其中第 1 组为奥芬达唑干混悬剂 5 mg/kg 剂量组，第 2 组为奥芬达唑干混悬剂 10 mg/kg 剂量组，第 3 组为奥芬达唑干混悬剂 15 mg/kg 剂量组，第 4 组为奥芬达唑原料药药物对照组（10 mg/kg），第 5 组为阳性对照组。

4. 药效试验方法

试验牛逐头称重、编号，第 1～3 组试验牛逐头按设计剂量投服奥芬达唑干混悬剂，第 4 组牛投服奥芬达唑原料粉，阳性对照组牛不给药。

粪便虫卵检查：投药前和投药后 7～8 d，对各组试验牛逐头直肠采集粪样进行线虫虫卵检查，统计每克粪便中的消化道线虫虫卵数（EPG）。

剖检：于给药后 21 d 开始，逐日从 3 个试验组、药物对照组和阳性对照组随机抽取牦牛各 5 头穿插剖检，按斯氏法检查线虫成虫，收集虫体，显微镜下鉴定到属或种，并计数统计。

5. 安全性观察

将 30 头供试牛分为 3 组，每组 10 头，逐头称重、编号。1、2、3 试验组牦牛分别按 20、25、30 mg/kg 剂量，经口一次投服奥芬达唑干混悬剂，投服后试验牛仍在原草场随群放牧，并观察其采食、呼吸、运动、排粪、精神等变化情况，如遇死亡立即剖检，观察病理变化，共观察 15 d。

6. 效果判定

根据给药前和给药后 EPG 的变化和剖检虫体残留情况，按以下公式计算各试验组的驱虫效果。

虫卵转阴率＝（投药前阳性牛数－投药后阳性牛数）/投药前阳性牛数×100％

虫卵减少率＝（投药前虫卵 EPG－投药后虫卵 EPG）/投药前虫卵 EPG×100％

粗计驱虫率＝（对照组虫数－试验组虫数）/对照组虫数×100％

（二）结果

1. 粪便虫卵检查结果

用奥芬达唑干混悬剂驱除牦牛消化道线虫的粪便虫卵检查结果见表 6-1。从表中可见，

5 mg/kg 剂量组牦牛消化道线虫虫卵转阴率、减少率分别为 87.5％ 和 90.9％；10 mg/kg、15 mg/kg 剂量组虫卵转阴率及减少率均为 100.0％；药物对照组（奥芬达唑原料药 10 mg/kg剂量）对牦牛线虫的虫卵转阴率、减少率与奥芬达唑干混悬剂中剂量组无差异；阳性对照组两次粪检 EPG 无明显变化。

表6-1　各试验组牦牛消化道线虫粪检统计结果

组别	剂量（mg/kg）	试验牛数（头）	转阴牛数（头）	转阴率（％）	给药前 EPG（个）	给药后 EPG（个）	虫卵减少率（％）
1	5	16	14	87.5	194.5	17.7	90.9
2	10	16	16	100.0	186.2	0.0	100.0
3	15	16	16	100.0	189.7	0.0	100.0
4	10	16	16	100.0	191.8	0.0	100.0
5	0	16	0	0.0	181.3	187.2	—

2. 剖检结果

根据剖检鉴定结果，从试验牛检出的消化道线虫有奥斯特线虫（*Ostertagia* spp.）、毛圆线虫（*Trichostrongylus* spp.）、古柏线虫（*Cooperia* spp.）、细颈线虫（*Nematodirus* spp.）、毛细线虫（*Capillaria* spp.）、仰口线虫（*Bunostomum* spp.）、鞭虫（*Trichuris* spp.）、夏伯特线虫（*Chabertia* spp.）等。

奥芬达唑干混悬剂驱除牦牛消化道线虫的剖检结果见表6-2。

表6-2　各试验组牦牛消化道线虫荷虫数与驱虫率剖检统计结果

虫名	阳性对照组荷虫数（个）	药物对照组 荷虫数（个）	药物对照组 驱虫率（％）	奥芬达唑干混悬剂试验组 5 mg/kg组 荷虫数（个）	5 mg/kg组 驱虫率（％）	10 mg/kg组 荷虫数（个）	10 mg/kg组 驱虫率（％）	15 mg/kg组 荷虫数（个）	15 mg/kg组 驱虫率（％）
奥斯特线虫	258.7	4.5	98.3	15.5	94.0	4.0	98.5	0	100.0
毛圆线虫	64.5	0	100.0	5.5	91.5	0	100.0	0	100.0
古柏线虫	208.3	3.0	98.6	16.0	92.3	3	98.6	0	100.0
细颈线虫	248.8	4.0	98.4	12.3	95.1	5.0	98.0	0	100.0
毛细线虫	6.3	0	100.0	0	100.0	0	100.0	0	100.0
仰口线虫	5.5	0	100.0	0	100.0	0	100.0	0	100.0
鞭虫	28.3	7.3	74.2	13.7	51.6	6.3	77.7	1	96.5
夏伯特线虫	7.3	0	100.0	0	100.0	0	100.0	0	100.0
平均驱虫率（％）			96.2		90.6		96.6		99.6
总计荷虫数（个）	827.7	18.8		63.0		18.3		1	
总计驱虫率（％）			97.7		92.4		97.8		99.9

从表中可见，5 mg/kg、10 mg/kg、15 mg/kg 剂量组对牦牛消化道线虫（除鞭虫外）的驱虫率为 91.5％～100％；对鞭虫的驱虫率分别为 51.6％、77.7％ 和 96.5％；对线虫的总计驱虫率分别为 92.4％、97.8％ 和 99.9％。

3. 安全性

奥芬达唑干混悬剂三个剂量试验组牦牛，投药后精神、运动、采食、呼吸、排粪等未见异常反应。牦牛可耐受 30 mg/kg 剂量，使用安全。

（三）讨论与小结

1. 药效与安全性

试验结果显示，奥芬达唑干混悬剂 5、10、15 mg/kg 剂量对牦牛消化道线虫均有效，虫卵减少率达 90.9%～100%；对表 6-2 中消化道线虫的总计驱除率达 91.5%～100%，其中，10、15 mg/kg 剂量的虫卵（幼虫）减少率均达 100%，驱虫率分别达 97.8% 和 99.9%，均达到了高效、安全。

符敖齐等（1993）应用奥芬达唑原料药按 2.5、10、20 mg/kg 给药后，对湖羊消化道捻转血矛线虫（*Haemonchus contortus*）、羊鞭虫（*Trichuris ovis*）、羊仰口线虫（*Bunostomum trigonoeephahum*）、粗纹食道口线虫（*Oesophagostomum asperum*）、绵羊斯氏线虫（*Skrjabineina ovis*）、毛圆线虫（*Triohostrongylus*）、细颈线虫（*Nematodelimus*）、类圆线虫（*Strongyloides*）的虫卵减少率和驱虫率均达 100%，所有试验羊在整个试验期间精神、食欲、反刍、排粪均正常，证明该药安全可靠。

王权等（1994）应用奥芬达唑片剂按每千克体重 25 mg 剂量给药后，对奶牛消化道牛仰口线虫、食道口线虫的虫卵减少率和虫卵转阴率均达 100%，对牛安全无毒。

高学军等（2004）应用奥芬达唑原料药按 2.5、5、10、20 mg/kg 投服后，对羊主要消化道线虫的驱虫效果达 99.4% 以上。

蔡进忠等（2009）应用奥芬达唑干混悬剂 5、10、15 mg/kg 剂量对藏系绵羊消化道线虫虫卵减少率达 99.85%～100%，对原圆科线虫幼虫减少率达 90.1%～100%。剖检发现奥斯特线虫（*Ostertagia*）、马歇尔线虫（*Marshallagia*）、毛圆线虫（*Trichostrongylus*）、细颈线虫（*Nematodirus*）、仰口线虫（*Bunostomum*）、毛细线虫（*Capillaria*）、鞭虫（*Trichuris*）、网尾线虫（*Dictyocaulus*）等线虫以及原圆科（Protostrongylidae）线虫成虫的总计驱虫率达 96.6%～99.7%，对线虫寄生阶段幼虫的总计驱虫率达 95.2%～98.7%，均达到了高效。

陈清文等（2012）应用奥芬达唑干混悬剂按 5、10 和 15 mg/kg 剂量驱虫，粪检牦牛消化道线虫虫卵转阴率分别为 83.3%、91.7% 和 100.0%，减少率分别为 89.1%、97.8% 和 100.0%；剖检发现该 3 个剂量组药物对奥斯特线虫（*Ostertagia*）、毛圆线虫（*Trichostrongylus*）、细颈线虫（*Nematodirus*）、仰口线虫（*Bunostomum*）、毛细线虫（*Capillaria*）、鞭虫（*Trichuris*）、夏伯特线虫（*Chabertia*）等消化道线虫的总计驱虫率分别为 91.8%、97.9% 和 99.5%。

本试验中奥芬达唑干混悬剂对牦牛线虫的驱虫效果与上述作者应用奥芬达唑原料药、干混悬剂同剂量、片剂分别驱除湖羊、奶牛和藏系绵羊消化道线虫的驱虫效果基本一致。

试验结果表明奥芬达唑干混悬剂的驱虫活性与本品原料药无差异。奥芬达唑干混悬剂每千克体重 30 mg 剂量对牦牛安全。临床使用每千克体重 10 mg 剂量高效安全，可作为推荐剂量。

2. 剂型的比较

已有的研究结果表明，奥芬达唑干混悬剂、原料药和片剂等均具有广谱、高效、低毒驱虫作用。其中，干混悬剂在临用前加水即成口服混悬液，用无针头注射器给牦牛投服，克服了片剂投服不方便和易吐出的不足，同时又解决了液状混悬剂运输不便、在高寒牧区冬季易冻等难题。干混悬剂是一种适用于牦牛驱虫的较理想剂型，若使用兽用投药枪给药，效果更佳。

3. 小结

奥芬达唑干混悬剂按每千克体重5、10、15 mg 剂量驱虫，粪检牦牛消化道线虫虫卵转阴率分别为 87.5％、100.0％和 100％，减少率分别为 90.9％、100.0％和 100.0％；剖检对主要消化道线虫均有效，总计驱虫率分别为 92.4％、97.8％和 99.9％（表 6-2）。同剂量本品片剂与奥芬达唑干混悬剂的有效率无明显差异。牦牛投服 30 mg/kg 剂量，未见异常反应。试验证明：奥芬达唑干混悬剂 10 mg/kg 作为推荐剂量用于驱除牦牛消化道线虫高效安全，使用方法简便，具有推广应用前景。

二、奥芬达唑干混悬剂对牦牛裸头科绦虫的驱虫试验

本试验选择自然感染裸头科绦虫的牦牛进行了驱虫效果评价。

（一）材料与方法

1. 试验药物

奥芬达唑干混悬剂（30 g：25 g），青海省畜牧兽医科学院高原动物寄生虫病研究室研制，呈白色或类白色粉末，250 mL 瓶装，临用时加饮用水至 250 mL 刻度处混匀即成 10％口服混悬液，每毫升含奥芬达唑 100 mg，用前充分摇匀，用兽用投药枪经口投服。

奥芬达唑原料药，陕西汉江药业股份有限公司生产。

2. 实验动物

在青海省海北藏族自治州祁连县默勒镇瓦日尕村，选择近 8～9 个月未使用任何驱虫药的牦牛，采集新鲜粪便，通过饱和盐水漂浮法检查，挑选自然感染裸头科绦虫的 3～5 岁牦牛 60 头供试。

3. 分组

将供试牛随机分为 5 组，每组 12 头。其中，第 1 组，奥芬达唑干混悬剂每千克体重 5 mg 试验组；第 2 组，奥芬达唑干混悬剂每千克体重 10 mg 试验组；第 3 组，奥芬达唑干混悬剂每千克体重 15 mg 试验组；第 4 组，药物对照组，奥芬达唑原料药 10 mg/kg 试验组；第 5 组为阳性对照组，不给药。

4. 给药

供试牛给药前停食 12 h 以上，投药时将供试牛逐头称重、编号、登记，按实际体重计算用药量，第 1～3 组试验牛分别按 5、10、15 mg/kg 剂量经口投服奥芬达唑干混悬剂，第 4 组试验牛按 10 mg/kg 剂量投服奥芬达唑原料药，第 5 组阳性对照牛不给药。

5. 粪检

投药前各组试验牛逐头直肠采集粪样，进行虫卵（节片）检查；投药后 3～5 d 连续 3 d 收集全部粪便，对每天收集的全部粪便采用反复漂洗法检查绦虫头节及成熟节片，直至无虫体及节片排出时停止检查，同时采用粪便虫卵漂浮法检查虫卵，计数统计。

6. 剖检

给药后第 14～15 天剖杀试验牛，剖开消化道检查虫体残留情况，收集绦虫头节和成熟节片分类计数，依据常规计算方法判定驱虫效果。

（二）结果

1. 裸头科绦虫感染情况

本次试验地区通过粪检法共检查牦牛 145 头，检出裸头科绦虫阳性牛 61 头，感染率为 42.1%；剖检阳性对照组牦牛平均感染强度 6.2 个，2 种以上绦虫的混合感染占 41.7%。

2. 虫卵（节片）检查结果

奥芬达唑干混悬剂驱除牦牛裸头科绦虫的粪检结果见表 6-3。从表中可见，奥芬达唑干混悬剂 5、10、15 mg/kg 剂量组对牦牛裸头科绦虫的虫卵（节片）转阴率分别为 83.3%、100.0% 和 100.0%。奥芬达唑原料药 10 mg/kg 剂量组虫卵（节片）转阴率为 100.0%，驱虫后一般 48～60 h 停止排虫。对照组牦牛两次粪检虫卵（节片）呈阳性。

表 6-3　奥芬达唑干混悬剂驱除牦牛裸头科绦虫粪检结果

组别	剂量（mg/kg）	试验牛数（头）	给药转阴牛数（头）	转阴率（%）
1	5	12	10	83.3
2	10	12	12	100.0
3	15	12	12	100.0
4	10	12	12	100.0
5	0	12	0	—

3. 剖检结果

奥芬达唑干混悬剂驱除牦牛裸头科绦虫的剖检结果见表 6-4。从表中可见，本次试验中从阳性对照组牦牛检出裸头科的莫尼茨绦虫和无卵黄腺绦虫，平均残留虫体分别为 7.6 个和 2.5 个。5 mg/kg 剂量组对上述两种绦虫的驱虫率分别为 73.7%、100.0%；10、15 mg/kg 剂量组对上述两种绦虫的驱虫率均达 100%。

表 6-4　奥芬达唑干混悬剂驱除牦牛裸头科绦虫剖检结果

组别	剖检牛数（头）	转阴牛数（头）	驱净率（%）	平均残留虫体数（个）		驱虫率（%）	
				莫尼茨绦虫	无卵黄腺绦虫	莫尼茨绦虫	无卵黄腺绦虫
1	5	4	80.0	2.0	0.0	73.7	100.0
2	5	5	100.0	0.0	0.0	100.0	100.0
3	5	5	100.0	0.0	0.0	100.0	100.0
4	5	5	100.0	0.0	0.0	100.0	100.0
5	5	0	—	7.6	2.5	—	—

（三）讨论与小结

1. 药效与安全性

试验结果显示，奥芬达唑干混悬剂和原料药对寄生于牦牛的莫尼茨绦虫和无卵黄腺绦虫均具有十分显著的驱除作用。其中，无卵黄腺绦虫对本品较莫尼茨绦虫更敏感。对莫尼茨绦虫的有效剂量高于无卵黄腺绦虫。驱虫率与用药剂量呈正相关，随着药物使用剂量的增加，驱虫效果相应提高，其中以 10、15 mg/kg 剂量效果最佳，驱虫率均达 100.0%，表明该剂型的驱虫活性与本品原料药无差异。

由于放牧牦牛感染绦虫一般是多种虫体的混合感染，选择药物有效剂量时应将裸头科莫尼茨属、无卵黄腺属、曲子宫属3属绦虫这一整体作为防治对象，方能取得良好效果。从粪检和剖检结果来看，临床使用剂量以 10 mg/kg 为宜。

奥芬达唑干混悬剂3个剂量试验组牦牛投药后未出现异常反应，安全可靠。

2. 小结

应用奥芬达唑干混悬剂分别按每千克体重 5、10、15 mg 剂量经口给药，5 mg/kg 剂量组给药后 7 d 粪检莫尼茨绦虫的虫卵转阴率为 83.3%，剖检驱净率为 80.0%、驱虫率为 73.7%；10、15 mg/kg 剂量组转阴率、驱净率和驱虫率均达 100.0%；3个剂量组无卵黄腺绦虫的转阴率、驱虫率均达 100.0%。奥芬达唑干混悬剂3个剂量组试验牛未见异常反应。试验结果表明，奥芬达唑干混悬剂中、高试验剂量驱除牦牛莫尼茨绦虫和无卵黄腺绦虫高效安全。10 mg/kg 可作为推荐剂量。

三、奥芬达唑干混悬剂对牦牛肝片吸虫的驱除试验

长期以来，对放牧牦牛肝片吸虫病的防治是在试验的基础上，选用对肝片吸虫有效的药物定期驱虫，这也是最为有效的防治方法，有效控制了该病的流行，降低了危害，在生产中发挥了重要作用。奥芬达唑干混悬剂是一种使用较为方便的剂型，本试验评价了奥芬达唑干混悬剂对牦牛自然感染肝片吸虫的驱除效果，并确定了适宜的使用剂量。

（一）材料与方法

1. 试验药物

奥芬达唑干混悬剂（30 g：25 g），青海省畜牧兽医科学院高原动物寄生虫病研究室研制，呈白色或类白色粉末，250 mL 玻璃瓶装，临用时加饮用水至 250 mL 刻度处即成 10% 口服混悬液，用前充分摇匀，用兽用投药枪经口投服。

奥芬达唑原料药，汉中爱诺动物药业股份有限公司提供。

2. 实验动物

在青海省刚察县泉吉乡，选择试验前9个月未使用任何驱虫药的牛群，对肝片吸虫疑似感染牛采集新鲜粪便，通过反复水洗沉淀法镜检 10 g 粪便的虫卵数，检出 EPG 在 40 个以上的 60 头牛供试。

3. 试验分组

将供试牛随机分为5组，每组12头。第1～3组为奥芬达唑干混悬剂试验组，分别按每千克体重 5、10、15 mg 投服奥芬达唑干混悬剂；第4组为药物对照组，按 10 mg/kg 剂量口服奥芬达唑原料药；第5组阳性对照组，不给药。

4. 给药与检查

试验牛投药前逐头称重、打号，药物试验组牛按设计剂量投药、记录，阳性对照组牛不投药。投药前和投药后第14天，从直肠采集新鲜粪便通过反复沉淀法检查肝片吸虫虫卵，镜检计数。投药后第16～18天结合屠宰剖检5头/组，检查肝脏及胆囊内虫体残留情况。

5. 效果判定

根据试验牛投药前和投药后 3 g 粪便中肝片吸虫虫卵数的变化情况与剖检虫体残留情

况，按以下公式计算驱虫效力。

虫卵转阴率＝（投药前阳性牛数－投药后阳性牛数）/投药前阳性牛数×100％

虫卵减少率＝（投药前虫卵 EPG－投药后虫卵 EPG）/投药前虫卵 EPG×100％

驱净率＝完全驱虫牛数/给药牛数×100％

驱虫率＝（对照组虫数－试验组虫数）/对照组虫数×100％

（二）结果

1. 粪检结果

奥芬达唑干混悬剂 5、10、15 mg/kg 剂量试验组的粪检结果见表 6-5。给药前检出肝片吸虫平均虫卵数分别为 47.6 个、43.3 个、52.4 个。投药后第 14 天粪检，15 mg/kg 剂量组试验牛虫卵转阴率和减少率均为 100.0％；10 mg/kg 试验组检出虫卵均数 2 个，虫卵转阴率为 91.7％，减少率为 95.4％；5 mg/kg 试验组检出虫卵均数 7.0 个，虫卵转阴率 58.3％，减少率 85.3％。而阳性对照组牛与药物各剂量试验组同步检查，试验前检出虫卵均数 45.4 个，间隔 14 d 再次检查时，检出虫卵均数 48.9 个，虫卵数略有上升。

表 6-5　奥芬达唑干混悬剂驱除牦牛肝片吸虫的粪检结果

组别	剂量 （mg/kg）	试验牛数 （头）	虫卵转阴数 （头）	虫卵转阴率 （％）	投药前 EPG（个）	投药后 EPG（个）	虫卵减少率 （％）
1	5	12	7	58.3	47.6	7.0	85.3
2	10	12	11	91.7	43.3	2.0	95.4
3	15	12	12	100.0	52.4	0.0	100.0
4	10	12	9	75.0	46.7	4.3	90.8
5	0	12	0	0.0	45.4	48.9	—

2. 剖检结果

剖检结果见表 6-6。投药后第 16 天每组剖检 5 头，从奥芬达唑干混悬剂 15 mg/kg 剂量组试验牛肝脏中未检出虫体；从 10 mg/kg 剂量组平均每头牛检出虫体 1.0 个；5 mg/kg 剂量组平均每头牛检出虫体 2.0 个，发现胆囊内有小米汤样虫体已糜烂；从阳性对照组平均每头牛检出虫体 14.8 个。3 个试验剂量的驱虫率分别为 86.5％、93.2％和 100.0％。表明剖检结果与投药后的虫卵检查结果基本一致。

表 6-6　奥芬达唑干混悬剂驱除牦牛肝片吸虫的剖检结果

组别	剂量 （mg/kg）	剖检牛数 （头）	转阴牛数 （头）	残留虫数 （个）	驱净率 （％）	驱虫率 （％）
1	5	5	3	2.0	60.0	86.5
2	10	5	4	1.0	80.0	93.2
3	15	5	5	0.0	100.0	100.0
4	10	5	4	1.5	80.0	89.7
5	0	5	0	14.8	—	—

（三）讨论与小结

试验结果表明，奥芬达唑干混悬剂 15 mg/kg 剂量对牦牛肝片吸虫的虫卵转阴率、减少率和驱净率、驱虫率均达 100.0%；10 mg/kg 剂量虫卵减少率为 95.4%，驱虫率为 93.2%；5 mg/kg 剂量驱虫效果低于中、高剂量，粪检与剖检结果基本一致。同剂量奥芬达唑干混悬剂与片剂具有相近的驱虫效果。结果提示奥芬达唑干混悬剂驱除牦牛肝片吸虫的适宜剂量为 10~15 mg/kg。各剂量试验组牦牛投药后未发现异常反应，使用安全。

四、结论

在草原畜牧业地区，放牧牛羊的寄生虫病多为复杂的混合感染，其中，线虫、绦虫、吸虫的混合感染极为普遍，有效防治蠕虫的关键是筛选具有高效、广谱、低毒功效的驱虫药。本次试验和已有的试验结果证明，奥芬达唑片剂、干混悬剂驱除牦牛、绵羊消化道线虫、绦虫及肝片吸虫高效安全，但干混悬剂使用较为方便。

第二节　三氯苯咪唑对牦牛肝片吸虫病的防治研究

三氯苯咪唑（Triclabendazole）是一种新型苯并咪唑类衍生物，是目前临床上最有效的抗肝片吸虫药之一，对肝片吸虫成虫和童虫均有驱虫活性，主要用于驱除牛、羊、马等动物各期肝片吸虫、大片吸虫、前后盘吸虫等。

三氯苯咪唑的杀虫机制是药物结合到虫体微管蛋白上，阻止微管蛋白聚集成维管，导致有丝分裂的纺锤丝功能障碍，从而使染色体数目加倍，破坏虫体内吸收细胞的完整性和运动功能，从而发生缓慢的致死过程。

国外开展三氯苯咪唑驱虫试验较早，国内从 2002 年开始相继开展了防治研究与示范应用，取得了一定进展，但在牦牛吸虫病方面等研究较少，资料有限。为此，我们选用三氯苯咪唑片剂、干混悬剂进行了对牦牛肝片吸虫病的防治研究。

一、三氯苯咪唑片剂对牦牛肝片吸虫的驱虫试验

本试验评价了三氯苯咪唑片剂对寄生于牦牛的肝片吸虫的驱虫效果。

（一）材料和方法

1. 试验药物

三氯苯咪唑片剂，每瓶 100 片，每片含 100 mg，西宁丰源动物药品有限公司提供。

三氯苯咪唑原料粉，汉中市天源动物药品有限公司提供。

2. 实验动物

在青海省刚察县泉吉乡，在历年感染率高的牦牛群中，于 9—10 月份，选择近 6~7 个月未投服任何驱虫药且具有感染肝片吸虫疑似临床症状的牦牛，采集新鲜粪便，通过反复水洗沉淀法检查粪便中肝片吸虫卵，计算 10 g 粪便中的虫卵数，选择每克粪便虫卵数（EPG）在 50 个以上的 75 头牦牛供试。

3. 分组

将 75 头供试牛随机分为如下 5 组，每组 15 头。

1 组，三氯苯咪唑片剂 6 mg/kg 剂量试验组，经口一次投服；

2 组，三氯苯咪唑片剂 12 mg/kg 剂量试验组，经口一次投服；

3 组，三氯苯咪唑片剂 18 mg/kg 剂量试验组，经口一次投服；

4 组，药物对照组，三氯苯咪唑原料药 12 mg/kg 剂量组，经口一次投服；

5 组，阳性对照组，不给药。

4. 给药

给药前对供试牛逐头编号、称重，第 1～3 组试验牛分别按每千克体重 6、12、18 mg 剂量经口一次投服三氯苯咪唑片剂；第 4 组试验牛将三氯苯咪唑原料粉加工成混悬剂后按 12 mg/kg 剂量口服；第 5 组阳性对照牛不给药。

5. 效果检查

给药前 1～2 d 和给药后 7 d、14 d 采集新鲜粪便，通过反复沉淀法检查肝片吸虫虫卵并计数，统计出每组平均虫卵数。

6. 效果判定

依据试验组牦牛给药前和给药后粪便虫卵数的变化情况，按以下公式计算驱虫效果。

虫卵转阴率＝（虫卵转阴动物数/实验动物数）×100％

虫卵减少率＝（给药前虫卵数－给药后虫卵数）/给药前虫卵数×100％

（二）结果

1. 粪检虫卵结果与驱虫效果

三氯苯咪唑片剂驱除牦牛肝片吸虫的粪检虫卵数与虫卵转阴率、减少率统计结果见表 6-7 和表 6-8。从表中可见，三氯苯咪唑片剂 6 mg/kg 剂量试验组牦牛给药前肝片吸虫 EPG 为 48.2 个，给药后 7 d 从 3 头牛检出虫卵 6 个，14 d 粪检检出虫卵 5.3 个；12、18 mg/kg 剂量试验组和药物对照组给药前肝片吸虫 EPG 分别为 57.8 个、60.5 个和 54.3 个，给药后 7 d、14 d 粪检虫卵均呈阴性，虫卵数为零。阳性对照组牛在试验前肝片吸虫 EPG 为 51.7 个，间隔 7、14 d 检查时，EPG 分别为 55.6 个和 59.1 个，表明未投药组牛的虫卵数不但没有减少反而呈现上升趋势。

表 6-7　各试验组牦牛肝片吸虫粪检虫卵转阴情况统计结果

组别	剂量 (mg/kg)	试验牛 阳性数（头）	给药后 7 d		药后 14 d	
			转阴数（头）	转阴率（％）	转阴数（头）	转阴率（％）
1	6	15	12	80.0	12	80.0
2	12	15	15	100.0	15	100.0
3	18	15	15	100.0	15	100.0
4	12	15	15	100.0	15	100.0
5	0	15	0	0.0	0	0.0

表 6-8　各试验组牦牛肝片吸虫粪检虫卵减少情况统计结果

组别	试验数 （头）	给药前 EPG （个）	给药后 7 d		给药后 14 d	
			EPG（个）	减少率（％）	EPG（个）	减少率（％）
1	15	48.2	6	87.6	5.3	89.0
2	15	57.8	0	100.0	0	100.0
3	15	60.5	0	100.0	0	100.0
4	15	54.3	0	100.0	0	100.0
5	15	51.7	55.6	—	59.1	—

2. 安全性观察

三氯苯咪唑片剂按每千克体重 6、12、18 mg 剂量投服，试验期间给药牦牛精神、食欲、反刍、排粪排尿均未见异常反应。

（三）讨论与小结

1. 驱虫效果

试验结果表明，三氯苯咪唑片剂按 6 mg/kg 剂量一次经口投服，给药后第 7、14 天对牦牛肝片吸虫的虫卵转阴率均为 80.0%，减少率分别为 87.6% 和 89.0%，而 12、18 mg/kg 剂量组的虫卵转阴率和减少率均达 100.0%，说明随着用药剂量的提高，其驱虫效果也相应提高。相同剂量的三氯苯咪唑片剂与原料药，对牦牛肝片吸虫的驱虫效果无差异。

Boray 等（1983）应用三氯苯咪唑片剂 5 mg/kg 剂量对 4、8、12 周龄虫体的驱杀率分别为 92%、98%、100%；10 mg/kg 剂量对 1、2、4 周龄虫体的驱杀率分别 93%、100%、99%，对 6 周龄虫体的驱杀率为 100%；当剂量增至 15 mg/kg 时，在感染后 1 d 内就可杀死 98% 的虫体；三氯苯咪唑口服、皮下注射及皮内注射途径给药，其效果相同。

Stansfield 等（1987）用 10% 三氯苯咪唑混悬液（12 mg/kg）治疗严重自然感染肝片吸虫的牛，用药后虫卵排出量迅速减少，3 周后虫卵完全消失，10 周后未见虫卵重新排出。Rapic 等（1988）在自然感染未成熟肝片吸虫的小牛上，用 12 mg/kg 三氯苯咪唑口服，用药后 9 周检查，粪检虫卵减少率为 100%，剖检减虫率为 96.9%。Shi 等（1989）在中国，18 头牛被试验感染肝片吸虫囊蚴，接受单次口服 12 mg/kg 剂量的三氯苯达唑，与未用药组相比，感染后 2、6、8、12 和 16 周剖检，荷虫量分别减少了 85%、99.6%、99.8%、100% 和 100%。陶建平等（2002）应用三氯苯咪唑原料粉按每千克体重 10 mg 剂量，对山羊肝片形吸虫成虫和童虫进行驱虫，其驱虫率均达 100%。李剑等（2012）应用三氯苯咪唑混悬剂按每千克体重 5、10、15 mg 剂量驱除牦牛肝片吸虫，5 mg/kg 组粪检虫卵转阴率、减少率分别为 83.3% 和 90.0%，剖检对成虫的驱净率、驱虫率分别为 91.7% 和 93.8%，对童虫的驱净率和驱虫率分别为 83.3%、90.1%；10、15 mg/kg 组对虫卵转阴率、减少率及对成虫、童虫的驱净率和驱虫率均达 100%。

本试验所用每千克体重 12、18 mg 剂量组的驱虫效果与上述学者的试验结果基本一致。根据本试验与国内外相关学者的研究结果，三氯苯咪唑原料药、片剂、混悬剂、口服液等按每千克体重 10、12、15 mg 剂量给药，对肝片吸虫成虫、童虫均有高效驱虫作用。因此，三氯苯咪唑片剂每千克体重 12 mg 可作为防治牦牛肝片吸虫病的推荐剂量。

2. 使用安全性评价

Boray 等（1983）按每千克体重 100 和 125 mg 剂量，给山羊投服三氯苯咪唑未见有任何临床不适反应，剂量增至每千克体重 150 和 200 mg 时，有轻微短暂的运动不协调，同时发现体重比投药前减少 5%～11%，血浆谷氨酸脱氢酶和尿素水平升高；每千克体重 250 和 500 mg 剂量时，除谷氨酸脱氢酶和尿素升高外，血浆胆固醇水平升至正常水平的 1.75 倍。廖党金等（1999）试验证明三氯苯咪唑治疗剂量用于怀孕绵羊，不会导致副反应症状，不会引起流产及对胎儿致残或致畸等副作用。说明三氯苯咪唑在临床常用剂量 10 倍内安全有效。

本试验中三氯苯咪唑片剂各剂量试验组及原料药组牦牛给药后未见异常反应，本品确定的推荐剂量用于防治牦牛肝片吸虫病非常安全。

3. 小结

用三氯苯咪唑片剂按每千克体重 6～18 mg 给药，对牦牛感染肝片吸虫的虫卵转阴率可达 80.0%～100%，虫卵减少率达 87.6%～100%，且试验牦牛未见任何异常反应，说明三氯苯咪唑片剂对驱除牦牛肝片吸虫高效安全，适宜推广应用，建议推荐剂量为每千克体重 12 mg。

二、三氯苯咪唑干混悬剂对牦牛肝片吸虫的驱虫试验

为优化给药方法，青海省畜牧兽医科学院高原动物寄生虫病研究室研制了三氯苯咪唑干混悬剂，并进行了对牦牛自然感染肝片吸虫的驱虫效果评价。

（一）材料和方法

1. 试验药物

三氯苯咪唑干混悬剂（30 g∶25 g），青海省畜牧兽医科学院高原动物寄生虫病研究室研制，呈白色或类白色粉末，250 mL 瓶装，临用时加饮用水至 250 mL 刻度处混匀即成 10% 口服混悬液，每毫升含三氯苯咪唑 100 mg，用前充分摇匀，用兽用投药枪经口投服。

三氯苯咪唑原料粉由中国农业科学院上海兽医研究所提供。

三氯苯咪唑片剂，汉中爱诺动物药品有限公司提供，每片含 100 mg。

2. 实验动物

在肝片吸虫病流行区的青海省刚察县泉吉乡叶合茂村的放牧牦牛中，选择近 7～8 个月未投服任何驱虫药的牦牛，从具有肝片吸虫疑似感染症状的牦牛采集新鲜粪便，通过反复水洗沉淀法检查粪便中肝片吸虫虫卵数，计算 1 g 粪便中的虫卵数（EPG），选择 EPG 在 45 个以上的 75 头牦牛供试。

3. 分组

将供试牛随机分为 5 组，每组 15 头。1～3 组分别为三氯苯咪唑干混悬剂 6、12、18 mg/kg 剂量试验组；第 4 组为药物对照组，按 12 mg/kg 剂量投服三氯苯咪唑片剂；第 5 组为阳性对照组，不给药。

4. 处理

给药前对供试牛进行称重、编号、登记，按实际体重计算用药量，第 1～3 组试验牛分别按 6、12、18 mg/kg 剂量经口投服三氯苯咪唑干混悬剂，第 4 组试验牛按 12 mg/kg 剂量投服三氯苯咪唑片剂，第 5 组阳性对照牛不给药。

5. 疗效观察

投药前 1～2 d 和投药后第 14 天采集新鲜粪便，通过反复沉淀法检查肝片吸虫虫卵并计数，求出每头牛的 EPG，并统计出每组平均 EPG。

用药后第 21～22 天，从每个试验组中挑出用药前粪检 EPG 较高的 5 头牛进行剖检。将每头牛的肝脏取出，先剪下胆囊，纵向剖开胆囊壁，仔细检查其中的肝片吸虫寄生情况，然后沿胆管将肝脏剪成小碎块，逐一挑出肝片吸虫虫体，并把剪好的肝脏小碎块全部放入盛有自来水的白色搪瓷盆中，用力挤压搓洗，稍微沉淀后，弃上清液，仔细检查沉淀物中的肝片吸虫成虫和幼虫，并计数统计。

6. 效果判定

试验结束时，根据试验组给药前和给药后粪便虫卵数的变化情况，试验组与阳性对照

组剖检虫体残留情况，按以下公式评估驱虫效果。

虫卵转阴率＝（投药前阳性牛数－投药后阳性牛数）/投药前阳性牛数×100％

虫卵减少率＝（投药前虫卵 EPG－投药后虫卵 EPG）/投药前虫卵 EPG×100％

粗计驱虫率（阳性对照组虫数－试验组虫数）/对照组虫数×100％

（二）结果

1. 粪检结果

三氯苯咪唑干混悬剂驱除牦牛肝片吸虫的粪检结果见表 6-9。从表中可以看出，阳性对照组牛在试验前肝片吸虫 EPG 为 48.7 个，间隔 14 d 检查时，EPG 为 54.1 个，表明未投药组牛的虫卵数不但未减少反而增多。三氯苯咪唑干混悬剂 6 mg/kg 剂量试验组投药前肝片吸虫 EPG 42.6 个，投药后第 14 天检查 EPG 为 3.5 个，转阴率和减少率分别为 86.7％、91.8％；12、18 mg/kg 剂量试验组给药前肝片吸虫 EPG 分别为 51.3 和 55.8 个，投药后第 14 天检查，虫卵检查结果呈阴性，虫卵数为零，转阴率和减少率均达 100％。

表 6-9　三氯苯咪唑干混悬剂驱除牦牛肝片吸虫粪检结果

组别	试验牛数（头）	虫卵转阴数（头）	虫卵转阴率（％）	给药前 EPG（个）	给药后 EPG（个）	虫卵减少率（％）
1	15	13	86.7	42.6	3.5	91.8
2	15	15	100.0	51.3	0.0	100
3	15	15	100.0	55.8	0.0	100
4	15	15	100.0	45.2	0.0	100
5	15	0	0.0	48.7	54.1	—

2. 剖检结果

三氯苯咪唑干混悬剂驱除牦牛肝片吸虫的剖检结果见表 6-10 和表 6-11。从表中可以看出，投药后第 21～22 天剖检试验牛，从阳性对照组共检出肝片吸虫成虫 29.6 个，第 1 组试验牛检出肝片吸虫 5 个，对成虫的驱净率、驱虫率分别为 80.0％和 83.1％。第 2、3 组试验牛均未检出肝片吸虫虫体，仅发现胆囊内有少量已糜烂的虫体，对成虫的驱净率、驱虫率均达 100％。从阳性对照组共检出肝片吸虫幼虫 27.6 个，第 1 组试验牛检出肝片吸虫幼虫 7.0 个，幼虫驱净率、驱虫率分别为 80.0％和 74.6％；第 2～3 组试验牛肝片吸虫幼虫的驱虫率均为 100％，表明成虫较幼虫对本品敏感；同剂量三氯苯咪唑干混悬剂和片剂无明显差异。剖检结果与投药后的虫卵检查结果基本一致。

表 6-10　三氯苯咪唑干混悬剂驱除牦牛肝片吸虫成虫剖检结果

组别	剖检牛数（头）	检出残留成虫牛数（头）	残留虫数（个）	驱净率（％）	驱虫率（％）
1	5	1	5.0	80.0	83.1
2	5	0	0.0	100	100
3	5	0	0.0	100	100
4	5	0	0.0	100	100
5	5	5	29.6	0.0	0.0

表 6 - 11 三氯苯咪唑干混悬剂驱除牦牛肝片吸虫幼虫剖检结果

组别	剖检牛数（头）	检出残留幼虫牛数（头）	残留虫数（个）	驱净率（%）	驱虫率（%）
1	5	1	7.0	80.0	74.6
2	5	0	0.0	100	100
3	5	0	0.0	100	100
4	5	0	0.0	100	100
5	5	5	27.6	0.0	0.0

3. 安全性

三氯苯咪唑干混悬剂按每千克体重 6、12、18 mg 剂量投服，所有试验牛在整个试验期间未见异常反应，精神、食欲、反刍、排粪排尿均正常。

（三）讨论与小结

1. 驱虫效果

试验结果表明，三氯苯咪唑干混悬剂 12、18 mg/kg 剂量对牦牛肝片吸虫的虫卵转阴率、减少率和对成虫的驱净率、驱虫率均达 100%，而 6 mg/kg 剂量对幼虫的驱虫率为 74.6%，粪检与剖检结果吻合，同一剂量对牦牛肝片吸虫成虫的驱虫效果优于幼虫。三氯苯咪唑干混悬剂 12 mg/kg 为驱除牦牛肝片吸虫的适宜剂量。

2. 安全性

Boray 等（1983）报道山羊可耐受 200 mg/kg 投服剂量。本试验中三氯苯咪唑干混悬剂 6、12、18 mg/kg 剂量组牦牛给药后未发现异常反应，表明用试验剂量防治牦牛肝片吸虫病十分安全。

3. 小结

三氯苯咪唑干混悬剂 12、18 mg/kg 剂量对肝片吸虫的虫卵转阴率、减少率和成虫、幼虫的驱虫率均达 100%；3 个剂量组试验牛未见异常反应；每千克体重 12 mg 剂量驱除牦牛肝片吸虫高效安全。本试验及已有研究证明三氯苯咪唑片剂、干混悬剂、注射剂等都可以用于牦牛肝片吸虫病的防治，可视具体情况选择使用。

第三节 伊维菌素对牦牛寄生虫病的防治研究

伊维菌素（Ivermectin，IVM）是一种具有广谱、高效、低毒特点的抗生素类抗寄生虫药物，是一种由阿维菌素链霉菌发酵产生的半合成大环内酯抗生素类抗寄生虫药，对多种寄生虫均具有驱杀作用。1975 年，日本静冈县北里研究所的科学家从土壤样本中首次分离到阿维菌素链霉菌，后被运到美国默沙东实验室，于 1976 年发现阿维菌素链霉菌发酵产生的大环内酯类抗生素在驱杀体内外寄生虫的活性方面有很好的疗效，后被命名为阿维菌素。伊维菌素是阿维菌素的选择性加氢衍生物，含 80% 以上的 B1a 和低于 20% 的 B1b。除作为驱虫剂和杀虫剂外，伊维菌素也被认为具有抗病毒和抗疟疾等多种药理作用。伊维菌素具有杀虫活性高、抗虫谱广、使用动物广、能够多种途径给药和使用安全等特点，对动物体内线虫和节肢动物均有良好驱杀作用，广泛应用于各种线虫和蜱、螨等外寄生虫的预防和治疗。与阿维菌素相比，伊维菌素具有驱虫效果更好、稳定性更强、毒副作用更低、安全性更高的特点，但对绦虫、吸虫及原生动物无效。

1981年伊维菌素作为兽用抗寄生虫药在法国上市，并迅速成为全世界使用最广泛的抗寄生虫药物，自1987年以来，一直被认为是高效、广谱、安全的抗寄生虫药物，长期而广泛地应用于临床防治多种动物的线虫病和节肢动物寄生虫病。

伊维菌素的作用机制在于增加虫体的抑制性递质 γ-氨基丁酸（GABA）的释放，以及打开谷氨酸控制的氯离子通道，增强神经膜对氯离子的通透性，使氯离子大量流入细胞，细胞处于持续超极化状态，导致动作电位降低，从而阻断神经信号的传递，最终引起神经麻痹，使肌肉细胞失去收缩能力，进食也会受到影响，从而导致虫体死亡。哺乳动物的外周神经递质为乙酰胆碱，其中枢神经系统中尽管也存在GABA，但由于本类药物不易透过血脑屏障，且该药的治疗剂量一般较小，故这类药物对哺乳动物影响极小，使用比较安全。国内许多学者开展了伊维菌素的应用研究，包括临床药效评价、示范应用等，展示了在家畜寄生虫病防治方面的进展。

近年来，我们开展了伊维菌素对牦牛主要寄生虫病的防治研究，对提高牦牛生产性能，推动牦牛养殖业可持续、健康发展具有重要的意义。

一、伊维菌素浇泼剂对牦牛线虫的驱虫效果与安全性试验

伊维菌素浇泼剂是一种使用较方便的剂型，本试验评价了其对牦牛线虫的驱虫效果与使用安全性。

（一）材料与方法

1. 试验药物

0.5%伊维菌素浇泼剂，规格为100 mL，青海省畜牧兽医科学院高原动物寄生虫病研究室研制，蓝色略黏稠液体。

原料药由河北威远药业有限公司生产。

1%伊维菌素注射液，北京中农华威科技有限公司生产。

2. 实验动物

在青海省大通回族土族自治县宝库乡巴彦牧业村放牧的一群牦牛中，通过粪便检查，选择自然感染消化道及呼吸道线虫的1~2岁牦牛100头供药效试验，另随机选牦牛20头供安全性观察。

3. 分组与给药

将供药效试验的100头牦牛随机分为5组，每组20头，1~3组分别为伊维菌素浇泼剂0.4、0.5、0.6 mg/kg剂量组，4组为伊维菌素注射剂0.2 mg/kg剂量药物对照组，5组为阳性对照组。将1~4组试验牦牛逐头称重、记录，第1~3组按设计剂量沿背中线皮肤浇泼给药，第4组伊维菌素注射剂进行颈部皮下注射；第5组阳性对照组牛不给药。

将安全性观察供试牛20头随机分为2组，每组10头，1组为伊维菌素浇泼剂0.75 mg/kg剂量组，2组为1.0 mg/kg剂量组。

4. 粪检

给药前1 d对各组牛逐头打号、采集粪样，用饱和盐水漂浮法检查消化道线虫虫卵，统计每克粪便的虫卵数（EPG），并称取3 g粪便用贝尔曼氏法分离肺线虫幼虫，统计幼虫数。

给药后第 7 天对各试验组牦牛进行粪便检查，通过饱和盐水漂浮法和贝尔曼氏法检查虫卵和幼虫，统计消化道线虫 EPG 和肺线虫幼虫数。

5. 剖检

给药后第 14～15 天每组抽样剖检 5 头牛，分别进行全身性蠕虫学检查，挑出全部虫体，鉴定到属，并计数。

6. 疗效判定

按以下公式计算：

虫卵转阴率＝虫卵转阴动物数/实验动物数×100%

虫卵减少率＝(驱虫前 EPG－驱虫后 EPG)/驱虫前 EPG×100%

粗计驱虫率＝(对照组荷虫数－驱虫组荷虫数)/对照组荷虫数×100%

7. 安全性观察

对伊维菌素浇泼剂药效试验及安全性观察各试验组牦牛给药后，观察记录采食、精神、排粪等变化情况，连续观察 15 d，如遇死亡，立即剖检，观察病理变化。

(二) 结果

1. 粪检结果

伊维菌素浇泼剂驱除牦牛线虫的粪便虫卵（幼虫）检查结果见表 6 - 12 和表 6 - 13。从表中可见，伊维菌素浇泼剂 0.4 mg/kg 剂量组牦牛消化道线虫虫卵转阴率、减少率分别为 85.0% 和 89.1%，原圆科线虫幼虫转阴率、减少率分别为 64.3% 和 75.3%；0.5 mg/kg 剂量组牦牛消化道线虫虫卵转阴率、减少率均达 100%，原圆科线虫幼虫转阴率、减少率分别为 92.3% 和 96.5%；0.6 mg/kg 剂量组牦牛消化道线虫虫卵、原圆科线虫幼虫转阴率、减少率均达 100%。0.5、0.6 mg/kg 剂量与对照药物伊维菌素注射剂 0.2 mg/kg 剂量组有接近或同等驱虫效果。阳性对照组牦牛两次粪检，消化道线虫 EPG 和原圆科线虫幼虫均略有增加。

表 6 - 12　各组试验牛线虫虫卵转阴率和减少率统计结果

组别	剂量 (mg/kg)	试验数 (头)	转阴数 (头)	转阴率 (%)	给药前 EPG (个)	给药后 EPG (个)	虫卵减少率 (%)
1	0.4	20	17	85.0	346.2	37.7	89.1
2	0.5	20	20	100	323.9	0.0	100
3	0.6	20	20	100	337.4	0.0	100
4	0.2	20	20	100	351.0	0.0	100
5	0	20	0	0	332.5	339.8	—

表 6 - 13　各组试验牛原圆科线虫幼虫转阴率和减少率统计结果

组别	剂量 (mg/kg)	试验数 (头)	转阴数 (头)	转阴率 (%)	给药前幼虫数 (个)	给药后幼虫数 (个)	幼虫减少率 (%)
1	0.4	14	9	64.3	92.6	22.9	75.3
2	0.5	13	12	92.3	86.9	3.0	96.5
3	0.6	15	15	100	103.4	0.0	100
4	0.2	14	14	100	94.0	0.0	100
5	0	13	0	—	98.1	104.5	—

2. 剖检结果

伊维菌素浇泼剂驱除牦牛线虫的剖检结果见表 6-14。从表中可见，伊维菌素浇泼剂 0.5、0.6 mg/kg 试验组对牦牛主要消化道 6 属线虫（奥斯特线虫、毛圆线虫、马歇尔线虫、细颈线虫、毛细线虫、仰口线虫）和网尾线虫的驱虫率为 97.5%～100%，对鞭虫的驱虫率分别为 90.7% 和 92.6%，对原圆科线虫的驱虫率分别为 90.3% 和 100.0%，均在高效范围内；伊维菌素浇泼剂 0.4 mg/kg 剂量组对各属线虫的驱虫率均低于 0.5、0.6 mg/kg 剂量组的驱虫率。伊维菌素浇泼剂 0.5、0.6 mg/kg 试验组的驱虫效果略次于伊维菌素注射剂 0.2 mg/kg 剂量组。

3. 安全性观察

用于药效试验与安全性观察的牦牛在给药后均未见精神、采食、排粪等异常反应。

表 6-14 各组试验牛荷虫数及驱虫率统计结果

虫名	阳性对照组残留虫数（个）	浇泼剂 0.4 mg/kg 残留虫数（个）	浇泼剂 0.4 mg/kg 驱虫率（%）	浇泼剂 0.5 mg/kg 残留虫数（个）	浇泼剂 0.5 mg/kg 驱虫率（%）	浇泼剂 0.6 mg/kg 残留虫数（个）	浇泼剂 0.6 mg/kg 驱虫率（%）	注射剂 0.2 mg/kg 残留虫数（个）	注射剂 0.2 mg/kg 驱虫率（%）
奥斯特线虫	136.2	13.5	90.1	3.4	97.5	0.0	100	0.0	100
毛圆线虫	15.5	1.5	90.3	0.0	100	0.0	100	0.0	100
马歇尔线虫	131.8	11.7	91.1	0.0	100	0.0	100	0.0	100
细颈线虫	433.4	51.3	88.2	9.5	97.8	0.0	100	0.0	100
毛细线虫	7.3	1.0	86.3	0.0	100	0.0	100	0.0	100
仰口线虫	6.8	0.0	100	0.0	100	0.0	100	0.0	100
鞭虫	27.0	8.5	68.5	2.5	90.7	2.0	92.6	1.0	96.3
网尾线虫	5.3	0.0	100	0.0	100	0.0	100	0.0	100
原圆科线虫	10.3	3.0	70.9	1.0	90.3	0.0	100	0.0	100
总计残留虫数（个）	773.6	90.5		16.4		2.0		1.0	
总计驱虫率（%）			88.3		97.9		99.7		99.9

（三）讨论与小结

1. 药效与安全性

本次试验设计的伊维菌素浇泼剂 3 个剂量，经背部皮肤一次浇泼给药，对牦牛线虫均有效。其中 0.5、0.6 mg/kg 剂量对牦牛主要 6 属消化道线虫、网尾线虫驱除效果佳，其虫卵（幼虫）转阴率、减少率为 97.5%～100%，总驱虫率分别达 97.9% 和 99.9%。随着用药剂量的增加对牦牛主要线虫的驱虫效果相应提高。从虫卵（幼虫）转阴率、减少率和驱虫率等方面考虑，临床使用剂量以 0.5 mg/kg 为宜。

本次试验使用 0.5% 伊维菌素浇泼剂 1 mg/kg 剂量，试验牛均未见异常反应，表明本品毒性低，与伊维菌素其他剂型一样，在临床使用是安全的。

2. 药物剂型的优点

药物剂型的改变，要保证主药的药效与安全性不变。本次试验结果表明，伊维菌素浇泼剂 0.5 mg/kg 剂量驱除牦牛线虫高效安全，用药剂量的提高并未增加药物的毒性。由于该剂型经皮吸收后发挥药效，优化了给药途径，给药简便，牧民易掌握。但经皮肤给药提高了用药剂量，相应增加了用药成本，如能降低生产成本，在牦牛寄生虫病防治中将具有良好的应用前景。

二、伊维菌素干混悬剂对牦牛寄生虫的驱虫效果与安全性试验

现已开发出多种兽医临床使用的伊维菌素制剂产品，如片剂、胶囊剂、注射剂等，广泛用于防治多种动物的线虫病和节肢动物寄生虫病。为优化给药方法，青海省畜牧兽医科学院研制了伊维菌素干混悬剂（Ivermectin dry suspension），并开展了其对牦牛寄生虫病的防治效果与使用安全性评价。

（一）材料与方法

1. 试验药物

伊维菌素干混悬剂（10 g：0.5 g），青海省畜牧兽医科学院高原动物寄生虫病研究室研制，呈白色或类白色粉末，使用时加饮用水即成液状混悬剂，每毫升溶液中含伊维菌素2 mg，用前充分摇匀后用无针头注射器或兽用投药枪经口一次投服。

伊维菌素片剂，每片含伊维菌素10 mg，北京中农华威科技有限公司生产。

2. 实验动物

在青海省祁连县默勒乡，从试验前6个月未使用任何驱虫药驱虫的一群牦牛中，经粪便检查，从中挑选出150头感染消化道线虫、原圆科线虫（其中39头感染大型肺线虫）、部分感染牛颚虱的牦牛供药效试验。另选幼年牦牛20头供安全性试验。

3. 试验方法

（1）试验分组 将150头供试牦牛按消化道线虫和肺线虫、牛颚虱等感染情况搭配分为5组，每组30头（其中大型肺线虫阳性牛7～8头），设5组：

1组，伊维菌素干混悬剂低剂量组，每千克体重0.1 mg剂量，经口给药；

2组，伊维菌素干混悬剂中剂量组，每千克体重0.2 mg剂量，经口给药；

3组，伊维菌素干混悬剂高剂量组，每千克体重0.3 mg剂量，经口给药；

4组，伊维菌素片剂药物对照组，每千克体重0.2 mg剂量，经口给药；

5组，阳性对照组，不给药。

各组牛逐头称重、登记，第1～3组按设计剂量口服伊维菌素干混悬剂，第4组口服伊维菌素片剂，第5组不给药。

（2）给药前粪检 给药前1 d各组试验牛打号、逐头采集新鲜粪便，带回实验室，每份称取1 g用饱和盐水漂浮法检查消化道线虫，统计每克粪便虫卵数（EPG），并称取3 g按贝尔曼氏法分离肺线虫幼虫，镜检计数。

（3）给药后粪检 给药后第7～8天各组牛逐头采集新鲜粪便，进行粪便虫卵、幼虫检查，统计EPG和幼虫数。

（4）体外杀虫效果观察 投药后第3、7天分别观察牛颚虱存活情况。

（5）剖检 给药后第14天每组剖杀5头，分别进行全身性寄生虫学检查，收集全部虫体，鉴定到属或种，统计荷虫数。

4. 疗效判定

按下列公式计算：

虫卵转阴率＝虫卵转阴动物数/实验动物数×100%

虫卵减少率＝（驱虫前 EPG－驱虫后 EPG）/驱虫前 EPG×100%

粗计驱虫率＝（对照组荷虫数－驱虫组荷虫数）/对照组荷虫数×100%

5. 安全性试验

将 20 头供试牛随机分为 2 组，每组 10 头，分别按 0.4、0.5 mg/kg 剂量投服伊维菌素干混悬剂，给药后观察试验牦牛采食、精神、运动、排粪等变化情况。如遇死亡，立即剖检，观察病理变化，共观察 15 d。

（二）结果

1. 试验牦牛寄生虫感染情况

根据剖检鉴定结果，在当年未驱虫的情况下，从本次试验地区牦牛检出的主要寄生虫有奥斯特线虫（*Ostertagia*）、马歇尔线虫（*Marshallagia*）、毛圆线虫（*Trichostrongylus*）、细颈线虫（*Nematodirus*）、仰口线虫（*Bunostomum*）、毛细线虫（*Capillaria*）、鞭虫（*Trichuris*）、丝状网尾线虫（*Dictyocaulus filaria*）、原圆科（Protostrongylidae）线虫、莫尼茨绦虫（*Moniezia*）、无卵黄腺绦虫（*Avitellina*）、牛颚虱（*Linognathus vituli*）等。

2. 用药后粪便虫卵与幼虫减少率

伊维菌素干混悬剂驱除牦牛线虫的粪检结果见表 6-15 和表 6-16。从表中可见，伊维菌素干混悬剂 0.2 mg/kg 与伊维菌素片剂 0.2 mg/kg 剂量试验组的驱虫效果相似，对牦牛消化道线虫虫卵转阴率均为 93.3%，减少率分别为 99.2% 和 99.5%，原圆科线虫幼虫转阴率 90.0%，减少率 94.5%；伊维菌素干混悬剂 0.3 mg/kg 剂量组虫卵（幼虫）转阴率和减少率均为 100%；0.1 mg/kg 剂量组的有效率低于中、高剂量组。

表 6-15　各试验组牦牛消化道线虫虫卵转阴率和减少率统计结果

组别	剂量 （mg/kg）	试验数 （头）	转阴数 （头）	转阴率 （%）	给药前 （EPG）	给药后 （EPG）	虫卵减少率 （%）
1	0.1	30	22	73.3	302.6	37.2	87.7
2	0.2	30	28	93.3	315.7	2.5	99.2
3	0.3	30	30	100.0	309.5	0	100.0
4	0.2	30	28	93.3	314.2	1.5	99.5
5	0	30	0	0	310.4	311.1	—

表 6-16　各试验组牦牛原圆科线虫幼虫转阴率和减少率统计结果

组别	剂量 （mg/kg）	试验数 （头）	转阴数 （头）	转阴率 （%）	给药前幼虫数 （EPG）	给药后幼虫数 （EPG）	幼虫减少率 （%）
1	0.1	30	19	63.3	252.1	49.4	80.4
2	0.2	30	27	90.0	241.5	13.3	94.5
3	0.3	30	30	100.0	255.8	0.0	100.0
4	0.2	30	27	90.0	244.6	12.7	94.8
5	0	30	0	0.0	247.4	249.5	—

3. 用药后剖检结果

伊维菌素干混悬剂驱除牦牛线虫的剖检结果见表6-17。从表中可见伊维菌素干混悬剂0.2 mg/kg剂量对奥斯特线虫、毛圆线虫、马歇尔线虫、细颈线虫、仰口线虫、毛细线虫、网尾线虫的驱虫率为99.2%~100%，对鞭虫的驱虫率为90.7%，对原圆科线虫的驱虫率为92.0%，与伊维菌素片剂0.2 mg/kg试验组的驱虫效果基本一致。伊维菌素干混悬剂0.3 mg/剂量对鞭虫的驱虫率为98.8%，对上述其他线虫的驱虫率均达100%；0.1 mg/kg剂量试验组的有效率低于中、高剂量组。

表6-17 各试验组荷虫数与驱虫率统计结果

虫名	阳性对照组荷虫数（个）	药物对照组		伊维菌素干混悬剂试验					
				0.1 mg/kg组		0.2 mg/kg组		0.3 mg/kg组	
		荷虫数（个）	驱虫率（%）	荷虫数（个）	驱虫率（%）	荷虫数（个）	驱虫率（%）	荷虫数（个）	驱虫率（%）
奥斯特线虫	349.2	4.6	98.7	24.0	93.1	2.8	99.2	0.0	100.0
毛圆线虫	110.4	0.0	100.0	10.2	90.8	0.0	100.0	0.0	100.0
马歇尔线虫	328.0	0.4	99.9	13.4	95.9	1.6	99.5	0.0	100.0
细颈线虫	635.4	2.2	99.7	36.8	94.2	0.0	100.0	0.0	100.0
仰口线虫	3.2	0.0	100.0	0.2	93.8	0.0	100.0	0.0	100.0
毛细线虫	6.8	0.0	100.0	0.0	100.0	0.0	100.0	0.0	100.0
鞭虫	66.4	5.8	91.3	10.8	83.7	6.2	90.7	0.8	98.8
网尾线虫	5.4	0.0	100.0	0.4	92.6	0.0	100.0	0.0	100.0
原圆科线虫	22.6	2.0	91.2	4.5	80.1	1.8	92.0	0.0	100.0
总计驱虫率（%）			99.0		93.4		99.2		99.9

4. 外寄生虫杀虫效果

伊维菌素干混悬剂0.2、0.3 mg/kg剂量试验组给药后第3天牛颚虱全部死亡、干瘪，第7天对牛颚虱检查结果见表6-18，从表中可见，0.2、0.3 mg/kg剂量对牛颚虱杀灭率均达100%，7 d全部死亡、干瘪，大部分脱落。0.1 mg/kg剂量，第3、7天检查杀灭效果次于上述剂量。伊维菌素干混悬剂0.2 mg/kg剂量与伊维菌素片剂0.2 mg/kg剂量的有效率无明显差异。而阳性对照组牛颚虱活力旺盛，牦牛感染数比给药前略多。

表6-18 各试验组牛颚虱驱杀效果统计

组别	检查数（头）	给药前感染数（头）	给药后感染数（头）	转阴率（%）	给药前感染强度（个）	给药后感染强度（个）	杀虫率（%）
1	10	6	4	66.7	29	3	89.7
2	10	7	0	100	27	0	100
3	10	7	0	100	21	0	100
4	10	6	0	100	34	0	100
5	10	8	8	0	31	35	—

5. 安全性观察

试验牦牛在投服伊维菌素干混悬剂 0.4、0.5 mg/kg 剂量后，精神状态、采食、排粪等未见异常反应。

（三）讨论与小结

1. 驱虫效果

试验结果证明伊维菌素干混悬剂 0.1、0.2、0.3 mg/kg 剂量经口一次给药，对牦牛消化道线虫、肺线虫均有高效驱除作用，总计驱虫率分别为 93.4%、99.2% 和 99.9%。中、高剂量对牛颚虱也有高效杀灭作用。

刘文道等（1991）报道用伊维菌素注射剂（1% 害获灭）对牦牛按每千克体重 0.2 mg 给药，对网尾线虫、奥斯特线虫、毛圆线虫、库柏线虫、细颈线虫、仰口线虫、食道口线虫和夏伯特线虫等的寄生阶段幼虫和成虫的驱杀率达 100%。汪明等（1996）应用伊维菌素注射剂 0.2、0.3 mg/kg 剂量给绵羊皮下注射，第 9 天粪检虫卵转阴率、减少率均达 100%，第 10 天剖检驱虫率均达 100%。刘明春等（2001）报道伊维菌素常用剂量为每千克体重 0.2、0.3 mg，对寄生于牛、羊胃肠道中的血矛线虫、奥斯特线虫、毛圆线虫、古柏线虫、结节线虫等疗效可达 98%～100%。刘艳等（2002）应用 1% 伊维菌素注射剂对黄牛分别按 0.1、0.2、0.3 mg/kg 剂量颈部皮下注射，0.1 mg/kg 给药后 7 d，对黄牛捻转血矛线虫、蛇形毛圆线虫、仰口线虫有高效，而对食道口线虫、奥斯特线虫、细颈线虫、指形长刺线虫仅为中效或低效；0.2、0.3 mg/kg 剂量对上述消化道线虫的驱虫率均达 100%。蔡进忠等（2006）报道应用伊维菌素干混悬剂按每千克体重 0.1、0.2、0.3 mg 剂量对绵羊进行口服给药，每千克体重 0.2、0.3 mg 组绵羊的消化道线虫虫卵转阴率分别为 93.13% 和 100%，减少率分别为 99.12% 和 100%；原圆科线虫幼虫转阴率分别为 90.10% 和 100%，减少率分别为 94.15% 和 100%；平均驱虫率分别为 98.14% 和 99.19%。拉环等（2017）用伊维菌素浇泼剂对牦牛按每千克体重 0.5 mg 剂量经背部皮肤浇泼给药，消化道线虫虫卵转阴率、减少率分别为 90% 和 99.1%，原圆科线虫幼虫转阴率、减少率分别为 80% 和 92.8%；线虫成虫、寄生阶段幼虫的总计驱虫率分别为 99.3% 和 98.8%。樊天喜等应用伊维菌素注射剂对牛、羊皮下注射每千克体重 0.02 mL（0.2 mg）剂量 28 d 后，牛、羊消化道线虫虫卵均减少达 100%。王文龙等（2018）应用 0.5% 伊维菌素浇泼剂对蒙古牛分别按每 100 kg 体重 5、10、15 mL 背部浇泼给药，驱虫率分别为 92.08%、97.59% 和 97.87%；1% 伊维菌素注射剂每 100 kg 体重 2 mL（0.2 mg/kg）颈部皮下注射给药，驱虫率达 100%。

本试验证明伊维菌素干混悬剂的驱虫效果与上述研究者的试验结果基本一致。

2. 安全性和毒性

刘文道等（1991）用伊维菌素注射剂（1% 害获灭）按 0.4 mg/kg 剂量给牦牛皮下注射，仅出现短暂的疼痛反应；而另外按 0.2 mg/kg 剂量皮下注射批号为 450730N 伊维菌素的 5 头牦牛普遍出现严重疼痛反应。牦牛卧地打滚或侧头转圈，持续 3 min 左右。于第 3 天有 1 头牦牛死亡。尸体剖检见皮下、肺、心、肝、脾、膀胱、大网膜、肠系膜、瘤胃等处都有明显的出血、瘀血。真胃、小肠大面积出血变红，胃肠内充满红褐色液体。胆囊肿大，胆汁外渗黄染，肝脏呈土黄色。胸腔积液，腹水量多且带红色。在该试验中使用不同批号的产品毒性差别甚大，如 450730N 批毒副反应严重，导致部分牦牛死亡，其原因未查清。

蒲文兵等（2009）试验中的高剂量组（0.8 mg/kg），在给药后2 d有部分羊表现排出稀粪和反刍减弱现象，而呼吸、脉搏、体温、精神状况均为正常，通过观察、排便、反刍于3 d后恢复了正常，采食及其他体征无任何异常，各组怀孕羊也未发现异常。表明毒性低、安全范围广。

本试验中各剂量试验组牦牛均未出现不良反应。而多数研究者应用伊维菌素0.2、0.3和0.4 mg/kg剂量也未见毒副反应。表明伊维菌素干混悬剂0.2、0.3和0.4 mg/kg剂量对牦牛使用安全。

3. 剂型的影响

药物的剂型直接影响给药途经、生物利用度和药效的发挥。据研究报道伊维菌素经口服给药后，反刍动物因瘤胃微生物等因素的影响，其生物利用度相对较低。口服剂量应比注射剂量要高。应用伊维菌素干混悬剂临床防治牦牛寄生虫时，推荐剂量以0.3 mg/kg为宜。

4. 小结

本试验结果证明伊维菌素干混悬剂的驱虫效果与其片剂、注射剂有同等驱虫效果。每千克体重0.3 mg剂量驱除牦牛主要寄生虫高效安全，且干混悬剂具有给药简便、投药后不易吐出、给药量准确和驱虫效果好等优势，具有推广应用前景。

三、伊维菌素长效注射剂对放牧牦牛消化道线虫的驱虫试验

在青藏高原的草原畜牧业中，牦牛依赖天然草场放牧饲养，寄生虫病的感染较为普遍且危害严重。目前，选用有效药物进行定期驱虫是防治牦牛寄生虫病最有效的手段，虽然抗寄生虫药物普通剂型对放牧条件下的牦牛驱虫是有效的，但由于其持效期短，不能有效防止放牧牦牛的寄生虫重复感染问题。

伊维菌素是一种具有广谱、高效、低毒特点的抗生素类抗寄生虫药物，对体内线虫和体外节肢动物均有驱虫活性，由于驱虫效果好，对人畜安全，现已开发出多种兽医临床使用的制剂产品，如片剂、胶囊剂、注射剂等，已广泛用于防治多种动物的线虫病和节肢动物寄生虫病。为解决放牧家畜的寄生虫重复感染问题，许多学者致力于伊维菌素长效制剂的试验研究，中国农业大学动物医学院研制了伊维菌素长效注射剂新制剂，本研究评价其对放牧牦牛消化道线虫的驱虫效果。

（一）材料与方法

1. 试验地点

青海省海北藏族自治州祁连县默勒镇老日根村。

2. 试验药物

试验药物：3%伊维菌素长效注射剂，每毫升含伊维菌素30 mg，由中国农业大学动物医学院研制，呈乳白色液体，每瓶100 mL。

对照药物：1%伊维菌素注射剂，每毫升含伊维菌素10 mg，每瓶100 mL，购自国内某兽药公司。

3. 实验动物

选择试验前7个月未驱虫的放牧牦牛，在早晨空腹时从其直肠采集新鲜粪便，采用饱和盐水漂浮法检查粪便虫卵，选择自然感染消化道线虫的160头牦牛供试。

4. 分组与给药

1组，3%伊维菌素长效注射剂低剂量组，每千克体重 0.3 mg 剂量，颈部皮下注射给药；

2组，3%伊维菌素长效注射剂中剂量组，每千克体重 0.6 mg 剂量，颈部皮下注射给药；

3组，3%伊维菌素长效注射剂高剂量组，每千克体重 0.9 mg 剂量，颈部皮下注射给药；

4组，1%伊维菌素注射剂药物对照组，每千克体重 0.2 mg 剂量，颈部皮下注射给药；

5组，阳性对照组，不给药。

将 160 头供试牦牛随机分为 5 组，其中，第 1、3、4、5 组均为 20 头，第 2 组 80 头。

5. 效果检查

给药前 1～2 d 对 1～5 组供试牛逐头编号、称重、记录，在早晨空腹时从其直肠采集新鲜粪便不少于 10 g，带回实验室保存，采用饱和盐水漂浮法检查粪便虫卵。

给药后分别在第 7、14、21、28、35、42、56、70 天直肠采粪，按饱和盐水漂浮法检查消化道线虫虫卵数（EPG）。

给药后第 14、70 天每组随机抽样剖检 6 头，按寄生虫学完全剖检法分别进行全身性蠕虫学检查，挑出全部虫体，鉴定到种，并计数统计。

6. 效果判定

按下式计算：

虫卵转阴率＝虫卵转阴动物数/实验动物数×100%

虫卵减少率＝(驱虫前 EPG－驱虫后 EPG)/驱虫前 EPG×100%

粗计驱虫率＝(对照组荷虫数－驱虫组荷虫数)/对照组荷虫数×100%

7. 安全性观察

给药后观察试验牦牛的采食、精神、排粪等变化情况，连续观察 15 d。

（二）结果

1. 寄生虫种类

根据剖检鉴定结果，从试验牛检出的线虫有奥斯特线虫（*Ostertagia*）、马歇尔线虫（*Marshallagia*）、毛圆线虫（*Trichostrongylus*）、细颈线虫（*Nematodirus*）、毛细线虫（*Capillaria*）、仰口线虫（*Bunostomum*）、鞭虫（*Trichuris*）、食道口线虫（*Oesophagostomun*）、夏伯特线虫（*Chabertia*）等消化道线虫；胎生网尾线虫（*Dictyocaulus viviparus*）、霍氏原圆线虫（*Protostrongylus hobmaieri*）、青海变圆线虫（*Varestrongylus qinghaiensis*）等肺线虫。

2. 粪检结果

3%伊维菌素长效注射剂驱除牦牛消化道线虫的粪检结果见表 6 - 19。从表中可见，伊维菌素长效注射剂 0.3 mg/kg 低剂量组在给药后第 7～70 天虫卵转阴率为 70.0%～90.0%，减少率为 77.6%～96.7%；0.6 mg/kg 中剂量组在给药后第 7～70 天虫卵转阴率为 90.0%～100%，减少率为 92.6%～100%；0.9 mg/kg 高剂量组在给药后第 7～70 天虫卵转阴率为 90.0%～100%，减少率为 95.3%～100%。而 1%伊维菌素注射剂 0.2 mg/kg 组在给药后 7、14 d 虫卵转阴率、减少率均达 100%，其他时间点检查时转阴率、减少率均较低于 3%伊维菌素长效注射剂 3 个试验剂量组。

表 6-19　各组牦牛不同时间消化道线虫虫卵粪检结果

检查时间	有效率	0.3 mg/kg组	0.6 mg/kg组	0.9 mg/kg组	0.2 mg/kg组	阳性对照组
给药前 EPG（个）＊		120.3	109.7	116.3	104.5	125.7
给药后 7 d	转阴率（%）	80.0	93.8	95.0	100.0	5.0
	减少率（%）	95.0	97.4	97.4	100.0	—
给药后 14 d	转阴率（%）	85.0	100.0	100.0	100.0	15.0
	减少率（%）	95.6	100.0	100.0	100.0	—
给药后 21 d	转阴率（%）	90.0	100.0	100.0	90.0	
	减少率（%）	96.3	100.0	100.0	95.7	
给药后 28 d	转阴率（%）	85.0	100.0	100.0	85.0	
	减少率（%）	96.7	100.0	100.0	93.0	
给药后 35 d	转阴率（%）	80.0	98.8	100.0	80.0	5.0
	减少率（%）	96.3	94.5	100.0	90.6	—
给药后 42 d	转阴率（%）	85.0	97.5	100.0	60.0	
	减少率（%）	89.4	96.8	100.0	87.2	
给药后 56 d	转阴率（%）	75.0	91.3	95.0	60.0	10.0
	减少率（%）	82.9	96.5	97.4	79.8	
给药后 70 d	转阴率（%）	70.0	90.0	90.0	25.0	
	减少率（%）	77.6	92.6	95.3	73.7	—

注：＊EPG 为组内平均值。

3. 剖检结果

伊维菌素长效注射剂各剂量试验组牦牛线虫剖检结果见表 6-20 和表 6-21。从表中可见，给药后 14 d 剖检伊维菌素长效注射剂低、中、高剂量试验组牦牛，发现不同剂量药物对牦牛主要消化道线虫的驱虫率分别为 94.8%、97.7% 和 99.8%，给药后 70 d 剖检时，低、中、高剂量对牦牛主要消化道的驱虫率分别为 86.2%、94.1% 和 96.9%，均达高效。而 1% 伊维菌素注射剂 0.2 mg/kg 给药后 14、70 d 对线虫的驱虫率分别为98.3%、76.1%。

从以上数据可以看出，伊维菌素长效注射剂对消化道线虫有明显的效果，且持续作用时间可达 70 d。

表 6-20　各试验组牦牛线虫剖检（给药后 14 d）统计结果

虫属	阳性对照组荷虫数（个）	药物对照组		长效注射剂试验组					
		荷虫数（个）	驱虫率（%）	0.3 mg/kg组		0.6 mg/kg组		0.9 mg/kg组	
				荷虫数（个）	驱虫率（%）	荷虫数（个）	驱虫率（%）	荷虫数（个）	驱虫率（%）
奥斯特线虫	234.8	4.5	98.1	11.5	95.1	8.5	96.4	0	100.0
毛圆线虫	101.6	1.0	99.0	6.5	93.6	0	100.0	0	100.0
古柏线虫	416.2	7.0	98.3	20.5	95.1	7.9	98.1	0	100.0

（续）

虫属	阳性对照组荷虫数（个）	药物对照组		长效注射剂试验组					
		荷虫数（个）	驱虫率（%）	0.3 mg/kg 组		0.6 mg/kg 组		0.9 mg/kg 组	
				荷虫数（个）	驱虫率（%）	荷虫数（个）	驱虫率（%）	荷虫数（个）	驱虫率（%）
细颈线虫	373.0	5.0	98.7	17.5	95.3	8.4	97.7	0	100.0
仰口线虫	11.4	0	100.0	0	100.0	0	100.0	0	100.0
毛细线虫	6.6	0	100.0	0	100.0	0	100.0	0	100.0
鞭虫	28.6	2.5	91.3	6.5	77.3	3.0	89.5	2.0	93.0
食道口线虫	8.3	0	100.0	0	100.0	0	100.0	0	100.0
夏伯特线虫	10.6	0	100.0	0	100.0	0	100.0	0	100.0
合计荷虫数（个）	1 191.1	20.0		62.5		27.8		2.0	
总计驱虫率（%）			98.3		94.8		97.7		99.8

注：荷虫数为组内平均值。

表 6 - 21 各试验组牦牛线虫剖检（给药后 70 d）统计结果

虫属	阳性对照组荷虫数（个）	药物对照组		长效注射剂试验组					
		荷虫数（个）	驱虫率（%）	0.3 mg/kg 组		0.6 mg/kg 组		0.9 mg/kg 组	
				荷虫数（个）	驱虫率（%）	荷虫数（个）	驱虫率（%）	荷虫数（个）	驱虫率（%）
奥斯特线虫	385.6	58.5	84.8	52.7	86.3	17.7	95.4	6	98.4
毛圆线虫	114.3	1.0	99.1	11.0	90.4	0	100.0	0	100.0
古柏线虫	539.4	159.5	70.4	70.5	86.9	37.8	93.0	26.0	95.2
细颈线虫	421.0	140.0	66.7	69.0	83.6	32.0	92.4	14.0	96.7
仰口线虫	12.8	0	100.0	0	100.0	0	100.0	0	100.0
毛细线虫	7.2	0	100.0	0	100.0	0	100.0	0	100.0
鞭虫	31.2	8.0	74.4	7.0	77.6	3.5	88.8	2.0	93.6
食道口线虫	9.5	0	100.0	1.0	89.5	0	100.0	0	100.0
夏伯特线虫	11.7	0	100.0	0	100.0	0	100.0	0	100.0
合计荷虫数（个）	1 532.7	367.0		211.2		91.0		48.0	
总计驱虫率（%）			76.1		86.2		94.1		96.9

注：荷虫数为组内平均值。

（三）讨论与小结

1. 伊维菌素长效制剂的研究现状

Pope 等（1985）开展了伊维菌素缓释丸剂的研制工作。徐慧斌等（1996）研制出伊维菌素长效控释丸，绵羊体内的药代动力学试验证明药物持续时间达 110 d 以上。Gogolewski 等（1997）用伊维菌素控释胶囊治疗母羊胃肠道线虫病，结果表明释药速率 1.6 mg/d，药效可持续 100 d 以上。后续研究发现，该制剂可有效治疗和预防羊鼻蝇蛆，一次给药有效率达 100%，作用时间长达 90 d。O'Brien 等（1999）和 Bridi 等（2001）相继研制出缓释作用长达 100 d 的伊维菌素缓释丸剂。目前，在上市的伊维菌素长效缓释药丸中，药效最长可持续 135 d，对肺丝虫、钩虫、圆线虫、疥螨、虱等多种体内外寄生虫均有良好的驱杀作用。

伊维菌素长效注射剂能在迅速驱杀线虫成虫的同时防止虫卵孵化后的再次感染，已上市的该类制剂可有效防治痒螨病，作用时间持续 56 d。Lifschitz 等（2007）用伊维菌素长效注射剂进行了牛体内药代动力学试验，结果显示该制剂的血药浓度可维持 90 d 以上。蔡泽川等（2011）研制的 1.6% 伊维菌素长效注射剂，疗效试验证明中剂量组（0.8 mg/kg）对绒山羊细颈线虫、马歇尔线虫、乳突类圆线虫、蜱等多种体内外寄生虫有良好的杀灭效果，药效可维持 49 d 以上。李春花等（2016）采用 3.5% 伊维菌素油悬长效制剂对自然感染肺线虫的绵羊进行驱虫试验，分别以低（每千克体重 0.4 mg）、中（每千克体重 0.6 mg）、高（每千克体重 0.8 mg）剂量颈部皮下注射，结果表明各剂量组驱虫率均达 96% 以上，防治效果达 42 d 以上。肖田安等（2014）研究发现伊维菌素聚乳酸微球剂对山羊胃肠道线虫虫卵具有良好的驱除作用，给药后 14 d 虫卵减少率可达 100%，给药后 91 d 虫卵减少率为 74.3%，给药后 123 d 虫卵减少率为 61.8%，药效可维持 120 d。

2. 驱虫效果

试验结果表明，伊维菌素长效注射剂按 0.3、0.6、0.9 mg/kg 剂量对牦牛颈部皮下注射给药，0.6、0.9 mg/kg 组在 7 d 内的驱虫效果略低于普通注射剂，但无显著差异，因而对于初期感染和短期内二次感染线虫的牦牛有很好的驱虫作用。伊维菌素长效注射剂在给药后 14～70 d 的驱虫效果显著优于普通注射剂。在放牧条件下，在普遍存在重复感染的情况下，伊维菌素长效注射剂在较长时间内能有效杀灭重复感染的线虫。伊维菌素长效注射剂在治疗牦牛消化道线虫病和防止再感染上有很好的长效防治效果（驱虫作用）。

3. 安全性观察

本试验使用了较高的每千克体重 0.3、0.6、0.9 mg 剂量，试验组牦牛给药后未见异常反应，使用安全高效。

4. 伊维菌素长效制剂研究的必要性

伊维菌素因其具有广谱高效性、较高的安全性、不易产生耐药性、一次给药效果显著等优势，是兽医临床深受重视的高效抗寄生虫药物。目前常用的伊维菌素普通制剂由于持效期短，在驱除体内外寄生虫时一次给药往往很难根治，需要重复给药，在草原牧区人少畜多的情况下，抓牛劳动强度大，这增加了劳动量和防治成本，而且在冬春季节枯草期牦牛体质瘦弱，重复给药给防治带来不便。

伊维菌素长效注射剂的应用具有减少给药次数、降低劳动强度、保证牦牛健康安全等优势，是解决放牧家畜寄生虫重复感染、降低防治成本的有效途径。目前，国内对伊维菌素长效制剂的研究大多仍停留在试验阶段，尚未达到工业化水平，应加大研发和推广力度。

5. 小结

本试验评价了伊维菌素长效注射剂每千克体重 0.3、0.6、0.9 mg 剂量对放牧牦牛消化道线虫病的防治效果，给药后 70 d 内对放牧牦牛消化道线虫的转阴率、减少率和驱虫率均达高效。中、高剂量组无明显差异，驱虫效果达 94.6%～96.9%，高效持效期达到 70 d。可有效预防和控制牦牛体内线虫和体外寄生虫感染。从总体考虑，每千克体重 0.9 mg 可作为推荐剂量，驱虫效果好、安全、长效。

四、伊维菌素长效注射剂对牦牛体外寄生虫的驱杀效果

在青藏高原地区，牦牛依赖天然草场放牧饲养，寄生虫的感染较为普遍，特别在冬春季节，体内消化道线虫和体外寄生虫的混合感染、重复感染较为常见，给防治带来困难。

现已有多种商品化伊维菌素制剂产品，如伊维菌素片剂、胶囊剂、口服液、浇泼剂、注射剂等，已广泛用于防治多种动物的线虫病和节肢动物寄生虫病，其给药方法也不断得到改进。为解决放牧家畜寄生虫的重复感染问题，中国农业大学动物医学院研制了伊维菌素长效注射剂，本试验评价了放牧条件下对牦牛自然感染牛颚虱的杀虫效果。

（一）材料与方法

1. 试验药物

试验药物：3‰伊维菌素长效注射剂，每毫升含伊维菌素 30 mg，每瓶 100 mL，中国农业大学动物医学院提供。

对照药物：1‰伊维菌素菌素注射剂，每毫升含伊维菌素 10 mg，每瓶 100 mL，某动物药业有限公司生产。

2. 实验动物

青海省贵南县塔秀乡达茫村贵南黑牦牛养殖（目师德牧场）有限公司放牧饲养牦牛646 头，5 个多月未使用任何抗寄生虫药物驱虫，部分牛出现了瘙痒、脱毛、严重消瘦等症状。经体外寄生虫检查，该群牦牛感染了牛颚虱，感染率达 100%，平均感染强度 15.2个/dm²。从中挑选出 100 头感染牛颚虱的 10～13 月龄牦牛供试。

3. 分组

将 100 头牦牛按体外寄生虫感染情况搭配分为 5 组，每组 20 头，分组如下：

1 组，3‰伊维菌素长效注射剂低剂量组，每千克体重 0.3 mg 剂量，颈部皮下注射给药；

2 组，3‰伊维菌素长效注射剂中剂量组，每千克体重 0.6 mg 剂量，颈部皮下注射给药；

3 组，3‰伊维菌素长效注射剂高剂量组，每千克体重 0.9 mg 剂量，颈部皮下注射给药；

4 组，1‰伊维菌素注射剂药物对照组，每千克体重 0.2 mg 剂量，颈部皮下注射给药；

5 组，阳性对照组，不给药。

4. 处理

各试验组牦牛逐头打号、称重，记录，第 1～3 组试验牛分别按每千克体重 0.3、0.6、0.9 mg 剂量颈部皮下一次注射伊维菌素长效注射剂，第 4 组试验牛按 0.2 mg/kg 皮下注射 1‰伊维菌素注射剂，第 5 组阳性对照牛不给药。

5. 杀虫效果检查

给药前 1 d 和给药后第 7、14、21、28、35、42、56、70 天检查记录颈侧下 1/3 和肩胛部牛颚虱存活及死亡情况。

6. 效果判定

按下式计算：

转阴率＝（给药前感染牛数－给药后感染牛数）/给药前感染牛数×100%

杀虫率＝（给药前感染强度－给药后感染强度）/给药前感染强度×100%

（二）结果

1. 对牛颚虱的驱杀效果

各试验组牛颚虱检查结果及杀虫效果统计结果见表 6 - 22 和表 6 - 23。从表中可见，伊维菌素长效注射剂 0.3 mg/kg 剂量在给药后 7～35 d 的杀虫率均低于普通注射剂，42～70 d 的杀虫率均高于普通注射剂。0.6 mg/kg 剂量试验组给药后第 7 天牦牛体表的牛颚虱大部分死亡、干瘪，部分活力减弱，第 7 天的转阴率、杀虫率均低于伊维菌素普通剂型，第 14～28 天对牛颚虱的转阴率、杀虫率与药物对照组一致，均达 100％，第 35～42 天对牛颚虱转阴率、杀虫率均达 100％，高于药物对照组的普通注射剂的有效率。0.9 mg/kg 剂量在给药后 7～28 d 的杀虫效果与普通注射剂的有效率一致，第 35～70 天的杀虫效果高于普通注射剂的有效率，第 7～70 天对牛颚虱的转阴率、杀虫率均达 100％。0.3 mg/kg 剂量组同期检查驱杀效果次于上述剂量。药物对照组 0.2 mg/kg 剂量的近期效果优于伊维菌素长效注射剂低、中剂量组，远期杀虫效果低于伊维菌素长效注射剂中、高剂量组。而阳性对照组牛颚虱活力旺盛，感染情况与给药前比较略有加重趋势。

表 6 - 22 伊维菌素长效制剂对各试验组牛颚虱杀虫率统计结果Ⅰ

单位：头、个/dm²、%

组别	检查牛数	给药前感染强度	给药后 7 d				给药后 14 d				给药后 21 d				给药后 28 d			
			感染牛数	感染强度	转阴率	杀虫率	感染牛数	感染强度	转阴率	杀虫率	感染牛数	感染强度	转阴率	杀虫率	感染牛数	感染强度	转阴率	杀虫率
1	20	14.1	13	8.6	35.0	39.0	10	6.7	50.0	52.5	9	5.3	55.0	62.4	8	4.8	60.0	66.0
2	20	13.9	3	2.3	85.0	83.5	0	0	100	100	0	0	100	100	0	0	100	100
3	20	17.3	0	0	100	100	0	0	100	100	0	0	100	100	0	0	100	100
4	20	14.7	0	0	100	100	0	0	100	100	0	0	100	100	0	0	100	100
5	20	15.2	20	17.4	—	—	20	18.7	—	—	20	21.5	—	—	20	24.6	—	—

表 6 - 23 伊维菌素长效制剂对各试验组牛颚虱杀虫率统计结果Ⅱ

单位：头、个/dm²、%

组别	检查牛数	给药前感染强度	给药后 35 d				给药后 42 d				给药后 56 d				给药后 70 d			
			感染牛数	感染强度	转阴率	杀虫率	感染牛数	感染强度	转阴率	杀虫率	感染牛数	感染强度	转阴率	杀虫率	感染牛数	感染强度	转阴率	杀虫率
1	20	14.1	7	4.7	65.0	66.7	7	3.2	65.0	77.3	6	4.8	70.0	66.0	8	5.4	60.0	61.7
2	20	13.9	0	0	100	100	0	0	100	100	1	3	95.0	78.4	1	5	95.0	64.0
3	20	17.3	0	0	100	100	0	0	100	100	0	0	100	100	0	0	100	100
4	20	14.7	4	7.8	80.0	46.9	8	6.9	60.0	53.1	8	6.1	60.0	58.5	11	8.6	45.0	41.5
5	20	15.2	20	27.8	—	—	20	24.1	—	—	20	27.5	—	—	20	25.6	—	—

2. 安全性观察

伊维菌素长效注射剂各剂量试验组牦牛给药后精神、采食、运动、呼吸、排粪等未见异常反应，使用安全。

（三）讨论与小结

1. 杀虫效果

国外研制的伊维菌素微球注射液可有效防治牛蜱虫感染，对角蝇及其幼虫驱杀效果显著，药效可维持70 d。国内王敏儒等（2001）制备了伊维菌素聚乳酸微球，研究表明该制剂治疗兔螨病效果较好，给药组50 d内未见重复感染。赖为民等（2009）用伊维菌素长效注射液按每千克体重0.3 mL剂量治疗患痒螨病的肉兔，有效率和治愈率达98.4%，治疗后5个月内复发率仅为1.52%，表明伊维菌素长效注射液对兔痒螨病疗效显著。

本试验选用3%伊维菌素长效注射剂按0.3、0.6、0.9 mg/kg剂量给牦牛颈部皮下注射，结果显示，各剂量组对寄生于牦牛的牛颚虱均有长效杀虫作用。伊维菌素长效注射剂0.6 mg/kg对于初期感染和短期内二次感染的牛颚虱有很好的杀虫作用。0.9 mg/kg剂量试验组给药后第7～70天对牛颚虱转阴率、杀虫率均达100%。0.3 mg/kg剂量组同期检查驱杀效果次于上述剂量。药物对照组0.2 mg/kg剂量的近期效果（给药后7 d）优于伊维菌素长效制剂低、中剂量组，14～28 d的效果与伊维菌素长效制剂中、高剂量组均达高效，远期杀虫效果（42～70 d）低于伊维菌素长效注射剂低、中、高剂量组。

结果表明伊维菌素长效注射剂的高剂量对寄生于放牧牦牛的牛颚虱的高效杀虫效果持续时间达70 d，优于对照药物1%伊维菌素注射剂的杀虫效果；给药后随着时间的推移，长效注射剂低、中剂量组的转阴率、减少率逐步下降，但高剂量组的有效率一直维持在高效范围内；而1%伊维菌素普通注射剂有效率下降。

2. 小结

本试验选用伊维菌素长效注射剂按0.3 mg/kg（低剂量）、0.6 mg/kg（中剂量）、0.9 mg/kg（高剂量）给牦牛皮下注射，给药后7～70 d对寄生于牦牛体表的牛颚虱均有长效杀虫作用。其中0.3 mg/kg剂量在给药后的不同时间转阴率为35%～70%；0.6 mg/kg剂量在给药后的不同时间转阴率为85%～100%；0.9 mg/kg剂量在给药后的不同时间转阴率均为100%（一直维持在高效范围内）；0.9 mg/kg剂量给药后70 d的转阴率、杀虫率达高效，持效期长。伊维菌素长效注射剂中、高剂量组在35～70 d的杀虫效果优于对照药物1%伊维菌素普通注射剂组，持效时间达70 d。在青藏高原放牧条件下，牦牛普遍存在牛颚虱重复感染的情况，临床推荐剂量0.9 mg/kg驱杀牛颚虱和防止再感染，高效、安全、持效期长。

五、伊维菌素＋吡喹酮复方注射液对牦牛肠道寄生虫的驱虫试验

在青藏高原地区的草原畜牧业中，线虫、绦虫和吸虫病是牦牛的重要寄生虫病，流行区域广，病原种类多，且多为混合感染，加之目前驱虫药物驱虫谱有限，给防治带来困难，对草原牦牛饲养业造成了较大的危害。

伊维菌素是具有广谱、高效、低毒特点的抗生素类抗寄生虫药物，已广泛用于防治多种动物的线虫病和节肢动物寄生虫病。吡喹酮为广谱驱吸虫和绦虫药物，适用于治疗各种血吸虫病、华支睾吸虫病、肺吸虫病、肝片吸虫病以及绦虫病和囊虫病等。

伊维菌素＋吡喹酮复方注射液是伊维菌素和吡喹酮的复合制剂，其优势是实现驱虫谱的互补，对家畜线虫、绦虫和吸虫均有驱虫活性，是较理想的抗寄生虫新制剂之一。本试验旨在评价其对牦牛肠道寄生虫的驱虫效果与使用安全性。

（一）材料和方法

1. 试验药物

伊维菌素＋吡喹酮复方注射液，类乳白色混悬液，每毫升含伊维菌素 1 mg、吡喹酮 150 mg，每瓶 100 mL，由中国农业大学动物医学院研制。

1％害获灭注射液，每毫升含伊维菌素 10 mg，每瓶 100 mL，荷兰默沙东药厂生产，批号为 NF29070。

吡喹酮片剂，每片含吡喹酮 100 mg，北京中农华威制药有限公司生产。

2. 实验动物

在青海省祁连县默勒镇海浪村进行，从试验前 9 个月未使用任何驱虫药物的一群放牧牦牛中，经粪便检查，挑选出 120 头感染消化道线虫、部分感染肺线虫（其中 94 头感染原圆科线虫、42 头感染网尾线虫）、裸头科绦虫的 1.5 岁牦牛供试，体重范围为 92.5～131 kg。

3. 试验方法

（1）试验分组　将 120 头供试牦牛按消化道线虫、原圆科线虫、网尾线虫感染情况搭配分为 6 组，每组 20 头（其中每组网尾线虫阳性牛 7 头），设：

1 组，伊维菌素＋吡喹酮复方注射液低剂量组，每千克体重 0.1 mL 肌内注射给药；

2 组，伊维菌素＋吡喹酮复方注射液中剂量组，每千克体重 0.2 mL 肌内注射给药；

3 组，伊维菌素＋吡喹酮复方注射液高剂量组，每千克体重 0.3 mL 肌内注射给药；

4 组，1％害获灭注射液药物对照组，每千克体重 0.2 mg 颈部皮下注射给药；

5 组，吡喹酮片剂药物对照组，每千克体重 30 mg 经口投服给药；

6 组，阳性对照组，不给药。

各组牛逐头称重、登记，第 1～3 组牛按设计剂量肌内注射伊维菌素＋吡喹酮复方注射液、第 4 组牛颈部皮下注射 1％害获灭注射剂，第 5 组牛经口投服吡喹酮片剂，第 6 组牛不给药。

（2）给药前粪检　给药前对各组试验牛打号、逐头采集新鲜粪便，带回实验室，每份称取 1 g 用饱和盐水漂浮法检查消化道线虫，并统计每克粪便虫卵数（EPG），称取 3 g 按贝尔曼氏法分离肺线虫幼虫，镜检计数。

（3）给药后粪检　给药后分别于第 7、14 天对各组牛逐头采集新鲜粪便，进行粪便虫卵、幼虫检查，统计 EPG 和幼虫数。

（4）剖检　给药后 15～18 d 开始逐日从 3 个复方制剂试验组、2 个药物对照组和 1 个阳性对照组随机抽取牦牛各 5 头穿插剖检，按斯氏法检查线虫、绦虫、吸虫荷量。镜检分类鉴定到属或种，统计荷虫数。

4. 疗效判定

按下列公式计算：

虫卵转阴率（％）＝虫卵转阴动物数/实验动物数×100％

虫卵减少率（％）＝（驱虫前 EPG－驱虫后 EPG）/驱虫前 EPG×100％

粗计驱虫率（％）＝（阳性对照组荷虫数－驱虫组荷虫数）/阳性对照组荷虫数×100％

5. 安全性观察

将 1、2、3 组试验牛分别按 0.1、0.2、0.3 mL/kg 剂量肌内注射伊维菌素＋吡喹酮复方注射液，给药后观察试验牛采食、饮水、精神、运动、排粪等变化情况，如遇死亡，立即剖检，观察病理变化，共观察 14 d。

（二）结果

1. 粪便虫卵检查结果（粪便虫卵减少试验）

伊维菌素＋吡喹酮复方注射液给药后 7、14 d 驱除牦牛肠道线虫的粪检结果见表 6-24 和表 6-25。伊维菌素＋吡喹酮复方注射液给药后两次检查，0.2、0.3 mL/kg 剂量组消化道线虫虫卵转阴率分别为 90.0%～95% 和 100.0%，减少率分别为 98.5%～99.4% 和 100.0%。0.1 mL/kg 剂量组对消化道线虫虫卵转阴率为 80.0%，减少率为 89.7%～90.7%，其肠道线虫虫卵转阴率、减少率均低于 0.2、0.3 mL/kg 剂量组。

表 6-24　给药后 7 d 各试验组消化道线虫的虫卵转阴率和减少率

组别	剂量	试验数（头）	转阴数（头）	转阴率（%）	给药前 EPG（个）	给药后 EPG（头）	虫卵减少率（%）
1	0.1 mL/kg	20	16	80.0	227.3	23.3	89.7
2	0.2 mL/kg	20	18	90.0	231.5	3.5	98.5
3	0.3 mL/kg	20	20	100	238.6	0	100
4	0.2 mg/kg	20	20	100	235.3	0	100
5	30 mg/kg	20	0	0	224.5	230.6	0
6	0 mL/kg	20	0	—	235.2	246.1	—

表 6-25　给药后 14 d 各试验组消化道线虫的虫卵转阴率和减少率

组别	剂量	试验数（头）	转阴数（头）	转阴率（%）	给药前 EPG（个）	给药后 EPG（个）	虫卵减少率（%）
1	0.1 mL/kg	20	16	80.0	227.3	21.1	90.7
2	0.2 mL/kg	20	19	95.0	231.5	1.5	99.4
3	0.3 mL/kg	20	20	100	238.6	0	100
4	0.2 mg/kg	20	20	100	235.3	0	100
5	30 mg/kg	20	0	0	224.5	234.2	0
6	0 mL/kg	20	0	—	235.2	249.1	—

2. 粪便幼虫检查结果（粪便幼虫减少试验）

伊维菌素＋吡喹酮复方注射液给药后 7、14 d 驱除牦牛肺线虫粪检幼虫结果见表 6-26、表 6-27。伊维菌素＋吡喹酮复方注射液给药后两次检查，0.2、0.3 mL/kg 剂量对原圆科线虫幼虫转阴率分别为 92.9% 和 100.0%，减少率分别为 94.2%～97.7% 和 100.0%。从总体看，给药后 7 d 幼虫转阴率、减少率较低，而给药后 14 d 幼虫转阴率、减少率更高。0.1 mL/kg 剂量对原圆科线虫幼虫平均转阴率为 53.3%～73.3%，平均减少率为 39.1%～86.7%。

此外，检查中发现 0.2、0.3 mL/kg 剂量对网尾线虫幼虫转阴率和减少率均达 100.0%；0.1 mL/kg 剂量对网尾线虫幼虫转阴率和减少率分别为 85.7%（6/7）、90.4%（47/52）。

综上，0.1 mL/kg 剂量组肺线虫幼虫的转阴率、减少率均低于 0.2、0.3 mL/kg 剂量组。

表 6-26 给药后 7 d 各试验组原圆科线虫的幼虫转阴率和减少率

组别	剂量	试验数（头）	转阴数（头）	转阴率（%）	给药前幼虫数（个）	给药后幼虫数（个）	虫卵减少率（%）
1	0.1 mL/kg	15	8	53.3	97.8	59.6	39.1
2	0.2 mL/kg	14	13	92.9	85.5	5.0	94.2
3	0.3 mL/kg	18	18	100	91.3	0	100
4	0.2 mg/kg	16	16	100	94.6	0	100
5	30 mg/kg	15	0	0	83.9	88.0	0
6	0 mL/kg	16	0	—	89.1	96.3	—

表 6-27 给药后 14 d 各试验组原圆科线虫的幼虫转阴率和减少率

组别	剂量	试验数（头）	转阴数（头）	转阴率（%）	给药前幼虫数（个）	给药后幼虫数（个）	虫卵减少率（%）
1	0.1 mL/kg	15	11	73.3	97.8	13.0	86.7
2	0.2 mL/kg	14	13	92.9	85.5	2.0	97.7
3	0.3 mL/kg	18	18	100	91.3	0	100
4	0.2 mg/kg	16	16	100	94.6	0	100
5	30 mg/kg	15	0	0	83.9	90.6	0
6	0 mL/kg	16	0	—	89.1	93.5	—

3. 剖检结果

（1）用药前试验牛寄生虫感染情况 剖检鉴定结果显示，在当年未驱虫的情况下，从本次试验牦牛检出的有奥斯特线虫（Ostertagia）、毛圆线虫（Trichostrongylus）、古柏线虫（Cooperia）、细颈线虫（Nematodirus）、仰口线虫（Bunostomum）、毛细线虫（Capillaria）、鞭虫（Trichuris）、夏伯特线虫（Chabertia）等消化道线虫，丝状网尾线虫（Dictyocaulus. filaria）、原圆科（Protostrongylidae）线虫等肺线虫，贝氏莫尼茨绦虫（Moniezia benedeni）、中点无卵黄腺绦虫（Avitellina centripunctata）等裸头科绦虫，以及肝片吸虫（Fasciola hepatica）。

（2）药物对消化道线虫与肺线虫的驱除效果 伊维菌素＋吡喹酮复方注射液驱除牦牛线虫的剖检结果见表 6-28。伊维菌素＋吡喹酮复方注射液中剂量组（0.2 mL/kg）对奥斯特线虫、毛圆线虫、马歇尔线虫、细颈线虫、仰口线虫、毛细线虫、夏伯特线虫、网尾线虫等 8 属线虫成虫的驱虫率达 97.6%～100.0%，对鞭虫的驱虫率为 91.9%，对原圆科线虫的驱虫率达 100.0%，与药物对照组害获灭注射液 0.2 mg/kg 剂量组的驱虫效果一致。伊维菌素＋吡喹酮复方注射液高剂量组（0.3 mL/kg）除对鞭虫的驱虫率为 95.9%外，对上述其他线虫的驱虫率达 99.1%～100.0%。低剂量组（0.1 mL/kg）对表中线虫的驱虫率为 78.6%～100.0%。伊维菌素＋吡喹酮复方注射液 0.1、0.2、0.3 mL/kg 剂量对线虫的总计驱虫率分别为 84.2%、98.4%和 99.5%。

表6-28　各试验组牦牛消化道寄生虫荷虫数与驱虫率

组别 种类	不给药 对照组 荷虫数 （个）	害获灭注射液 对照组		吡喹酮片剂 对照组		伊维菌素＋吡喹酮 复方注射液低剂量组		伊维菌素＋吡喹酮 复方注射液中剂量组		伊维菌素＋吡喹酮 复方注射液高剂量组	
		荷虫数 （个）	驱虫率 （%）	荷虫数 （个）	驱虫率 （%）	荷虫数 （个）	驱虫率 （%）	荷虫数 （个）	驱虫率 （%）	荷虫数 （个）	驱虫率 （%）
奥斯特线虫	162.6	3.0	98.2	158.8	2.3	12.0	92.6	2.5	98.5	1.5	99.1
毛圆线虫	62.2	0.0	100.0	71.7	—	7.5	87.9	0.0	100.0	0.0	100.0
古柏线虫	255.0	0.0	100.0	237.3	6.9	54.5	78.6	0.0	100.0	0.0	100.0
细颈线虫	429.2	10.5	97.6	473.6	—	71.3	83.4	10.3	97.6	2.0	99.5
仰口线虫	11.8	0.0	100.0	10.8	8.5	0.0	100.0	0.0	100.0	0.0	100.0
毛细线虫	6.4	0.0	100.0	6.5	—	1.0	84.4	0.0	100.0	0.0	100.0
鞭虫	37.0	3.7	90.0	35.3	4.6	7.5	79.7	3.0	91.9	1.5	95.9
夏伯特线虫	6.5	0.0	100.0	5.4	16.9	0.0	100	0.0	100.0	0.0	100.0
网尾线虫	5.6	0.0	100.0	4.8	14.3	0.0	100	0.0	100.0	0.0	100.0
原圆科线虫	7.4	0.0	100.0	7.2	2.7	1.5	79.7	0.0	100.0	0.0	100.0
线虫总计	983.7	17.2	98.3	1 011.4		155.3	84.2	15.8	98.4	5.0	99.5
裸头科绦虫	5.6	6.2	—	0	100.0	1.5	73.2	0.0	100.0	0.0	100.0
肝片吸虫	51.2	49.6	3.1	0	100.0	16.3	68.2	0.0	100.0	0.0	100.0

（3）对裸头科绦虫、肝片吸虫的驱虫效果　伊维菌素＋吡喹酮复方注射液驱除牦牛裸头科绦虫的剖检结果见表6-28。伊维菌素＋吡喹酮复方注射液0.2、0.3 mL/kg剂量组对莫尼茨绦虫、无卵黄腺绦虫等裸头科绦虫和肝片吸虫的驱虫率均达100.0%，与药物对照组吡喹酮片剂30 mg/kg剂量的驱虫效果相同；0.1 mL/kg剂量组的驱虫率低于上述两组。

4. 安全性

供试牦牛在肌内注射伊维菌素＋吡喹酮复方注射液0.1、0.2、0.3 mL/kg试验剂量后，精神状态、采食、排粪等未见异常反应。

（三）讨论与结论

1. 对线虫的驱虫效果

本试验结果证明，伊维菌素＋吡喹酮复方注射液0.1 mL/kg（低剂量）、0.2 mL/kg（中剂量）、0.3 mL/kg（高剂量）剂量分别经肌肉一次注射给药，对寄生于牦牛的奥斯特线虫、毛圆线虫、马歇尔线虫、细颈线虫、毛细线虫、仰口线虫、鞭虫、夏伯特线虫等主要消化道线虫，以及网尾线虫、原圆科线虫等肺线虫均有效。其中0.2 mL/kg剂量两次检查对牦牛消化道线虫虫卵转阴率、减少率分别为90.0%～95.0%和98.5%～99.4%，网尾线虫幼虫转阴率和减少率均达100.0%，原圆科线虫幼虫转阴率92.9%，减少率94.2%～97.7%，0.2mL/kg剂量对线虫成虫的总计驱虫率为98.4%。0.3 mL/kg剂量对牦牛线虫虫卵（幼虫）转阴率、减少率及总计驱虫率与裸头科绦虫的驱虫率均高于0.2 mL/kg剂量组，但上述两组驱虫效果显著，均达到了高效。0.1 mL/kg剂量的虫卵（幼虫）转阴率、减少率及总计驱虫率均低于0.2 mL/kg剂量组。试验结果与汪明等（1996）、蔡进忠等（2006）、樊天喜等（2016）、蒲文兵等（2009）、Gogolewski 等（1997）等许多学者应用单剂伊维菌素注射剂、片剂、干混悬剂等剂型驱除绵羊、滩羊肠道线虫的试验结果基本一致。

2. 对绦虫的驱虫效果

伊维菌素＋吡喹酮复方注射液 0.2、0.3 mL/kg 剂量（以吡喹酮有效成分含量计分别为 30、45 mg/kg）对牦牛裸头科绦虫的驱虫效果与同剂量吡喹酮片剂对牦牛裸头科绦虫的驱虫率一致，与刘文韬等（2010）用吡喹酮复合注射剂 20、40 mg/kg 剂量驱除绵羊裸头科绦虫的试验结果（14 d 均达 100％）相同。

3. 安全性

本次试验中将试验剂量的伊维菌素＋吡喹酮复方注射液与进口伊维菌素注射剂（害获灭注射剂）、国产吡喹酮片剂用于牦牛未见明显的毒副反应，表明伊维菌素＋吡喹酮注射液在临床上使用安全。

4. 复方制剂的特点

在草原畜牧业地区，放牧牦牛的寄生虫病多为混合感染，其中，线虫、绦虫及吸虫等的混合感染极为普遍，增加了防治工作的难度。因此，联合用药是目前有效控制放牧牦牛寄生虫混合感染、减少用药次数、提高防治效果的有效途径之一。伊维菌素＋吡喹酮复方注射液的优势是实现了驱虫谱的互补，对牦牛线虫、绦虫和吸虫均有驱虫活性。试验证明，本品与单剂的伊维菌素注射剂、吡喹酮片剂同一剂量对相应寄生虫的驱虫效果相近，驱虫率与用药剂量呈正相关，肯定了一次用药可驱除多种寄生虫，优势明显。

5. 结论

试验证明伊维菌素＋吡喹酮复方注射液中（0.2 mL/kg）、高剂量（0.3 mL/kg）对牦牛消化道线虫、裸头科绦虫和肝片吸虫的驱虫效果与单一剂型的伊维菌素注射剂、吡喹酮片剂驱虫效果基本一致，均达到了高效、安全。伊维菌素＋吡喹酮复方注射液的配方合理，0.2 mL/kg 可作为推荐剂量。

六、不同剂型伊维菌素对牦牛皮蝇蛆病的防治研究

皮蝇蛆病是牦牛的主要寄生虫病之一，给畜牧业生产和制革工业带来巨大的经济损失。因此，对该病进行有效防治十分必要。迄今，国内外防治牛皮蝇蛆病的方法有多种，其中最有效的手段是选用药物定期驱杀 1 期幼虫，包括给牦牛口服抗寄生虫药物、用外用药物喷淋或清洗、用化学药物进行注射驱虫等，均取得了不同的疗效。在青藏高原地区，牦牛本身的特性和饲养方式、药物剂型及给药方式等多种因素均会直接影响牦牛皮蝇蛆病的防控效果。

伊维菌素是一种具有广谱、高效、低毒特点的抗生素类抗寄生虫药物，已广泛用于防治多种动物的线虫病和节肢动物寄生虫病。随着药物制剂技术的发展，剂型也向多元化发展，可供临床应用的剂型有浇泼剂、注射剂、片剂、干混悬剂、胶囊剂、舔剂等。在前期试验的基础上，本试验选用伊维菌素的 4 种剂型，进行了牦牛皮蝇蛆病防治效果的比较观察，通过评价不同剂型给药方法、临床药效及对牦牛使用的适用性，选出一种对牦牛而言给药简便、省时省力、群众易接受的药物剂型，为更好地临床应用提供参考依据。

（一）材料与方法

1. 实验动物

在青海省祁连县默勒镇瓦日尕村，从历年皮蝇蛆感染严重的牦牛群中，选择 1.5 岁牦牛共 160 头供试。

2. 试验药物

0.5％伊维菌素浇泼剂，每毫升含伊维菌素 5 mg，每瓶 100 mL，青海省畜牧兽医科学院寄生虫病研究室研制。

1％伊维菌素注射剂，每毫升含伊维菌素 10 mg，每瓶 100 mL，河北威远药业有限公司生产。

伊维菌素片剂，每片含伊维菌素 10 mg，每瓶 100 片装，汉中爱诺动物药业有限公司生产。

伊维菌素干混悬剂，临用时加饮用水配成 10％伊维菌素混悬液，青海省畜牧兽医科学院高原动物寄生虫病研究室研制。

3. 试验方法

（1）分组　将 160 头试验牛分为 5 组，每组 32 头。其中，第 1 组为 0.5％伊维菌素浇泼剂 0.5 mg/kg 剂量试验组，第 2 组为 1％伊维菌素注射剂 0.2 mg/kg 剂量组，第 3 组为伊维菌素片剂 0.3 mg/kg 剂量组，第 4 组为伊维菌素干混悬剂 0.3 mg/kg 剂量组，第 5 组为阳性对照组。

（2）给药方式　对药物试验组牛逐头打记号，投药前逐头称重、记录，依据体重计算用药量。

第 1 组，应用 0.5％伊维菌素浇泼剂按 0.5 mg/kg 剂量给试验牛泼背给药，给药时不用抓牛，在牛挡绳边，由专业技术人员或牧民，将药液按使用量，直接逐头沿试验牛背中线浇泼于皮肤，药液经皮吸收发挥药效。

第 2 组，应用 1％伊维菌素注射剂按 0.2 mg/kg 剂量给试验牛颈部皮下注射，注射时由 3～4 名牧工逐头抓缚试验牛，用绳子捆绑保定后，进行皮下注射，然后将牛放开。

第 3 组，应用伊维菌素片剂按 0.3 mg/kg 剂量给试验牛经口投服，首先由 3～4 名牧工逐头抓缚试验牛，用绳子捆绑保定，掰开牛口腔，投服药片，然后灌服一定量的饮用水，待有吞咽动作后放开牛。

第 4 组，应用伊维菌素干混悬剂按 0.3 mg/kg 剂量给试验牛经口投服，首先由 3～4 名牧工逐头抓缚试验牛，用绳子捆绑保定，掰开牛口腔，用无针头注射器吸取所需药量投服于牛口内或用兽用投药枪投服，然后放开牛。

第 5 组，阳性对照组试验牛给予外用安慰剂。全部试验牛在给药后与原牛群同群放牧。

（3）给药方法的比较　对 4 种不同剂型药物的给药劳动强度、给药速度、安全性、有效率等进行观察比较。

（4）驱虫效果评价　10 月上旬给药后，翌年 3 月中旬和 5 月下旬检查各试验组和阳性对照组牦牛背部皮肤有无瘤疱和虫孔，依据瘤疱和虫孔的增减、消失情况，按以下公式计算结果，评价防治效果。

治愈率（％）＝（对照组牛数－给药未治愈牛数）/对照组牛数×100％

驱虫率（％）=（对照组瘤疱和虫孔平均数-试验组瘤疱和虫孔平均数)/

对照组瘤疱和虫孔平均数×100％

（二）结果

1. 给药方法的比较

从给药途径与方式、给药速度、劳动强度、安全性等方面进行比较可以看出，使用伊维菌素浇泼剂，不用抓牛，在牛挡绳边，由专业技术人员或牧民将药液直接浇泼于牛背中线皮肤，药液经皮吸收发挥药效，方法简便易行，给药速度快，劳动强度小，对人畜安全，给药质量较高。

伊维菌素注射剂给药时由牧工抓缚牛，用绳子捆绑保定，再进行注射给药，能保证给药量的准确性，但费时费力，劳动强度大，而且有时可造成人或牛的受伤。在实际防治中通常采用的给药方法是不用抓缚牛，追逐牛打针，俗称"打飞针"，其缺点是不能保证给药量的准确性，同样费时费力，劳动强度大，而且有时也可造成人或牛受伤，存在较大弊端。

伊维菌素片剂给药时首先要抓缚、保定试验牛，经口强制投服，费时费力，劳动强度大，而且有时可造成人或牛的受伤，同时存在部分牛不同程度地吐出药片，造成药物浪费，并影响防治效果，二次给药又增加用药成本，额外增加劳动强度等。

伊维菌素干混悬剂的用药程序与片剂基本相似，但优势在于使用兽用投药枪投服，对幼龄牛不用绳子捆绑保定，优化了给药途径，提高了投药效率，减轻了劳动强度，药液不易吐出。但对3岁以上牦牛则先要保定后方可给药。

2. 给药速度比较

从给药速度看，以伊维菌素浇泼剂为基准，在一定单位时间内伊维菌素浇泼剂、注射剂、片剂、干混悬剂4种剂型的头均给药速度比为10∶5∶3∶1.5。以浇泼剂最佳，其次为注射剂，再次为干混悬剂，片剂最慢。

3. 防治效果

（1）3月份检查结果　翌年3月份触摸牛背部皮下瘤疱和皮肤虫孔进行检查，结果见表6-29。阳性对照组牦牛皮蝇蛆的感染率为28.13％，平均感染强度为2.53个虫体；伊维菌素浇泼剂、注射剂、干混悬剂试验组的感染率、感染强度均为零，其驱净率与驱虫率均达100.0％；伊维菌素片剂组的感染率为3.1％，平均感染强度下降到1个以下。以伊维菌素浇泼剂、注射剂、干混悬剂效果显著，防治效果高于伊维菌素片剂。

表6-29　伊维菌素各剂型试验组牦牛3月份皮蝇蛆检查统计结果

组别	剂量（mL/kg）	试验数（头）	感染数（头）	感染率（％）	瘤疱和虫孔总数（个）	治愈率（％）	驱虫率（％）
浇泼剂	0.5	32	0	0	0	100	100
注射剂	0.2	32	0	0	0	100	100
片剂	0.3	32	1	3.1	7	96.9	91.4
干混悬剂	0.3	32	0	0	0	100	100
阳性对照	0	32	9	28.13	81	—	—

4种剂型的治愈率依次为100.0％、100.0％、96.9％和100％，驱虫率分别为

100.0%、100.0%、91.4%和100%。

（2）5月份检查结果　翌年5月份触摸牛背部皮下瘤疱和皮肤虫孔进行检查，结果见表6-30。伊维菌素浇泼剂、注射剂、片剂、干混悬剂试验组的感染率由对照组的25%下降到0%以下，感染强度由对照组的2.15个虫体下降到1个以下。4种剂型防治效果相同，治愈率和驱虫率均达100%。

表6-30　伊维菌素各剂型试验组牦牛5月份皮蝇蛆检查统计结果

组别	剂量 (mL/kg)	试验数 (头)	感染数 (头)	感染率 (%)	瘤疱和虫孔总数 (个)	治愈率 (%)	驱虫率 (%)
浇泼剂	0.5	32	0	0	0	100	100
注射剂	0.2	32	0	0	0	100	100
片剂	0.3	32	0	0	0	100	100
干混悬剂	0.3	32	0	0	0	100	100
阳性对照	0	32	8	25.0	64	—	—

4. 安全性观察

伊维菌素4种剂型试验剂量对牦牛给药后，各试验组牛采食、精神、排粪等均未见异常反应。

（三）讨论与结论

1. 不同剂型给药方法比较

对伊维菌素浇泼剂、注射剂、片剂、干混悬剂4种剂型，从给药方法、劳动力投入、给药速度、适用性、使用的可行性和安全性等方面进行分析：

浇泼剂适用于幼龄牛、母牦牛及有牛挡绳拴牛或有良好牛圈管理模式的各龄牛群，但成本相对较高，对具有野牦牛血统的牦牛群给药较为费力，使用不便。

注射剂有两种给药方法，即保定后注射与未保定状态下"打飞针"。本试验采用保定后给药，费工费时。而在一般情况下常采用"打飞针"方法，但要求注射人员技术熟练，适用于一定的牛群。若配置牛用注射栏，可解决这一难题。

干混悬剂和片剂适用于幼年牛和母牛，给药方式相似，但干混悬剂较片剂更容易投服。注意对3岁以上牛应先保定再给药。

2. 防治效果

本次试验应用伊维菌素4种剂型（即浇泼剂、注射剂、片剂、干混悬剂），分别采用背中线皮肤浇泼、颈部皮下注射、经口投服等方式给药，在试验条件下，对牛皮蝇幼虫的驱虫率为91.4%～100.0%。其中，以伊维菌素浇泼剂、注射剂和干混悬剂的效果较好，防治效果均达100.0%，片剂较差。该结果与伊维菌素4种剂型的给药方法及生物利用度差异等有关。尽管在试验条件下可保证给药量的准确性，但不能否认片剂在给药后有个别牛存在吐出的情况。

3. 安全性

本次试验中，将伊维菌素4种剂型用于牦牛均未出现任何毒副反应，证明试验剂量使用安全。

4. 结论

试验证明，将伊维菌素浇泼剂、注射剂、片剂、干混悬剂4种剂型用于牦牛防治皮蝇蛆病，从劳动力投入、给药速度、适用性、使用的可行性、安全性和防治效果等进行综合分析：伊维菌素注射剂、浇泼剂和干混悬剂防治效果佳，片剂次之；给药方法以浇泼剂最佳，其次为注射剂，再次为干混悬剂，片剂最次。浇泼剂经背部皮肤浇泼给药，改变了给药途径，减少了药物浪费和人畜受伤事故的发生，提高了药物的疗效和用药的安全性，与口服剂型比较，用药剂量的提高并未增加毒副作用。在高寒牧区人少畜多，居住分散，牦牛饲养管理粗放、牦牛性情野莽、不易抓缚的情况下，可克服注射剂和口服制剂在实际应用中给药不便、费工费时等弊端，具有明显的优势。在配置牛用注射栏的地区，也可选用注射剂。因此，根据不同地区牦牛饲养管理方式和牛群构成（年龄、野血牦牛复壮程度等）、是否配置牛注射栏等情况，将伊维菌素浇泼剂、注射剂等剂型作为防治牛皮蝇蛆病的首选药物，供牧户选用是可行的。

第四节　多拉菌素对牦牛寄生虫病的防治研究

多拉菌素（Doramectin，DOR）是20世纪末由美国辉瑞（动物保健品）有限公司研制开发出的一种大环内酯类抗寄生虫药，是以环己氨羧酸为前体，通过基因重组的阿维链霉菌新菌株发酵而成的一种阿维菌素类抗生素，是阿维菌素族中最优秀的抗寄生虫药物之一。多拉菌素与其他伊维菌素类产品比较，具有动物体内血药浓度高，消除慢，药效维持时间长，其抗虫谱更为广泛，无过敏反应等特性。多拉菌素具有安全、广谱、高效等特点，已在兽医临床应用于牛、马、绵羊、山羊、猪、骆驼、犬等哺乳动物。

多拉菌素的作用机制与伊维菌素相同，主要是增加虫体的抑制性递质 γ 氨基丁酸（GABA）的释放，从而阻断神经信号的传递，使肌肉细胞失去收缩能力，从而导致虫体死亡。多拉菌素的主要特点是血药浓度及半衰期均比伊维菌素高或延长2倍，预防寄生虫再感染的有效时间更长。美国已批准牛专用的注射液和牛专用的浇泼剂。多拉菌素作为体内外寄生虫兼杀剂，对线虫、节肢动物均有效，但对绦虫、吸虫及原生动物无效。已有的试验证明多拉菌素对牛、羊、猪的线虫和节肢动物具有极佳的驱虫效果。

多拉菌素是目前治疗和预防动物体内线虫和体外寄生虫（节肢动物）效果良好的抗生虫药物之一。多拉菌素具有广泛的抗虫谱，根据现有研究，有3纲12目73属寄生虫对其敏感。多拉菌素可用于多种哺乳动物如牛、马、猪、犬、猫等的寄生虫病的治疗。但该药物因受感染的动物的不同，对寄生虫的驱杀效果也不同。因此，开展本品对牦牛寄生虫病的防治研究非常必要。

一、多拉菌素注射剂对牦牛消化道线虫及体外寄生虫的驱虫试验

本试验评价了多拉菌素对牦牛寄生虫的驱虫效果与使用的安全性，为牦牛寄生虫病防治提供科学依据。

（一）材料与方法

1. 试验药物

多拉菌素注射剂，含1%多拉菌素，每毫升中含多拉菌素10 mg，每瓶50 mL，美国辉瑞巴

西生产厂生产，美国辉瑞（动物保健品）有限公司上海代表处提供，批号为 104 - 54010H。

伊维菌素注射剂，含 1% 伊维菌素，四川乾坤兴牧动物药业有限公司生产。

2. 实验动物

在青海省大通种牛场，从试验前未使用任何抗寄生虫药物驱虫的 6～8 月龄牦牛中，经粪便检查，挑选出 100 头感染消化道线虫（其中 32 头感染网尾线虫）、部分感染牛颚虱和草原革蜱的幼年牦牛供试。

3. 分组与给药

将 100 头牦牛按消化道线虫、肺线虫和体外寄生虫感染情况搭配分为 5 组，每组 20 头。其中 1 组、2 组、3 组分别为多拉菌素注射剂每千克体重 0.1、0.2、0.3 mg 剂量组；4 组为每千克体重 0.2 mg 剂量伊维菌素药物对照组，按每千克体重 0.2 mg 剂量皮下注射伊维菌素；5 组为阳性对照组。第 1～4 组试验牛逐头称重，登记，按设计剂量皮下注射给药，第 5 组不给药。

4. 效果检查

（1）粪检　给药前 1 d 各组试验牛打号、逐头采集新鲜粪便，带回实验室，每份称取 1 g，用饱和盐水漂浮法检查消化道线虫并统计每克粪便的虫卵数（EPG），称取 3 g，按贝尔曼氏法分离肺线虫幼虫（L_1），镜检计数。

于给药后 7 d 逐头采集新鲜粪便，进行粪便虫卵、幼虫检查，统计 EPG 和幼虫数。

（2）体外寄生虫检查　投药后 3、7 d 每组检查牦牛 10 头，分别观察牛颚虱、草原革蜱存活情况。

（3）剖检　给药后第 14～16 天每组剖杀 5 头，分别进行全身性蠕虫学检查，收集全部虫体（成虫）；采用水浴法分离线虫寄生阶段幼虫（L_4、L_5），鉴定到属，并检查食道、瘤胃等部位皮蝇幼虫寄生情况，统计荷虫数。

5. 疗效判定

按下列公式计算：

虫卵转阴率＝虫卵转阴动物数/实验动物数×100%

虫卵减少率＝(驱虫前 EPG－驱虫后 EPG)/驱虫前 EPG×100%

粗计驱虫率＝(对照组荷虫数－驱虫组荷虫数)/对照组荷虫数×100%

6. 安全性观察

给药后观察试验牛的采食、精神、排粪等变化情况，共观察 10 d。

（二）结果

1. 用药前寄生虫种类

根据剖检鉴定结果，在未驱虫的情况下，从试验牦牛检出的寄生虫有奥斯特线虫（*Ostertagia*）、毛圆线虫（*Trichostrongylus*）、古柏线虫（*Cooperai*）、细颈线虫（*Nematodirus*）、仰口线虫（*Bunostomum*）、毛细线虫（*Capillaria*）、鞭虫（*Trichuris*）、网尾线虫（*Dictyocaulus*）、莫尼茨绦虫（*Moniezia*）、细颈囊尾蚴（*Cysticercus tenicollis*）等蠕虫，草原革蜱（*Dermacentor nuttalli*）、牛皮蝇（*Hypoderma*）幼虫、牛颚虱（*Linognathus vituli*）等昆虫。

2. 用药后粪检结果

多拉菌素注射剂对牦牛消化道线虫粪检虫卵结果见表 6 - 31。从表中可见，多拉菌素注射剂 0.2、0.3 mg/kg 剂量对牦牛消化道线虫虫卵转阴率、减少率均达 100%；0.1 mg/kg 剂量试验组对线虫虫卵转阴率为 90%，减少率为 98.5%。多拉菌素注射剂 0.2 mg/kg 剂量驱虫效果与同剂量伊维菌素注射剂无差异。此外，多拉菌素注射剂 0.2、0.3 mg/kg 剂量对牦牛网尾线虫幼虫（L_1）转阴率、减少率均达 100%。

表 6-31　各试验组消化道线虫虫卵转阴率和减少率统计结果

组别	剂量（mg/kg）	试验牛数（头）	转阴牛数（头）	转阴率（%）	给药前EPG（个）	给药后EPG（个）	虫卵减少率（%）
1	0.1	20	18	90.0	226.4	3.5	98.5
2	0.2	20	20	100.0	239.8	0.0	100.0
3	0.3	20	20	100.0	229.5	0.0	100.0
4	0.2	20	20	100.0	234.3	0.0	100.0
5	0	20	0	0	230.6	231.4	—

3. 用药后剖检结果

（1）多拉菌素对牦牛线虫成虫的效果　多拉菌素驱除牦牛线虫成虫剖检结果见表 6-32。从表中可见，多拉菌素 0.2 mg/kg 剂量组对奥斯特线虫、毛圆线虫、古柏线虫、细颈线虫、毛细线虫、仰口线虫、网尾线虫等 7 属线虫成虫的驱虫率及总计驱虫率均达 100.0%，驱虫效果略优于伊维菌素注射剂 0.2 mg/kg 剂量对照组；多拉菌素 0.3 mg/kg 剂量组对包括鞭虫在内的上述线虫成虫的驱虫率均达 100%；多拉菌素 0.1 mg/kg 剂量组对鞭虫和网尾线虫成虫的驱除率分别为 84.3% 和 84.4%，对表中其他线虫成虫的驱虫率为 91.4%～100%，总计驱虫率为 94.8%。

表 6-32　各试验组牦牛线虫成虫驱虫效果统计结果

| 线虫 | 阳性对照组荷虫数（个） | 药物对照组 | | 多拉菌素试验组 | | | | | |
| | | | | 0.1 mg/kg组 | | 0.2 mg/kg组 | | 0.3 mg/kg组 | |
		荷虫数（个）	驱虫率（%）	荷虫数（个）	驱虫率（%）	荷虫数（个）	驱虫率（%）	荷虫数（个）	驱虫率（%）
奥斯特线虫	243.2	3.5	98.6	6.7	97.2	0.0	100.0	0.0	100.0
毛圆线虫	117.5	0.0	100.0	3.7	96.9	0.0	100.0	0.0	100.0
古柏线虫	204.4	2.0	99.0	17.5	91.4	0.0	100.0	0.0	100.0
细颈线虫	235.9	3.0	98.7	10.3	95.6	0.0	100.0	0.0	100.0
仰口线虫	6.9	0.0	100.0	0.0	100.0	0.0	100.0	0.0	100.0
毛细线虫	6.6	0.0	100.0	0.0	100.0	0.0	100.0	0.0	100.0
鞭虫	36.3	3.3	90.9	5.7	84.3	0.0	100.0	0.0	100.0
网尾线虫	6.4	0.0	100.0	1.0	84.4	0.0	100.0	0.0	100.0
合计荷虫数（个）	857.2	11.8		44.9		0.0		0.0	
总计驱虫率（%）			98.6		94.8		100.0		100.0

（2）多拉菌素对牦牛线虫寄生阶段幼虫的效果　多拉菌素驱除牦牛线虫寄生阶段幼虫（L_4、L_5）剖检结果见表 6-33。从表中可见，多拉菌素 0.2 mg/kg 剂量组对奥斯特线虫、

毛圆线虫、古柏线虫、细颈线虫、仰口线虫、网尾线虫等6属线虫寄生阶段幼虫的驱虫率为98.0%～100%，对鞭虫寄生阶段幼虫的驱虫率为100%，总计驱虫率98.7%，驱虫效果与伊维菌素注射剂0.2 mg/kg剂量药物对照组基本一致；多拉菌素0.3 mg/kg剂量组对上述线虫寄生阶段幼虫的驱虫率均达100%；0.1 mg/kg剂量组对表中线虫寄生阶段幼虫的驱虫率为89.2%～100%，总计驱虫率为92.9%。

表6-33　多拉菌素对牦牛线虫幼虫的驱虫效果统计结果

线虫	阳性对照组荷虫数（个）	药物对照组		多拉菌素试验组					
				0.1 mg/kg组		0.2 mg/kg组		0.3 mg/kg组	
		荷虫数（个）	驱虫率（%）	荷虫数（个）	驱虫率（%）	荷虫数（个）	驱虫率（%）	荷虫数（个）	驱虫率（%）
奥斯特线虫	245.6	3.7	98.5	9.3	96.2	3.0	98.8	0.0	100.0
毛圆线虫	197.8	2.7	98.6	19.0	90.4	1.0	99.5	0.0	100.0
古柏线虫	227.3	5.3	97.7	24.5	89.2	4.5	98.0	0.0	100.0
细颈线虫	253.4	7.3	97.1	14.7	94.2	4.0	98.4	0.0	100.0
仰口线虫	6.5	0.0	100.0	0.0	100.0	0.0	100.0	0.0	100.0
鞭虫	9.8	0.0	100.0	0.0	100.0	0.0	100.0	0.0	100.0
网尾线虫	4.3	0.0	100.0	0.0	100.0	0.0	100.0	0.0	100.0
合计荷虫数（个）	944.7	19.0		67.5		12.5		0.0	
总计驱虫率（%）			98.0		92.9		98.7		100.0

4. 对节肢动物的杀虫效果

多拉菌素注射剂0.2 mg/kg剂量试验组给药后第3、7天牛颚虱全部死亡、干瘪，对牛颚虱的杀虫率均达100%；第3天检查草原革蜱部分处于麻痹状态，活力较差，第7天对草原革蜱的杀虫率达100%。0.3 mg/kg剂量试验组给药后第3、7天牛颚虱、草原革蜱全部死亡、干瘪，杀虫率均达100%。0.1 mg/kg剂量组的杀虫效果次于上述剂量。而阳性对照组上述外寄生虫的活力旺盛，感染情况与给药前无明显变化。

对多拉菌素注射剂高、中、低剂量试验组和伊维菌素注射剂0.2 mg/kg剂量组试验牛进行剖检，均未检出皮蝇蛆，而在阳性对照组牛从两个部位检出皮蝇蛆，平均数为46个。试验组的杀虫率均达100%。

5. 安全性观察

试验牛在给药后观察10 d，精神、采食、呼吸、排粪等未见异常反应。

（三）讨论与小结

1. 驱虫效果

从试验结果可以看出，多拉菌素注射剂中、高剂量组对试验牦牛主要消化道线虫（奥斯特线虫、毛圆线虫、古柏线虫、细颈线虫、仰口线虫）虫卵、网尾线虫幼虫（L_1）的转阴率、减少率和成虫粗计驱虫率均达100%，对线虫寄生阶段幼虫的总计驱虫率分别为98.7%和100.0%；对牛颚虱、皮蝇蛆的杀虫率均达100%。结果证明多拉菌素注射剂0.2、0.3 mg/kg剂量经皮下注射一次给药，对牦牛消化道线虫、网尾线虫成虫及其寄生阶段幼虫、牛颚虱、皮蝇蛆具有极佳驱除效果；多拉菌素注射剂低剂量组的有效率不及中、高剂量组。同一剂量的多拉菌素对线虫成虫的驱虫效果优于寄生阶段幼虫。

周绪正等（2004）试验结果表明，多拉菌素注射剂 0.1（低剂量）、0.2（中剂量）、0.3（高剂量）mg/kg 对绵羊主要消化道线虫的虫卵减少率和驱虫率均达 100%，驱杀绵羊消化道线虫效果可靠，其中高剂量组和中剂量组药物残效期达 50 d。多拉菌素驱杀羊消化道线虫的药效时间一般为 28 d，试验采用药物缓释技术可使药效延长至 50 d，可降低放牧羊的重复感染水平。推荐应用剂量为每千克体重 0.2 mg，对体内线虫的成虫和虫卵均有良好的抑杀作用。

本次试验对牦牛线虫成虫的驱虫效果与周绪正等许多研究者的试验结果基本一致，均达高效。而对牦牛线虫寄生阶段幼虫的驱除作用尚未见其他报道。

2. 安全性

各试验组牦牛均未见不良反应，表明多拉菌素对牦牛是安全的。

3. 小结

试验结果证明多拉菌素注射剂 0.2 mg/kg 和 0.3 mg/kg 剂量对消化道线虫虫卵转阴率、减少率均达 100%，对网尾线虫幼虫转阴率、减少率均达 100%，对线虫成虫的总计驱虫率为 100%，对线虫寄生阶段幼虫的总计驱虫率分别为 98.7% 和 100.0%；对牛颚虱、草原革蜱、皮蝇蛆的杀虫率均达 100%。0.1 mg/kg 剂量对线虫虫卵（幼虫）的转阴率、减少率、驱虫率及对牛颚虱、草原革蜱的杀虫率均次于 0.2、0.3 mg/kg 剂量组。各试验组牦牛未见异常反应。采用每千克体重 0.2 mg 剂量防治牦牛消化道线虫病与主要外寄生虫病高效安全。

二、多拉菌素注射剂对放牧牦牛草原革蜱的驱杀试验

本试验评价了不同剂量的多拉菌素注射剂对寄生于放牧牦牛的草原革蜱的驱杀效果。

（一）材料与方法

1. 试验药物

试验药物：1% 多拉菌素注射剂，每瓶 50 mL，美国辉瑞（动物保健品）有限公司上海代表处提供，批号为 92453202H。

对照药物：1% 伊维菌素注射剂，每毫升含伊维菌素 10 mg，某兽药制造企业生产。

2. 实验动物

青海省海南藏族自治州兴海县夏格尔畜牧养殖专业合作社的一群 127 头牦牛，年龄 1～6 岁，经抽查，该牛群均感染草原革蜱。从放牧的牦牛中，通过体外寄生虫检查，挑选自然感染草原革蜱较严重的 1～3 岁牦牛 60 头供试。

3. 分组与给药

将 60 头供试牦牛随机分为 5 组，每组 12 头，分组如下：

第 1 组，多拉菌素注射剂低剂量组，按每千克体重 0.1 mg 剂量，皮下注射给药；

第 2 组，多拉菌素注射剂中剂量组，按每千克体重 0.2 mg 剂量，皮下注射给药；

第 3 组，多拉菌素注射剂高剂量组，按每千克体重 0.3 mg 剂量，皮下注射给药；

第 4 组，药物对照组，伊维菌素注射剂，按每千克体重 0.2 mg 剂量，皮下注射给药；

第 5 组，阳性对照组，不给药。

各试验组牦牛逐头打号，并计数草原革蜱感染强度（个/dm²），称重，记录，1～4 药

物试验组牦牛根据实际体重按设计剂量给药。试验牛给药后在原草场随群放牧。

4. 药效检查

分别于给药后 7、14、21 d 检查草原革蜱的死亡、存活情况。

5. 疗效判定

按常规方法计算草原革蜱转阴率和驱虫率：

转阴率＝转阴动物数/给药前感染动物数×100%

驱虫率＝(对照组荷虫数－驱虫组荷虫数)/对照组荷虫数×100%

(二) 结果

1. 放牧牦牛硬蜱感染情况

在当年未驱虫的情况下，随机检查放牧牦牛 87 头，硬蜱感染率达 100%。经形态学观察，感染硬蜱为草原革蜱（*Dermacentor nuttalli*）。

2. 多拉菌素注射剂对寄生于放牧牦牛的草原革蜱的转阴效果

在多拉菌素注射剂给药后 7、14、21 d 分别进行一次检查，并记录草原革蜱在放牧牦牛体表的死亡与存活情况，结果见表 6-34，转阴率统计结果见表 6-35。

表 6-34 给药后不同时间点放牧牦牛体表草原革蜱的死亡与存活情况

单位：头

检查时间	阳性对照组		药物对照组		多拉菌素低剂量组		多拉菌素中剂量组		多拉菌素高剂量组	
	死亡数	成活数	死亡数	成活数	死亡数	成活数	死亡数	成活数	死亡数	成活数
给药后 7 d	0	12	12	0	10	2	12	0	12	0
给药后 14 d	0	12	12	0	11	1	12	0	12	0
给药后 21 d	0	12	10	2	9	3	11	1	12	0

表 6-35 给药后不同时间放牧牦牛草原革蜱转阴率统计结果

单位：%

检查时间	阳性对照组转阴率	药物对照组转阴率	多拉菌素低剂量组转阴率	多拉菌素中剂量组转阴率	多拉菌素高剂量组转阴率
给药后 7 d	0	100	83.3	100	100
给药后 14 d	0	100	91.7	100	100
给药后 21 d	0	83.3	75.0	91.7	100

从表中可以看出，给药后 7、14、21 d，多拉菌素注射剂每千克体重 0.1 mg 试验组对寄生于牦牛的草原革蜱的转阴率为 75.0%～91.7%，其中第 14 天最高（91.7%）；多拉菌素注射剂 0.2 mg/kg 试验组对寄生于牦牛的草原革蜱的转阴率为 91.7%～100%，其中第 7、14 天最高（100%）；多拉菌素注射剂 0.3 mg/kg 试验组在给药后第 7、14、21 天对寄生于牦牛的草原革蜱的转阴率均达 100%。药物对照组（伊维菌素注射剂 0.2 mg/kg）对寄生于牦牛的草原革蜱的转阴率为 83.3%～100%，其中第 21 天转阴率为 83.3%，略次于同剂量多拉菌素注射剂的转阴效果。试验结果证明，多拉菌素中、高剂量组对寄生于放牧牦牛的草原革蜱有很好的转阴效果。

3. 多拉菌素注射剂对寄生于放牧牦牛的草原革蜱的驱杀效果

在多拉菌素注射剂给药后 7、14、21 d 分别进行一次检查，不同剂量试验组牦牛草原革蜱的驱杀效果统计结果见表 6-36。

从表中可以看出，给药后 7、14、21 d，多拉菌素注射剂 0.1 mg/kg 试验组对寄生于牦牛的草原革蜱驱虫率为 80.5%～87.2%，其中第 21 天最高（87.2%）；多拉菌素注射剂 0.2 mg/kg 试验组对寄生于牦牛的草原革蜱的驱虫率为 94.4%～100%，其中第 7、14 天最高（100%）。多拉菌素注射剂 0.3 mg/kg 试验组第 7、14、21 天对寄生于牦牛的草原革蜱的驱虫率均达 100%。药物对照组（伊维菌素注射剂 0.2 mg/kg）对寄生于牦牛的草原革蜱的驱虫率为 91.6%～100%，其中第 7、14 天最高（100%），略次于同剂量多拉菌素注射剂的驱虫效果。试验结果表明，多拉菌素注射剂中、高剂量对寄生于放牧牦牛的草原革蜱有很好的杀虫效果。

表 6-36　各试验组牦牛硬蜱平均感染强度和驱杀率统计结果

检查时间	阳性对照组 平均强度（个）	药物对照组 平均强度（个）	驱虫率（%）	多拉菌素低剂量组 平均强度（个）	驱虫率（%）	多拉菌素中剂量组 平均强度（个）	驱虫率（%）	多拉菌素高剂量组 平均强度（个）	驱虫率（%）
给药后 7 d	12.8	0.0	100	2.5	80.5	0.0	100	0.0	100
给药后 14 d	14.9	0.0	100	2.0	86.6	0.0	100	0.0	100
给药后 21 d	17.9	1.5	91.6	2.3	87.2	1.0	94.4	0.0	100

（三）讨论与小结

迄今，从牦牛检出的硬蜱有 21 种。本次试验仅检出草原革蜱。试验结果证明，多拉菌素注射剂 3 个试验剂量对牦牛草原革蜱均有驱杀作用，其中，多拉菌素注射剂 0.2、0.3 mg/kg 剂量组对寄生于牦牛的草原革蜱 7～21 d 转阴率达 91.7%～100%，驱虫率达 94.4%～100%，均达高效。临床应用多拉菌素注射剂中剂量（0.2 mg/kg）驱杀放牧牦牛草原革蜱高效安全。

第五节　阿苯达唑在牦牛寄生虫病防治中的研究与应用进展

阿苯达唑（Abendazole）又名丙硫苯咪唑、丙硫咪唑，是苯并咪唑（Benzimidazole）的衍生物，化学名称为 N-（5-丙硫基-1H-苯并咪唑-2-基）氨基甲酸甲酯，分子式为 $C_{12}H_{15}N_{30}O_2S$。

1972 年阿苯达唑首次由葛兰素史克公司动物卫生实验室发现。1976 年该药在美国问世，Theodorides 等于 1976 年首先将其用于驱除家畜（禽）的寄生蠕虫，取得卓越成果。1979 年，国产阿苯达唑由我国兽药药品监察所试制成功，样品经核磁共振和红外光谱分析，均证明其结构与国外阿苯达唑完全一致，临床试验效果很好，1981 年开始试生产，并应用于国内各种畜禽蠕虫病的防治。

从药物代谢动力学、毒性、临床药效等方面对阿苯达唑进行了研究发现其是一种高效、广谱、低毒的苯并咪唑类抗蠕虫药，可显著抑制虫卵的发育，是治疗多种蠕虫病的首选药物。本品对于人和畜禽的线虫、吸虫、绦虫、棘头虫等引起的单一或混合感染寄生虫病均有良效。本品已被列入世界卫生组织基本药物标准清单。

一、阿苯达唑作用机理

微管存在于所有真核生物中，是许多细胞器的基本单位，由 α-和 β-微管蛋白异二聚体组装而成，参与维持细胞形态、有丝分裂和其他各种形态活动的发生。阿苯达唑对 β-微管蛋白具有高亲和力。阿苯达唑及其代谢物通过与虫体游离的 β-微管聚合来干扰微管的形成，在动物体内代谢为亚砜类或砜类后，抑制寄生虫对葡萄糖的吸收，导致虫体糖原耗竭。阿苯达唑还可通过抑制延胡索酸还原酶系统，抑制无氧酵解通路及部分逆向的三羧酸循环，阻碍三磷酸腺苷（ATP）的产生，使寄生虫无法存活和繁殖。

二、防治研究与应用进展

根据闵沛正（1984）文献中记载，Theodorides 等于 1976 年报道了用阿苯达唑驱除牛胃肠道 10 多种线虫，驱虫效果可达 94%～100%；我国从 1979 年 10 月起先后在全国 18 个省、直辖市、自治区进行了广泛的临床试验，结果表明，仅需使用阿苯达唑 5～20 mg/kg，可驱除牛、马、猪、羊和家禽的胃肠道线虫、绦虫和肝片吸虫，疗效与国外报道一致，且使用安全，无明显不良反应；在广西，1980 年起先后用阿苯达唑对自然感染寄生虫的牛（包括本地水牛、黄牛、摩拉牛、摩拉杂交牛、古巴牛、古巴杂交牛、安格斯牛、黑白花奶牛）3 056 头进行了驱虫，牛按 15 mg/kg 一次口服，驱除肝片吸虫、莫尼茨绦虫、血矛线虫、指形长刺线虫、辐射食道口线虫，驱虫率达 99.56%～100%，使用安全，无一例死亡，安全性高。

在牦牛上，甘孜藏族自治州畜牧业科学研究所于 1980 年报道，一定的剂量阿苯达唑对吸虫、线虫的驱虫效果极佳，对吸虫的虫卵减少率达 100%。朱辉清等（1982）运用阿苯达唑对牦牛进行驱虫，结果表明，对吸虫的虫卵减少率为 66.7%～100%，对线虫的虫卵减少率为 100%。郭仁民等（1983）为验证阿苯达唑对牦牛肝片吸虫的驱虫效果，使用每千克体重 10 mg 剂量，虫卵减少率达 100%。尕白等（1988）使用阿苯达唑对牦牛进行驱虫试验，结果显示线虫和绦虫均减少，牦牛死亡率降低。刘身庆（1988）使用阿苯达唑对牦牛进行驱虫，统计显示，每头牦牛一年多收入 9.22 元。南绪孔等（1989）发现，对牦牛原发性细粒棘球蚴有驱杀作用，对牦牛肺棘球蚴和肝棘球蚴有相似的驱杀效果。刘文道等（1991、1992）和蔡进忠等（1991）在青海省湟源县、同仁县、门源回族自治县应用阿苯达唑和伊维菌素进行牦牛驱虫与疗效和毒性试验，结果显示，20 mg/kg 阿苯达唑对网尾线虫寄生阶段幼虫的驱除率达 90.16%，对双腔吸虫的驱除率达 84.4%，对其他线虫及其幼虫、裸头科绦虫的驱虫率均可达 100%。1991—1992 年，罗增均等（1992）等在青海省贵南县森多乡，使用阿苯达唑对 10 105 头牦牛进行了冬季驱杀线虫幼虫试验，抽检发现冬春季防治组比对照组死亡率降低 11.5 个百分点、防治组比对照组牦牛多增重 5.05 kg，驱虫效果好，防治效益佳。田生珠等（1997、2007）使用阿苯达唑控制棘球蚴感染时，感染率分别下降为 85.7% 和 64%。沈秀英等（2008）采用"药物增量法"和"药物联合法"治疗具有明显临床症状的牦牛，治疗率可达 100%。才让扎西等（2010）使用吡喹酮和阿苯达唑两种药物对果洛藏族自治州达日县窝赛乡吉迈镇牦牛多头蚴进行治疗发现，吡喹酮片剂两个剂量的治愈率分别为 72.73% 和 91.67%，阿苯达唑干混悬剂两个剂量的治愈率分别为 81.82 和 83.33%，比喹诺酮片剂更合适推广应用。2010 年，才让扎西在果洛藏族自治州达日县特合土乡对牦牛使用不同药物治疗牦牛多头蚴病，结果发现阿苯达唑有效率为100％，治愈率为90.9％，效果良好。卓玛措（2016）使用多种药物治疗多头蚴病，其中阿苯达唑干混悬剂 25 mg/kg 和 50 mg/kg 剂量组的治愈率为83.3％，治疗效果较好。看着才仁（2017）在果洛藏族自治州曲麻莱县，开展了吡喹酮片剂和阿苯达唑干混悬剂用于高原牦牛多头蚴病的治疗效果研究，结果显示：阿苯达唑治愈率为76.67％，未死亡率为100％；吡喹酮片剂治愈率为93.33％，死亡率为0.00％。吡喹酮片剂用于高原型牦牛多头蚴病的治疗，治愈率明显提升，有效降低了牦牛的死亡率，减少了养殖户的经济损失。李辉明等（2017）为了解牦牛主要消化道线虫对阿苯达唑的抗药性，使用不同剂量阿苯达唑对牦牛消化道线虫进行驱虫，结果发现奥斯特线虫和细颈线虫对阿苯达唑产生了抗药性，马歇尔线虫对阿苯达唑未产生抗药性。吉春花等（2020）分别选择使用阿苯达唑和吡喹酮2种驱虫药物治疗牦牛多头蚴病，阿苯达唑的有效率和治愈率分别达到100％。张文秀等（2021）使用左旋咪唑、阿苯达唑、伊维菌素治疗牦牛肠道线虫病，结果发现伊维菌素的虫卵减少率可达95.95％，高于阿苯达唑、左旋咪唑。多吉卓玛（2021）选择使用阿苯达唑和吡喹酮两种驱虫药物，分别采用增加治疗剂量和联合用药治疗的手段，对青海省达日县某规模化养殖场经过确诊的 40 头牦牛开展药物驱虫治疗，结果发现，阿苯达唑的治疗效率和治愈率最高，其次是吡喹酮组，最后是联合用药组。李春花等（2021）为了解祁连地区牦牛主要消化道线虫对阿苯达唑的抗药性，采用不同剂量阿苯达唑进行治疗，根据虫卵减少率发现，得出奥斯特线虫、细颈线虫和马歇尔线虫对阿苯达唑均未产生抗药性。吕玉花（2021）开展了牦牛主要消化道线虫对不同治疗剂量阿苯达唑的抗药性试验，得出奥斯特、细颈线虫和马歇尔线虫都没有对该药物出现抗药性，其可以作为牦牛线虫病的治疗药物，能够取得较好的治疗效果。铁翠莲（2022）分别使用丙硫咪唑、一次净（主要成为使君子粉、槟榔、六神曲、鹤虱、乌梅、贯众等）治疗牦牛，投药后 5 d 和 10 d 两组线虫的虫卵减少率均达 100％，对吸虫的虫卵减少率分别为88.52％、54.10％。可见"一次净"对牦牛消化道线虫的驱虫效果优于对吸虫的效果。

　　上述研究表明，阿苯达唑对牦牛线虫（网尾线虫、奥斯特线虫、毛圆线虫、古柏线虫、细颈线虫、仰口线虫、食道口线虫、夏伯特线虫、肺线虫等）、绦虫及其幼虫（如细粒棘球蚴、脑多头蚴等）、吸虫（肝片吸虫、前后盘吸虫、双腔吸虫等）的驱除效果较好，包括从虫卵到成虫均能有效驱除。国内应用阿苯达唑防治牦牛寄生虫病的相关情况见表 6 - 37。

表 6 - 37　应用阿苯达唑防治牦牛寄生虫病的文献资料

时间	作者	地点	剂型	虫卵类型	虫卵减少率（％）	推荐剂量（mg/kg）	驱虫效果
1980 年	甘孜藏族自治州畜牧业科学研究所	四川甘孜藏族自治州	—	肝片吸虫 前后盘吸虫 胃肠道线虫 肺线虫	100 96.6 100 100	15	效果极佳
1982 年	朱辉清	四川若尔盖县	散剂	肝片吸虫 前后盘吸虫 胃肠道线虫 肺线虫	100 100 100 100	30	效果极佳

（续）

时间	作者	地点	剂型	虫卵类型	虫卵减少率（%）	推荐剂量（mg/kg）	驱虫效果
1983 年	郭仁民	青海刚察县	片剂	肝片吸虫	100	10	效果极佳
1988 年	尕白	青海果洛藏族自治州	粉剂	线虫、绦虫	—	15	死亡率降低
1988 年	刘身庆	青海果洛藏族自治州	散剂	体内寄生虫			死亡率降低
1989 年	南绪孔	青海泽库县	片剂	原发性细粒棘球蚴			有驱杀作用
1991、1992 年	刘文道 蔡进忠 彭毛	门源回族自治县马场、同仁县多哇乡	混悬剂	网尾线虫	90.16	20	对其他线虫及其幼虫、裸头科绦虫均获得满意的驱除效果
				双腔吸虫	84.4		
				其他线虫（奥斯特线虫、毛圆线虫、古柏线虫、细颈线虫、仰口线虫、食道口线虫、夏伯特线虫）	100		
1992 年	罗增均	青海贵南县森多乡	混悬液	牦牛体内寄生虫		15	效果良好
1997 年和2007 年	田生珠	果洛藏族自治州班玛县		棘球蚴		20	死亡率降低
2008 年	沈秀英	玉树县	片剂	脑多头蚴			治疗效果良好
2010 年	才让扎西	果洛藏族自治州达日县窝赛乡吉迈镇	片剂 干混悬剂	脑多头蚴		70	吡喹酮片剂的治疗效果好于阿苯达唑干混悬剂
2010 年	才让扎西	果洛藏族自治州达日县特合土乡	干混悬剂	脑多头蚴	100	50	治愈率良好
2016 年	卓玛措	西藏	干混悬剂	多头蚴			
2017 年	看着才让	曲麻莱县	片剂 干混悬剂	多头蚴			与阿苯达唑干混悬剂相比，吡喹酮片剂用于高原牦牛多头蚴病的治疗效果更好
2017 年	李辉明	青海黄南藏族自治州同仁县	片剂	消化道线虫			奥斯特线虫和细颈线虫对阿苯达唑产生了抗药性，马歇尔线虫对阿苯达唑未产生抗药性

（续）

时间	作者	地点	剂型	虫卵类型	虫卵减少率（%）	推荐剂量（mg/kg）	驱虫效果
2020 年	吉春花	青海大通回族土族自治县	片剂	脑多头蚴	100		利用阿苯达唑，采用增量治疗方法，能极大提高牦牛脑包虫病的治疗成效
2021 年	张文秀	海东市化隆回族自治县昂思多镇	片剂	胃肠道线虫	31.94		伊维菌素治疗效果优于丙硫咪唑
2021 年	多吉卓玛	青海达日县	片剂	棘球蚴	100		阿苯达唑在驱杀牦牛脑棘球蚴方面有很好的效果
2021 年	李春花	青海祁连县	片剂	主要消化道线虫			奥斯特线虫、细颈线虫和马歇尔线虫对阿苯达唑均未产生抗药性
2021 年	吕玉花	青海都兰县	片剂	消化道线虫	10～15		驱虫效果好
2022 年	铁翠莲	甘肃碌曲县	片剂	线虫	100.0（5、10 d）	10	"一次净"的驱虫效果比阿苯达唑好
				吸虫	88.52（5 d）、54.10（10 d）		

三、阿苯达唑的抗药性

抗寄生虫药物的抗药性是指由于频繁使用某种药物而使寄生虫对药物的耐受量超过了该种虫的常规耐受量，而且可以遗传。自 20 世纪 70 代中期全球广泛使用阿苯达唑以来，世界各国陆续报道了牛羊寄生虫对苯并咪唑类驱虫药物的抗药性，证实线虫对阿苯达唑已产生抗药性。随着不同驱虫药物的使用，还产生了多重耐药性流行的问题。多重药物耐药性已成为一个全球性问题。

在牦牛寄生虫抗药性方面，李春花等（2020）检测了牦牛主要消化道线虫对阿苯达唑的抗药性，结果表明奥斯特线虫、细颈线虫对阿苯达唑均未产生抗药性，马歇尔线虫对阿苯达唑产生了抗药性。

四、展望

阿苯达唑在各类动物和人体驱虫上都有广泛的应用，最初具有低毒、广谱、高效驱虫效果，但频繁使用单一的驱虫药，使寄生虫对该药产生抗药性。目前，阿苯达唑在牦牛寄生虫病防治中已广泛使用，取得了积极防治效果，但对其抗药性的研究甚少，需在今后的牦牛寄生虫病防控工作中加以重视。

在防治寄生虫病时，需科学应用现行有效的驱虫药，注意交替使用不同类型的药物，并保障足够的剂量，做到用极少的驱虫药，使寄生虫的防治达到有效的水平和维持牦牛较高的生产力，以防止或延迟寄生虫抗药性的形成。建立寄生虫对常见驱虫药的抗药性检测技术，及时了解抗药性情况，根据检测结果制订相应的防治措施，避免或延缓虫体产生抗药性，促进牦牛养殖业的健康可持续发展。

第七章　埃普利诺菌素防治牦牛寄生虫病与药物残留研究

在青藏高原的草原畜牧业中，牦牛是支柱畜种，牦牛产业的健康可持续发展关系到地区经济发展和高原牧民的切身利益。牦牛由于依赖天然草场放牧饲养，易受寄生虫的侵袭，寄生虫病成为制约放牧牦牛饲养业发展的常见多发病，病原种类多，感染率高，感染强度大，直接影响牦牛生产性能和成活率。目前，选用药物定期驱虫是防治牦牛寄生虫病最有效的手段。因此，试验筛选和推广应用新型抗寄生虫药物，是有效控制牦牛寄生虫病流行的有效途径之一。近年来，随着人们对畜产品质量的重视，对防治技术的有效性、安全性及低残留等提出了更高要求。鉴于牦牛乳肉兼用的特性，对牦牛驱虫药的选择需要兼顾其弃奶期与休药期。

埃普利诺菌素（Eprinomectin，EPR）是美国 Merck 公司于 1996 年开发出的一种新型阿维菌素类药物，是在阿维菌素的基础上将 C-4 位上的羟基置换为乙酰氨基而成，因此又名乙酰氨基阿维菌素。EPR 的抗虫活力及抗虫谱与其他阿维菌素类药物相似，对家畜的绝大多数线虫和螨、虱、蜱、蝇等节肢动物均有很强的杀灭作用。但与其他阿维菌素类药物显著不同的是 EPR 的乳/血分配系数比伊维菌素低，用于奶牛时在牛奶中的残留量低，在除肝脏以外的可食组织中的残留量也低，因此，EPR 用于奶牛（包括泌乳期的奶牛）和肉牛时不需休药期，具有绿色药物之美称。已有的研究证明 EPR 浇泼剂对牛、羊等家畜的线虫和节肢动物具有极佳的驱虫效果，已在美国、新西兰、墨西哥和欧盟等上市，并在奶牛、肉牛和奶山羊等动物中应用。然而，EPR 在牦牛寄生虫病防治中的研究资料相对较少，我们借鉴国内外先进经验和相关技术，进行了 EPR 对牦牛寄生虫病的防治研究及在牦牛组织中的残留规律检测，明确了该药物对牦牛主要寄生虫病的驱虫效果与在牦牛体内的残留消除规律，为制订 EPR 在牦牛的休药期和建立 EPR 高效防治牦牛寄生虫病新技术提供了科学依据。

第一节　EPR 注射剂在牦牛乳汁中的残留消除规律研究

通过在不同时间点测定给药后牦牛奶中的药物浓度，研究 EPR 注射剂在牦牛奶中残留消除规律，判定 EPR 注射剂用于牦牛是否需要弃奶期。

一、材料与方法

（一）试验地区概况

默勒镇位于青海省祁连县的南部，东与门源回族自治县接壤，南与海晏县、刚察县为邻，西与天峻县连接。该镇年平均降水量 406.7 mm，平均气温 1 ℃，平均海拔 3 600 m，可利用草场 23.33 万 hm²（草场多属高寒草甸类草场），是一个多民族聚居点，属于纯牧业生产的乡镇。全镇 2015 年末存栏藏系绵羊 32.9 万余只，牦牛 7.3 万余头。

（二）试验试剂与仪器

1. 标准品

EPR 标准品，美国 Merck 公司，纯度 95.3%，含 90.4% Bla 和 4.9% B1b。

2. 主要试剂

美国 Merck 公司的乙腈（色谱纯）、甲醇（色谱纯），北京化学试剂公司的冰醋酸（分析纯）、乙腈（分析纯）、肝素钠、丙酮（分析纯）、二氯甲烷（分析纯）、乙二胺（分析纯）、无水硫酸铜（分析纯），Acros 公司的 N-甲基咪唑（含量 99%），ELGA 纯净水。

3. 主要仪器设备

美国 Waters 公司的 C18 固相萃取柱（Sep-Pak®，500 mg/6 mL），相色谱仪（由 Waters e2695 分离系统和 Waters 2475 荧光检测器组成），色谱柱（型号 SunFireTM C18，粒径 5 μm，4.6 mm×150 mm），碱性氧化铝固相萃取柱（Sep-Pak®，500 mg/6 mL），NH2 固相萃取柱（Sep-Pak®，500 mg/6 mL）；日本岛津公司的高效液相色谱仪（LC-20A 系统控制器，LC-20Avp 四元低压泵，RF-10AXL 荧光检测器），CTO-20AC 柱温箱，色谱柱（型号 Shimpack-Vp ODS 250 mm×4.6 mm）；德国海道尔夫公司的匀浆机（Heidolph Silent Crusher M），Eppendort 公司的可调微量加样器；美国 Organomation Associates 公司的氮吹仪（OA-SYS 型），上海森信试验仪器设备有限公司的电热恒温鼓风干燥箱（DGG-907A）；北京时代北利离心机有限公司的离心机（DT5-2 型）；北京方正生生物技术发展有限公司的涡动仪；成都华智升物科技有限公司的 MDH6 型电子秤；北京方正生生物技术发展有限公司的漩涡混合器；小型耗材（20 mL 注射器、15 mL 离心管、剪毛剪等）。

（三）试验药物

国产 EPR 注射剂，1.0%（W/V），每瓶 50 mL，河北威远生物药业有限公司提供。

（四）实验动物

在祁连县默勒镇才什土村放牧饲养的牦牛中选择试验用牦牛，试验前对没有使用过阿维菌素类药物的牦牛采血，选出经检测血浆中没有 EPR 的牦牛 10 头，其中公牦牛 5 头，母牦牛 5 头。

（五）分组与给药

10 头牦牛分为 2 组，每组 5 头，第 1 组牦牛的 EPR 注射剂给药量为 0.2 mg/kg，第 2 组给药量为 0.4 mg/kg，颈部皮下注射给药，给药前称重并记录。

（六）牦牛奶样品采集

给药前采集空白奶样，4 个乳头均收集奶样，每个乳头采集 10 mL，混合后分装置于 -20 ℃冰箱中保存备用。在给药后每天 2 次采集奶样，在挤奶时采集，4 个乳头均收集奶样，每个乳头采集 10 mL，混合后分装置于 -20 ℃冰箱中保存备用，同时记录每次挤奶量。

（七）检测方法

采用荧光高效液相色谱法（HPLC-FLD）检测牦牛奶中埃普利诺菌素浓度。

二、结果

（一）EPR 注射剂 0.2 mg/kg 剂量组牦牛奶样中 EPR 残留规律检测结果

试验牦牛各采样时间点牛奶样品中的 EPR 浓度见表 7-1，奶样时间与药物浓度散点图见图 7-1。

表 7-1　EPR 注射液 0.2 mg/kg 剂量组牦牛奶样各时间点 EPR 检测浓度

单位：ng/mL

时间（h）	试验牛编号					平均值±SD
	300	463	483	531	646	
0	ND	ND	ND	ND	ND	ND
6	ND	1.49	1.15	2.09	0.95	1.14±0.77
16	2.97	3.39	1.98	5.57	4.26	3.63±1.36
24	1.98	4.51	2.81	6.16	6.73	4.44±2.06
40	2.52	5.54	3.70	6.48	7.91	5.23±2.15
54	4.41	7.92	5.19	8.57	10.82	7.38±2.61
72	2.98	6.04	3.93	5.54	8.85	5.47±2.25
98	3.18	2.66	2.80	3.21	6.95	3.76±1.80
144	3.08	2.85	3.58	2.24	6.40	3.63±1.62
288	1.77	1.34	2.54	1.17	6.37	2.64±2.15
480	ND	ND	ND	ND	2.59	0.52±1.16

注：ND 表示未检测出药物。

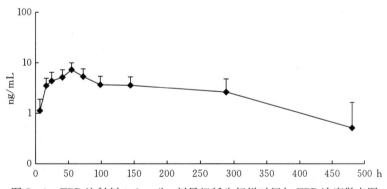

图 7-1　EPR 注射剂 0.2mg/kg 剂量组牦牛奶样时间与 EPR 浓度散点图

结果表明，给泌乳牦牛皮下注射 EPR 注射剂 0.2 mg/kg，EPR 在牛奶中分布浓度较低，在给药后 54 h，牛奶中的 EPR 浓度达到峰值（7.38±2.61）ng/mL，该值低于美国规定的 EPR 在牛奶中的最高残留限量（12 ng/mL）和欧盟规定的 EPR 在牛奶中的最高残留限量（20 ng/mL）。

（二）EPR 注射剂 0.4 mg/kg 剂量组牦牛奶样中 EPR 残留规律检测结果

试验牦牛各采用时间点牛奶样品中的 EPR 浓度见表 7-2，奶样时间与药物浓度散点图见图 7-2。

表 7 - 2　EPR 注射液 0.4 mg/kg 剂量组牦牛牛奶样品各时间点 EPR 检测浓度

单位：ng/mL

时间（h）	牛号					平均值±SD
	452	554	562	563	573	
0	ND	ND	ND	ND	ND	ND
8	3.11	1.27	ND	2.42	ND	1.36±1.40
18	8.51	2.38	2.20	5.66	1.29	4.01±3.01
26	11.11	5.59	2.71	9.54	2.33	6.26±3.96
42	13.20	6.04	3.96	13.62	5.29	8.42±4.62
56	11.13	6.89	5.26	8.31	3.30	6.98±2.98
74	10.97	8.27	6.66	8.89	3.93	7.74±2.63
98	10.77	6.47	6.68	8.06	5.17	7.43±2.13
120	7.83	3.85	6.41	6.18	3.14	5.48±1.94
240	3.21	2.53	3.17	3.76	2.44	3.02±0.54
384	1.40	2.24	2.20	1.93	1.92	1.94±0.34

注：ND 表示未检测出药物。

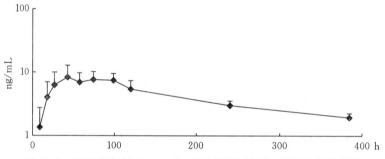

图 7 - 2　EPR 注射剂 0.4 mg/kg 牦牛奶样时间与 EPR 浓度散点图

结果表明，给泌乳牦牛皮下注射 EPR 注射剂 0.4 mg/kg，EPR 在牛奶中分布浓度较低，尽管在给药后 42 h，牛奶中的 EPR 浓度达到峰值达（8.42±4.62）ng/mL，该值低于欧盟规定的 EPR 在牛奶中的最高残留限量（20 ng/mL），其范围高值略高于美国规定的 EPR 在牛奶中的最高残留限量（12 ng/mL）。给药后 56 h 牛奶中的 EPR 浓度为（6.98±2.98）ng/mL，给药后 74 h 牛奶中的 EPR 浓度为（7.74±2.63）ng/mL，给药 56 h 及以后各时间点牛奶中的 EPR 浓度范围均低于美国和欧盟规定的 EPR 在牛奶中的最高残留限量（12 ng/mL 和 20 ng/mL）。

三、小结

查明了 EPR 注射剂在牦牛乳汁中的残留规律。研究结果表明，给泌乳牦牛皮下注射 EPR 注射剂 0.2 mg/kg 剂量时不需要休药期。给泌乳牦牛皮下注射 EPR 注射剂 0.4 mg/kg，尽管在给药后 42 h 牛奶中的 EPR 浓度峰值略高于美国规定的 EPR 在牛奶中的最高残留限量，但其他各时间点的峰值均低于欧盟和美国规定的 EPR 在牛奶中的最高残留限量。结果证明给泌乳牦牛皮下注射 EPR 注射剂 0.4 mg/kg 不需休药期。

第二节 EPR浇泼剂在牦牛乳汁、血浆中的残留消除规律研究

通过在不同时间点测定给药后牦牛奶样中的药物浓度，研究EPR浇泼剂在牦牛奶中残留消除规律，研究血液中的药物浓度与牛奶中残留的内在关系，以确定浇泼剂用于牦牛是否需要弃奶期。

一、材料与方法

（一）试验药物

受试药物 0.5%（W/V）EPR浇泼剂，浙江海正药物股份有限公司生产（供临床试验用）。

对照药物 0.5%（W/V）EPR浇泼剂（商品名Eprinomectin prinex），梅里亚公司生产。

（二）实验动物

所用牦牛均未用过阿维菌素类药物，在祁连县默勒镇才什土村放牧饲养的牦牛中选择。试验前对没有使用过阿维菌素类药物的牦牛采血，选出经检测血浆中没有EPR的牦牛12头，年龄为5～6岁，体重为200～230 kg，其中公牦牛6头，母牦牛6头。

（三）分组与给药

将12头牦牛随机分为2组，第1组为试验组（给予国产EPR浇泼剂），第2组为对照药物组（给予国外进口EPR浇泼剂）。试验牦牛给药前称重并记录，按每千克体重0.5 mg剂量，使用拔掉针头的注射器从肩部沿背中线到腰部浇泼给药。所有试验牦牛在给药时及给药后12 h内，用绳子拴在固定位置，以方便保定与采血，同时确保牦牛可在一定范围内自由活动与采食饮水，以确保采血时间的准确性，并防止牦牛互相舔舐。

（四）牦牛奶样品采集

给药前采集空白奶样，4个乳头均收集奶样，每个乳头采集10 mL，混合后分装置于−20 ℃冰箱中保存备用。在给药后分别于第0.125、1、2、3、4、5、6、8、10、12、15、20、25、30 d采集奶样，挤奶时采集，4个乳头均收集奶样，每个乳头采集10 mL，混合后分装置于−20 ℃冰箱中保存备用，同时记录每次挤奶量。

（五）血浆样品采集

给药前采集空白血浆，每头牛10 mL。在给药后分别于第3、6、9、12 h和第1、1.5、2、3、4、5、6、8、10、12、15、20、25、30、40、50 d采集10 mL血液，全血置于含有抗凝剂肝素钠的离心管中。抗凝的血样在采血后1 h，以3 000 r/min离心10 min，分离血浆，将分离好的血浆置于−20 ℃冰箱中保存备用。

（六）样品处理

每份牦牛血浆经过有机溶剂提取、固相萃取净化、干燥与衍生化后，采用HPLC-FLD进行检测。

（七）检测方法

采用HPLC法检测牦牛奶中EPR浓度，研究EPR在牦牛奶中的残留消除规律。

二、结果

（一）EPR 浇泼剂在牦牛奶中的残留消除规律

1. EPR 浇泼剂 0.5 mg/kg 剂量组牦牛奶中 EPR 的残留检测结果

在不同采样时间点，国产 EPR 浇泼剂和进口 EPR 浇泼剂在试验牛奶样中的浓度检测结果分别见表 7-3、表 7-4。

表 7-3　国产 EPR 浇泼剂 0.5 mg/kg 剂量组牦牛牛奶样品各时间点 EPR 检测浓度

单位：ng/mL

时间（d）	牦牛编号						平均值±SD
	377706	377622	377632	377650	377310	380670	
0.125	ND	ND	1.93	0.86	ND	ND	1.39±0.76
1	1.63	1.67	8.46	4.22	1.63	1.37	3.16±2.81
2	2.03	2.16	8.25	5.00	2.03	2.11	3.60±2.56
3	2.20	4.72	6.86	4.09	2.20	1.93	3.67±1.94
4	1.79	2.22	5.00	2.85	1.79	1.61	2.54±1.28
5	1.33	1.92	4.86	2.49	1.33	1.78	2.29±1.33
6	1.49	0.71	2.90	2.25	1.49	1.66	1.75±0.75
8	1.01	0.86	3.24	2.01	1.01	1.51	1.61±0.91
10	1.68	0.62	1.59	1.79	1.68	0.96	1.39±0.48
12	0.63	0.42	1.45	1.64	0.63	0.65	0.90±0.50
15	0.63	0.08	1.49	—	0.63	0.46	0.66±0.51
20	ND	0.30	0.80	0.65	ND	0.38	0.53±0.24
25	ND	0.25	0.50	0.58	ND	0.60	0.48±0.16
30	ND	ND	ND	ND	ND	ND	ND

注：ND 表示未检测出药物；—表示样品缺失。

表 7-4　进口 EPR 浇泼剂 0.5 mg/kg 剂量组牦牛牛奶样品各时间点 EPR 检测浓度

单位：ng/mL

时间（d）	牦牛编号						平均值±SD
	377658	377641	377654	377662	377692	380383	
0.125	ND	ND	0.42	ND	ND	ND	0.42
1	1.43	1.67	3.12	3.48	1.91	0.96	2.10±0.99
2	1.56	2.16	2.05	2.83	2.95	1.53	2.18±0.61
3	1.70	4.72	1.72	2.48	2.14	1.91	2.44±1.15
4	1.67	—	1.50	2.03	1.66	1.27	1.63±0.28
5	1.60	2.22	1.35	1.45	1.51	1.42	1.59±0.32
6	1.27	1.92	1.15	1.49	1.66	1.05	1.42±0.33
8	1.71	0.71	1.31	1.75	1.37	1.08	1.32±0.39
10	1.29	0.86	0.57	1.50	0.92	0.51	0.94±0.39
12	0.70	0.62	0.55	0.97	1.01	0.29	0.69±0.27
15	0.45	0.42	0.42	0.55	0.52	0.27	0.44±0.10
20	0.40	0.08	0.48	0.02	0.10	ND	0.22±0.21
25	0.34	0.30	0.08	ND	0.15	ND	0.22±0.12
30	ND	0.25	0.42	ND	ND	ND	ND

注：ND 表示未检测出药物；—表示样品缺失。

给牦牛按 0.5 mg/kg 剂量浇泼 EPR 浇泼剂后，EPR 在牦牛牛奶中的时间-药物浓度曲线见图 7-3。EPR 浇泼剂在牦牛奶中的残留消除动力学参数值见表 7-5。

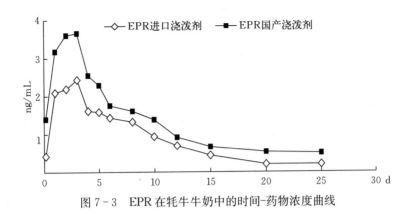

图 7-3 EPR 在牦牛牛奶中的时间-药物浓度曲线

表 7-5 EPR 浇泼剂在牦牛牛奶中的消除动力学参数

参数	国产 EPR 浇泼剂	进口 EPR 浇泼剂
C_{max}（ng/mL）	4.52±2.58	1.97±0.94
T_{max}（d）	2.40±0.89	3.00±2.53
AUC_{0-t}（ng·d/mL）	32.96±19.66	14.71±6.26
AUC_{∞}（ng·d/mL）	37.95±20.14	16.81±5.61
AUC 奶/AUC 血	0.38±0.23	0.24±0.08
MRT（d）	11.08±3.72	9.75±2.86
$T_{1/2ke}$（d）	8.01±5.73	5.69±2.42

注：C_{max} 为药物最大浓度；T_{max} 为到达药物最大浓度的时间；$T_{1/2ke}$ 为消除半衰期；AUC_{0-t} 为时间从 0 到所选择的最后一个时间点的曲线下面积；AUC_{∞} 为时间从 0 到无穷大期间的曲线下面积；MRT 为药物的平均滞留时间。

2. EPR 浇泼剂在牦牛奶中的残留消除规律分析

研究了 EPR 浇泼剂在牦牛奶中的残留消除规律，从表 7-3、表 7-4、表 7-5 和图 7-3 可以看出，牦牛背部给予 0.5 mg/kg EPR 浇泼剂后，国产药物的受试组与进口药物的对照组在牦牛奶中有相似的残留消除规律。国产药物的受试组牦牛奶中于（2.40±0.89）d 达到最高残留浓度（4.52±2.58）ng/mL。进口药物的对照组牦牛奶中于（3.00±2.53）d 达到最高残留浓度（1.97±0.94）ng/mL。两种制剂的残留均低于联合国粮食与农业组织（FAO）所规定的最高残留限量（20 ng/mL）。证明 EPR 浇泼剂以 0.5 mg/kg 的推荐剂量用于牦牛无须弃奶期。

（二）EPR 浇泼剂在牦牛体内血浆中的残留消除规律

1. EPR 浇泼剂在牦牛体内血浆中的残留检测结果

牦牛背部给予 0.5 mg/kg EPR 浇泼剂后，国产 EPR 浇泼剂和进口 EPR 浇泼剂在试验牛各采样时间点体内血浆样品中的浓度检测结果分别见表 7-6、表 7-7。

表 7-6　EPR 浇泼剂国产药物组按 0.5 mg/kg 剂量给药后不同采血时间点牦牛血浆中的药物浓度

单位：ng/mL

时间（d）	牦牛编号						平均值±SD
	377706	377622	377632	377650	377310	380670	
0.125	1.34	0.65	0.59	1.84	0.63	0.72	0.96±0.51
0.25	2.89	1.85	1.79	3.20	2.65	2.17	2.43±0.58
0.375	3.28	1.99	2.57	5.53	3.68	2.03	3.18±1.33
0.5	3.93	2.54	3.41	6.44	4.49	3.06	3.98±1.38
1	6.81	3.58	4.27	9.01	6.17	4.48	5.72±2.02
1.5	8.80	4.52	6.97	12.37	8.21	5.74	7.77±2.75
2	8.32	4.85	5.47	12.36	8.55	5.66	7.54±2.83
3	5.50	4.08	6.10	9.65	6.79	5.53	6.27±1.88
4	4.75	3.61	3.97	7.14	6.20	5.16	5.14±1.34
5	3.73	3.12	3.36	6.94	6.49	4.90	4.76±1.64
6	3.83	3.10	2.87	6.01	6.28	4.75	4.47±1.45
8	3.01	2.71	2.36	4.78	5.42	4.20	3.75±1.23
10	2.47	2.58	2.06	4.58	5.40	3.45	3.42±1.32
12	1.55	1.80	1.86	4.38	4.85	3.34	2.96±1.43
15	0.87	1.31	1.64	2.99	2.84	2.43	2.01±0.87
20	0.48	0.85	1.50	1.51	1.88	1.74	1.33±0.55
25	0.38	0.48	1.28	1.33	1.28	1.77	1.09±0.54
30	0.35	0.50	1.29	0.96	1.56	1.29	0.99±0.48
40	0.19	0.30	0.64	ND	0.86	0.60	0.51±0.26
50	ND	ND	ND	ND	ND	ND	ND

注：ND 表示未检测出药物。

表 7-7　EPR 浇泼剂进口对照药物组按 0.5 mg/kg 剂量给药后不同采血时间点牦牛血浆中的药物浓度

单位：ng/mL

时间（d）	牦牛编号						平均值±SD
	377658	377641	377654	377662	377692	380383	
0.125	ND	0.42	1.54	1.25	0.81	0.52	0.91±0.48
0.25	ND	1.62	4.04	4.41	3.19	ND	3.32±1.24
0.375	2.89	2.26	1.52	5.50	2.46	1.12	2.62±1.55
0.5	2.32	2.57	7.68	7.02	3.60	1.79	4.16±2.55
1	3.62	3.16	7.83	8.49	4.23	2.24	4.93±2.59
1.5	4.21	3.76	8.76	9.93	5.64	3.16	5.91±2.81
2	4.00	3.81	7.52	8.46	5.69	2.77	5.38±2.25
3	3.76	3.10	4.98	6.74	5.79	2.03	4.40±1.76
4	3.99	2.50	2.45	3.40	4.09	2.49	3.15±0.78
5	3.41	2.66	4.53	4.12	3.23	1.98	3.32±0.93

（续）

时间（d）	牦牛编号						平均值±SD
	377658	377641	377654	377662	377692	380383	
6	2.49	2.39	3.51	4.06	3.09	1.45	2.83±0.92
8	3.22	—	3.45	3.22	3.07	1.35	2.86±0.86
10	2.37	3.02	2.68	2.17	2.82	1.06	2.35±0.70
12	1.75	2.85	2.26	1.43	2.90	1.06	2.04±0.76
15	1.71	1.80	1.80	0.68	1.81	0.82	1.44±0.53
20	1.39	1.87	2.46	0.26	1.89	0.93	1.47±0.79
25	0.81	1.74	1.01	ND	1.54	0.85	1.19±0.42
30	0.29	0.86	0.46	ND	0.24	0.46	0.46±0.24
40	ND	ND	0.13	ND	ND	0.17	0.15±0.03
50	ND	ND	ND	ND	ND	ND	ND

注：ND 表示未检测出药物；—表示样品缺失。

对牦牛按 0.5 mg/kg 剂量浇泼 EPR 浇泼剂后，EPR 在牦牛体内血浆中的时间-药物浓度曲线见图 7-4。EPR 浇泼剂在牦牛体内血浆中的残留消除动力学参数值见表 7-8。

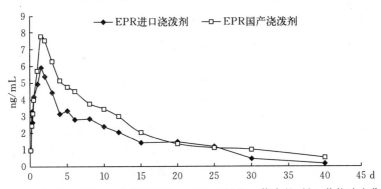

图 7-4　给牦牛浇泼 EPR 浇泼剂后，EPR 在牦牛血浆中的时间-药物浓度曲线

表 7-8　EPR 浇泼剂在牦牛体内血浆中的药物动力学参数

药代参数	国产 EPR 浇泼剂	进口 EPR 浇泼剂
C_{max}（ng/mL）	7.88±2.68	5.94±2.80
T_{max}（d）	1.67±0.26	1.83±0.61
AUC_{0-t}（ng·d/mL）	87.99±27.18	62.25±14.24
AUC_{∞}（ng·d/mL）	96.76±30.88	64.42±14.28
MRT（d）	15.12±2.77	11.38±3.25
$T_{1/2\,ka}$（d）	3.54±1.26	4.95±2.36
$T_{1/2\,ke}$（d）	10.80±1.62	4.88±1.00

注：C_{max} 为最大药物浓度；T_{max} 为到达最大药物浓度的时间；$T_{1/2ka}$ 为吸收半衰期；$T_{1/2ke}$ 为消除半衰期；AUC_{0-t} 为时间从 0 到所选择的最后一个时间点的曲线下面积；AUC_{∞} 为时间从 0 到无穷大期间的曲线下面积；MRT 为药物的平均滞留时间。

2. EPR 浇泼剂在牦牛血浆中的残留消除规律

研究了 EPR 浇泼剂在牦牛血浆中的残留消除规律，从表 7-6、表 7-7、表 7-8 和图 7-4 可以看出，EPR 浇泼剂以 0.5 mg/kg 剂量对牦牛给药后，国产药物的受试组与进口药物的对照组在牦牛的血浆中到达最大药物浓度的时间（T_{max}）分别为（1.67 ± 0.26）d 和（1.83 ± 0.61）d，在血浆中达到的最高药物浓度（C_{max}）为（7.88 ± 2.68）ng/mL 和（5.94 ± 2.80）ng/mL，两种制剂的生物等效性无显著性差异。查明了 EPR 浇泼剂在牦牛血浆中的残留消除规律，两种制剂的残留均低于联合国粮食与农业组织（FAO）所规定的最高残留限量（20 ng/mL）。

三、小结

研究了 EPR 浇泼剂在牦牛奶中的残留消除规律，牦牛背部给予 0.5 mg/kg EPR 浇泼剂后，国产药物的受试组与进口药物的对照组在牦牛奶中有相似的残留消除规律。国产药物的受试组牦牛奶中的药物峰值在 0.48～3.67 ng/mL，最大药物浓度为 5.61 ng/mL；奶中于（2.40 ± 0.89）d 达到最高残留浓度（4.52 ± 2.58）ng/mL。进口药物的对照组牦牛奶中于（3.00 ± 2.53）d 达到最高残留浓度（1.97 ± 0.94）ng/mL。国产药物和进口药物在血浆中到达最大药物浓度的时间（T_{max}）分别为（1.67 ± 0.26）d 和（1.83 ± 0.61）d，达到的最高药物浓度（C_{max}）为（7.88 ± 2.68）ng/mL 和（5.94 ± 2.80）ng/mL。两种制剂的残留均低于联合国粮食与农业组织（FAO）所规定的最高残留限量（20 ng/mL）。浇泼剂以 0.5 mg/kg 的推荐剂量用于牦牛无须弃奶期。

第三节　EPR 浇泼剂在牦牛组织中的残留消除规律研究

通过在给药后的不同时间点测定牦牛肌肉、肝脏、肾脏、脂肪组织中药物的浓度，研究 EPR 在牦牛组织中残留的发生与消除规律，确定药物残留的靶组织。采用统计学方法，参考欧盟等关于休药期的制订依据，根据最高残留限量，估算 EPR 浇泼剂临床给予牦牛后的休药期。

一、材料与方法

（一）试验药物

国产 EPR 浇泼剂，0.5%（W/V），每瓶 1 000 mL，中国农业大学动物医学院提供。

（二）实验动物

在青海省祁连县默勒镇海浪村放牧饲养的牦牛中选择。试验前对未使用过阿维菌素类药物的牦牛采血，选出经检测血浆中没有 EPR 的牦牛 17 头，其中公牦牛 10 头，母牦牛 7 头。

（三）分组与给药

将 17 头供试牦牛分为 2 组，第 1 组 2 头（公母牦牛各 1 头）为空白对照组，第 2 组 15 头（公牦牛 10 头、母牦牛 5 头）为自主研制 EPR 浇泼剂试验组，给药量为 0.5 mg/kg。试验牦牛给药前称重并记录，给药部位为从肩部沿背中线到腰部，给药方式为背部浇泼给药。

（四）组织样品采集

1. 采样时间

根据药物动力学的结果与兽药残留试验技术规范，设置 6 个采样时间点，分别为给药前、给药后 12 h、给药后 2 d、给药后 9 d、给药后 19 d、给药后 39 d。

2. 采取组织

在给药前即屠宰公母牦牛各 1 头作为空白对照，用来建立与验证检测方法。分别在给药后 12 h、2 d、9 d、19 d 和 39 d，每个时间点每组分别随机剖检 3 头牦牛（每次剖检公牦牛 2 头、母牦牛 1 头）。所有试验牛在屠宰前每头牛先采取血液样品 10 mL，全血置于含有抗凝剂肝素钠的离心管中。抗凝的血样在采血后 1 h 以 3 000 r/min 离心 10 min，分离血浆。将分离好的血浆置于 −20 ℃冰箱中保存备用。采集样品的部位与采样量见表 7−9。

表 7−9　EPR 浇泼剂在牦牛组织中的残留消除规律研究：采样部位与样量

取样部位	血浆	浇泼部位皮下组织与肌肉	后腿肌肉	肝	肾	脂肪（腹部）
取样重量	10 mL	500 g	500 g	500 g（取整叶肝）	双肾各取 1/2（纵切）	400 g

（五）样品处理

对不同牦牛进行屠宰采样时要使用不同的刀具，避免交叉污染。采集的样本不进行任何洗涤或处理。所取样本应立即做好标记（包括样品名称、采样时间）、包装（分装于各个自封袋中），保存于 −20 ℃冰箱，待检。

（六）检测方法

采用 HPLC−FLD 方法检测牦牛奶、肌肉、肝脏、肾脏、脂肪组织与血浆中的 EPR。

二、结果

（一）EPR 浇泼剂（0.5 mg/kg 剂量组）在牦牛体内组织中的残留检测结果

国产 EPR 浇泼剂（0.5 mg/kg 剂量组）在牦牛体内组织中的残留检测结果见表 7−10。给牦牛浇泼 EPR 浇泼剂后，EPR 在牦牛组织中的残留消除曲线见图 7−5。

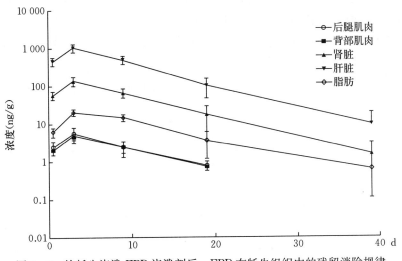

图 7−5　给牦牛浇泼 EPR 浇泼剂后，EPR 在牦牛组织中的残留消除规律

表 7 - 10　EPR 浇泼剂按 0.5 mg/kg 剂量给药后不同时间点牦牛组织中的药物残留浓度

单位：ng/g

时间（d）	牦牛编号	后腿肌肉	背部肌肉	肝脏	肾脏	脂肪	血浆
0.5	3	1.55	1.49	326.86	46.21	4.52	4.27
	4	3.62	2.27	483.35	53.18	8.23	5.69
	5	2.20	2.31	565.09	77.28	5.99	4.85
2	6	3.65	3.93	951.18	137.83	19.19	9.58
	7	4.58	4.49	821.10	98.75	17.60	9.21
	8	8.66	6.57	1 379.22	181.81	25.50	11.95
9	9	1.65	1.49	348.61	45.00	18.42	3.23
	10	3.36	3.81	588.50	75.26	14.38	5.21
	11	2.41	1.94	578.26	78.44	11.80	3.84
19	12	0.56	0.55	40.41	6.22	6.79	1.42
	13	0.82	0.78	104.31	15.57	1.73	2.72
	14	1.03	0.86	165.63	31.86	2.58	2.02
39	15	ND	ND	ND	ND	ND	ND
	16	ND	ND	15.43	1.49	1.59	ND
	17	ND	ND	13.81	3.32	0.29	ND

注：ND 表示未检测出药物。

　　牦牛肝脏组织中 EPR 的残留浓度最高，浓度范围为 13.81～1 379.22 ng/g；肾脏组织浓度较肝脏低，但高于其他组织，浓度范围为 1.49～181.81 ng/g。脂肪组织中的浓度范围为 0.29～25.50 ng/g。在后腿肌肉组织中，EPR 的残留浓度范围为 0.56～8.66 ng/g，用药后 19 d 的药物浓度降为 1 ng/g 左右，39 d 检测不到药物残留。与浇泼给药部位最近的背部肌肉的药物残留与后腿肌肉相似，药物残留浓度范围为 0.55～6.57 ng/g，用药后 39 d 检测不出药物残留。牦牛血浆中的药物浓度在给药 2 d 达到 11.95 ng/g 的峰值，39 d 未检测出药物。

　　对表 7 - 10 中各牦牛组织中的药物残留浓度求平均值，结果见表 7 - 11。EPR 浇泼剂给药后 2 d 药物浓度达到最高，浓度范围为 5.00～1 050.50 ng/g。MRT 平均为 8 d 左右，范围为 7.86～11.60 d。消除半衰期以肌肉最短，为 2.07～3.23 d。脂肪的消除半衰期最长，为 10.11 d。AUC 以肝脏最大，其次为肾脏、脂肪、血浆、肌肉，其范围较宽，为 54.81～10 914.53 ng·d/mL。

表 7 - 11　EPR 浇泼剂按 0.5 mg/kg 剂量给药后牦牛组织中的平均药物残留浓度

单位：ng/g

时间（d）	后腿肌肉	背部肌肉	肝脏	肾脏	脂肪	血浆
0.5	2.46	2.02	458.43	58.89	6.25	4.94
2	5.63	5.00	1 050.50	139.46	20.76	10.25
9	2.47	2.41	505.12	66.23	14.87	4.09
19	0.80	0.73	103.45	17.88	3.70	2.05
39	ND	ND	14.62	2.40	0.94	ND

注：ND 表示未检测出药物。

使用非房室模型分析后，主要参数见表7-12。

表7-12 EPR浇泼剂按0.5mg/kg剂量给药后牦牛组织中的药物动力学参数

时间（d）	后腿肌肉	背部肌肉	肝脏	肾脏	脂肪	血浆
C_{max}（ng/g）	5.63	5.00	1050.50	139.46	20.76	10.25
T_{max}（d）	2.00	2.00	2.00	2.00	2.00	2.00
AUC_{0-t}（ng·d/mL）	59.39	54.81	10914.53	1506.79	285.78	114.07
AUC_{∞}（ng·d/mL）	0.52	0.48	95.68	13.21	2.51	—
MRT（d）	7.86	8.06	8.17	8.81	11.60	8.70
$T_{1/2ke}$（d）	2.07	3.23	7.08	6.90	10.11	2.60

注：C_{max}为药物最大浓度；T_{max}（d）为到达药物最大浓度的时间；$T_{1/2ke}$为消除半衰期；AUC_{0-t}为时间从0到所选择的最后一个时间点的曲线下面积；AUC_{∞}为时间从0到无穷大期间的曲线下面积；MRT为药物的平均滞留时间。

（二）EPR浇泼剂在牦牛组织中的残留消除规律

本试验以牦牛为实验动物，研究其各主要组织的EPR浇泼剂残留消除规律。用EPR浇泼剂按0.5mg/kg剂量浇泼牦牛背部后，EPR在牦牛体内分布广泛。在第2天检测到的残留量最高，由高到低检出药物浓度分别为肝脏1050.50ng/g，肾脏139.46ng/g，脂肪20.76ng/g，血浆10.25ng/g，后腿肌肉5.63ng/g，背部肌肉5.00ng/g。第9天组织中残留量为肝脏505.12ng/g，肾脏66.23ng/g，脂肪14.87ng/g，血浆4.09ng/g，肌肉2.41~2.47ng/g。第19天检测各组织中药物的残留量已较低，其由高至低的顺序与给药后第2天的检测无异，检出浓度分别下降至肝脏103.45ng/g，肾脏17.88ng/g，脂肪3.70ng/g，血浆2.05ng/g，肌肉0.73~0.80ng/g。

三、讨论

（一）兽药残留

兽药残留是指给动物使用药物后，药物以原型或代谢产物的形式蓄积或贮存在动物细胞、组织（包括可食性组织）和器官内。兽药残留超标会引起多方面的危害，首先可直接对摄食动物源食品的人体产生急慢性毒性作用、致畸作用、致突变作用。EPR作为大环内酯类抗寄生虫药物家族最新的成员，同其他同类型药物相似，剂型主要为浇泼剂，已在欧盟、美国等地成功上市。欧盟（EU）、美国（USA）、国际食品法典委员会（CAC）等已经规定EPR浇泼剂休药期为0d，并规定了牛奶及牛组织中EPR的最高残留限量。本研究的检测结果与相关国家或国际组织规定的最高残留限量见表7-13。

表7-13 EPR浇泼剂在牦牛组织中的残留量检查结果与国际上最高残留限量规定

内容	本研究的检测结果		欧盟规定	美国规定	国际食品法典委员会规定
给药剂量	国产EPR浇泼剂 0.5mg/kg剂量组	进口EPR浇泼剂 0.5mg/kg剂量组			
背部肌肉	5.00ng/g		50ng/g	12ng/g	50ng/g

（续）

内容	本研究的检测结果		欧盟规定	美国规定	国际食品法典委员会规定
后腿肌肉	5.63 ng/g				
乳汁	8.46 ng/mL	3.0 ng/mL	20 ng/mL	12 ng/mL	20 ng/mL
肝脏	1 050.50 ng/g		1 500 ng/g	4 800 ng/g	2 000 ng/g
肾脏	139.46 ng/g		300 ng/g		300 ng/g
脂肪	20.76 ng/g		250 ng/g		250 ng/g
血浆	10.25 ng/mL10/76	8.74 ng/mL			

国内很少有关于大环内酯类在牛体内残留消除规律研究的报道，仅见江海洋等（2009）有关牛皮下注射 EPR 注射剂后组织残留的相关研究，本研究对相关组织检测出的残留量均低于江海洋等（2009）的研究结果，这可能与采样迟 2 d、浇泼给药的给药方式与不同剂型给药使得 EPR 在牦牛体内的生物利用度不同有关。

（二）EPR 休药期

休药期是指从畜禽停止给药到许可屠宰或它们的产品（乳、蛋）许可上市的间隔时间。牦牛作为我国青藏高原地区特有的畜种资源，是藏区人民重要的生产、生活资源以及主要的经济来源。寄生虫病是放牧牦牛的常见多发病，选用药物定期驱虫是防治的有效手段。EPR 作为一种广谱、高效、低残留和使用安全的伊维菌素类抗寄生虫药物，其最大的优势就在于它的亲脂性低，不仅用于泌乳牦牛无须弃奶期，而且在肌肉中残留量低，应用于肉用牦牛也不需要休药期。欧盟规定的相应组织的最高残留限量为肌肉 50 ng/g、乳汁 20 ng/mL、肝脏 1 500 ng/g、肾脏 300 ng/g、脂肪 250 ng/g，而我国尚未规定 EPR 在牦牛组织中的最高残留限量。

本研究以欧盟官方指南中的方法和最高残留限量为依据，计算了对牦牛给予推荐剂量的 EPR 浇泼剂后，药物在牦牛各可食用组织的休药期，得出一次以 0.5 mg/kg 剂量给予牦牛 EPR 浇泼剂后，其牛奶、后腿与背部肌肉组织、脂肪组织的休药期为 0 d，肝脏组织的休药期为 8.94 d，肾脏组织的休药期 9.61 d。本研究中 EPR 在牦牛各组织中的残留浓度低于欧盟规定的相应组织中的最高残留限量，且浇泼部位肌肉与其他部位肌肉残留浓度无显著差异，故 EPR 浇泼剂用于乳用与肉用牦牛时无须休药期或建议休药期为 1 d。

通过对 EPR 浇泼剂的药动学研究，了解了该药物在牦牛体内的代谢过程和生物利用度，比较了国产与进口制剂的生物等效性。用建立的牦牛组织中 EPR 残留检测方法，研究牦牛体内 EPR 药物残留的动态分布，建立了 EPR 在牦牛的休药期，为制订临床科学合理的用药方案提供了依据，为保证食品安全奠定了基础。

第四节　EPR 注射剂对牦牛线虫及寄生阶段幼虫驱虫效力研究

通过开展埃普利诺菌素（EPR）注射剂不同剂量对牦牛线虫的驱虫效果与临床观察研究，评价其对牦牛线虫的驱虫效力与使用的安全性，为临床使用提供科学依据。

一、材料与方法

（一）试验药物

受试药物：1%埃普利诺菌素注射剂，每毫升含埃普利诺菌素 10 mg，每瓶 50 mL，河北威远动物药业有限公司生产。

对照药物：1%伊维菌素注射剂，每毫升含伊维菌素 10 mg，每瓶 100 mL，北京中农大生物技术股份有限公司中农大兽药厂生产。

（二）实验动物

在青海省祁连县默勒镇，对试验前 9 个月未使用任何抗寄生虫药物驱虫的 1.5 岁牦牛进行粪便虫卵（幼虫）检查，从中挑选出 100 头感染消化道线虫和肺线虫的牦牛供试验，其中 45 头感染网尾线虫。

（三）试验分组与给药

将 100 头牦牛按消化道线虫和肺线虫感染情况搭配分为 5 组，每组 20 头（含网尾线虫阳性牛 9 头）。逐头称重、给药、记录。分组如下：

1 组，埃普利诺菌素注射剂低剂量组，按每千克体重 0.1 mg 沿背部皮肤中线浇泼给药；

2 组，埃普利诺菌素注射剂中剂量组，按每千克体重 0.2 mg 沿背部皮肤中线浇泼给药；

3 组，埃普利诺菌素注射剂高剂量组，按每千克体重 0.3 mg 沿背部皮肤中线浇泼给药；

4 组，伊维菌素注射剂药物对照组，按每千克体重 0.2 mg 颈部皮下注射给药；

5 组，阳性对照组，不给药。

（四）效果检查

1. 粪便虫卵检查

给药前 1～2 d 各试验组牛逐头打号并采集新鲜粪便带回实验室，每份粪样称取 1 g，用饱和盐水漂浮法，经光学显微镜检查消化道线虫虫卵，计数每克粪便中虫卵数（EPG）。并于给药后 7 d 逐头采集新鲜粪便，进行粪便虫卵检查，统计 EPG。

2. 剖检

结合屠宰于给药后第 14 天每组剖杀 10 头，按寄生虫学剖检法检查线虫成虫，并采用水浴法分离寄生阶段幼虫，用显微镜检查计数收集到的全部虫体，鉴定到属或种。

（五）疗效判定

按下列公式计算判定效果：

虫卵转阴率＝虫卵转阴动物数/实验动物数×100%

虫卵减少率＝（驱虫前 EPG－驱虫后 EPG）/驱虫前 EPG×100%

粗计驱虫率＝（对照组荷虫数－驱虫组荷虫数）/对照组荷虫数×100%

（六）安全性观察

在试验期间，试验牛给药后仍在原草场随群放牧，每日观察并记录牛群的健康状况及采食、精神、排粪等临床变化情况，记录死亡牛数，计算死亡率，共观察 15 d。

二、结果

(一)试验牛寄生虫感染情况

根据剖检鉴定结果,从试验牦牛检出的寄生虫有普通奥斯特线虫(*Ostertagia circumcincta*)、奥氏奥斯特线虫(*O. ostertagia*)、达呼尔奥斯特线虫(*O. dahurica*)、青海毛圆线虫(*Trichostrongylus qinghaiensis*)、蛇形毛圆线虫(*T. colubriformis*)、和田古柏线虫(*Cooperai hetianensis*)、黑山古柏线虫(*C. hranktahensis*)、天祝古柏线虫(*C. tianzhuensis*)、尖交合刺细颈线虫(*Nematodirus filicollis*)、牛仰口线虫(*Bunostomum phlebotomum*)、二叶毛细线虫(*Capillaria bilobata*)、辐射食道口线虫(*Oesophagostomun radiatum*)、羊夏伯特线虫(*Chabertia ovina*)、兰氏鞭虫(*Trichuris lani*)、武威鞭虫(*T. wuweiensis*)、胎生网尾线虫(*Dictyocaulus viviparus*)、霍氏原圆线虫(*Protostrongylus hobmaieri*)、莫尼茨绦虫(*Moniezia* sp)、细颈囊尾蚴(*Cysticercus tenicollis*)等。

(二)粪便虫卵(幼虫)减少情况

1. 粪便消化道线虫虫卵结果

用埃普利诺菌素注射剂驱除牦牛消化道线虫的粪检虫卵结果见表7-14。从表中可见,给药前采集粪样检查各试验组牦牛消化道线虫 EPG 的平均值为248.0~258.1个,埃普利诺菌素注射剂低、中、高剂量组和药物对照组给药后 EPG 显著下降。其中,埃普利诺菌素注射剂0.2、0.3 mg/kg 剂量组虫卵转阴率分别为90.0%和100.0%,虫卵减少率分别为95.0%和100.0%;埃普利诺菌素注射剂0.1 mg/kg 剂量组对线虫虫卵转阴率和减少率分别为85.0%和91.9%;药物对照组的线虫虫卵转阴率为90%,虫卵减少率为94%;阳性对照组前后两次检查,EPG 变化不明显。

表 7 - 14 各试验组牦牛消化道线虫虫卵转阴率和减少率统计结果

组别	剂量 (mg/kg)	试验牛数 (头)	转阴牛数 (头)	转阴率 (%)	给药前 EPG(个)	给药后 EPG(个)	虫卵减少率 (%)
1	0.1	20	17	85.0	255.6	20.7	91.9
2	0.2	20	18	90.0	248.0	12.5	95.0
3	0.3	20	20	100.0	253.3	0.0	100.0
4	0.2	20	18	90.0	251.7	15.0	94.0
5	0	20	0	0.0	258.1	266.5	0.0

2. 粪便肺线虫幼虫结果

埃普利诺菌素注射剂0.2、0.3 mg/kg 剂量组对牦牛粪检网尾线虫 L_1 转阴率和减少率均达100.0%,0.1 mg/kg 剂量组 L_1 转阴率和减少率分别为90.0%和95.2%。各试验组粪检原圆线虫 L_1 结果见表7-15。从表中可以看出,试验前采集新鲜粪样检查各组牦牛原圆线虫 L_1 的平均值为107.5~121.2个,给药后各用药组的 L_1 明显下降。其中,埃普利诺菌素注射剂0.2、0.3 mg/kg 剂量组的原圆线虫 L_1 转阴率分别为90.0%和95.0%,减少率分别为92.5%和97.5%;普利诺菌素注射剂0.1 mg/kg 剂量组原圆线虫 L_1 转阴率和减少率分别为65.0%和81.2%;伊维菌素注射剂药物对照组的原圆线虫 L_1 转阴率和减少率均为90.0%;阳性对照组前后检查两次,原圆线虫 L_1 未见明显变化。

表7-15 各试验组牦牛原圆线虫幼虫转阴率和减少率统计结果

组别	剂量 (mg/kg)	试验牛数 (头)	转阴牛数 (头)	转阴率 (%)	给药前幼虫数 (个)	给药后幼虫数 (个)	幼虫减少率 (%)
1	0.1	20	13	65.0	112.3	21.1	81.2
2	0.2	20	18	90.0	107.5	8.0	92.6
3	0.3	20	19	95.0	121.2	3.0	97.5
4	0.2	20	18	90.0	114.4	11.5	90.0
5	0	20	0	0.0	117.2	124.0	—

（三）剖检试验

1. EPR 注射剂对牦牛线虫成虫的驱虫效果

EPR 注射剂对牦牛线虫成虫的驱虫效果（剖检法）统计结果见表7-16。从表中可以看出，阳性对照组牦牛线虫荷虫总数2 584.2个。EPR 注射剂0.2 mg/kg 剂量组对普通奥斯特线虫、奥氏奥斯特线虫、达呼尔奥斯特线虫、青海毛圆线虫、蛇形毛圆线虫、和田古柏线虫、黑山古柏线虫、天祝古柏线虫、尖交合刺细颈线虫、牛仰口线虫、二叶毛细线虫、辐射食道口线虫、羊夏伯特线虫、胎生网尾线虫、霍氏原圆线虫等15种线虫成虫的驱虫率达88.7%～100.0%，对兰氏鞭虫和武威鞭虫成虫的驱虫率为84.4%～92.5%，对线虫成虫的总计驱虫率达97.8%，驱虫效果略高于伊维菌素注射剂0.2 mg/kg 剂量药物对照组。EPR 注射剂0.3 mg/kg 剂量组对包括兰氏鞭虫在内的17种线虫成虫的驱虫率均达96.2%以上，对线虫的总计驱虫率达99.3%。EPR 注射剂0.1 mg/kg 剂量组对武威鞭虫、霍氏原圆线虫、达呼尔奥斯特线虫、兰氏鞭虫、胎生网尾线虫、蛇形毛圆线虫成虫的驱虫率为74.2%～88.8%，对表中其他11种线虫成虫的驱虫率为90.5%～100.0%，总计驱虫率达93.6%。

表7-16 各试验组牦牛线虫成虫驱除效果统计结果

虫种	阳性对照组荷虫数 (个)	药物对照组		EPR 试验组					
		荷虫数 (个)	驱虫率 (%)	0.1 mg/kg组		0.2 mg/kg组		0.3 mg/kg组	
				荷虫数 (个)	驱虫率 (%)	荷虫数 (个)	驱虫率 (%)	荷虫数 (个)	驱虫率 (%)
普通奥斯特线虫	374.6	6.5	98.3	21.5	94.3	0.0	100.0	2.5	99.3
奥氏奥斯特线虫	267.3	7.7	97.1	25.3	90.5	5.0	98.1	0.0	100.0
达呼尔奥斯特线虫	105.9	8.5	92.0	18.7	82.3	3.0	97.2	1.0	99.1
青海毛圆线虫	114.1	4.5	96.1	6.5	94.3	0.0	100.0	0.0	100.0
蛇形毛圆线虫	17.8	0.0	100.0	2.0	88.8	0.0	100.0	0.0	100.0
和田古柏线虫	398.3	6.8	98.3	16.8	95.8	0.0	100.0	4.0	99.0
黑山古柏线虫	549.3	9.0	98.4	18.0	96.7	17.5	96.8	7.5	98.6
天祝古柏线虫	358.5	22.7	93.7	30.3	91.5	16.5	95.4	2.0	99.4
尖交合刺细颈线虫	296.6	14.8	95.0	13.6	95.4	9.3	96.9	0.0	100.0
牛仰口线虫	12.7	0.0	100.0	1.0	92.1	0.0	100.0	0.0	100.0

(续)

虫种	阳性对照组荷虫数（个）	药物对照组		EPR 试验组					
				0.1 mg/kg 组		0.2 mg/kg 组		0.3 mg/kg 组	
		荷虫数（个）	驱虫率（%）	荷虫数（个）	驱虫率（%）	荷虫数（个）	驱虫率（%）	荷虫数（个）	驱虫率（%）
二叶毛细线虫	6.8	0.0	100.0	0.0	100.0	0.0	100.0	0.0	100.0
辐射食道口线虫	9.4	0.0	100.0	0.0	100.0	0.0	100.0	0.0	100.0
羊夏伯特线虫	11.8	0.0	100.0	1.0	91.5	0.0	100.0	0.0	100.0
兰氏鞭虫	26.6	2.3	91.4	3.7	86.1	2.0	92.5	1.0	96.2
武威鞭虫	12.8	3.3	74.2	3.3	74.2	2.0	84.4		
胎生网尾线虫	8.4	0.0	100.0	1.0	88.1	0.0	100.0	0.0	100.0
霍氏原圆线虫	13.3	2.0	85.0	2.5	81.2	1.5	88.7	0.0	100.0
合计虫数（个）	2 584.2	88.1		165.2		56.8		18	
总计驱虫率（%）		96.6		93.6		97.8		99.3	

2. EPR 注射剂对牦牛线虫寄生阶段幼虫的驱虫效果

EPR 注射剂对牦牛线虫寄生阶段幼虫的驱虫效果（剖检法）统计结果见表 7-17。从表中可以看出，阳性对照组牦牛线虫寄生阶段幼虫荷虫总数 2 139.1 个。埃普利诺菌素注射剂 0.2 mg/kg 剂量组对奥斯特线虫、毛圆线虫、古柏线虫、细颈线虫、仰口线虫、食道口线虫、夏伯特线虫、鞭虫、网尾线虫、原圆线虫等 10 属线虫寄生阶段幼虫的驱虫率为 92.6%～100.0%，总计驱虫率 94.9%，驱虫效果略高于同剂量伊维菌素注射剂药物对照组。埃普利诺菌素注射剂 0.3 mg/kg 剂量组对上述线虫寄生阶段幼虫的驱虫率为 96.8%～100.0%，总计驱虫率 97.7%。0.1 mg/kg 剂量组对表中线虫寄生阶段幼虫的驱虫率为 83.7%～100.0%，总计驱虫率为 90.0%。

表 7-17 各试验组牦牛线虫寄生阶段幼虫驱除效果统计结果

虫属	阳性对照组荷虫数（个）	药物对照组		EPR 试验组					
				0.1 mg/kg 组		0.2 mg/kg 组		0.3 mg/kg 组	
		荷虫数（个）	驱虫率（%）	荷虫数（个）	驱虫率（%）	荷虫数（个）	驱虫率（%）	荷虫数（个）	驱虫率（%）
奥斯特线虫	391.2	17.5	95.5	35.3	91.0	5.7	98.5	6.7	98.3
毛圆线虫	183.5	9.3	94.9	14.3	92.2	4.0	97.8	0	100.0
古柏线虫	1 119.9	95.8	91.4	124.3	88.9	75.4	93.3	32.4	97.1
细颈线虫	325.4	15.4	95.3	29.6	90.9	24.0	92.6	10.5	96.8
仰口线虫	10.7	0	100.0	1.0	90.7	0	100.0	0	100.0
食道口线虫	80.8	0	100.0	6.5	92.0	0	100.0	0	100.0
夏伯特线虫	12.6	0	100.0	1.5	88.1	0	100.0	0	100.0
鞭虫	2.6	0	100.0	0	100.0	0	100.0	0	100.0
网尾线虫	9.2	1.0	89.1	1.5	83.7	0	100.0	0	100.0
原圆线虫	3.2	0	100.0	0	100.0	0	100.0	0	100.0
合计虫数（个）	2 139.1	139.0		214.0		109.1		49.6	
总计驱虫率（%）		93.5		90.0		94.9		97.7	

3. 对裸头科绦虫的药效

剖检埃普利诺菌素注射剂 3 个剂量组、伊维菌素注射剂药物对照组和阳性对照组试验牛，均检出荷量接近的莫尼茨绦虫、细颈囊尾蚴，说明供试药物和对照药物对上述虫体无效。

（四）安全性观察

在整个试验期间，埃普利诺菌素注射剂 3 个剂量组和药物对照组的所有牦牛均未出现局部和全身性不良反应，其精神、采食、排粪等未见异常反应，无死亡。

三、讨论与小结

研究结果表明，随着埃普利诺菌素用药剂量的提高，其驱虫效果也相应提高，说明用药剂量与对寄生虫的驱虫率呈正相关；同一剂量的埃普利诺菌素对线虫成虫的驱虫效果优于寄生阶段幼虫；埃普利诺菌素注射剂中剂量组对寄生虫的驱虫率略优于相同剂量对照药物伊维菌素注射剂。Raymond 等（1994）、Sutra 等（1998）、Jiang 等（2005）的研究结果说明，埃普利诺菌素是目前伊维菌素类药物中唯一用于奶牛和肉牛不需要休药期的产品，是高效、低残留的抗寄生虫新药。已有的试验证明埃普利诺菌素浇泼剂按每千克体重 0.5 mg、注射剂按每千克体重 0.2 mg 给药，可有效驱除牛、羊等家畜的线虫与节肢动物。本次试验结果与上述作者的试验结果基本一致。因此，从牦牛寄生虫混合感染特点、药物生物利用度及组织中残留、畜产品安全性、防治效果等方面考虑，临床使用埃普利诺菌素注射剂每千克体重 0.2 mg 是经济、高效、安全的。

第五节　EPR 注射剂对牦牛体外寄生虫的驱杀试验

为评估埃普利诺菌素注射剂对牦牛体外寄生虫的驱杀效果，选择合适的临床推荐剂量，特进行了本项试验。

一、材料与方法

（一）供试药物

受试药物：1%埃普利诺菌素注射剂，每毫升含埃普利诺菌素 10 mg，每瓶 50 mL，河北威远动物药业有限公司生产，批号 20190108。

对照药物：1%伊维菌素注射剂，每毫升含伊维菌素 10 mg，每瓶 100 mL，西宁丰源动物药业有限公司生产。

（二）实验动物

青海省祁连县默勒镇老日根村的 2 群放牧牦牛，于 2019 年 3 月出现了瘙痒、脱毛、严重消瘦等症状，并有部分死亡。经体表检查，确诊上述牦牛混合感染了牛颚虱、草原革蜱。该两群牦牛 5 个月未使用任何抗寄生虫药物驱虫，经体外寄生虫及粪便虫卵检查，从中挑选出不同程度感染牛颚虱的 9～10 月龄幼年牦牛 100 头（含草原革蜱感染牦牛 59 头）供试。

（三）试验分组与给药

将 100 头供试牦牛按体外寄生虫感染情况搭配分为 5 组，每组 20 头，其中埃普利诺菌素注射剂低剂量组含草原革蜱感染牦牛 11 头，其余 4 组均含草原革蜱感染牦牛 12 头。

逐头称重、给药、记录。分组如下：

1组，EPR注射剂低剂量组，按每千克体重0.1 mg颈部皮下一次性注射给药；

2组，EPR注射剂中剂量组，按每千克体重0.2 mg颈部皮下一次性注射给药；

3组，EPR注射剂高剂量组，按每千克体重0.3 mg颈部皮下一次性注射给药；

4组，伊维菌素注射剂药物对照组，按每千克体重0.2 mg颈部皮下一次性注射给药；

5组，阳性对照组，不给药。

（四）效果检查

分别在给药前1 d和给药后第3、7、14、21天，检查并记录颈侧下1/3和肩胛部牛颚虱、草原革蜱（个/dm²）的存活及死亡情况。

（五）效果判定

按下列公式计算判定效果：

转阴率＝给药后转阴动物数/给药前感染动物数×100%

杀虫率＝(对照组寄生数－驱虫组寄生数)/对照组寄生数×100%

二、结果

（一）对牛颚虱的驱杀效果

埃普利诺菌素注射剂0.2、0.3 mg/kg剂量试验组给药后第3天牛颚虱均死亡、干瘪；第7、14、21天检查结果见表7-18、表7-19。从表中可见，埃普利诺菌素注射剂0.2、0.3 mg/kg剂量对牛颚虱转阴率、杀虫率均达100%；0.1 mg/kg剂量第3天部分死亡，第7、14、21天检查杀灭效果次于0.2、0.3 mg/kg剂量组。而阳性对照组牛颚虱活力旺盛，感染情况与给药前比较，略有增加。

表7-18 对各试验组牛颚虱死亡情况统计结果

组别	检查牛数（头）	给药前感染强度（个/dm²）	给药后7 d 感染数（头）	给药后7 d 感染强度（个/dm²）	给药后14 d 感染数（头）	给药后14 d 感染强度（个/dm²）	给药后21 d 感染数（头）	给药后21 d 感染强度（个/dm²）
1	20	9.6	6	4.8	7	6.6	8	7.3
2	20	11.3	0	0	0	0	0	0
3	20	13.1	0	0	0	0	0	0
4	20	10.7	0	0	0	0	0	0
5	20	12.2	20	14.9	20	16.5	20	19.4

表7-19 对各试验组牛颚虱驱杀效果统计结果

组别	检查牛数（头）	给药前感染率（%）	给药后7 d 转阴率（%）	给药后7 d 杀虫率（%）	给药后14 d 转阴率（%）	给药后14 d 杀虫率（%）	给药后21 d 转阴率（%）	给药后21 d 杀虫率（%）
1	20	100	70.0	67.8	65.0	60.0	60.0	62.4
2	20	100	100	100	100	100	100	100
3	20	100	100	100	100	100	100	100
4	20	100	100	100	100	100	100	100
5	20	100	—	—	—	—	—	—

(二) 对草原革蜱的驱杀效果

各试验组放牧牦牛给药前后不同时间草原革蜱死亡情况检查结果见表7-20。

对埃普利诺菌素注射剂0.2、0.3 mg/kg剂量试验组在给药后第3、7、14天检查草原革蜱存活情况，发现全部死亡、干瘪，转阴率均达100％。0.2 mg/kg剂量组第21天检查发现在被毛根部或被毛中部有活蜱，转阴率为91.7％。0.3 mg/kg剂量组转阴率达100％。0.1 mg/kg剂量组第3、7、14、21天检查发现部分虫体疑似死亡，部分处于麻痹状态，活力较差，杀虫效果次于0.2、0.3 mg/kg剂量组。伊维菌素注射剂药物对照组的杀虫效果与同剂量埃普利诺菌素注射剂无明显差异。而阳性对照组草原革蜱活力旺盛，感染情况与给药前比较，数量略有增加。各试验组放牧牦牛草原革蜱转阴率统计结果见表7-21。

表7-20　各试验组牦牛草原革蜱死亡情况检查结果

检查时间	阳性对照组 检出牛数*（头）	药物对照组 检出牛数（头）	EPR 低剂量组 检出牛数（头）	EPR 中剂量组 检出牛数（头）	EPR 高剂量组 检出牛数（头）
3 d	12	0	4	0	0
7 d	12	0	3	0	0
14 d	12	0	4	0	0
21 d	12	2	5	1	0

注：*检出有活草原革蜱的牛数。

表7-21　给药后不同时间放牧牦牛草原革蜱转阴率统计结果

检查时间	阳性对照组	药物对照组 转阴率（％）	EPR 低剂量组 转阴率（％）	EPR 中剂量组 转阴率（％）	EPR 高剂量组 转阴率（％）
3 d	0	100	66.7	100	100
7 d	0	100	75	100	100
14 d	0	100	66.7	100	100
21 d	0	83.3	58.3	91.7	100

三、讨论与小结

本试验中，阳性对照组牦牛牛颚虱、草原革蜱2种体外寄生虫在给药后3、7、14、21 d检查时活力旺盛，感染情况与给药前无明显变化，有的甚至感染程度加重。而埃普利诺菌素注射剂0.2、0.3 mg/kg剂量组给药后3、7、14、21 d检查时，对牛颚虱的杀虫效果均达100％，与潘保良等（2003）报道的对肉牛血虱的杀虫效果基本一致。埃普利诺菌素注射剂0.2、0.3 mg/kg剂量组在给药后3、7、14 d检查时，对草原革蜱的转阴率均达100％，第21天检查时转阴率分别为91.7％和100％。0.1 mg/kg剂量对牛颚虱、草原革蜱的杀虫效果低于0.2、0.3 mg/kg剂量。结果说明埃普利诺菌素注射剂0.2、0.3 mg/kg剂量对牛颚虱、草原革蜱具有高效杀灭作用，该剂型给药简便，确保了给药量准确和驱虫效果，使用安全，适用于草原牧区牦牛群体驱虫，具有推广应用前景，0.2 mg/kg剂量可作为推荐剂量。

第六节 EPR 注射剂对牦牛皮蝇蛆的驱杀试验

皮蝇蛆病是危害牦牛的重要寄生虫病之一，选用有效药物进行防治是当地畜疫防治的重要工作内容之一。研究证明，埃普利诺菌素注射剂驱除牛、羊等家畜的线虫和节肢动物高效、安全、低残留。本试验对牦牛皮蝇蛆的驱杀效果进行了评价，为临床推广应用提供了依据。

一、材料与方法

（一）试验药物

受试药物为河北威远动物药业有限公司生产的 1‰埃普利诺菌素注射剂，每毫升含埃普利诺菌素 10 mg，每瓶 50 mL，批号 201806012。

（二）实验动物

青海省祁连县默勒镇老日根村饲养的放牧牦牛，选择历年皮蝇幼虫感染率高的幼年牦牛 80 头供试验。

（三）试验分组

将 80 头供试牦牛逐头打号、记录，称重，随机分为 4 组，每组 20 头。4 组分别为埃普利诺菌素注射剂低剂量组、中剂量组、高剂量组和阳性对照组。

（四）给药剂量

各组颈部皮下一次性注射给药剂量分别为：第 1 组 EPR 注射剂每千克体重 0.1 mg（低剂量组），第 2 组 EPR 注射剂每千克体重 0.2 mg（中剂量组），第 3 组 EPR 注射剂每千克体重 0.3 mg（高剂量组），第 4 组不给药（阳性对照组）。

（五）效果检查

10 月下旬给药后分别于翌年 3 月中旬和 5 月下旬，采用背部皮肤触摸法，逐头检查各试验组与对照组牦牛背部有无皮下瘤疱及皮肤虫孔，计数统计，评价远期防治效果。

（六）临床观察

在试验期间，试验牛给药后仍在原草场随群放牧，观察并记录牛群的健康状况及采食、精神、排粪等临床变化情况，记录死亡牛数，计算死亡率。

（七）效果判定 按下列公式计算判定效果：

驱净率＝完全驱虫牛数/给药牛数×100%

驱虫率＝（对照组虫瘤疱或虫孔数－试验组虫瘤疱或虫孔数）/对照组瘤疱或虫孔数×100%

二、结果

（一）摸背检查结果

各试验组牦牛摸背检查结果见表 7-22、表 7-23。从表中可见，翌年 3 月中旬和 5 月下旬背部皮肤触摸检查，在埃普利诺菌素注射剂 0.1、0.2、0.3 mg/kg 剂量组牦牛均未查到皮下瘤疱和皮肤虫孔，其感染率、感染强度均为零，驱净率、驱虫率均达 100%。阳性对照组中死亡 1 头牛，两次检查的感染率分别为 35.0% 和 30.0%，感染强度分别为 7.9 个/dm²、5.3 个/dm²，平均感染率为 32.5%，平均感染强度为 6.6（2～14）个/dm²。

表 7 - 22　各试验组牦牛皮蝇蛆 3 月背部触摸检查统计结果

组别	剂量（mg/kg）	检查牛数（头）	阳性牛数（头）	感染率（%）	感染强度（个/dm²）
1	0.1	20	0	0	0
2	0.2	20	0	0	0
3	0.3	20	0	0	0
4	0	20	7	35.0	7.9（3～14）

表 7 - 23　各试验组牦牛皮蝇蛆 5 月背部触摸检查统计结果

组别	剂量（mg/kg）	检查牛数（头）	阳性牛数（头）	感染率（%）	感染强度（个/dm²）
1	0.1	20	0	0	0
2	0.2	20	0	0	0
3	0.3	20	0	0	0
4	0	20	6	30.0	5.3（2～9）

（二）临床观察

埃普利诺菌素注射剂低、中、高剂量背部浇泼给药后，牦牛精神、采食、排粪等未见异常反应，试验期间无死亡。

三、小结

对试验牛摸背检查，埃普利诺菌素注射剂低、中、高剂量组均未检出皮蝇幼虫，而阳性对照组牦牛则存在不同发育阶段的皮蝇幼虫，其感染率为 30.0%～35.0%，平均感染强度为 6.6 个/dm²。结果说明埃普利诺菌素注射剂 3 个剂量组对牦牛以中华皮蝇为优势虫种的皮蝇幼虫的驱净率、驱虫率均达 100%，该药对牦牛高效、安全、低残留，可作为防治牛皮蝇蛆病的首选药物之一。

第七节　EPR 注射剂防治牦牛体内外寄生虫病的扩大试验

埃普利诺菌素注射剂是一种给药方便的新剂型，牧民易掌握使用方法。在已有试验的基础上，为进一步验证埃普利诺菌素注射剂对牦牛体内线虫和体外虱等引起寄生虫病的防治效果，进行了扩大试验。

一、材料与方法

（一）试验药物

1%埃普利诺菌素注射剂，每毫升含埃普利诺菌素 10 mg，每瓶 50 mL，河北威远动物药业有限公司生产。

(二) 实验动物

在刚察县泉吉乡放牧饲养的 8 群放牧牦牛 (792 头) 中选择 1～3 岁牦牛作为供试牦牛。投药前经粪便虫卵 (幼虫) 检查和体外寄生虫检查,均存在不同程度自然感染消化道线虫、肺线虫和牛颚虱的情况。

(三) 试验分组与给药

按粪便虫卵 (幼虫) 检查和体外寄生虫检查结果,确定感染严重的 60 头牦牛进行防治效果观察。逐头打号、记录,将 60 头牦牛随机分为 2 组,每组 30 头。第 1 组为药物防治组,按每千克体重 0.2 mg 皮下注射埃普利诺菌素,第 2 组为阳性对照组,给予安慰剂。

(四) 效果检查

1. 粪便虫卵 (幼虫) 检查

投药前 1 d 和投药后 7 d,从药物防治组和阳性对照组牦牛直肠采集粪便带回实验室,用饱和盐水漂浮法检查虫卵,用贝尔曼氏法检查幼虫,统计 1 g 粪便中消化道线虫虫卵数 (EPG) 和 3 g 粪便中肺线虫幼虫数。

2. 剖检

给药后 14 d,从药物防治组和阳性对照组中,每组随机抽取 5 头进行剖检,按寄生虫学完全剖检法检查虫体,分类鉴定,计数统计。

3. 体外寄生虫检查

投药前 1 d 和投药后 7 d,逐头检查、登记试验牛颈侧下 1/3 和肩胛部的体外寄生虫感染与死亡情况。

(五) 效果判定

按下列公式计算判定效果:

虫卵转阴率＝虫卵转阴动物数/实验动物数×100%

虫卵减少率＝(驱虫前 EPG－驱虫后 EPG)/驱虫前 EPG×100%

粗计驱虫率＝(阳性对照组荷虫数－药物防治组荷虫数)/阳性对照组荷虫数×100%

二、结果

(一) 粪便虫卵 (EPG) 及幼虫检查结果

埃普利诺菌素注射剂按每千克体重 0.2 mg 剂量给药,消化道线虫 EPG 和网尾线虫幼虫由投药前不同程度的感染率均降为 0,其转阴率、减少率均为 100%;原圆科线虫幼虫转阴率和减少率分别为 95.0%、96.8%。而阳性对照组的 2 次粪检结果显示 EPG 和幼虫数未见明显变化。

(二) 剖检结果

埃普利诺菌素注射剂按每千克体重 0.2 mg 剂量给药,对牦牛消化道主要 6 属线虫 (奥斯特线虫、毛圆线虫、马歇尔线虫、细颈线虫、毛细线虫、仰口线虫) 和网尾线虫的驱虫率均达 100%,对鞭虫的驱虫率为 89.8%,对原圆科线虫的驱虫率为 94.7%,总计驱虫率为 98.9%。

(三) 对体外寄生虫的杀虫效果

投药前 1 d 和投药后 7 d 检查药物防治组和阳性对照组牦牛各 30 头,大部分试验牛感染牛颚虱。药物防治组牛颚虱的感染率由用药前的 76.7% 下降为 0,大部分颚虱死亡、干瘦，未见活的牛颚虱；而阳性对照组牦牛前后两次检查的感染率分别为 73.3％和 76.7％，略有上升。结果表明埃普利诺菌素注射剂每千克体重 0.2 mg 剂量对牛颚虱的杀虫率达 100％。

三、小结

扩大试验结果表明，埃普利诺菌素注射剂按每千克体重 0.2 mg 剂量给药，对奥斯特线虫、毛圆线虫、马歇尔线虫、细颈线虫、毛细线虫等牦牛主要消化道线虫和网尾线虫有高效，其虫卵（幼虫）转阴率、减少率和驱虫率均达 100％，对原圆科线虫幼虫转阴率达 95.0％、减少率达 96.8％，对线虫的总计驱虫率达 98.9％，对牦牛颚虱的杀虫率为 100％。该剂型和剂量使用安全、高效，适合在牧区推广。

第八节 EPR 浇泼剂对牦牛消化道线虫及寄生阶段幼虫驱虫试验

EPR 素浇泼剂是一种使用方便的适用剂型。本研究进行了 EPR 素浇泼剂对牦牛消化道线虫的驱虫效果评价与使用的安全性观察，为临床使用提供科学依据。

一、材料与方法

（一）试验药物

受试药物：0.5％埃普利诺菌素浇泼剂，每毫升含埃普利诺菌素 5 mg，淡蓝色液体，青海省畜牧兽医科学院高原动物寄生虫病研究室与中国农业大学动物医学院共同研制。

对照药物：1％埃普利诺菌素注射剂，每毫升含埃普利诺菌素 10 mg，每瓶 50 mL，河北威远药业有限公司生产。

（二）实验动物

在青海省祁连县默勒镇，选择从试验前 9 个月未使用任何抗寄生虫药物驱虫的 1.5 岁牦牛，经粪便虫卵检查，从中挑选出 100 头感染消化道线虫的牦牛供试。

（三）试验分组

将 100 头供试牛逐头称重、记录，随机分为 5 组，每组 20 头。5 组分别为埃普利诺菌素浇泼剂低剂量组、中剂量组、高剂量组，药物对照组，阳性对照组。

（四）给药剂量

第 1～3 组试验牛用埃普利诺菌素浇泼剂分别按每千克体重 0.4 mg（低剂量组）、0.5 mg（中剂量组）、0.6 mg（高剂量组）沿背部皮肤中线一次性浇泼给药，第 4 组用埃普利诺菌素注射剂按 0.2 mg（药物对照组）皮下注射，第 5 组不给药（阳性对照组）。

（五）效果检查

1. 粪便虫卵检查

给药前 1～2 d 各试验组牛逐头打号，采集新鲜粪便，带回实验室，每份粪样称取 1 g，用饱和盐水漂浮法检查消化道线虫虫卵，镜检计数每克粪便中虫卵数（EPG）。于给药后 7 d 逐头采集新鲜粪便，进行粪便虫卵检查，统计 EPG。

2. 剖检

于给药后第14天开始每组剖杀10头，分别按下列方法检查成虫与幼虫。

按寄生虫学剖检法检查成虫：分别收集真胃、小肠前段4 m（由真胃幽门口向后）、小肠后段4 m（由回盲口向前）、盲肠、结肠内容物，用40 ℃的0.5％盐水反复沉淀，每次静置1.5 h，直至上清液清亮为止，虹吸弃去上清液，挑出沉渣中的全部成虫，鉴定到种。

采用水浴法分离寄生阶段幼虫：在特制的线虫幼虫分离装置的纱布网上铺一块纱布，然后将已挑取成虫的真胃、小肠前段、小肠后段、盲肠、结肠内容物均匀摊在纱布表面，厚度不超过5 mm，折起纱布四边覆盖材料表面，沿培养皿壁加入40 ℃的0.5％盐水至淹没材料表面，将沉淀物移入37 ℃水浴箱内恒温培养5 h，取出纱布网和被检材料，收集分离液，反复沉淀，收集幼虫；分别采取真胃、小肠前段、小肠后段、盲肠、结肠，剪开冲洗干净，刮取黏膜，采集肠系膜淋巴结、纵隔淋巴结撕碎，按内容物培养方法分离幼虫；采集肺脏气管等，撕碎后置于恒温培养箱内培养5 h，反复沉淀，收集幼虫。将收集到的全部幼虫镜检计数，鉴定到属。

（六）疗效判定

按下列公式计算判定效果：

虫卵转阴率＝虫卵转阴动物数/实验动物数×100％

虫卵减少率＝（驱虫前EPG－驱虫后EPG）/驱虫前EPG×100％

粗计驱虫率＝（对照组荷虫数－驱虫组荷虫数）/对照组荷虫数×100％

（七）安全性观察

在试验期间，试验牛给药后仍在原草场随群放牧，每日观察并记录牛群的健康状况及采食、精神、排粪等临床变化情况，如遇死亡，进行剖检，共观察15 d。

二、结果

（一）试验牛寄生虫感染情况

根据剖检鉴定结果，从试验牦牛检出的消化道线虫有普通奥斯特线虫（*Ostertagia circumcincta*）、奥氏奥斯特线虫（*O. ostertagia*）、达呼尔奥斯特线虫（*O. dahurica*）、青海毛圆线虫（*Trichostrongylus qinghaiensis*）、蛇形毛圆线虫（*T. colubriformis*）、和田古柏线虫（*Cooperai hetianensis*）、黑山古柏线虫（*C. hranktahensis*）、天祝古柏线虫（*C. tianzhuensis*）、奥利春细颈线虫（*Nematodirus oriatianus*）、尖交合刺细颈线虫（*N. filicollis*）、牛仰口线虫（*Bunostomum phlebotomum*）、二叶毛细线虫（*Capillaria bilobata*）、辐射食道口线虫（*Oesophagostomun radiatum*）、羊夏伯特线虫（*Chabertia ovina*）、兰氏鞭虫（*Trichuris lani*）、球鞘鞭虫（*T. globulosa*）、武威鞭虫（*T. wuweiensis*）等。

（二）粪便虫卵减少试验

埃普利诺菌素浇泼剂驱除牦牛消化道线虫粪检虫卵结果见表7-24。从表中可以看出，试验前采集粪样检查各试验组牦牛消化道线虫EPG，其平均值为239.3～257.9个，埃普利诺菌素浇泼剂低、中、高剂量组和药物对照组给药后EPG下降显著。其中，0.5、0.6 mg/kg剂量组虫卵转阴率分别为90.0％、100.0％，减少率分别为95.6％、100.0％；0.4 mg/kg剂量组线虫虫卵转阴率和减少率分别为80.0％、89.9％。阳性对照组前后2次检查，EPG未见明显变化。

表7-24　各试验组牦牛消化道线虫虫卵转阴率和减少率统计结果

组别	剂量 (mg/kg)	试验牛数 (头)	转阴牛数 (头)	转阴率 (%)	给药前 EPG（个）	给药后 EPG（个）	虫卵减少率（%）
1	0.4	20	16	80.0	239.3	24.3	89.8
2	0.5	20	18	90.0	252.6	11.0	95.6
3	0.6	20	20	100.0	257.9	0.0	100.0
4	0.2	20	18	90.0	248.0	12.0	95.2
5	0.0	20	0	0.0	244.7	262.5	—

（三）剖检结果

1. 埃普利诺菌素浇泼剂对牦牛消化道线虫成虫的驱虫效果

牦牛消化道线虫成虫剖检结果见表7-25。从表中可以看出，阳性对照组牦牛线虫寄生荷虫总数2 055.6个。埃普利诺菌素浇泼剂0.5 mg/kg剂量组对普通奥斯特线虫、奥氏奥斯特线虫、达呼尔奥斯特线虫、青海毛圆线虫、蛇形毛圆线虫、和田古柏线虫、黑山古柏线虫、天祝古柏线虫、奥利春细颈线虫、尖交合刺细颈线虫、牛仰口线虫、二叶毛细线虫、辐射食道口线虫、羊夏伯特线虫等线虫成虫的驱虫率达93.6%～100.0%；对兰氏鞭虫、球鞘鞭虫和武威鞭虫成虫的驱虫率为79.0%～88.6%；对线虫成虫的总计驱虫率为95.8%。0.6 mg/kg剂量组对兰氏鞭虫、球鞘鞭虫和武威鞭虫成虫的驱虫率为90.1%～100.0%，对表中其他线虫成虫的驱虫率为96.7%～100.0%，对线虫的总计驱虫率达98.7%。0.4 mg/kg剂量组对兰氏鞭虫和武威鞭虫成虫的驱虫率为73.4%～79.7%，对表中其他线虫成虫的驱虫率为86.2%～100.0%，总计驱虫率为90.0%。药物对照组（埃普利诺菌素注射剂0.2 mg/kg剂量）的有效率高于埃普利诺菌素浇泼剂0.4 mg/kg剂量组，而与埃普利诺菌素浇泼剂0.5 mg/kg剂量组基本一致。

表7-25　各试验组牦牛线虫成虫驱除效果统计结果

虫种	阳性对照组荷虫数（个）	药物对照组		EPR试验组					
		荷虫数（个）	驱虫率（%）	0.4 mg/kg		0.5 mg/kg		0.6 mg/kg	
				荷虫数（个）	驱虫率（%）	荷虫数（个）	驱虫率（%）	荷虫数（个）	驱虫率（%）
普通奥斯特线虫	97.6	2.5	97.4	6.8	93.0	1.5	98.5	1.0	99.0
奥氏奥斯特线虫	67.3	2.0	97.0	6.7	90.0	0.0	100.0	0.0	100.0
达呼尔奥斯特线虫	65.9	4.5	93.2	8.0	87.9	1.0	98.5	0.0	100.0
青海毛圆线虫	93.1	2.5	97.3	6.5	93.0	0.0	100.0	0.0	100.0
蛇形毛圆线虫	21.8	0.0	100.0	3.0	86.2	0.0	100.0	0.0	100.0
和田古柏线虫	412.4	7.5	98.2	37.0	91.0	26.3	93.6	3.4	99.2
黑山古柏线虫	535.7	9.0	98.3	56.5	89.5	24.2	95.5	10.7	98.0
天祝古柏线虫	298.6	16.0	94.6	28.0	90.6	10.5	96.5	0.0	100.0
奥利春细颈线虫	85.2	5.8	93.2	8.0	90.6	2.5	97.1	0.0	100.0

（续）

虫种	阳性对照组荷虫数（个）	药物对照组		EPR 试验组					
				0.4 mg/kg		0.5 mg/kg		0.6 mg/kg	
		荷虫数（个）	驱虫率（%）	荷虫数（个）	驱虫率（%）	荷虫数（个）	驱虫率（%）	荷虫数（个）	驱虫率（%）
尖交合刺细颈线虫	272.6	14.0	94.9	32.0	88.3	13.7	95.0	9.1	96.7
牛仰口线虫	21.7	0.0	100.0	1.5	93.1	0.0	100.0	0.0	100.0
二叶毛细线虫	5.9	0.0	100.0	0.0	100.0	0.0	100.0	0.0	100.0
辐射食道口线虫	31.2	0.0	100.0	1.5	95.2	0.0	100.0	0.0	100.0
牦牛夏伯特线虫	9.7	0.0	100.0	1.0	89.7	0.0	100.0	0.0	100.0
兰氏鞭虫	15.2	1.5	90.1	3.5	77.0	3.2	79.0	1.5	90.1
球鞘鞭虫	12.3	2.2	82.1	2.5	79.7	1.4	88.6	1.0	91.9
武威鞭虫	9.4	2.0	78.7	2.5	73.4	1.7	81.9	0.0	100.0
合计虫数（个）	2 055.6	69.5		205		86		26.7	
总计驱虫率（%）			96.6		90.0		95.8		98.7

2. 埃普利诺菌素浇泼剂对牦牛消化道线虫寄生阶段幼虫驱虫效果

牦牛消化道线虫寄生阶段幼虫剖检结果见表 7-26。从表中可以看出，阳性对照组牦牛寄生线虫寄生阶段幼虫荷虫总数 551.1 个。埃普利诺菌素浇泼剂 0.5 mg/kg 剂量组对奥斯特线虫、毛圆线虫、古柏线虫、细颈线虫、仰口线虫、鞭虫、食道口线虫、夏伯特线虫等 8 属线虫寄生阶段幼虫的驱虫率为 90.9%～100.0%，总计驱虫率为 91.8%。0.6 mg/kg 剂量组对上述线虫寄生阶段幼虫的驱虫率为 93.8%～100.0%，总计驱虫率为 96.0%。0.4 mg/kg 剂量组对表中线虫寄生阶段幼虫的驱虫率为 86.5%～100.0%，总计驱虫率为 88.6%。药物对照组（埃普利诺菌素注射剂 0.2 mg/kg 剂量组）的有效率高于埃普利诺菌素浇泼剂 0.4 mg/kg 剂量组，而与埃普利诺菌素浇泼剂 0.5 mg/kg 剂量组基本一致。

表 7-26　各试验组牦牛线虫寄生阶段幼虫驱除效果统计结果

虫属	阳性对照组荷虫数（个）	药物对照组		EPR 试验组					
				0.4 mg/kg		0.5 mg/kg		0.6 mg/kg	
		荷虫数（个）	驱虫率（%）	荷虫数（个）	驱虫率（%）	荷虫数（个）	驱虫率（%）	荷虫数（个）	驱虫率（%）
奥斯特线虫	69.2	3.2	95.4	5.3	92.3	4.9	92.9	2.0	97.1
毛圆线虫	73.5	5.0	93.2	6.6	91.0	5.8	92.1	0.0	100.0
古柏线虫	297.3	18.7	93.7	40.0	86.5	26.5	91.1	18.5	93.8
细颈线虫	49.6	1.8	96.4	5.3	89.3	4.5	90.9	1.5	97.0
仰口线虫	9.2	0.0	100.0	1.0	89.1	0.0	100.0	0.0	100.0
食道口线虫	42.4	0.0	100.0	3.4	92.0	3.6	91.5	0.0	100.0
夏伯特线虫	7.7	0.0	100.0	1.0	87.0	0.0	100.0	0.0	100.0
鞭虫	2.2	0.0	100.0	0	100.0	0.0	100.0	0.0	100.0
合计虫数（个）	551.1	28.7		62.6		45.3		22.0	
总计驱虫率（%）			94.8		88.6		91.8		96.0

（四）对裸头科绦虫的药效

剖检埃普利诺菌素浇泼剂 3 个剂量组、埃普利诺菌素注射剂药物对照组和阳性对照组试验牛，均检出荷量接近的莫尼茨绦虫、细颈囊尾蚴，说明供试药物和对照药物对上述虫体无效。

（五）安全性观察

以埃普利诺菌素浇泼剂低、中、高剂量皮下注射牦牛后，未见局部和全身性不良反应，精神、采食、排粪等未见异常反应，试验期间无牦牛死亡。

三、讨论与小结

试验结果证明，埃普利诺菌素浇泼剂按每千克体重 0.4、0.5、0.6 mg 剂量给牦牛经背中线皮肤一次浇泼给药，牦牛局部和全身未见不良反应，使用安全。经粪便虫卵检查和剖检证明，并统计粪检消化道线虫 EPG 及剖检牛体内线虫荷虫量变化，发现埃普利诺菌素浇泼剂 3 个剂量试验组对牦牛寄生线虫成虫及其寄生阶段幼虫均有效，随着用药剂量的提高，驱虫效果也相应得到提高，其中 0.5、0.6 mg/kg 剂量组驱除牦牛寄生线虫成虫及其寄生阶段幼虫均达高效，同一剂量埃普利诺菌素对线虫成虫的驱虫效果优于寄生阶段幼虫。已有的试验证明本品浇泼剂 0.5 mg/kg、注射剂每千克体重 0.2 mg 剂量驱除牛、羊等家畜线虫与节肢动物高效安全。本次试验结果与上述试验结果基本一致。因此，从牦牛寄生虫混合感染特点、药物生物利用度及组织中残留、畜产品安全性、给药方法及防治效果等方面考虑，临床使用埃普利诺菌素浇泼剂每千克体重 0.5 mg 剂量经济、高效、安全、低残留。

第九节　EPR 浇泼剂对牦牛蠕形蚤的驱杀效果

本试验进行了埃普利诺菌素浇泼剂对蠕形蚤的驱杀效果评价，为临床应用提供依据。

一、材料与方法

（一）试验药物

受试药物：0.5％埃普利诺菌素浇泼剂，每毫升含埃普利诺菌素 5 mg，青海省畜牧兽医科学院高原动物寄生虫病研究室与中国农业大学动物医学院共同研制。

对照药物：1％埃普利诺菌素注射剂，每毫升含埃普利诺菌素 10 mg，每瓶 50 mL，河北威远动物药业有限公司生产，批号 20210623。

（二）实验动物

青海省祁连县默勒镇老日根村的一群放牧牦牛于 2021 年 1 月出现了瘙痒、脱毛、严重消瘦等症状。经体表检查，确诊部分牦牛感染了蠕形蚤，随机选择 100 头牦牛供试。

（三）试验分组与给药剂

将 100 头供试牛随机分为 5 组，每组 20 头。逐头称重、给药、记录。分组如下：

1 组，EPR 浇泼剂低剂量组，按每千克体重 0.4 mg 沿背部皮肤中线浇泼给药；

2 组，EPR 浇泼剂中剂量组，按每千克体重 0.5 mg 沿背部皮肤中线浇泼给药；

3 组，EPR 浇泼剂高剂量组，按每千克体重 0.6 mg 沿背部皮肤中线浇泼给药；

4 组，EPR 注射剂药物对照组，按每千克体重 0.2 mg 颈部皮下注射给药；

5 组，阳性对照组，不给药。

（四）杀虫效果检查

给药前1d和给药后第3、7、14天，分别检查记录牦牛颈侧部和肩胛部的蠕形蚤感染、死亡及存活情况。

二、结果

（一）虫种鉴定及症状

经形态学鉴定，采集到的蠕形蚤为花蠕形蚤（*Vermipsylla alakurt*）。采集的虫体及用药前后牦牛皮肤感染情况见图7-6。花蠕形蚤是青海高寒牧场寄生于放牧牛羊等动物体表的优势蚤种，主要寄生在牦牛的颈部、胸的两侧。寄生部位牛毛脱落，有的形成大面积斑块，引起牦牛发生皮炎、剧痒、不安；严重感染的牛出现食欲降低、消瘦、贫血。

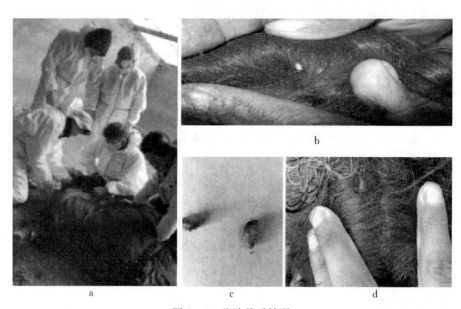

图7-6　防治前后情况

a. 采样；b. 给药前情况；c. 采集的虫体；d. 给药后情况

（二）驱杀效果

埃普利诺菌素浇泼剂0.5、0.6mg/kg剂量试验组给药后第3天花蠕形蚤大部分死亡、干瘪，给药后7d、14d防治效果检查结果见表7-27。从表中可见埃普利诺菌素浇泼剂0.5、0.6mg/kg剂量组对花蠕形蚤转阴率、杀虫率均达100%，蚤全部死亡、干瘪，部分脱落；0.4mg/kg剂量组同期检查，杀灭效果次于上述剂量组。而阳性对照组花蠕形蚤活力旺盛，感染情况与给药前比较略有增加。各剂量组牦牛给药后未见异常。

表7-27　埃普利诺菌素浇泼剂对各试验组花蠕形蚤杀虫率统计结果

组别	检查牛数（头）	感染牛数（头）	给药前感染强度（个/dm²）	给药后7d				给药后14d			
				感染牛数（头）	感染强度（个/dm²）	转阴率（%）	杀虫率（%）	感染牛数（头）	感染强度（个/dm²）	转阴率（%）	杀虫率（%）
1	20	11	9.3	2	2	81.8	78.5	2	1.5	81.8	83.9
2	20	9	11.6	0	0	100	100	0	0	100	100

（续）

组别	检查牛数（头）	感染牛数（头）	给药前感染强度（个/dm²）	给药后 7 d				给药后 14 d			
				感染牛数（头）	感染强度（个/dm²）	转阴率（%）	杀虫率（%）	感染牛数（头）	感染强度（个/dm²）	转阴率（%）	杀虫率（%）
3	20	12	13.8	0	0	100	100	0	0	100	100
4	20	10	10.1	0	0	100	100	0	0	100	100
5	20	9	12.4	9	12.8	—	—	11	14.1	—	—

三、小结

试验结果表明，埃普利诺菌素浇泼剂 0.4、0.5、0.6 mg/kg 剂量组对寄生于牦牛的花蠕形蚤均有效，其中 0.5、0.6 mg/kg 剂量组在给药后 7、14 d 对花蠕形蚤的转阴率、杀虫效果均达 100%；0.4 mg/kg 剂量在给药后 7、14 d 对花蠕形蚤的转阴率均为 81.8%，杀虫率分别为 78.5% 和 83.9%。牦牛使用埃普利诺菌素浇泼剂后，无任何临床不良反应，使用安全，建议临床使用剂量为 0.5 mg/kg。

在青海省，花蠕形蚤多发于冬春季高山牧场的牦牛，目前常用伊维菌素类药物进行防治，因放牧牦牛不易保定，口服或注射给药存在一定的困难，而选用埃普利诺菌素浇泼剂按每千克体重 0.5 mg 使用，对驱杀牦牛的花蠕形蚤高效、安全、低残留，且该剂型给药简便，确保了给药量准确和驱虫效果，牧民乐于接受，具有推广应用前景。

第十节　EPR 浇泼剂防治牦牛主要寄生虫病的扩大试验

埃普利诺菌素浇泼剂是一种给药方便的新剂型，在药效试验的基础上，应用本品进行了牦牛体内线虫病和体外主要寄生虫病的防治扩大试验。

一、材料与方法

（一）试验药物

0.5% 埃普利诺菌素浇泼剂，每毫升含埃普利诺菌素 5 mg，淡蓝色液体，青海省畜牧兽医科学院研制，使用时沿牦牛背中线浇泼即可。

（二）实验动物

在青海省祁连县阿柔乡，选择放牧饲养的 6 群牦牛 797 头，通过粪便虫卵（幼虫）检查和体外寄生虫检查，确认该群牦牛存在不同程度的自然感染消化道线虫、大小型肺线虫和牛颚虱。

（三）分组及给药

在用药前，将全群牦牛分为药物驱虫组和阳性对照组，其中药物驱虫组 767 头，阳性对照组 30 头。在药物驱虫组牦牛中，依据粪便虫卵（幼虫）检查和体外寄生虫检查结果，选择感染较严重的 1 岁牦牛 30 头，逐头打号、称重、记录，按每千克体重 0.5 mg 剂量将埃普利诺菌素浇泼剂沿背中线皮肤一次浇泼给药，并进行防治效果检查。对药物驱虫组中其余牦牛也按每千克体重 0.5 mg 剂量一次浇泼给药。阳性对照组的 1 岁牦牛 30 头给予安慰剂。

（四）效果检查

1. 粪便虫卵（幼虫）检查

投药前 1 d 和投药后 7 d，从药物驱虫组和阳性对照组牦牛直肠采集粪便带回实验室，用饱和盐水漂浮法检查虫卵，用贝尔曼氏法检查幼虫，统计 1 g 粪便中消化道线虫虫卵数（EPG）和 3 g 粪便中肺线虫幼虫数。

2. 剖检

给药后 14 d，对药物驱虫组和阳性对照组每组随机抽样剖检 5 头，按寄生虫学完全剖检法检查虫体，分类鉴定，计数统计。

3. 体外寄生虫检查

投药前 1 d 和投药后 7 d，逐头检查、登记试验牛颈侧下 1/3 处和肩胛部体外寄生虫感染与死亡情况。

（五）效果判定

按下列公式计算判定效果：

虫卵转阴率＝虫卵转阴动物数/实验动物数×100％

虫卵减少率＝(驱虫前 EPG－驱虫后 EPG)/驱虫前 EPG×100％

粗计驱虫率＝(阳性对照组荷虫数－药物驱虫组荷虫数)/阳性对照组荷虫数×100％

二、结果

（一）粪便消化道线虫 EPG 检查结果

埃普利诺菌素浇泼剂驱除牦牛消化道线虫 EPG 检查结果见表 7-28。从表中可见，按 0.5 mg/kg 剂量给药，消化道线虫 EPG 由投药前的 307.2 个下降为 0，其转阴率、减少率均达 100％；而对照组两次粪检 EPG 未见明显变化。

表 7-28　两组牦牛消化道线虫粪检统计结果

组别	剂量（mg/kg）	检查牛数（头）	转阴牛数（头）	转阴率（％）	给药前 EPG（个）	给药后 EPG（个）	减少率（％）
药物驱虫组	0.5	40	40	100	307.2	0	100
阳性对照组	0	40	0	0	303.5	307.4	—

（二）粪便肺线虫幼虫检查结果

埃普利诺菌素浇泼剂驱除牦牛肺线虫幼虫检查结果见表 7-29 和表 7-30。从表中可见，按 0.5 mg/kg 剂量给药，网尾线虫幼虫由投药前的 19.5 个下降为 0，其转阴率、减少率均达 100％；原圆科线虫幼虫转阴率和减少率分别为 94.7％、95.8％。而阳性对照组两次粪检幼虫数未见明显变化。

表 7-29　两组牦牛网尾线虫粪检统计结果

组别	检查数（头）	给药前阳性数（头）	给药后阳性数（头）	转阴率（％）	给药前幼虫数（个）	给药后幼虫数（个）	幼虫减少率（％）
药物驱虫组	30	14	0	100	19.5	0	100
阳性对照组	30	12	12	0	16.2	20.5	—

表 7 - 30 两组牦牛原圆科线虫粪检统计结果

组别	检查数（头）	给药前阳性数（头）	给药后阳性数（头）	转阴率（%）	给药前幼虫数（个）	给药后幼虫数（个）	幼虫减少率（%）
药物驱虫组	30	19	1	94.7	119.7	5.0	95.8
阳性对照组	30	23	0	—	109.2	—	—

（三）剖检结果

埃普利诺菌素浇泼剂驱除线虫的剖检结果见表 7 - 31。从表中可见，埃普利诺菌素浇泼剂每千克体重 0.5 mg 剂量对牦牛奥斯特线虫、毛圆线虫、马歇尔线虫、细颈线虫、毛细线虫和仰口线虫等主要消化道线虫和网尾线虫的驱虫率均达 100%，对鞭虫的驱虫率为 86.3%，对原圆科线虫的驱虫率 87.3%，总计驱虫率达 99.3%，达到了高效，驱虫效果显著。

表 7 - 31 两组牦牛荷虫数与驱虫率统计结果

虫名	阳性对照组		药物驱虫组	
	感染率（%）	平均荷虫数（个）	平均荷虫数（个）	驱虫率（%）
奥斯特线虫	80.0	315.6	0	100.0
毛圆线虫	60.0	58.2	0	100.0
马歇尔线虫	70.0	217.4	0	100.0
细颈线虫	90.0	323.7	0	100.0
毛细线虫	50.0	4.1	0	100.0
仰口线虫	30.0	3.7	0	100.0
鞭虫	70.0	37.3	5.1	86.3
网尾线虫	30.0	3.2	0	100.0
原圆科线虫	60.0	15.8	2.0	87.3
总计驱虫率（%）				99.3

三、讨论与小结

试验应用埃普利诺菌素浇泼剂按 0.5 mg/kg 剂量经背中线皮肤一次浇泼给药，对牦牛奥斯特线虫、毛圆线虫、马歇尔线虫、细颈线虫、仰口线虫、毛细线虫等主要消化道线虫和网尾线虫有高效，其虫卵（幼虫）转阴率、减少率和驱虫率均达 100%；对原圆科线虫幼虫转阴率为 94.7%，减少率为 95.8%，驱虫率为 87.3%；对线虫的总计驱虫率达 99.3%；对牛颚虱杀虫率为 100%。研究结果与文献报道表明，埃普利诺菌素浇泼剂、注射剂等对牦牛消化道线虫与体外寄生虫具有高效驱除作用，但不同剂型的使用剂量存在差异。

埃普利诺菌素浇泼剂按 0.5 mg/kg 剂量沿背中线皮肤一次浇泼给药，试验牦牛未出现任何不良临床反应，表明使用该剂量对牦牛安全。

对于青海省草原畜牧业而言，放牧牦牛的线虫病和蜘蛛昆虫病的发生较为普遍，且大多为混合感染。埃普利诺菌素的驱虫谱涵盖了上述寄生虫，已有的试验和本次试验结果表明，埃普利诺菌素浇泼剂以 0.5 mg/kg 剂量一次用药，对牦牛体内胃肠道线虫、肺线虫和体外牛颚虱等寄生虫都具有良好的驱虫效果，且该剂型给药方便，具有推广应用前景。

第十一节 EPR 防治牦牛消化道线虫病与体外寄生虫病的示范应用

为进一步检验高效、广谱、低残留类抗寄生虫药物埃普利诺菌素注射剂和浇泼剂的抗牦牛寄生虫效果，我们在青海省 10 个县的规模化养殖场和合作社，进行了埃普利诺菌素防治牦牛主要寄生虫病的示范应用。

一、材料与方法

（一）示范药物

1%埃普利诺菌素注射剂，每毫升含埃普利诺菌素 10 mg，每瓶 50 mL，河北威远动物药业有限公司生产，批号为 20170202。

0.5%埃普利诺菌素浇泼剂，每毫升含埃普利诺菌素 5 mg，淡蓝色液体，青海省畜牧兽医科学院高原动物寄生虫病研究室与中国农业大学动物医学院共同研制。

（二）示范地区和数量

2018 年 12 月至 2021 年 6 月，在青海省 10 个县的牦牛养殖场及合作社进行了牦牛主要寄生虫病防治新技术示范推广应用，具体地区、年份、牦牛数量、EPR 剂型与剂量详见表 7-32。

表 7-32 各示范点牦牛寄生虫病防治新技术示范应用统计结果

地区	年份 （防治时间）	驱虫牦牛数量 （头）	使用药物种类	剂型	使用剂量 （mg/kg）
祁连县	2018	20 367	EPR	注射剂	0.2
	2019	46 715	EPR	注射剂	0.2
	2020	53 784	EPR	注射剂	0.2
	2020	5 930	EPR	浇泼剂	0.5
	2021	26 110	EPR	注射剂	0.2
刚察县	2019	42 070	EPR	注射剂	0.2
	2019	43 419	EPR	注射剂	0.2
	2020	51 419	EPR	注射剂	0.2
	2021	17 960	EPR	注射剂	0.2
海晏县	2021	21 000	EPR	注射剂	0.2
门源回族自治县	2020	5 069	EPR	注射剂	0.2
贵南县	2018	1 933	EPR	注射剂	0.2
	2019	2 564	EPR	注射剂	0.2
	2020	21 962	EPR	注射剂	0.2
	2020	506	EPR	浇泼剂	0.5
	2021	17 880	EPR	注射剂	0.2

（续）

地区	年份 （防治时间）	驱虫牦牛数量 （头）	使用药物种类	剂型	使用剂量 （mg/kg）
兴海县	2019	5 938	EPR	注射剂	0.2
乌兰县	2020	9 920	EPR	注射剂	0.2
互助土族自治县	2021	4 860	EPR	注射剂	0.2
玛多县	2019	26 730	EPR	注射剂	0.2
达日县	2020	57 890	EPR	注射剂	0.2
合计		484 026			

（三）示范分组

在示范推广中，设防治示范组和未防治对照组，各组抽检牦牛 30 头，考察埃普利诺菌素注射剂与浇泼剂对牦牛寄生虫病的防治效果。

（四）效果检查

用药后在祁连县默勒镇瓦日尕村检查防治示范组和未防治对照组放牧牦牛消化道线虫、肺线虫和体外寄生虫的防治效果，检测指标包括消化道寄生虫感染率与感染强度的降低情况，对外寄生虫的杀虫效果，以及对牦牛体重和幼年牦牛成活率的影响等。

用药后在贵南县森多镇瓦日尕村检查防治示范组对牦牛体重和幼年牦牛成活率的影响。

二、结果

（一）牦牛消化道线虫粪检结果

祁连县埃普利诺菌素注射剂驱除牦牛消化道线虫粪检 EPG 结果见表 7-33 和表 7-34。从表中可见，按 0.2 mg/kg 剂量给药，防治组牦牛消化道线虫 EPG 由投药前的 27.4 个，下降为防治后 7 d、14 d 的 0，其转阴率、减少率均达 100%；而阳性对照组两次粪检 EPG 略有上升。

表 7-33　防治示范组与未防治对照组牦牛消化道线虫虫卵转阴率统计结果

组别	检查数 （头）	给药前阳性数 （头）	给药后 7 d		给药后 14 d	
			转阴数（头）	转阴率（%）	转阴数（头）	转阴率（%）
防治示范组	30	25	25	100	25	100
未防治对照组	30	24	0	—	30.1	—

表 7-34　防治示范组与未防治对照组牦牛消化道线虫虫卵减少率统计结果

组别	检查数 （头）	阳性数 （头）	给药前 EPG （个）	给药后 7 d		给药后 14 d	
				EPG（个）	杀虫率（%）	EPG（个）	杀虫率（%）
防治 示范组	30	25	27.4	0	100	0	100
未防治 对照组	30	24	25.7	27.9	—	30.1	—

（二）对外寄生虫的杀虫效果

在祁连县应用埃普利诺菌素注射剂 0.2 mg/kg 剂量对防治示范组牦牛给药，给药后 3 d 牛颚虱大部分死亡、干瘪，部分虫体处于麻痹状态，活力较差；给药后 7 d、14 d 对牛颚虱杀灭率均达 100%，虫体全部死亡、干瘪。未防治对照组牦牛的牛颚虱活力旺盛，感染情况与给药前无明显变化。

（三）驱虫对牦牛体重的影响

祁连县 2 岁放牧牦牛在冬季 1 月份防治驱虫后 6 月初（间隔 148 d）的体重检测结果见表 7-35；贵南县 2 岁放牧牦牛在冬季 1 月份防治驱虫后 6 月初（间隔 152 d）的体重检测结果见表 7-36。从表中可见，两个地区防治示范组比未防治对照组牦牛每头牛平均减少体重损失 6.82 kg 和 5.76 kg。

示范效果证明，采用该技术能有效控制牦牛寄生虫病的危害，在保膘、抓膘增重等方面可获得良好生产效益。

表 7-35　祁连县冬季驱虫对放牧牦牛体重的影响检测结果

组别	试验牛数（头）	试验天数（d）	始称重量（kg）	末称重量（kg）	头均增重（kg）	净增重（kg）
防治示范组	20	148	116.78	113.73	−3.05	6.82
未防治对照组	20	148	118.12	108.25	−9.87	—

表 7-36　贵南县冬季驱虫对放牧牦牛体重的影响检测结果

组别	试验牛数（头）	试验天数（d）	始称重量（kg）	末称重量（kg）	头均增重（kg）	净增重（kg）
防治示范组	20	152	90.65	98.72	8.07	5.76
未防治对照组	20	152	91.23	93.54	2.31	—

（四）对幼年牦牛成活率的影响

在防治技术示范中，祁连县随机留一定数量的未防治对照群牦牛，在同一饲养管理条件下，6 月底调查统计防治示范群和未防治对照群幼龄牦牛成活率。共调查防治示范群牦牛 1 368 头，幼年牦牛死亡 23 头，成活率为 98.32%；调查未防治对照群牦牛 462 头，死亡 19 头，成活率为 95.89%，防治示范群比未防治对照群幼龄牛成活率平均提高 2.43 个百分点。在贵南县共调查统计防治示范群牦牛 12 536 头，调查未防治对照牦牛 732 头，进行同期比较。结果表明，防治示范群幼年牦牛成活率为 98.2%，未防治对照群为 95.9%，防治示范群比未防治对照群幼龄牛成活率平均提高 2.3 个百分点。埃普利诺菌素减少了由寄生虫病引起的幼年牛死亡，生产效益显著。

三、讨论与小结

本工作依托课题组建立的牦牛主要寄生虫病高效低残留防治新技术，选用高效、广谱、低残留类抗寄生虫药物埃普利诺菌素注射剂、浇泼剂分别按 0.2、0.5 mg/kg 剂量，完成了对牦牛的防治新技术规模驱虫示范及效果评价，示范应用效果证明埃普利诺菌素注射剂、浇泼剂冬季驱虫的防治效果高效、安全、低残留。在降低寄生虫病对牦牛的危害、使牦牛在冬春季枯草期增重（或减少体重损失）、提高成活率等方面效果较显著，提高了养殖效益。

采用粪检法和剖检法进行埃普利诺菌素注射剂、浇泼剂两种剂型对牦牛主要寄生虫的驱虫效果评价及防治试验；采用荧光高效液相色谱法（HPLC-FLD）检测埃普利诺菌素（EPR）注射剂在牦牛乳和血浆中的残留消除规律，检测 EPR 浇泼剂在牦牛乳、血浆及肌肉、肝脏、肾脏、脂肪中的残留消除规律。结果：①用 EPR 注射剂在牦牛颈部以 0.2 mg/kg 剂量一次给药，对牦牛线虫的驱虫率达 97.2% 以上；对牛颚虱和牛皮蝇蛆的驱杀率均为 100.0%。②在牦牛背部以 0.5 mg/kg 剂量使用 EPR 浇泼剂后，对牦牛线虫的驱杀率为 98.3%；对牛颚虱和皮蝇蛆的驱杀率均为 100%；对牛颚虱和牦牛消化道线虫的药效期至少为 28 d。③给泌乳牦牛皮下注射 EPR 注射剂 0.2 mg/kg 剂量，EPR 在牛乳分布浓度较低，在给药后 54 h，乳中的 EPR 浓度达到最高峰值（7.38±2.61）ng/mL，该值低于美国规定的 EPR 在乳中的最高残留限量（12 ng/mL）和欧盟规定的 EPR 在乳中的最高残留限量（20 ng/mL）。④用国产 EPR 浇泼剂（试验组）与进口 EPR 浇泼剂（对照组）在牦牛背部按 0.5 mg/kg 剂量浇泼后，二者在牦牛乳中有相似的残留消除规律，牦牛乳中检测到的最高药物浓度为 8.46 ng/mL，低于联合国粮食与农业组织（FAO）(20 ng/mL)和美国（12 ng/mL）规定的最高残留限量。EPR 浇泼剂以 0.5 mg/kg 的推荐剂量用于牦牛，无须弃奶期。⑤对牦牛按推荐剂量 0.5 mg/kg 给予 EPR 浇泼剂后，EPR 在牦牛体内分布广泛，药物浓度由高至低依次为肝脏、肾脏、脂肪、血浆、肌肉组织，浇泼部位肌肉与后腿肌肉药物残留量无差异，肝脏是 EPR 作用的靶组织。不同牦牛组织中 EPR 的浓度于给药后 2 d 达到最高残留浓度，之后浓度逐渐下降，消除半衰期为 2.07~10.11 d；给药后 2 d 各组织中检出药物的最高残留浓度由高到低分别为肝脏 1 050.50 ng/g、肾脏 139.47 ng/g、脂肪 20.76 ng/g、血浆 10.24 ng/g、后腿肌肉 5.63 ng/g、背部肌肉 5.00 ng/g，略低于欧盟（EU）、国际食品法典委员会（CAC）规定的标准。⑥研究证明，EPR 注射剂 0.2、0.4 mg/kg 剂量和浇泼剂 0.5 mg/kg 剂量用于泌乳牦牛，无须弃奶期；EPR 浇泼剂 0.5 mg/kg 剂量用于泌乳牦牛，无须休药期，牦牛肉用时无须休药期或休药期为 1 d。

本研究完成了埃普利诺菌素（EPR）注射剂、浇泼剂对牦牛主要寄生虫病的临床药效评价，探明了其在牦牛组织中的残留消除规律。结果证明，临床使用 EPR 注射剂 0.2 mg/kg、EPR 浇泼剂 0.5 mg/kg 剂量驱除牦牛消化道线虫和外寄生虫高效、安全、低残留。EPR 浇泼剂以 0.5 mg/kg 的推荐剂量用于泌乳牦牛，无须弃奶期，牦牛肉用时无须休药期或休药期为 1 d。这为制订休药期提供了科学依据。

四、结论

通过对 EPR 注射剂给药后牦牛乳残留消除规律检测，研究了 EPR 注射剂在牦牛乳中的残留消除规律，给泌乳牦牛皮下注射 EPR 注射剂 0.2 mg/kg，在给药后 54.0 h，乳中的 EPR 浓度达到峰值（7.38±2.61）ng/mL；给泌乳牦牛皮下注射 EPR 0.4 mg/kg 后（58.00±26.31）h，乳中的 EPR 浓度达到峰值（7.38±2.61）ng/mL。给泌乳牦牛皮下注射 EPR 注射剂 0.2、0.4 mg/kg，无须休药期。

研究了 EPR 浇泼剂在牦牛体内的药物动力学，在牦牛背部以 0.5 mg/kg 剂量使用 EPR 浇泼剂后，国产药物（试验组）与进口药物（对照组）在牦牛的血浆中有相似的药物动力学特征，两种制剂生物等效无显著性差异。

　　应用国内自主研制的 EPR 浇泼剂按推荐剂量 0.5 mg/kg 在牦牛背部浇泼给药后，在不同时间点采集乳、血液、浇泼部位肌肉、后腿肌肉、肝脏、肾脏和脂肪样品进行残留检测分析，研究了 EPR 浇泼剂在牦牛组织中的残留消除规律，EPR 残留浓度由高至低依次为肝脏、肾脏、脂肪、血浆、肌肉组织，后腿肌肉与浇泼部位肌肉药物残留浓度无差异；给药后 2 d 达到最高残留浓度（C_{max}）5.00～1 050.50 ng/g；泌乳牦牛、肉用牦牛无须休药期或休药期为 1 d。

　　从 EPR 不同剂型给药途径、生物利用度及对牦牛寄生虫的驱虫效果、组织中残留等方面考虑，临床使用 EPR 注射剂 0.2 mg/kg、EPR 浇泼剂 0.5 mg/kg 剂量高效、安全、低残留。这为建立牦牛寄生虫病高效低残留防治技术提供了依据。EPR 适用于当前牦牛健康养殖中的寄生虫病防治。

REFERENCES / 参考文献

巴音查汗，艾散江，阿丽玛，等，2005. 和静县草原牦牛寄生虫区系调查研究 ［J］. 新疆畜牧业（1）：36-38.

白启，刘光远，殷宏，等，2002. 牛中华泰勒虫（*Theileria sinensis* sp. nov.）新种 1. 传统分类学研究 ［J］. 畜牧兽医学报（1）：73-77.

白天俊，李万香，2020. 天祝县屠宰牦牛棘球蚴病感染情况调查与分析 ［J］. 畜牧兽医杂志，39（5）：82-84.

毕殿洲，1999. 药剂学 ［M］.4 版. 北京：人民卫生出版社.

布威麦尔耶姆·阿卜来提，赵博，惠文巧，等，2012. 哈萨克绵羊肝包虫病的 B 超图像分析与诊断 ［J］. 石河子大学学报（自然科学版），30（4）：459-465.

才成林，段小东，马乐天，等，1987. 新疆和静县巴音布鲁克区牦牛住肉孢子虫感染情况调查 ［J］. 中国兽医科技（1）：22-23，68.

才学鹏，1985. 广谱抗蠕虫药丙硫苯咪唑的研究进展 ［J］. 中国兽医科技（4）：26-29.

蔡进忠，1993. 幼年牦牛寄生蠕虫动态及防治研究取得成果 ［J］. 中国牦牛（1）：47-49.

蔡进忠，2007. 微量多拉菌素与伊维菌素对牛皮蝇幼虫驱除效力研究 ［J］. 青海畜牧兽医杂志（1）：23-25.

蔡进忠，李春花，2010. 青海省畜禽寄生虫虫种资源与分布 ［J］. 中国动物传染病学报，18（1）：64-67.

蔡进忠，李春花，2010. 青海省家畜寄生虫病技术资源与利用 ［J］. 中国动物传染病学报，18（2）：56-60.

蔡进忠，李春花，2011. 青海家畜弓形虫病血清学调查与流行情况分析 ［J］. 中国兽医杂志（1）：45-46.

蔡进忠，李春花，Boulard Chantal，等，2013. 伊维菌素 4 种剂型不同给药方法对牦牛皮蝇蛆病防治的比较研究 ［J］. 青海畜牧兽医杂志，43（2）：1-3.

蔡进忠，李春花，黄兵，等，2013. 青海省动物寄生虫名录（一）（1 原虫 PROTOZOON，2 吸虫 TREMATODA，3 绦虫 CESTODA）［J］. 青海畜牧兽医杂志，43（4）：33-38.

蔡进忠，李春花，拉环，等，2009. 埃普利诺菌素浇泼剂对牦牛皮蝇幼虫驱除效果试验 ［J］. 青海畜牧兽医杂志，39（5）：10-12.

蔡进忠，李春花，雷萌桐，等，2015. 青海高原牦牛寄生虫病流行病学与防治新技术研究 ［C］. 中国畜牧兽医学会兽医寄生虫学分会第十三次学术研讨会论文集. 哈尔滨：中国畜牧兽医学会兽医寄生虫学分会.

蔡进忠，李春花，雷萌桐，等，2020. 埃普利诺菌素浇泼剂对牦牛消化道线虫驱虫效力的研究 ［J］. 青海畜牧兽医杂志，50（5）：44.

蔡进忠，李春花，刘生财，等，2006. 多拉菌素对牦牛寄生虫的驱除效果观察 [J]. 中国兽医杂志（5）：21-23.

蔡进忠，李春花，汪明，等，2015. 埃普利诺菌素注射剂对牦牛线虫及其寄生阶段幼虫驱虫效力的研究 [J]. 青海畜牧兽医杂志，45（4）：1-5.

蔡进忠，刘生财，李春花，2004. 青海省动物防疫管理论文集 [M]. 西宁：青海人民出版社：397-402.

蔡进忠，刘生财，彭毛，等，2003. 伊维菌素浇泼剂对牦牛皮蝇蛆病的防治效果及安全性试验 [J]. 青海畜牧兽医杂志，33（2）：13-14.

蔡进忠，马有泉，于明胜，等，2006. 藏羚羊皮蝇幼虫感染情况调查报告 [J]. 中国兽医杂志（2）：25-26.

蔡进忠，彭毛，多杰，1991. 冬季驱除幼年牦牛寄生蠕虫技术的示范效益观察 [J]. 青海畜牧兽医杂志（4）：11-13.

蔡进忠，汪明，雷萌桐，等，2014. 牦牛皮蝇蛆病低残留防治技术研究 [J]. 青海畜牧兽医杂志，44（6）：1-4.

蔡进忠，赵明义，1990. 托勒牧场牛羊感染绦虫蚴、肉孢子虫调查 [J]. 青海畜牧兽医杂志（2）：35-36.

蔡泽川，张浩，徐发荣，等，2011. 长效伊维菌素注射剂对北京房山区绒山羊寄生虫病的疗效观察 [J]. 黑龙江畜牧兽医，（6）：140-142.

柴忠威，才学鹏，2000. 药物治疗肝片吸虫病的研究进展 [J]. 中国兽医寄生虫病，8（1）：54-58.

陈刚，邵丽华，莫重存，等，1991. 海晏某牧场牦牛感染隐孢子虫调查 [J]. 青海畜牧兽医杂志（3）：43.

陈天铎，张毅强，韩宇，1996. 实用兽医昆虫学 [M]. 北京：中国农业出版社.

陈晓光，谭峰，2009. 弓形虫研究的过去、现在与未来 [J]. 中国寄生虫学与寄生虫病杂志，27：426-431.

陈银银，2018. 基于 rMPSP 的牛泰勒虫病试纸条快速诊断方法的建立 [D]. 兰州：中国农业科学院兰州兽医研究所.

陈银银，赵帅阳，关贵全，等，2018. 甘南藏族自治州部分地区牦牛泰勒虫病的血清学调查 [J]. 中国兽医科学，48（6）：729-734.

陈裕祥，刘建枝，杨德全，等，2019. 西藏畜禽寄生虫病研究60年 [M]. 北京：中国农业科学技术出版社：63-66.

单曲拉姆，刘建枝，夏晨阳，等，2018. 西藏牦牛牛皮蝇蛆病的危害与防治 [J]. 西藏科技（5）：57-58.

单曲拉姆，夏晨阳，唐文强，等，2019. 牦牛住肉孢子虫病流行病学及危害研究 [J]. 畜牧兽医科学（电子版），19：119-120.

邓国藩，姜在阶，1991. 中国经济昆虫志·第三十九册 [M]. 北京：科学出版社.

邓国藩，潘综文，1963. 纹皮蝇和牛皮蝇的生物学观察 [J]. 昆虫知识，3：118-120.

杜晓杰，2015. 新疆巴州牦牛寄生虫感染情况调查及临床驱虫试验 [D]. 乌鲁木齐：新疆农业大学.

付永，2016. 青海4种皮蝇蛆病病原分类及差异蛋白组学研究 [D]. 杨凌：西北农林科技大学.

G C Coles, C Baner, F H M Borgsleeals, et al, 1996. 世界兽医寄生虫学促进（WAACP）对驱蠕虫药抗药性检测方法 [J]. 中国兽医寄生虫病，4（1）：60-63.

高先文，1998. 西藏昌都地区牦牛肝脏片形吸虫病危害的调查 [J]. 四川畜牧兽医，89（1）：12-13.

高兴春，徐梅倩，何国声，2006. 动物牛皮蝇蛆病诊断方法的进展（综述）[J]. 河北科技师范学院学报，20（4）：67-71.

高学军，李庆章，2004. 广谱抗蠕虫药物奥芬达唑研究进展［J］. 动物医学进展，25（3）：53-55.

高永利，郑龙，2018. 我国巴贝斯虫病流行病学研究现状［J］. 西北国防医学杂志，39（6）：365-369.

高玉红，庞淑华，高玉阁，等，2017. 多拉菌素的研究进展［J］. 黑龙江畜牧兽医（12 上）：93-96.

龚静芝，2021. 片形吸虫病早期诊断靶标的筛选及诊断方法的建立［D］. 扬州：扬州大学.

贡嘎，王一飞，穷达，等，2018. 西藏不同地区牦牛新孢子虫病血清流行病学调查及防控措施［J］. 黑龙江畜牧兽医，558（18）：112-114.

古丽努尔·阿也勒汗，2019. 伊维菌素制剂在动物医学中的研究［J］. 畜牧兽医科学（电子版）（19）：9-10.

关贵全，2004. 牛皮蝇蛆病血清流行病学及病原分子分类学研究［D］. 北京：中国农业科学院.

郭驸，1988. 麦洼牦牛寄生虫调查研究［J］. 中国牦牛，Z1：24-25.

郭红玮，保善科，何成基，等，2004. 高寒牧区牛羊"三蚴病"防治效果调查［J］. 中国兽医寄生虫病（4）：12-13.

郭仁民，付国璋，王文祥，1983. 牛皮蝇对大通牛场牦牛（包括犏牛）危害情况的调查［J］. 青海畜牧兽医杂志（4）：39-41.

郭仁民，傅国璋，1983. 刚察县 1982 年秋倍硫磷注射防治牛皮蝇病效果考核［J］. 青海畜牧兽医杂志（3）：42-43.

郭仁民，傅国璋，1985. 丙硫苯咪唑驱除牦牛肝片吸虫的疗效试验［J］. 中国牦牛（3）：49-50.

郭志宏，彭毛，沈秀英，等，2016. 通扬球精等 3 种药物对牦牛球虫病的治疗效果［J］. 中国动物检疫（33）：77-79.

郭志宏，彭毛，沈秀英，等，2017. 青海部分地区不同年龄段牦牛球虫感染情况的调查［J］. 青海大学学报，35（2）：42-47.

哈西巴特，陈千林，许正茂，等，2016. 新疆巴州牦牛消化道寄生虫感染的现状［J］. 畜牧与兽医，48（1）：113-115.

哈希巴特，刘进，陈亮，等，2010. 巴州部分山区牦牛新孢子虫病的 rELISA 检测［J］. 新疆畜牧业（12）：27-29.

韩亮，周东辉，刘卿，等，2017. 基于 ITS 序列鉴别 3 种感染白牦牛线虫的 PCR-RFLP 方法的建立［J］. 中国寄生虫学与寄生虫病杂志，35（2）：5.

韩晓玲，舒凡帆，代琦，等，2014. 云南高海拔牧场牦牛捕食线虫真菌生防高效菌株的筛选［J］. 大理学院学报，13（12）：56-60.

韩秀敏，马应福，1998. 青海省外贸冷库屠宰牦牛棘球蚴病流行病学调查［J］. 地方病通报（1）：59，63.

韩元，蔡进忠，李春花，等，2021. 我国牛泰勒虫病的研究进展［J］. 青海畜牧兽医杂志，51（5）：57-63.

郝力力，李锐，段玲，等，2016. 四川红原县牦牛隐孢子虫感染情况分子流行病学调查［J］. 浙江农业学报，28（11）：1842-1846.

何多龙，马应福，郭再宣，等，1989. 青海省海南州屠宰牛羊包虫病感染情况调查［J］. 地方病通报（1）：78-79.

何金戈，邱加闽，刘凤洁，等，2000. 四川西部藏区包虫病流行病学研究Ⅱ. 牲畜及野生动物两型包虫病感染状况调查［J］. 中国人兽共患病杂志（5）：62-65.

贺飞飞，李春花，雷萌桐，等，2015. 青海省海南州兴海县牦牛寄生虫病流行情况调查［J］. 畜牧与兽医，47（2）：107-111.

胡广卫，沈艳丽，赵全邦，等，2016. 青海省部分地区牦牛流产原因初步调查［J］. 中国兽医杂志，52（10）：3-5.

胡国元，蔡进忠，2007. 3 种浇泼剂对牦牛皮蝇蛆的驱除效果观察 [J]. 黑龙江畜牧兽医 (8)：89.

黄兵，2014. 中国家畜家禽寄生虫名录 [M]. 2 版. 北京：中国农业科学技术出版社.

黄兵，董辉，沈杰，等，2004. 中国家畜家禽球虫种类概述 [J]. 中国预防兽医学报，26 (4)：313 - 316.

黄兵，董辉，朱顺海，等，2020. 世界牛球虫种类与地理分布 [J]. 中国动物传染病学报，28 (6)：1 - 18.

黄兵，沈杰，2006. 中国畜禽寄生虫形态分类图谱 [M]. 北京：中国农业科学技术出版社.

黄德生，1999. 云南省牛寄生虫与寄生虫病的防治 [J]. 云南畜牧兽医 (2)：10 - 14.

黄德生，解天珍，郭正，等，1993. 住肉孢子虫病免疫学诊断方法的研究 [J]. 中国兽医科技，23 (2)：11 - 13.

黄德生，李绍珠，2001. 云南省家畜家禽寄生虫名录（二）[J]. 云南畜牧兽医 (3)：23 - 26.

黄德生，李绍珠，2001. 云南省家畜家禽寄生虫名录（三）[J]. 云南畜牧兽医 (4)：13 - 14.

黄德生，李绍珠，2002. 云南省家畜家禽寄生虫名录（四）[J]. 云南畜牧兽医 (2)：14 - 19.

黄德生，李绍珠，2003. 云南省家畜家禽寄生虫名录（五）[J]. 云南畜牧兽医 (1)：9 - 13.

黄福强，冯凯，付永，等，2013. 青海省部分地区棘球蚴感染调查及基因型鉴定 [J]. 中国预防兽医学报，35 (11)：882 - 885.

黄守云，1986. 用等电点聚焦电泳法对中华皮蝇和纹皮蝇蛋白质的分析比较 [J]. 中国兽医科技 (9)：37 - 38.

黄守云，颉耀菊，李宝琛，1982. 青海省海北地区牦牛皮蝇的调查报告 [J]. 兽医科技杂志 (6)：39 - 40.

黄守云，颉耀菊，李宝琛，1983. 中华皮蝇的形态研究 [J]. 兽医科技杂志 (4)：213 - 215.

黄守云，颉耀菊，李宝琛，1984. 甘肃皇城地区牛皮蝇的调查报告 [J]. 兽医科技杂志 (2)：35 - 36.

黄孝玢，1993. 牛皮蝇、纹皮蝇和中华皮蝇三期幼虫蛋白质电泳图谱及 ACP、AKP 活性的比较 [J]. 中国牦牛 (2)：11 - 12.

吉尔格力，许正茂，刘梦丽，等，2017. 巴州部分地区牦牛黄牛新孢子虫病循环抗体检测 [J]. 中国兽医杂志，53 (8)：40 - 41.

计慧姝，2016. 四川省红原县和理塘县牦牛体内寄生虫流行病学调查 [D]. 成都：西南民族大学.

计慧姝，罗光荣，肖敏，等，2017. 川西北红原县和理塘县牦牛 4 类体内寄生虫感染的研究 [J]. 中国畜牧兽医，44 (2)：561 - 567.

季永珍，林卫国，1994. 青海省果洛州牦牛细粒棘球蚴病感染特征的观察 [J]. 地方病通报 (4)：93.

贾万忠，2015. 棘球蚴病 [M]. 北京：中国农业出版社.

简子健，马素贞，黄家雨，等，2011. 牛环形泰勒虫 GST - Tams1 融合蛋白间接 ELISA 检测方法的建立 [J]. 新疆农业科学，48 (3)：578 - 583.

简子健，马素贞，孙其喆，等，2010. 牛双芽巴贝斯虫巢式 PCR 诊断方法的建立 [J]. 新疆农业科学，47 (4)：803 - 807.

江海洋，丁双阳，刘金凤，等，2009. 牛皮下注射埃普菌素注射剂后组织残留休药期的建立 [J]. 畜牧兽医学报 (2)：444 - 450.

蒋次鹏，韩薇，李富荣，1994. 甘肃甘南州肉联厂屠宰牛羊中包虫感染及经济损失的七年调查（摘要）地方病通报 (4)：13 - 15.

蒋金书，2000. 动物原虫病学 [M]. 北京：中国农业大学出版社.

蒋锡仕，黄孝玢，1996. 牦牛寄生虫病 [M]. 成都：成都科学技术大学出版社.

蒋锡仕，黄孝玢，宋远军，等，1992. 害获灭（Ivomec）对牦牛皮蝇各期幼虫的驱杀试验 [J]. 中国牦牛 (1)：23 - 26.

蒋锡仕，黄孝玢，宋远军，等，1994. 川西北草地牦牛皮蝇生态学特性的研究 [J]. 中国牦牛 (1)：43-49.

蒋锡仕，黄孝玢，宋远军，等，2002. 川西北草地牛皮蝇蛆病的流行病学调查及防治 [J]. 中国兽医科技 (10)：16-19.

蒋锡仕，黄孝玢，杨晓农，等，1996. 川西北草地牛皮蝇蛆病的研究 [J]. 西南民族学院学报 (自然科学版)，22 (2)：185-190.

蒋锡仕，朱辉清，1987. 牦牛球虫的调查研究 [J]. 西南民族学院学报 (牧特医版) (2)：26-30.

蒋锡仕，朱辉清，1989. 川西北草地牦牛隐孢子虫的调查研究 [J]. 西南民族学院学报 (畜牧兽医版) (3)：18-20，29.

蒋学良，1987. 四川牦牛寄生虫的调查研究 [J]. 中国牦牛 (2)：30-38.

蒋学良，周婉丽，官国钧，等，1987. 四川牦牛体内发现东方毛圆线虫 [J]. 中国兽医杂志 (10)：19-20.

金超，贾立军，曹世诺，等，2009. 牛新孢子虫病 LAMP 检测方法的建立 [J]. 中国兽医科学，39 (12)：1084-1088.

金超，贾立军，王妍，等，2011. 牛瑟氏泰勒虫不同靶基因 PCR 检测方法的比较 [J]. 畜牧与兽医，43 (2)：1-3.

K. G. Powers，朱蓓蕾，1983. 世界兽医寄生虫学协会关于反刍动物 (牛和羊) 抗蠕虫剂的药效评价规范 [J]. 国外兽医学? 畜禽疾病 (4)：42-44.

孔繁瑶，1989. 家畜寄生虫学 [M]. 北京：北京农业大学出版社：276-278.

孔繁瑶，1997. 家畜寄生虫学 [M]. 2 版. 北京：中国农业大学出版社：341-343.

孔繁瑶，周源昌，汪志楷，等，1997. 家畜寄生虫学 [M]. 北京：中国农业大学出版社.

孔祥颖，甘富斌，高兴，等，2019. 牦牛大片吸虫的形态观察及 PCR 鉴定 [J]. 湖北畜牧兽医，40 (1)：5-6.

库拉别克，古丽孜亚，努力拉，等，2008. 泰勒焦虫病在阿勒泰地区的流行情况及防治 [J]. 中国动物传染病学报，16 (3)：61-62.

拉巴次旦，2014. 西藏日喀则萨嘎县牛羊寄生虫调查 [J]. 西藏科技 (12)：54-56.

拉环，蔡进忠，李春花，等，2007. 伊维菌素浇泼剂对牦牛寄生虫的驱除效果试验 [J]. 中国牛业科学，33 (5)：41-43.

兰思学，1985. 江达县青泥洞区牛羊寄生虫调查报告 [J]. 西藏畜牧兽医 (1)：56.

雷萌桐，蔡进忠，李春花，等，2016. 青海祁连牦牛寄生虫病流行情况调查 [J]. 中国兽医杂志 (7)：44-46.

雷萌桐，蔡进忠，李春花，等，2016. 我国牦牛体外寄生虫感染概况 [J]. 中国兽医杂志，52 (8)：68-70.

雷萌桐，蔡进忠，李春花等，2016. 青海祁连牦牛寄生虫病流行情况调查 [J]. 中国兽医杂志，52 (7)：44.

李安岩，刘爱红，王锦明，等，2014. 牛巴贝斯虫病 ELISA 诊断方法的建立 [J]. 中国兽医科学，44 (1)：62-67..

李春花，蔡进忠，2009. 青海省部分地区牦牛和绵羊住肉孢子虫病流行病学调查 [J]. 中国兽医杂志，45 (9)：33-35.

李春花，蔡进忠，孙延生，等，2008. 多拉菌素注射剂对牦牛皮蝇幼虫的驱杀效果试验 [J]. 中国兽医杂志，44 (8)：20-21.

李春花，雷萌桐，蔡进忠，等，2020. 祁连地区牦牛主要消化道线虫对阿苯达唑的抗药性检测 [J]. 青海畜牧兽医杂志，50 (2)：22-26.

李春花，潘保良，蔡进忠，等，2016.2016 年动物药品学分会学术年会优秀论文集［C］.成都：2016 年
　　动物药品学分会学术年会：27－31.

李剑，蔡进忠，李扎西才让，等，2012. 三氯苯咪唑混悬剂对牦牛肝片吸虫的驱虫试验［J］.青海畜牧
　　兽医杂志，42（4）：12－13.

李剑，蔡进忠，马金云，等，2011. 祁连地区牦牛皮蝇蛆病流行病学调查［J］.中国兽医杂志，47（7）：
　　33－34.

李坤，韩照清，兰彦芳，等，2016.2013 年西藏和四川红原地区牦牛犬新孢子虫感染血清学调查［J］.畜
　　牧与兽医，48（3）：163.

李欧，陈义民，李闻，等，1987. 青海省六州一场家畜弓浆虫血清流行病学初查［J］.青海畜牧兽医杂
　　志（2）14－15.

李万坤，高明远，郭福存，2004. 甘肃省牛皮蝇蛆病的流行和防治概况［J］.中国兽医寄生虫病（增
　　刊）：205－209.

李威，2007. 应用扫描电子显微镜对牦牛皮蝇三期幼虫的形态学观察［J］.青海畜牧兽医杂志（1）：
　　19－20.

李闻，1989. 牦牛寄生虫调查及胎生网尾线虫发育特性的初步观察［J］.中国牦牛（3）：25－28.

李闻，1989. 牦牛体内发现青海毛圆线虫［J］.动物分类学报（1）：24.

李友英，蓝岚，潘瑶，等，2021. 四川道孚县牦牛梨形虫的分子检测及中药防治研究［J］.畜禽业（5）：
　　1－6.

李友英，蓝岚，潘瑶，等，2021. 四川省理塘县牦牛感染泰勒虫的分子流行病学调查及虫种鉴定［J］.
　　畜牧与兽医，53（6）：61－66.

梁妍，石紫薇，夏晨阳，等，2020. 伊维菌素长效制剂研究进展［J］.西北民族大学学报（自然科学版），
　　41（2）：36－40.

梁子英，刘芳，2020. 实时荧光定量 PCR 技术及其应用研究进展［J］.现代农业科技（6）：1－3，8.

刘道鑫，陈刚，李英，等，2014. 青海省天峻地区牦牛泰勒虫病血清学调查［J］.畜牧与兽医，46
　　（8）：129.

刘建枝，色珠，关贵全，等，2012. 西藏当雄牦牛牛皮蝇蛆病血清流行病学调查［J］.西南农业学报，25
　　（3）：1106－1108.

刘建枝，色珠，关贵全，等，2012. 西藏当雄牦牛皮蝇蛆病病原的分子分类鉴定［J］.中国兽医科学，42
　　（3）：238－242.

刘晶，蔡进忠，于晋海，等，2006. 中国畜牧兽医学会家畜寄生虫学分会第九次学术研讨会论文集［C］.
　　长春：中国畜牧兽医学会家畜寄生虫学分会.

刘俊阳，2018. 四川石渠县牦牛血清细粒棘球蚴抗体检测［D］.成都：四川农业大学.

刘磊，张继瑜，周绪正，2013. 伊维菌素制剂的研究进展［J］.江苏农业科学，41（9）：183－185.

刘群，李博，齐长明，等，2003. 奶牛新孢子虫病血清学检测初报［J］.中国兽医杂志（2）：8－9.

刘身庆，王清华，1988. 丙硫苯咪唑驱除牦牛内寄生虫的经济效果［J］.中国牦牛（Z1）：20－21.

刘顺明，吴桂清，李永培，1987. 木里县牦牛寄生虫调查［J］.中国牦牛（3）：40－42.

刘文道，1992. 幼年牦牛蠕虫病的防治对策［J］.中国兽医科技（6）：27－29.

刘文道，1993. 青海牛羊寄生线虫动态与防治研究［J］.中国兽医寄生虫病（2）：38－40.

刘文道，彭毛，蔡进忠，等，1989. 牦牛双腔吸虫、斯孔吸虫和裸头绦虫的季节动态观察［J］.中国牦
　　牛，3：30－32.

刘文道，彭毛，蔡进忠，等，1990. 牦牛胃肠道线虫与其幼虫消长规律的研究［J］.中国兽医科技（2）：
　　9－11.

刘文道，彭毛，蔡进忠，等，1990. 皮蝇幼虫在牦牛体内移行规律的研究［J］.中国兽医科技（3）：

9-11.

刘文道，彭毛，蔡进忠，等，1991. 丙硫咪唑伊维菌素对牦牛的驱虫疗效和毒性试验 [J]. 中国兽医科技（1）：44-46.

刘文道，彭毛，蔡进忠，等，1992. 丙硫咪唑混悬剂对牛羊的安全性与疗效评价 [J]. 中国牦牛（1）：46-49.

刘文道，彭毛，蒋元生，1988. 牦牛春乏死亡与寄生虫病的危害 [J]. 中国牦牛（2）：33-36.

刘文道，彭毛，蒋元生，等，1989. 青海省牦牛寄生虫调查及我国牦牛寄生虫种类的鉴别 [J]. 中国兽医科技，6：18-20.

刘业兵，曹利利，郭衍冰，等，2018. 动物弓形虫检测方法研究进展 [J]. 中国兽药杂志，52（8）：74-79.

卢海燕，2015. 灭蜱药物的筛选及其复方制剂初步研究 [D]. 石河子：石河子大学.

陆艳，马利青，2009. 青海省牛弓形虫病的 ELISA 诊断及试剂盒建立 [J]. 中国动物检疫，26（9）：49-50.

罗建勋，2003. 我国第一个兽医寄生虫病疫苗-环形泰勒虫裂殖体胶冻细胞苗 [J]. 中国兽医寄生虫病，11（4）：62.

罗建勋，殷宏，惠禹，等，2003. 伊维菌素微量给药法对牛皮蝇蛆病的防治效果观察 [J]. 中国兽医科技（7）：67-68.

罗建中，陈刚，吴宝山，等，1984. 祁连县牦牛寄生虫的调查 [J]. 青海畜牧兽医学院学报（1）：25-27.

罗增均，王云平，陈有文，等，1992. 青海省贵南县森多乡一万头幼年牦牛推行冬季驱虫的效益观察 [J]. 中国牦牛（1）：52-53，62.

马利青，陆艳，蔡其刚，等，2011. 青海牦牛隐孢子虫病的血清学调查 [J]. 家畜生态学报，32（2）：47-49.

马利青，沈艳丽，2006. 青海牦牛新孢子虫病的血清学诊断 [J]. 中国兽医杂志，42（9）：33-34.

马米玲，罗建勋，关贵全，等，2007. 甘肃省部分地区牛皮蝇蛆病的流行病学调查 [J]. 中国兽医科学，20（9）816-81.

马米玲，罗建勋，关贵全，等，2008. 甘肃省部分地区牛皮蝇蛆病的流行病学调查 [J]. 中国兽医科学，38（9）：816-818.

马霄，王虎，张静宵，等，2017. 青海省果洛藏族自治州棘球蚴病和棘球绦虫病流行情况调查 [J]. 中国寄生虫学与寄生虫病杂志，35（4）：366-370.

马英，史存德，1982. 重达 51 公斤的棘球蚴 [J]. 青海畜牧兽医杂志（1）：90.

马媛，刘宇，邹丰才，等，2011. 中甸牦牛消化道寄生虫初步调查及其防制建议 [J]. 云南畜牧兽医（4）：22.

买买提江·吾买尔，伊斯拉音·乌斯曼，阿迪力·司马义，等，2017. 新疆维吾尔自治区动物棘球绦虫感染调查分析 [J]. 中国寄生虫学与寄生虫病杂志，35（2）：145-149.

牦牛寄生虫病科研协作组，1992. 幼年牦牛寄生线虫吸虫动态及防治的研究 [J]. 青海畜牧兽医杂志（2）：6-10.

孟元，林涛，买买提·艾孜孜，等，2012. 冬季屠宰的新疆牦牛蠕虫调查报告 [J]. 当代畜牧（6）：19-20.

米玛顿珠，佘永新，琼日，2001. 西藏林芝地区种畜场牦牛寄生虫区系调查 [J]. 中国兽医杂志（8）：23.

南绪孔，娘吉光，才旦，1989. 丙硫咪哇治疗耗牛原发性细粒棘球勤病的效果 [J]. 中国兽医科技（7）：27-28.

聂福旭，唐文雅，蔡志杰，等，2017. 天祝白牦牛肠道寄生虫感染情况调查 [J]. 中国牛业科学，43
　　（5）：73-75，81.

牛国辉，2010. 牛新孢子虫病分子检测技术的研究 [D]. 乌鲁木齐：新疆大学.

牛庆丽，罗建勋，殷宏，2008. 转录间隔区 (ITS) 在寄生虫分子生物学分类中的应用及其进展 [J]. 中
　　国兽医寄生虫病，16 （4）：41-47.

潘保良，汪明，王玉万，等，2003. 埃普利诺菌素研究进展 [J]. 中国兽医寄生虫病，11 （2）：59-62.

潘保良，汪明，王玉万，等，2004. 牛奶中埃谱利诺菌素 (eprinomectin) 荧光高效液相色谱检测方法的
　　建立 [J]. 中国兽医学报，24 （2）：174-176.

庞程，2008. 藏羚羊皮蝇二期幼虫三期幼虫比较形态学和 COI、16S rRNA 基因系统发育分析 [D]. 武
　　汉：华中农业大学.

庞程，蔡进忠，高兴春，等，2008. 在藏羚羊上发现的中国第四种皮蝇 [J]. 昆虫学报，51 （10）：
　　1099-1102.

庞生磊，樊江峰，2018. 夏河县牦牛消化道寄生虫感染情况调查 [J]. 甘肃畜牧兽医，48 （11）：67-69.

秦思源，初冬，吴长江，等，2017. 甘肃省玛曲牦牛双芽巴贝斯虫血清学调查及风险因素分析. 中国动
　　物传染病学报，25 （4）：56-59.

青海省畜牧厅主编，1993. 青海省畜禽疫病志 [M]. 兰州：甘肃人民出版社.

邱加闽，陈鸿雏，陈兴旺，等，1989. 四川省石渠县牦牛与绵羊多房棘球蚴的自然感染 [J]. 地方病通
　　报 （1）：26-29，131.

邱加闽，陈兴旺，任敏，等，1995. 青藏高原泡球蚴病流行病学研究 [J]. 实用寄生虫病杂志 （3）：
　　106-109.

佘永新，杨晓梅，2002. 西藏林芝地区牦牛寄生虫区系调查 [J]. 畜牧与兽医 （7）：20-21.

石保新，党新生，席耐，等，1987. 新疆巴州巴音布鲁克地区牦牛寄生虫调查 [J]. 中国牦牛 （4）：31-
　　32+45.

史康妍，李志，曹天行，等，2021. 环形泰勒虫转运蛋白实时荧光定量 PCR 检测方法的建立与应用 [J].
　　中国兽医科学，51 （9）：1113-1120.

宋光耀，2016. 甘肃省部分地区牦牛和藏羊消化道寄生虫感染情况调查及驱虫效果观察 [D]. 哈尔滨：
　　东北农业大学.

宋远军，1992. 川西北草地牦牛皮蝇蛆病的控制途径与经济效益 [J]. 中国牦牛 （4）：45-48.

宋远军，马福和，雷德林，等，1988. 牦牛牛皮蝇蛆季节动态调查 [J]. 中国牦牛 （2）：16-21.

孙延生，蔡进忠，冯宇城，等，2012. 青海省大通种牛场牦牛皮蝇蛆感染情况调查 [J]. 畜牧与兽医，44
　　（12）：70-72.

索郎旺杰，伍卫平，旦珍旺久，等，2018. 西藏自治区家畜棘球蚴感染情况调查 [J]. 中国寄生虫学与
　　寄生虫病杂志，36 （1）：30-34.

唐文雅，聂福旭，张元来，等，2020. 天祝白牦牛弓形虫感染情况调查 [J]. 中国草食动物科学，40
　　（3）：91-92.

陶义训，1997. 免疫学和免疫学检验 [M]. 2 版. 北京：人民卫生出版社：174-180.

滕德凯，1983. 和田昆仑山区牦牛寄生虫调查简报 [J]. 兽医科技杂志 （8）：42-43.

田广孚，李志华，刘金凤，等，1989. 甘肃省皇城羊场棘球蚴病流行病学调查 [J]. 中国兽医科技 （11）：
　　15-18.

铁富萍，马利青，王戈平，等，2011. 海晏县牦牛群中牛巴贝斯虫病的血清学调查 [J]. 青海畜牧兽医
　　杂志，41 （4）：30-31.

汪明，2003. 兽医寄生虫学 [M]. 北京：中国农业出版社：338-340.

汪明，2007. 兽医寄生虫学 [M]. 北京：中国农业出版社.

汪明，孔繁瑶，肖兵南，1999. 家畜住肉孢子虫研究进展 [J]. 中国兽医杂志 (7)：38 - 40.

王才安，王德威，魏辅强，1996. 林芝地区牦牛肝片形吸虫感染的初步调查 [J]. 西藏医药杂志，17 (4)：62 - 63.

王常汉，巴音查汗，王振宝，2008. 新孢子虫病研究进展 [J]. 草食家畜 (2)：1 - 6.

王春仁，2013. 牛羊仰口线虫 PCR - RFLP 鉴别方法的建立及线粒体全基因组序列分析 [D]. 长春：吉林农业大学.

王奉先，李伟，李欧，等，1988. 皮蝇幼虫感染对牦牛生产的影响 [J]. 青海畜牧兽医杂志 (1)：18 - 20.

王奉先，石海宁，李伟，等，1987. 牦牛皮蝇病防治方法的研究 [J]. 青海畜牧兽医杂志 (3)：1 - 4，23.

王奉先，石海守，赛琴，等，1988. 中华皮蝇的形态观察 [J]. 青海畜牧兽医杂志 (1)：1 - 4.

王奉先，朱天鹿，石海宁，等，1988. 中华皮蝇某些生物学特性的研究 [J]. 青海畜牧兽医杂志 (2)：7 - 9.

王光雷，席耐，沙吾列·阿地力，等，2004. 花蠕形蚤若干生物生态学和形态特性研究 [J]. 疾病预防控制通报，19 (3)：25 - 27.

王虎，2001. 中国弓形体病 [M]. 香港：亚洲医药出版社.

王虎，马淑梅，曹得萍，等，1999. 青海包虫病研究进展 [J]. 青海医学院学报 (3)：46 - 50.

王虎，赵海龙，马淑梅，等，2000. 青海动物棘球绦虫感染调查研究 [J]. 地方病通报 (3)：29 - 33.

王萌，殷宏，王淑芬，等，2015. 甘肃天祝地区牦牛弓形虫病流行病学调查 [J]. 中国奶牛，306 (22)：23 - 25.

王晴，2021. 牛新孢子虫病检测与防控 [J]. 畜牧兽医科学（电子版）(24)：138 - 139.

王晓旭，2019. 肝片吸虫病诊断抗原的筛选及间接 ELISA 方法的建立 [D]. 大庆：黑龙江八一农垦大学.

王兴亚，魏珏，王光雷，等，1988. 甘肃省肃南县牦牛住肉孢子虫感染情况调查 [J]. 甘肃畜牧兽医 (3)：10.

王真，布马丽亚·阿不都热合曼，李永畅，等，2014. 新疆和静县和吐鲁番地区牛感染巴贝斯虫病的血清学调查 [J]. 畜牧与兽医，46 (3)：97 - 98.

王真，曹文丽，刘启生，等，2011. 新疆山区草原牦牛革蜱感染情况的调查 [J]. 新疆农业科学，48 (8)：1514 - 1519.

魏东霞，匡存林，2012. 动物寄生虫病 [M]. 北京：中国农业出版社，67 - 70.

魏珏，王兴亚，张平成，等，1989. 牦牛胎儿体内住肉孢子虫的发现 [J]. 中国兽医科技 (11)：30 - 31.

魏珏，张平成，董明显，等，1985. 牦牛住肉孢子虫病病原及其流行病学的研究-包括两新种的报道 [J]. 中兽医医药杂志 (3)：18 - 21.

毋亚运，常艳凯，郑双健，等，2017. 西藏部分地区放牧家畜肠道寄生虫感染情况的调查 [J]. 中国兽医科学，47 (8)：1011 - 1016.

吴尚文，1966. 新疆牦牛古柏属族虫一新种 [J]. 畜牧兽医学报 (2)：151 - 154.

忻介六，1988. 应用蜱螨学 [M]. 上海：复旦大学出版社.

徐存良，1985. 和静县牦牛寄生虫区系调查报告 [J]. 中国牦牛 (3)：48 - 49.

徐雪平，陈志蓉，薄新文，等，2002. 新疆部分地区牛新孢子虫病的血清学调查 [J]. 中国兽医科 (5)：25 - 26.

许荣满，郭天宇，阎绳让，等，1995. 西藏亚东地区蜱类调查报告 [J]. 军事医学科学院院刊，19 (2)：107 - 109.

闫启礼，才旦，1985. 牦牛棘球蚴病调查 [J]. 中国牦牛 (3)：46 - 47.

羊云飞，王红宁，杨光友，等，2003. 川西北草原牦牛、藏羊肠道寄生虫流行病学调查及防治措施 [J]. 四川畜牧兽医，30 (S1)：33-34，37.

阳爱国，周明忠，袁东波，等，2016. 牛包虫病基因工程亚单位疫苗 EG95 免疫牦牛效果及安全性评价试验 [J]. 中国兽医学报，37 (10)：1919-1923.

杨发春，1983. 青海省海北地区某农场牛皮蝇和纹皮蝇生物学特性的观察 [J]. 青海畜牧兽医杂志 (3)：38-40.

杨发春，1985. 青海省三县五场牛皮蝇病防治两年后的效果考核报告 [J]. 青海畜牧兽医杂志 (5)：14-16.

杨发春，鲍东福，李存德，1990. 棘球蚴病危害和感染调查 [J]. 青海畜牧兽医杂志 (4)：18.

杨发春，鲍东福，赵玉兰，等，1988. 牛皮蝇停止防治后二年回升严重 [J]. 青海畜牧兽医杂志 (6)：47.

杨玉林，李春花，谢仲强，等，2011. 达日地区牦牛皮蝇蛆病流行病学调查 [J]. 畜牧与兽医，43 (9)：69-71.

殷铭阳，2017. 甘肃部分地区牦牛藏羊五种疾病的流行病学调查 [D]. 长沙：湖南农业大学.

殷铭阳，王金磊，谭启东，等，2015. 甘肃省玛曲牦牛弓形虫血清流行病学调查及风险因素分析 [J]. 畜牧与兽医，47 (10)：105-108.

殷铭阳，周东辉，刘建枝，等，2014. 中国牦牛主要寄生虫病流行现状及防控策略 [J]. 中国畜牧兽医杂志 (5)：227-230.

余家富，伍元杰，张永禄，等，1985. 阿坝州牦牛寄生虫区系调查报告 [J]. 中国牦牛 (3)：41-46.

余森海，许隆棋，1991. 西藏人肠肉孢子虫感染的试点调查 [J]. 中国医学科学院学报 (1)：29-32.

余永鹏，2016. 常用抗球虫药及使用 [J]. 广东饲料，25 (10)：45-47.

袁东波，郝力力，尹念春，等，2020. 川西高原 2012-2018 年间家畜包虫病流行病学调查 [J]. 中国兽医杂志，56 (10)：20-21，24.

袁晓丹，黄思扬，田艾灵，等，2019. 片形吸虫分子检测技术的研究进展 [J]. 中国兽医科学，49 (2)：241-246.

袁晓丹，王春仁，朱兴全，2019. 片形吸虫病的危害与防制 [J]. 中国动物传染病学报，27 (2)：110-113.

张晨昊，杨毅梅，2009. 分子标记技术在寄生虫分类鉴定中的应用 [J]. 中国寄生虫学与寄生虫病杂志，27 (3)：6.

张德林，李惠萍，杜重波，等，1998. 天祝县人畜弓形虫病流行病学调查 [J]. 甘肃畜牧兽医 (4)：20-21.

张峰，王正荣，蒋建军，等，2021. 牛巴贝斯虫病诊断技术研究进展 [J]. 动物医学进展，42 (6)：84-89.

张焕容，王言轩，周子雄，等，2013. 川西北牦牛新孢子虫感染血清流行病学调查 [J]. 中国动物检疫 (1)：44-45.

张吉丽，李冰，张继瑜，2016. 动物抗寄生虫药物的研究与应用进展 [J]. 黑龙江畜牧兽医 (5 上)：74-79.

张凯慧，李东方，毋亚运，等，2019. 西藏部分地区牦牛球虫感染情况的调查 [J]. 中国兽医科学，49 (9)：1160-1166.

张立华，刘德山，1987. 牛皮蝇不同发育阶段五种同工酶的比较分析 [J]. 兰州医学院学报 (3)：5-9.

张涛，黄卫平，孙艳，等，2018. 四川省凉山州牦牛弓形虫病的诊治报告 [J]. 中国牛业科学，44 (5)：89-90.

张薇，王真，王新，等，2012. 牦牛体表寄生硬蜱的鉴定及吸血前后观察 [J]. 新疆畜牧业 (8)：28-30.

张毅强，2011. 片形吸虫与片形吸虫病（一）[J]. 广西畜牧兽医，27（3）：182 - 186.

张志平，赵全邦，沈艳丽，等，2020. 青海省牛皮蝇蛆病防治效果考核报告 [J]. 青海畜牧兽医杂志，50（5）：50 - 51.

赵辉元，1996. 畜禽寄生虫与防制学 [M]. 长春：吉林科学技术出版社.

赵全邦，沈艳丽，胡广卫，等，2020. 青海省畜间包虫病防治效果评估 [J]. 中国兽医杂志，56（11）：22 - 25.

中国兽药典委员会，2017. 兽药质量标准（2017 版）[M]. 北京：中国农业出版社.

中华人民共和国国家质量监督检验检疫总局，中国国家标准化管理委员会，2008. 牛皮蝇蛆病诊断技术：GB/T 22329—2008 [S]. 北京：中国标准出版社.

中华人民共和国农业部，2002. 弓形虫病诊断技术：NY/T. 573—2002 [S]. 北京：中国标准出版社.

周春香，何国声，张龙现，2009. 牦牛隐孢子虫感染调查 [J]. 中国人兽共患病学报，25（4）：389 - 390.

周菊，张红花，2009. 中甸牦牛感染鹿前后盘吸虫病的报道 [J]. 贵州畜牧兽医，33（3）：38 - 39.

周磊，2020. 青藏高原牦牛藏羊肝片吸虫血清学调查及西藏螺内寄生虫鉴定 [D]. 拉萨：西藏大学.

周婉丽，蒋学良，王泽州，等，1998. 灭虫素和杀虫素驱杀牦牛线虫和外寄生虫试验 [J]. 中国农业大学学报（S2）：128.

朱辉清，蒋锡仕，李必富，1982. 丙硫苯咪唑对牦牛、绵羊寄生蠕虫的驱虫试验 [J]. 西南民族学院学报（畜牧兽医版）（4）：5 - 10.

朱锦沁，袁生馨，1994. 高原人畜共患病 [M]. 西安：陕西人民教育出版社.

朱学敬，赵晋军，刘柏青，1987. 牦牛古柏属 Cooperia 一新种 [J]. 甘肃农大学报（2）：15 - 19.

朱学敬，赵晋军，刘柏青，1988. 天祝牦牛寄生蠕虫调查报告 [J]. 甘肃农大学报（3）：29 - 35.

朱正，孙莹莹，李楷，2017. 我国牛羊弓形虫感染情况及影响因素研究进展 [J]. 动物医学进展，38（3）107 - 110.

Acharya K P，Nirmal B K，Kaphle K，et al，2016. Prevalence of gastrointestinal and liver parasites in yaks in the cold desert area of lower Mustang，Nepal [J]. Asian Pacific Journal of Tropical Disease，6（2）：147 - 150.

Adeel H M，Junlong L，Muhammad R，et al，2018. Molecular survey of piroplasm species from selected areas of China and Pakistan [J]. Parasites & Vectors，11（1）：457.

Aguirre D H，Gaido A B，Cafrune M M，et al，2005. Eprinomectin pour - on for control of *Boophilus microplus*（Canestrini）ticks（Acari：Ixodidae）on cattle [J]. Veterinary Parasitology，127（2）：157 - 163.

Ahmed H，Afzal M S，Mobeen M，et al，2016. An overview on different aspects of hypodermosis：Current status and future prospects [J]. Acta Trop. 162：35 - 45.

Ahmed H，Simsek S，Saki C E，et al，2017. Molecular characterization of *Hypoderma* spp. in domestic ruminants from Turkey and Pakistan [J]. Journal of Parasitology，103（4）：303 - 308.

Allam G，Bauomy I R，Hemyeda Z M，et al，2013. Diagnostic potential of *Fasciola gigantica* - derived 14. 5 kDa fatty acid binding protein in the immunodiagnosis of bubaline fascioliasis [J]. J Helminthol，87（2）：147 - 153.

Alvinerie M，Sutra J F，Galtier P，et al，1999. Pharmacokinetics of eprinomectin in plasma and milk following topical administration to lactating dairy cattle [J]. Research in Veterinary Science，67，（3）：229 - 232.

Bandyopadhyay S，Pal P，Bhattacharya D，et al，2010. A report on the prevalence of gastrointestinal parasites in yaks（*Bos poephagus*）in the cold desert area of North Sikkim，India [J]. Tropical animal health and production, 42 (1): 119 - 121.

Barth D, Hair A, Kunkle B N, et al, 1997. Efficacy of eprinomectin against mange mitesin cattle [J]. American Journal of Vetrinary Research, 58 (11): 1257 - 1259.

Bengone D T, Ba M A, Kane Y A. et al, 2006. Eprinomectin in dairy zebu Gobra cattle (*Bos indicus*): plasma kinetics and excretion in milk [J]. Parasitology Research, 98 (6): 501 - 506.

Benz GW, Ernst JV., 1977. Anthelmintic activity of albendazole against gastrointestinal nematodes in calves [J]. American Journal of Veterinary Research, 38 (9): 1425 - 1426.

Boray J C, Crowpot P D, Strong M B., 1983. Treatmentof immature and mature *F. hapatica* infections insheep wih triclabendazole [J]. The Vet Rec, 10 (1): 315 - 318.

Borsuk S, Andreotti R, Leite F, et al, 2011. Development of an indirect ELISA - NcSRS2 for detection of *Neospora caninum* antibodies in cattle [J]. Veterinary Parasitology, 177 (1 - 2): 33 - 38.

Boulard C, Villejoubert C, N Moiré, 1996. Cross - reactive, stage - specific antigens in the Oestridae family [J]. Veterinary Research, 27 (4 - 5): 535 - 544.

Burg J L, Grover C M, Pouletty P, et al, 1989. Direct and sensitive detection of a pathogenic protozoan, *Toxoplasma gondii*, by polymerase chain reaction [J]. Journal of Clinical Microbiology, 27 (8): 1787 - 1792.

Carmena D, Benito A, Eraso E, 2006. Antigens for the immunodiagnosis of *Echinococcus granulosus* infection: an update [J]. Acta Trop, 98 (1): 74 - 86.

Certad G, Viscogliosi E, 2021. Editorial for the Special Issue: Epidemiology, Transmission, Cell Biology and Pathogenicity of Cryptosporidium [J]. Microorganisms, 9 (3): 511.

Chatterjee N, Dhar B, Bhattarcharya D, et al, 2018. Genetic assessment of leech species from yak (*Bos grunniens*) in the tract of Northeast India [J]. Mitochondrial Dna Part A, 29 (1): 73 - 81.

Chaudhuri R P, 1970. Occurrence of warble fly, *Hypoderma lineatum*, infestation in yaks in Bhutan [J]. Journal of Parasitology, 56 (2): 377.

Colwell D D, 1989. Scanning electron microscopy of the posteriosr spiracles of cattel grubs *Hypoderma bovis* and hypoderma lineatum [J]. Med Vet Entomol, 3: 391 - 398.

Cramer L G, Pitt S R, Rehbein S, et al, 2000. Persistent efficacy of topical eprinomectin against nematode parasites in cattle [J]. Parasitology Research, 86 (11): 944 - 946.

Dalton J P, ed, 1988. Fasciolosis [M]. Wallingford: CABI.

Davis L R, Levine N D, Ivens V, 1970. The coccidian parasites (Protozoa, Sporozoa) of ruminants 44 [J]. Journal of Parasitology, 57 (3): 558.

Dong H, Li C H, Zhao Q P, et al, 2012. Prevalence of *Eimeria* infection in yaks on the Qinghai - Tibet Plateau of China [J]. Journal of Parasitology, 98 (5): 958 - 962.

Dubey J P, 1999. Neosporosis in cattle: biology and economic impact [J]. Journal of the American Veterinary Medical Association, 214 (8): 1160.

Dubey J P, Calero - Bernal R, Rosenthal B M, et al, 2015. Sarcocystosis of animals and humans [M]. Boca Raton: CRC Press.

Dubey J P, Jones J L, 2008. *Toxoplasma gondii* infection in humans and animals in the United States [J]. Int J Parasitol, 38 (11): 1257 - 1278.

Dubey J P, Speer CA, et al, 1989. Sarcocystosis of animals and man [M]. Boca Raton: CRC Press.

Dubey J P, Hemphill A, Calero - Bernal R, Schares G, 2017. Neosporosis inanimals [M]. Boca Raton: CRC Press.

Dubey J P, 2010. Toxoplasmosis of animals and humans, [M]. 2nd ed. Boca Raton: CRC Press.

Dubey J P, Lindsay D S A, 1996. A review of *Neospora caninum* and neosporosis [J]. Veterinary Parasitology, 67: 51 – 59.

Dueger E L, Moro P L, Gilman R H, 1999. Oxfendazole treatment of sheep with naturally acquired hydatid disease [J]. Antimicrob Agents Chemother, 43 (9): 2263 – 2267.

Fayer R, Johnson A J, 1975. Effect of amprolium on acute sarcocystosis in experimentally infected calves [J]. Journal of Parasitology, 61 (5): 932 – 936.

Feng Y, Xiao L, 2017. Molecular epidemiology of cryptosporidiosis in China [J]. Front Microbiol, 8: 1701.

Fukuyo M, Battsetseg G, Byambaa B, 2002. Prevalence of *Sarcocystis* infection in meat – producing animals in Mongolia [J]. Southeast Asian Journal of Tropical Medicine & Public Health, 33 (3): 490 – 495.

Gao X, Zhang L, Tong X, Zhang H, et al, 2020. Epidemiological survey of fasciolosis in yaks and sheep living on the Qinghai – Tibet plateau, China [J]. Acta Trop, 201: 105212.

Gerace E, Presti V D M L, Biondo C, 2019. *Cryptosporidium* infection: Epidemiology, pathogenesis, and differential diagnosis [J]. European Journal of Microbiology, Immunology, 9 (4): 119 – 123.

Gong C, Cao X F, Deng L, et al, 2017. Epidemiology of *Cryptosporidium* infection in cattle in China: a review [J]. Parasite – Journal De La Societe Francaise De Parasitologie, 24 (5): 1.

Goude A C, Evaas N A, Gration K A F, et al, 1993. Doramectin, a potentnovel endectocide [J]. Vet Parasitol, (49): 5 – 15.

Guan G, Luo J, Ma M, et al, 2005. Sero – epidemiological surveillance of hypodermosis in yaks and cattle in north China by ELISA [J]. Veterinary Parasitology, 129 (1 – 2), 133 – 137.

Guo Y, Ryan U, Feng Y, Xiao L, 2022. Emergence of zoonotic *Cryptosporidium parvum* in China [J]. Trends Parasitol, 38 (4): 335 – 343.

Heydorn A O, Gestrich R, Mehlhorn H, et al, 1975. Proposal for a new nomenclature of the Sarcosporidia [J]. Zeitschrift für Parasitenkunde, 48 (2): 73 – 82.

Jiang H Y, Hou X L, Ding S Y, et al, 2005. Residue depletion of eprinomectin in bovine tissues after subcutaneous administration [J]. Journal of Agricultural and Food Chemistry, 53 (23): 9288 – 9292.

Joken Bam, Sourabh Deori, Vijay Paul, et al, 2012. Seasonal prevalence of parasitic infection of yaks in Arunachal Pradesh, India [J]. Asian Pacific Journal of Tropical Disease, 2 (4): 264 – 267.

Joseph William Angell, John Graham – Brown, Upendra Man Singh, et al, 2018. Prevalence of gastrointestinal parasites in a yak herd in Nepal [J]. Veterinary Record Case Reports, 6 (3): 1 – 3.

Khan A, Shaik J S, Grigg M E, 2018. Genomics and molecular epidemiology of *Cryptosporidium* species [J]. Acta Trop, 184: 1 – 14.

Kl A, Zl A, Zz A, et al, 2020. Prevalence and molecular characterization of *Cryptosporidium* spp. in yaks (*Bos grunniens*) in Naqu, China – ScienceDirect [J]. Microbial Pathogenesis, 144: 104190.

Laake E W, 1921. Distinguish characters of the larval stage of the oxwarble *Hypoderma bouis* and *Hypoderma lineatum*, with descryiption of a new larval stage [J]. J Agric Res, 21: 432 – 457.

Li C S, Dao M, Saidiram, et al, 2019. Preliminary report on PCR diagnosis of yak *Theileria annulata* in Taskuergan County, Xinjiang [J]. Asian Case Reports in Veterinary Medicine, 8 (2): 17 – 21.

Li K, Shahzad M, Zhang H, et al, 2018. Socio – Economic Burden of Parasitic infections in yaks from 1984 – 2017 on Qinghai – Tibetan Plateau of China: A review [J]. Acta Tropica, 183: 103 – 109.

Li K, Gao J, Shahzad M, et al, 2014. Seroprevalence of *Toxoplasma gondii* infection in yaks (*Bos grunniens*) on the Qinghai – Tibetan Plateau of China [J]. Vet Parasitol, 205 (1 – 2): 354 – 356.

Li P，Cai J，Cai M，et al，2016. Distribution of *Cryptosporidium* species in Tibetan sheep and yaks in Qinghai，China [J]. Veterinary Parasitology，215：58-62.

Li P，Jin S，Huang L，et al，2013. Purification and properties of a monomeric lactate dehydrogenase from yak *Hypoderma sinense* larva [J]. Exp Parasitol，134（2）：190-194.

Li S T，Liu J L，Liu A H，et al，2017. Molecular investigation of piroplasma infection in white yaks（*Bos grunniens*）in Gansu province，China [J]. ActaTropica.（171）：220-225.

Li W，Ano H，Jin J H，et al，2004. Cytochrome oxidase I gene sequence of *Hypoderma sinense* infecting yaks in the Qinghai-Tibet High Plateau of China [J]. Veterinary Parasitology，124（1）：131-135.

Li W，Nasu T，Ma Y，et al，2004. Scanning electron microscopic study of third-instar warbles in yak in China [J]. Veterinary Parasitology，121（1-2）：167-172.

Li Y，Liu P P，Wang C M，et al，2015. Serologic evidence for *Babesia bigemina* infection in wild yak（*Bos mutus*）in Qinghai province，China [J]. Journal of Wildlife Diseases，51（4）：872-875.

Li Y，Liu Z，Liu J，et al，2016. Seroprevalence of bovine theileriosis in northern China [J]. Parasit Vectors，9（1）：591.

Lifschitz A，Virkel G，Ballent M，et al，2007. Ivermectin（3.15%）long-acting formulation in cattle：absorption pattern and pharmacokinetic congsiderations [J]. Veterinary Parasitology，147（3）：303-310.

Liu A，Guan G，Liu Z，et al，2010. Detecting and differentiating *Theileria sergenti* and *Theileria sinensis* in cattle and yaks by PCR based on major piroplasm surface protein（MPSP）[J]. Experimental Parasitology，126（4）：476-481.

Liu J，Cai J Z，ZhangW，et al，2008. Seroepidemiology of *Neospora caninum* and *Toxoplasma gondii* infection in yaks（*Bos grunniens*）in Qinghai，China [J]. Veterinary Parasitology，152（3-4）：330-332.

Liu Q，Cai J，Zhao Q B，et al，2011. Seroprevalence of *Toxoplasma gondii* infection in yaks（*Bos grunniens*）in northwestern China [J]. Tropical Animal Health & Production，43（4）：741-743.

Liu，H G，Gao，et al，2014. Comparative analyses of the complete mitochondrial genomes of the two ruminant hookworms *Bunostomum trigonocephalum* and *Bunostomum phlebotomum* [J]. Gene：An International Journal Focusing on Gene Cloning and Gene Structure and Function，541（2）：92-100.

Lschenberger K，Szlgyényi W，Peschke R，et al，2004. Detection of the protozoan *Neospora caninum* using in situ polymerase chain reaction [J]. Biotechnic & Histochemistry，2004，79（2）：101-105.

Luo J，Lu W，1997. Cattle theileriosis in China [J]. Tropical animal health and production，29（4 Suppl）：4S-7S.

Ma J，Cai J，Ma J，et al，2014. Occurrence and molecular characterization of *Cryptosporidium* spp. in yaks（*Bos grunniens*）in China [J]. Veterinary Parasitology，202（3-4）：113-118.

Martínez-Moreno F J，Wassall D A，Becerra-Martell C，et al，1994. Comparison of the use of secretory and somatic antigens in an ELISA for the serodiagnosis of hypodermosis [J]. Veterinary Parasitology，52（3-4）：321-329.

Meng W，Wang Y H，Ye Q，et al，2012. Serological survey of *Toxoplasma gondii* in Tibetan Mastiffs（*Canis lupus* familiaris）and yaks（*Bos grunniens*）in Qinghai，China [J]. Parasites & Vectors，5（1）：35.

Meng Qi，Jin Zhong，et al，2015. Molecular characterization of *Cryptosporidium* spp. and *Giardia duodenalis* from yaks in the central western region of China [J]. Bmc Microbiology，15：108.

Nguyen T G，Le T H，De N V，et al，2010. Assessment of a 27-kDa antigen in enzyme-linked immunosorbent assay for the diagnosis of fasciolosis in Vietnamese patients [J]. Trop Med Int Health, 15 (4): 462-467.

Nilkantha Chatterjee, Bishal Dhar, Debasis, 2018. Genetic assessment of leech species from yak (*Bos grunniens*) in the tract of Northeast India [J]. Mitochondrial DNA Part A, 29 (1): 73-81.

Norman D Levine, 1961. Protozoan parasites of domestic animals and of man [M]. Minneapolis: Burguess Publishing Company: 412.

Otranto D, Traversa D, et al, 2004. A third species of *Hypoderma* (Diptera: Oestridae) affecting cattle and yaks in China: molecular and morphological evidence [J]. The Journal of Parasitology, 90 (5): 958-965.

Otranto D, Colwell D D, Traversa D, et al, 2003b. Species identification of *Hypoderma* affecting domestic and wild ruminants by morphological and molecular characterization [J]. Medical & Veterinary Entomology, 17 (3): 316-325.

Pitt S R, Langholff W K, Eagleson J S, 1997. The efficacy of eprinomectin against induced infections of immature (fourth larval stage) and adult nematode parasites in cattle [J]. Veterinary Parasitol, 73 (1-2): 119-128.

Pope D G, Wilkinson P K, Egerton J R, et al, 1985. Oral controlled-release delivery of ivermectin in cattle via an osmotic pump [J]. Journal of Pharmaceutical Sciences, 74 (10): 1108-1110.

Qin G, Li Y, Liu J, et al, 2016. Molecular detection and characterization of *Theileria* infection in cattle and yaks from Tibet Plateau Region, China [J]. Parasitology Research, 115 (7): 2647-2652.

Qin S Y, Yin M Y, Song G Y, et al, 2019. Prevalence of gastrointestinal parasites in free-range yaks (*Bos grunniens*) in Gansu Province, Northwest China [J]. BMC Vet Res, 15 (1): 410.

Qin S Y, Zhang X X, Zhao G H, et al, 2014. First report of *Cryptosporidium* spp. in white yaks in China [J]. Parasites & Vectors, 7 (1): 230.

Qin S Y, Zhou D H, Cong W, et al, 2015. Seroprevalence, risk factors and genetic characterization of *Toxoplasma gondii* in free-range white yaks (*Bos grunniens*) in China-ScienceDirect [J]. Veterinary Parasitology, 211 (3/4): 300-302.

Qin S Y, Wang J L, Ning H R, et al, 2015. First report of *Babesia bigemina* infection in white yaks in China [J]. Acta Tropica. 145: 52-54.

Ranga Rao G S, Sharma R L, Hemaprasanth, 1994. Parasitic infections of Indian yak (*Bos poephagus*) grunniens: an overview [J]. Vet Parasitol, 53 (1-2): 75-82.

Regalbono A F D, Capelli G, Otranto D, et al, 2003. Assessment of cattle grub (*Hypoderma* spp.) prevalence in northeastern Italy: an immunoepidemiological survey on bulk milk samples using ELISA [J]. Veterinary Parasitology, 111 (4): 343-350.

Ren M, Wu F, Wang D, et al, 2019. Molecular typing of *Cryptosporidium* species identified in fecal samples of yaks (*Bos grunniens*) of Qinghai Province, China [J]. The Journal of Parasitology, 105 (2): 195-198.

Romand S, Thulliez P, Dubey J P, 1998. Direct agglutination test for serologic diagnosis of *Neospora caninum* infection [J]. Parasitology Research, 84 (1): 50.

Rongjun Wang, Guanghui Zhao, et al, 2017. Advances and perspectives on the epidemiology of bovine *Cryptosporidium* in China in the past 30 years [J]. Frontiers in Microbiology, 8: 1823.

Saravanan B C, Bandyopadhyay S, Pourouchottamane R, et al, 2011. Incidence of ixodid ticks infesting on yak (*Poephagus grunniens* L.) and its hybrids in Arunachal Pradesh and Sikkim [J]. Indian Journal of Animal Sciences, 78 (2): 159-160.

Saravanan B C, Pourouchottamane R, Kataktalware M A, et al, 2007. Occurrence of *Ctenocephalides felis* infestation on yak and its cross-breds [J]. Journal of Veterinary Parasitology, 21 (2): 169.

Saravanan B C, Pourouchottamane R, Ramesha K P, et al, 2006. A case of H*ypoderma* infestation in yak [J]. The Indian Veterinary Journal, 83 (10): 1105.

Saravanan B C, Yadav S C, Borkataki S, et al, 2006. Lice infestation in yak [J]. The Indian Veterinary Journal, 83 (12): 1321.

Schneider A, Wendt S, Christoph Lübbert, et al, 2021. Current pharmacotherapy of cryptosporidiosis: An update of the state-of-the-art [J]. Expert Opinion on Pharmacotherapy, 22 (17): 2337-2342.

Shi F, Lin B, Qian C, et al, 1989. The efficacy of triclabendazole (Fasinex) against immature and adult *Fasciola hepatica* in experimentally infected cattle [J]. Veterinary Parasitology, 33 (2): 117-124.

Shoop W L, Egerton Gerton J R, Eary C H, 1996. Eprinomectin: a novel avermectin for use as a topical endectocide for cattle [J]. International Journal for Parasitology, 26: 1237-1242.

Shoop W, Michael B, Egerton J, et al, 2001. Titration of subcutaneously administered eprinomectin against mature and immature nematodes in cattle [J]. The Journal of Parasitology, 87 (6): 1466-1469.

Stansfield D G, Lonsdale B, Lowndes P A, et al, 1987. Field trials of triclabendazole against mixed age infections of *Fasciola hepatica* in sheep and cattle [J]. The Veterinary Record, 120 (19): 459-460.

Sun W C, Luo Y H, Ma H Q, 2011. Preliminary study of metal in yak (*Bos grunniens*) milk from Qilian of the Qinghai Plateau [J]. Bulletin of Environmental Contamination & Toxicology, 86 (6): 653-656.

Sutra J F, Chartier C, Galtier P, et al, 1998. Determination of eprinomectin in plasma by high-performance liquid chromatography with automated solid phase extraction and fluorescence detection [J]. Analyst, 123: 1525-1527.

Suzanne Payne, 1996. Detection of *Neospora caninum* DNA by the polymerase chain reaction [J]. International Journal for Parasitology, 26 (4): 347-351.

Taylor S M, Le Stang J P, Kenny J, 2001. Persistent efficacy of doramectin and moxidectin against *Cooperia oncophora* infections in cattle [J]. Veterinary Parasitology, 96 (4): 323-328.

Thapa N K, Armua-Fernandez M T, Kinzang D, et al, 2017. Detection of *Echinococcus granulosus* and *Echinococcus ortleppi* in Bhutan [J]. Parasitol Int, 66 (2): 139-141.

Thompson R, Ash A, 2015. Molecular epidemiology of *Giardia* and *Cryptosporidium* infections [J]. Infection, Genetics and Evolution: Journal of Molecular Epidemiology and Evolutionary Genetics in Infectious Diseases, 40: 315-323.

Vercruyesse J, Dorny P, Claerebout E, et al, 2000. Evaluation of the persistent efficacy of doramectin and ivermectin injectable against *Ostertagia ostertagi* and *Cooperia oncophora* in cattle [J]. Veterinary Parasitol, 89 (1-2): 63-69.

Wang G, Wang G, Li X, et al, 2018. Prevalence and molecular characterization of *Cryptosporidium* spp. and *Giardia duodenalis* in 1-2-month-old highland yaks in Qinghai Province, China [J]. Parasitology Research, 117 (6): 1793-1800.

Wangdi Y, Wangchuk K, 2021. Are current practices of yak herdsmen adequate to combat coenurosis in Laya Bhutan? [J]. Vet Med Sci, 7 (4): 1191-1198.

Weigl S, Traversa D, Testini G, et al, 2010. Analysis of a mitochondrial noncoding region for the identification of the most diffused *Hypoderma* species (Diptera, Oestridae) [J]. Veterinary Parasitology, 173: 317-323.

Williams J C, Derosa A, Nakamura Y, et al, 1997. Comparative efficacy of ivermectin pour-on, albendazole, oxfendazole and fenbendazole against *Ostertagia ostertagi* inhibited larvae, other gastrointestinal nematodes and lungworm of cattle [J]. Veterinary Parasitology, 73 (1 - 2): 73 - 82.

Wouda W, Moen A R, Schukken Y H, 1998. Abortion risk in progeny of cows after a *Neospora caninum* epidemic [J]. Theriogenology, 49 (7): 1311 - 1316.

Wu Y, Chang Y, Zhang X, et al, 2019. Molecular characterization and distribution of *Cryptosporidium* spp. , *Giardia duodenalis* , and *Enterocytozoon bieneusi* from yaks in Tibet, China [J]. BMC Veterinary Research, 15 (1): 417.

Wu Y, Chen Y, Chang Y, et al, 2020. Genotyping and identification of *Cryptosporidium* spp. , *Giardia duodenalis* and *Enterocytozoon bieneusi* from free - range Tibetan yellow cattle and cattle - yak in Tibet, China [J]. Acta Trop. 212: 105671.

Xiao L, 2010. Molecular epidemiology of cryptosporidiosis: An update - ScienceDirect [J]. Experimental Parasitology, 124 (1): 80 - 89.

Zhang Q, Zhang Z, Ai S, et al, 2019. *Cryptosporidium* spp. , *Enterocytozoon bieneusi* , and *Giardia duodenalis* from animal sources in the Qinghai - Tibetan Plateau Area (QTPA) in China [J]. Comparative Immunology, Microbiology and Infectious Diseases, 67: 101346.

Zhang X X, Feng S Y, Ma J G, et al, 2017. Seroprevalence and risk factors of fascioliasis in yaks, *Bos grunniens* , from three counties of Gansu province, China [J]. Korean J Parasitol, 55 (1): 89 - 93.

图书在版编目（CIP）数据

牦牛寄生虫病流行病学与防控技术 / 蔡进忠，李春花主编. -- 北京：中国农业出版社，2023. 7. -- ISBN 978 - 7 - 109 - 32133 - 5

Ⅰ. S858.23

中国国家版本馆 CIP 数据核字第 2024PB0011 号

牦牛寄生虫病流行病学与防控技术

MAONIU JISHENGCHONGBING LIUXINGBINGXUE YU FANGKONG JISHU

中国农业出版社出版

地址：北京市朝阳区麦子店街 18 号楼

邮编：100125

责任编辑：刘　伟

版式设计：杨　婧　　责任校对：吴丽婷

印刷：中农印务有限公司

版次：2023 年 7 月第 1 版

印次：2023 年 7 月北京第 1 次印刷

发行：新华书店北京发行所

开本：787mm×1092mm　1/16

印张：18.75

字数：440 千字

定价：148.00 元